天基探测与应用前沿技术丛书

主编 杨元喜

合成孔径雷达卫星图像应用技术

Application Technology of
Synthetic Aperture Radar Satellite Image

康利鸿 江碧涛 李 洲 辛 煜 邢相薇 田 菁 编著

国防工业出版社

·北京·

内容简介

本书回顾了 SAR 卫星系统与应用技术国内外发展历程，系统地介绍了卫星轨道、电磁波、雷达系统、SAR 系统工作原理、典型工作模式及成像算法等基础知识，结合典型目标阐述了 SAR 图像主要特征和图像处理算法，并根据作者及团队近年来研究工作论述了 SAR 卫星图像目标检测识别、极化地物分类、变化检测及人工智能应用等技术，给出了减灾、地质、农林和海洋等领域的应用案例。

本书适合于有一定电子技术基础的工程技术人员阅读，也可作为高等院校相关专业本科生或研究生的参考书。

图书在版编目（CIP）数据

合成孔径雷达卫星图像应用技术 / 康利鸿等编著. 北京：国防工业出版社，2024.7. --（天基探测与应用前沿技术丛书 / 杨元喜主编）. -- ISBN 978-7-118-13395-0

Ⅰ. TN958

中国国家版本馆 CIP 数据核字第 2024V7X291 号

※

国防工业出版社出版发行

（北京市海淀区紫竹院南路 23 号　邮政编码 100048）
雅迪云印（天津）科技有限公司印刷
新华书店经售

开本 710×1000　1/16　插页 17　印张 29½　字数 546 千字
2024 年 7 月第 1 版第 1 次印刷　印数 1—1500 册　定价 188.00 元

（本书如有印装错误，我社负责调换）

国防书店：(010) 88540777　　书店传真：(010) 88540776
发行业务：(010) 88540717　　发行传真：(010) 88540762

天基探测与应用前沿技术丛书
编审委员会

主　　编　杨元喜

副 主 编　江碧涛

委　　员　（按姓氏笔画排序）

　　　　　王　密　　王建荣　　巩丹超　　朱建军

　　　　　刘　华　　孙中苗　　肖　云　　张　兵

　　　　　张良培　　欧阳黎明　罗志才　　郭金运

　　　　　唐新明　　康利鸿　　程邦仁　　楼良盛

丛 书 策 划　王京涛　熊思华

丛 书 序

天高地阔、水宽山远、浩瀚无垠、目不能及，这就是我们要探测的空间，也是我们赖以生存的空间。从古人眼中的天圆地方到大航海时代的环球航行，再到日心学说的确立，人类从未停止过对生存空间的探测、描绘与利用。

摄影测量是探测与描绘地理空间的重要手段，发展已有近 200 年的历史。从 1839 年法国发表第一张航空像片起，人们把探测世界的手段聚焦到了航空领域，在飞机上搭载航摄仪对地面连续摄取像片，然后通过控制测量、调绘和测图等步骤绘制成地形图。航空遥感测绘技术手段曾在 120 多年的时间长河中成为地表测绘的主流技术。进入 20 世纪，航天技术蓬勃发展，而同时期全球地表无缝探测的需求越来越迫切，再加上信息化和智能化重大需求，"天基探测"势在必行。

天基探测是人类获取地表全域空间信息的最重要手段。相比传统航空探测，天基探测不仅可以实现全球地表感知（包括陆地和海洋），而且可以实现全天时、全域感知，同时可以极大地减少野外探测的工作量，显著地提高地表探测效能，在国民经济和国防建设中发挥着无可替代的重要作用。

我国的天基探测领域经过几十年的发展，从返回式卫星摄影发展到传输型全要素探测，已初步建立了航天对地观测体系。测绘类卫星影像地面分辨率达到亚米级，时间分辨率和光谱分辨率也不断提高，从 1:250000 地形图测制发展到 1:5000 地形图测制；遥感类卫星分辨率已逼近分米级，而且多物理原理的对地感知手段也日趋完善，从光学卫星发展到干涉雷达卫星、激光测高卫星、重力感知卫星、磁力感知卫星、海洋环境感知卫星等；卫星探测应用技术范围也不断扩展，从有地面控制点探测与定位，发展到无需地面控制点支持的探测与定位，从常规几何探测发展到地物属性类探测；从专门针对地形测量，发展到动目标探测、地球重力场探测、磁力场探测，甚至大气风场探测和海洋环境探测；卫星探测载荷功能日臻完善，从单一的全色影像发展到多光谱、高光谱影像，实现"图谱合一"的对地观测。当前，天基探测卫星已经在国土测绘、城乡建设、农业、林业、气象、海洋等领域发挥着重要作用，取得了系列理论和应用成果。

任何一种天基探测手段都有其鲜明的技术特征，现有天基探测大致包括几何场探测和物理场探测两种，其中诞生最早的当属天基光学几何探测。天基光学探测理论源自航空摄影测量经典理论，在实现光学天基探测的过程中，前人攻克了一系列技术难关，《光学卫星摄影测量原理》一书从航天系统工程角度出发，系统介绍了航天光学摄影测量定位的理论和方法，既注重天基几何探测基础理论，又兼顾工程性与实用性，尤其是低频误差自补偿、基于严格传感器模型的光束法平差等理论和技术路径，展现了当前天基光学探测卫星理论和体系设计的最前沿成果。在一系列天基光学探测工程中，高分七号卫星是应用较为广泛的典型代表，《高精度卫星测绘技术与工程实践》一书对高分七号卫星工程和应用系统关键技术进行了总结，直观展现了我国 1:10000 光学探测卫星的前沿技术。在光学探测领域中，利用多光谱、高光谱影像特性对地物进行探测、识别、分析已经取得系统性成果，《高光谱遥感影像智能处理》一书全面梳理了高光谱遥感技术体系，系统阐述了光谱复原、解混、分类与探测技术，并介绍了高光谱视频目标跟踪、高光谱热红外探测、高光谱深空探测等前沿技术。

天基光学探测的核心弱点是穿透云层能力差，夜间和雨天探测能力弱，而且地表植被遮挡也会影响光学探测效能，无法实现全天候、全时域天基探测。利用合成孔径雷达（SAR）技术进行探测可以弥补光学探测的系列短板。《合成孔径雷达卫星图像应用技术》一书从天基微波探测基本原理出发，系统总结了我国 SAR 卫星图像应用技术研究的成果，并结合案例介绍了近年来高速发展的高分辨率 SAR 卫星及其应用进展。与传统光学探测一样，天基微波探测技术也在不断迭代升级，干涉合成孔径雷达（InSAR）是一般 SAR 功能的延伸和拓展，利用多个雷达接收天线观测得到的回波数据进行干涉处理。《InSAR 卫星编队对地观测技术》一书系统梳理了 InSAR 卫星编队对地观测系列关键问题，不仅全面介绍了 InSAR 卫星编队对地观测的原理、系统设计与数据处理技术，而且介绍了双星"变基线"干涉测量方法，呈现了当前国内最前沿的微波天基探测技术及其应用。

随着天基探测平台的不断成熟，天基探测已经广泛用于动目标探测、地球重力场探测、磁力场探测，甚至大气风场探测和海洋环境探测。重力场作为一种物理场源，一直是地球物理领域的重要研究内容，《低低跟踪卫星重力测量原理》一书从基础物理模型和数学模型角度出发，系统阐述了低低跟踪卫星重力测量理论和数据处理技术，同时对低低跟踪重力测量卫星设计的核心技术以及重力卫星反演地面重力场的理论和方法进行了全面总结。海洋卫星测高在研究地球形状和大小、海平面、海洋重力场等领域有着重要作用，《双星跟飞海洋测高原理及应用》一书紧跟国际卫星测高技术的最新发展，描述了双星跟飞卫星测高原理，并结合工程对双星跟飞海洋测高数据处理理论和方法进行了全面梳理。

天基探测技术离不开信息处理理论与技术，数据处理是影响后期天基探测产品成果质量的关键。《地球静止轨道高分辨率光学卫星遥感影像处理理论与技术》一书结合高分四号卫星可见光、多光谱和红外成像能力和探测数据，侧重梳理了静止轨道高分辨率卫星影像处理理论、技术、算法与应用，总结了算法研究成果和系统研制经验。《高分辨率光学遥感卫星影像精细三维重建模型与算法》一书以高分辨率遥感影像三维重建最新技术和算法为主线展开，对三维重建相关基础理论、模型算法进行了系统性梳理。两书共同呈现了当前天基探测信息处理技术的最新进展。

本丛书成体系地总结了我国天基探测的主要进展和成果，包含光学卫星摄影测量、微波测量以及重力测量等，不仅包括各类天基探测的基本物理原理和几何原理，也包括了各类天基探测数据处理理论、方法及其应用方面的研究进展。丛书旨在总结近年来天基探测理论和技术的研究成果，为后续发展起到推动作用。

期待更多有识之士阅读本丛书，并加入到天基探测的研究大军中。让我们携手共绘航天探测领域新蓝图。

2024 年 2 月

前　言

> 人是环境的产物
> ——爱尔维修

观测

人类自诞生以来就在不断观察周围的环境，脚下的地球，头顶的天空，直至无垠的宇宙。不管是古人还是现在的我们，知道自己的位置，与周围的事物进行对比，再决定我们下一步的行动，都是一件极其重要的事。不知道自己所处的位置和周围的情况，我们终将迷失在旷野，抑或是繁忙的事务中。

经过漫长的自然选择过程后，人类有了一双能接收可见光的眼睛。我们用这双眼睛观察周围的一切，探索发现隐藏在现象背后的规律，用以征服自然，建立起蓬勃伟大的人类文明。随着现代科学的发展，我们借助望远镜等科学仪器，对周围环境的探测能力越来越强，从宏观的宇宙到微小的量子世界，看得越来越远、越来越深、越来越细微。当今最先进的望远镜已经可以看到遥远的 460 亿光年之外，这几乎是宇宙诞生后的第一缕光。

我们利用可见光探索世界，但可见光只是电磁波家族中的一员，波长 400～800nm，在整个电磁波谱范围内只是很小的一部分。为什么人类只能接收可见光？为什么不是毫米波？或者紫外线，正如蜂鸟做到的那样？我们的眼睛和大脑接收到来自外部的信号，并不是全部，仅仅是这个纷繁复杂世界的一个侧影。从可见光之外的其他波段看，这个世界是什么样子？

人类探索世界的伟大雄心从没有停止过，随着现代科学的诞生和爆发，我们打开了这个世界的另一扇窗。1864 年，麦克斯韦在法拉第的基础上，用严谨的数学给出了描述电磁场规律的麦克斯韦方程,宣告了电、磁和光的统一。1886年,赫兹用实验验证了电磁场的存在,并建立了第一个发射和接收无线电的天线,正式开启了电磁波时代。自此,人类多了一双用无线电波探测世界的"眼睛",这也是人类第一次对世界认知的拓展。我们终于不再受制于可见光对世界的描绘,得以看到在米波、分米波、毫米波段世界的影像。通过不断建造更大的天线,我们能够接收到此前从未收到的来自宇宙更深更远处的电磁波,观测到许多可见光无法感知的天体和现象,例如黑洞、脉冲星、恒星形成等,大大拓宽了我们的视野。我国的FAST是当今世界最大的单体射电望远镜,口径达到了500m,已在快速射电暴(FRB)探测领域走在了世界的前面。

可见光,无线电波,还有α、β射线等无数其他波段,到底哪一个波段的图像更能反映自然界的本质?人类有一双能接收可见光的眼睛、一个可以将可见光翻译成影像的大脑,可见光就成了独一无二的选择?在我们眼中五颜六色、多姿多彩的世界,其实并不存在。现代科学已经证明,颜色是可见光的不同波段在人眼视网膜上棒/锥细胞引发的神经活动,传送到大脑后产生的映像。这个世界本质上并无颜色,颜色只是不同波长电磁波在我们大脑里产生的一种映像。

人类还没有来得及分辨各种波长电磁波的不同,就已经向前走得更远了。1915年,爱因斯坦提出了划时代的广义相对论和场方程,第二年又预言了引力波的存在。2015年,离爱因斯坦的预言差不多过去了100年,人类才利用激光干涉引力波探测器,第一次探测到两个黑洞合并产生的引力波。这比第一次用无线电波观测世界意义更加重大、影响更加深远。现在我们已经能够通过引力波探测,从一个新的维度观测到黑洞合并、超新星爆炸、宇宙加速膨胀、星系的形成和演化等事件,大大丰富和补充了射电天文和光学探测的结果。更重要的是,通过引力波探测,我们可以探测到那些只辐射引力波,不辐射电磁波或者电磁波较弱,而无法观测的事件。例如暗物质,一种不能和电磁波相互作用而无法被观测的神秘物质,理论上可以通过引力波探测器进行观测。我们又推开了这个世界的另一扇门,从此进入到利用可见光、无线电和引力波等多种手段观测世界的新纪元。

我们相信,人类还将不断扩展观察世界的工具,在更多、更全的维度上,在更大、更小的尺度上,在更宽、更深的视野里,去观测世界,发现更多本质的规律,更加本源地认识我们自己和周围这个世界的关系,回答那个终极问题：

我们是谁？

我们如何到达这里？

我们终将去向何处？

但是，人类真的能全面认识浩瀚无垠的世界吗？人类探索的脚步能跟上世界快速的发展变化吗？

人类探测世界的脚步必将是无限的。

合成孔径雷达卫星

1903年，雷达诞生，通过主动发射无线电波，并接收来自目标的回波，实现对目标的观测。为了观测更清楚，人类不断提高雷达的分辨率，也就是能分开两个物体的最小尺寸。传统的雷达通过发射大带宽的线性调频信号，对接收到的回波进行脉冲压缩，可以获得高的距离向分辨率（参见2.5.4节）。但是雷达的角分辨率主要取决于天线波束宽度，对于常用的反射面天线，天线波束宽度由天线孔径的尺寸决定，孔径越大，分辨率越高。因此雷达天线在可能的情况下做得越来越大，波束越来越窄，通过扫描实现对大面积区域的探测。

1957年，苏联发射了第一颗人造地球卫星斯普特尼克1号（Sputnik 1），人类进入航天时代。1959年，美国人把光学相机装在了卫星上，对地球进行观测，获得了成功。但是光学相机受雨雪云雾遮挡影响，同时依赖太阳光，夜间无法工作。雷达主动发射和接收无线电波，不依赖于太阳，可以昼夜工作，只要选择合适波段就可以穿透雨雪云雾，在对地探测上具有很大优势。20世纪60年代，人类开始研究如何把雷达放到卫星上对地球进行观测。由于卫星轨道通常距地面数百千米以上，想要利用雷达卫星实现对地高分辨率观测，天线要做得非常大才行。例如，实现1m的空间分辨率，对应500km轨道高度则需要优于10^{-5}度的角分辨率，天线口径需要做到几十千米量级，显然以目前人类的运载能力，还无法将如此大的设备发射到太空。

1951年，研究人员提出了合成孔径雷达（Synthetic Aperture Radar，SAR）的概念，即一个小天线通过运动来合成一个大天线，获得更高分辨率。60年代，美国的科学家率先研制出了第一颗SAR卫星，即在卫星上装载一个小尺寸天线，它有着较大的波束宽度，照射到地面上时能覆盖一定的区域；随着卫星沿轨道向前运动，小天线不断发射脉冲信号，地面上的一个点可以在天线波束覆盖范围内始终接收和反射电磁波，被雷达天线接收；在这一过程中，将小天线在卫星轨道上不同位置接收的信号收集起来，进行一系列补偿和校正等处理，即可模拟一个大天线在卫星轨道上同时发射并接收信号，从而形成窄的波束，获得高分辨率。这就是 SAR 卫星的工作原理，本质仍然是小天线通过运动来模拟一个大天线。卫星雷达天线波束在地面覆盖区域的沿轨长度，称为合成孔径长度；卫星飞过这一长度所需要的时间，称为合成孔径时间。

早期，SAR 卫星主要工作在正侧视模式，卫星天线波束不进行扫描。为了进一步提高分辨率，科学家提出可以转动天线波束，即：在卫星运动到目标上空之前，波束向前转动以便提前照射到目标；在飞过目标之后，天线波束向后转动，以便仍然能照到目标。显然，通过这种方式，进一步加大了合成后虚拟天线的孔径长度，从而实现更高的分辨率。这一模式称为聚束模式（Spot Light）。

为了使相同时间内观测面积更大，研究人员又提出了扫描模式（Scan SAR）。其实，聚束模式也是一种广义的扫描模式。扫描模式的核心思想是在一个合成孔径时间内，对地面不同距离上的目标分别进行照射，对其中的一个目标来说，合成孔径时间变为原来的几分之一，合成孔径长度缩短了，会使分辨率降低，好处是可以同时对不同距离上的更大区域进行成像。进一步地，为了同时提高分辨率和观测宽度，研究人员发展出了多通道模式，核心思想是多个天线一起工作，提高采样的频率，解决采样率和脉冲重复间隔之间的矛盾。

与此同时，多极化、多波段、相控阵、数字波束合成（DBF）等技术不断应用在 SAR 卫星上，实现了更好的探测效益。此外，更多的工作模式也被研究出来，例如滑动扫描合成孔径雷达（TOPSAR）、多块拼接模式等。

SAR 卫星图像

由于波长和成像机理的不同，SAR 图像与可见光图像存在很大差异。SAR 工作的波长通常在厘米到米之间，而可见光的波长仅几百纳米，两者波长相差 100 万倍，同一物体在这两个波段的目标特性差异很大。对于可见光来说，由于波长较短，在遇到普通物体时，通常表现为粒子性，光子入射到物质表面，与原子里的电子发生相互作用，电子吸收特定频率的光子能量后发生能级跃迁，这一过程会释放一个能级较低的光子，产生散射现象。而厘米波和分米波，遇到普通物体时，主要表现为波动性，其电场会引起物体表面的诱导电荷和电流，电流又会对外辐射出电磁波，表现出散射现象。尺度的不同会造成散射结果的不同。例如，海水对于可见光在一定深度范围内近乎是透明的，但对于SAR却与金属板类似；而森林对于可见光基本不能穿透，但工作在分米波段的SAR通常可以穿透叶簇发现隐藏在树下的目标。再如一张桌子，如果由铁制成，桌面左右两边分别涂成蓝和黄两种颜色，那么在可见光图像上很清晰看到物体由两部分组成，而在SAR图像上桌面左右两边的图像没有任何差异；如果桌子一半是铁一半是木头，桌面统一涂成红色，那么可见光图像上只能看到左右一致的桌子，SAR图像上的桌子左右两边截然不同。

波长不同还会带来图像上的另一个显著差异。可见光由于波长较短，通常物体会呈现粗糙表面，发生漫反射；随着波长增加，到了分米和米波波段，物体表面逐渐变得"光滑"，表现出类似镜面反射特性，进而SAR的入射波照射到地表和物体时，会产生较强的两次甚至多次散射回波（漫反射时则较弱）。表现在SAR图像上，就是多次散射回波图像。例如对于桥梁，可见光图像上通常只能看到太阳光直接反射形成的图像，在分辨率足够高、角度也合适的时候，在平滑的水面上能看到光的多次反射——桥梁的倒影；SAR图像角度合适时可以看到桥梁的三个像，直接反射回波像，桥的侧面与水面形成二面角二次回波像，桥底与水面组合散射回波像。

除了波段差异之外，SAR的成像方式使SAR图像具有以下特点。第一，SAR采用合成孔径方式成像，需要一段时间的累积，在这段时间内，如果物体正在运动，例如行驶中的火车、翻滚的波浪等，那么SAR图像往往会散焦，这与光学相机的长时间曝光成像类似；如果能精确获取卫星和物体相对运动的数学表示，那么在成像处理过程中校正运动带来的影响，可以消除SAR图像的散焦。第二，在合成孔径时间内，SAR天线多次接收物体反射回波，进行补偿后叠加，以此模拟大天线，因此SAR图像实质上是不同时刻的多个图像的复合，这种多图叠加和无线电的波动特性在图像上产生了相干斑噪声、模糊、旁瓣效应等现象。第三，分辨率越高，SAR的工作带宽越大，甚至达到数吉赫兹，SAR图像实际是多个不同频点图像的综合，物体在不同频点的散射特性会有差异，"频率综合"效果会使物体图像亮暗叠加，甚至造成重影等现象。第四，在一个合成孔径时间内，随着轨道运动，SAR与物体相对位置关系和观测角度不断发生变化，SAR在不同位置接收物体回波并补偿叠加，如同在可见光相机的曝光时间内快速转动物体到一定的角度，这会在图像上带来"几何旋转"效应。第五，根据测距成像原理，SAR图像还存在顶底倒置、透视收缩等现象，这些现象都是由SAR成像原理带来的。

以上原因导致 SAR 图像有很多不同于可见光图像的奇怪特征，两者差异很大，使人眼目视难以理解。正是这种差异性，使 SAR 图像与可见光图像形成互补，让我们可以更深刻、更全面地认识这个世界。

SAR 图像应用技术

人类理解图像，主要靠形象化思维，识别图像中的几何图形，由于可见光图像符合人类目视习惯，解译变得简单轻松。SAR 与人眼的工作波段和成像方式有很大不同，人类用可见光图像训练出来的形象化思维来解译 SAR 图像，遇到了很大困难。对于计算机而言，没有人类可见光视觉经验的先天限制，解译可见光图像和 SAR 图像，并无基础上的差别。同时，计算机解译图像实际上是把图像看成一个信号序列，对序列信号的关系进行分析，而 SAR 图像本质上可以看成是经过处理的雷达回波信号序列，因此计算机虽然在解译可见光图像上一直在追赶人类，但在解译 SAR 图像上相对来说具有优势、起点较高，这促进了 SAR 图像计算机自动解译技术的研究。

SAR 图像解译技术发展经历了与计算机处理自然语言理解技术类似的过程。语言能力是人类独有的能力，也是相对于其他动物最重要的智能优势。语言让人类可以共享知识，实现代际积累和传递；同时，让人类拥有了实现复杂组织的能力，并以此战胜了其他大型动物。不可能存在没有语言的人类社会。迄今为止，语义理解能力仍然是人类特有的。利用计算机理解人类语言的技术发展走过了一条曲折的路线。早期阶段，主要采用基于语法规则的方法，解决了较为简单语句的处理，但对于嵌套式复杂语句则根本无法达到实用程度。20 世纪末，随着计算机计算能力的不断提升，科学家们也积累了足够庞大的标准语料库，基于统计的方法终于实现了突破，计算机语义理解真正走向了实际应用。

SAR 图像计算机解译技术初始阶段，主要是进行规则和知识特性库的解译研究，但由于无法建立完备的知识库，一直难以达到辅助人类使用的程度。随着计算机和人工智能技术的不断发展，同时也得益于 SAR 卫星快速发展带来的丰富数据样本，基于深度学习的解译技术在特定场景中终于达到了基本实用的程度。值得注意的是，自 20 世纪 70 年代到 90 年代初，基于规则的自然语言处理技术和基于统计的自然语言处理技术的路线之争长达 15 年，甚至连开会都会有两个分会场，各自组织和召开自己的会议，研究经费分配也是互不相让，直到 21 世纪初才逐渐统一到统计技术路线上来。SAR 图像解译技术发展会不会重复自然语言处理技术路线之争，让我们拭目以待。

关于本书

本书是一本SAR卫星应用的入门专业书，从SAR的工作原理和成像方法出发，较为系统地介绍了SAR卫星系统的基础知识，重点对SAR应用技术进行了阐述，包括当前最热门的深度学习方法和大模型，适合于有一定电子技术专业基础、有志学习SAR图像应用的技术人员、大学本科生或研究生阅读。

本书分为10章。第1章总体回顾SAR卫星与应用的发展历程和现状。第2章是全书的理论基础，简要介绍轨道、电磁波理论、雷达原理、信号处理基础、SAR工作原理，以及SAR卫星系统。第3~5章介绍常用的成像处理算法、SAR图像特征理解、图像处理技术。第6~8章分别介绍了目标检测识别、极化地物分类、变化检测技术。第9章重点介绍利用人工智能开展SAR图像应用技术。第10章给出SAR图像在减灾、地质、农林和海洋等领域的典型应用。

本书由江碧涛院士策划，康利鸿博士制定全书框架和提纲，李洲和田菁博士合作编写了第1章，李洲博士编写了第2、4章，辛煜博士编写了第3、5、8、10章，邢相薇博士编写了第6、7章，田菁博士和邢相薇博士共同编写了第9章。全书由康利鸿博士统稿，江碧涛院士进行了审校。

本书的顺利出版，特别感谢杨元喜院士，感谢国防工业出版社程邦仁、王京涛、熊思华，大力促成此书。

感谢在繁忙工作之余为本书通宵达旦写作的合作著者们，感谢复旦大学和北京航空航天大学的老师和同学提供的资料支持！

由于编写时间短，内容涉及面又广，专业要求高，加之水平有限，书中难免出现错漏，还请读者不吝赐教。

康利鸿

2024年1月，于北京

目 录

第1章 绪论 ··· 1

  1.1 SAR卫星的发展历程 ··· 1
    1.1.1 试验起步阶段 ··· 2
    1.1.2 性能提升阶段 ··· 3
    1.1.3 稳定运行阶段 ··· 4
    1.1.4 创新发展阶段 ··· 5
  1.2 世界各国SAR卫星现状 ··· 6
    1.2.1 美国 ·· 6
    1.2.2 俄罗斯 ·· 8
    1.2.3 欧洲 ·· 8
    1.2.4 其他国家 ·· 10
    1.2.5 中国 ··· 13
  1.3 SAR卫星应用发展现状 ·· 15
    1.3.1 SAR卫星主要应用 ·· 15
    1.3.2 应用技术发展现状 ·· 20
  参考文献 ·· 25

第2章 SAR卫星成像原理 ··· 29

  2.1 卫星轨道基础 ·· 29

2.1.1　空间坐标系 ………………………………………………… 30
　　2.1.2　时间系统 …………………………………………………… 33
　　2.1.3　轨道运动 …………………………………………………… 35
　　2.1.4　轨道类型 …………………………………………………… 37
　　2.1.5　SAR卫星运动几何关系 …………………………………… 41
2.2　电磁波基础 …………………………………………………………… 42
　　2.2.1　电磁场理论 …………………………………………………… 42
　　2.2.2　电磁波的特性 ………………………………………………… 48
　　2.2.3　电磁波与目标作用机理 ……………………………………… 54
2.3　雷达工作基本原理 …………………………………………………… 60
　　2.3.1　雷达系统组成 ………………………………………………… 61
　　2.3.2　雷达工作原理 ………………………………………………… 62
2.4　脉冲压缩原理 ………………………………………………………… 63
　　2.4.1　线性调频信号特性 …………………………………………… 63
　　2.4.2　脉冲压缩处理 ………………………………………………… 67
2.5　SAR工作基本原理 …………………………………………………… 70
　　2.5.1　多普勒效应 …………………………………………………… 70
　　2.5.2　回波信号的多普勒历程 ……………………………………… 71
　　2.5.3　方位向分辨率的形成 ………………………………………… 77
　　2.5.4　距离向分辨率的形成 ………………………………………… 79
2.6　SAR卫星系统 ………………………………………………………… 82
　　2.6.1　典型工作模式 ………………………………………………… 82
　　2.6.2　卫星工程典型组成 …………………………………………… 87
参考文献 ……………………………………………………………………… 89

第3章　SAR卫星成像处理 …………………………………………… 91

3.1　回波信号数学模型 …………………………………………………… 91
　　3.1.1　回波信号模型 ………………………………………………… 92
　　3.1.2　信号模型的理解 ……………………………………………… 93
3.2　RD算法 ………………………………………………………………… 95
　　3.2.1　算法概述 ……………………………………………………… 95

3.2.2　算法数学表达 ·· 97
3.3　CS 算法 ··· 100
　　3.3.1　算法概述 ·· 101
　　3.3.2　算法数学表达 ·· 102
3.4　ωK 算法 ·· 105
　　3.4.1　算法概述 ·· 105
　　3.4.2　算法数学表达 ·· 106
3.5　SPECAN 算法 ··· 107
　　3.5.1　算法概述 ·· 108
　　3.5.2　算法数学表达 ·· 108
3.6　BP 算法 ··· 112
　　3.6.1　算法概述 ·· 113
　　3.6.2　算法数学表达 ·· 115
参考文献 ··· 117

第 4 章　SAR 卫星图像特征理解 ·· 118

4.1　典型散射特征 ·· 118
　　4.1.1　雷达散射截面积 ·· 118
　　4.1.2　典型结构体电磁散射模型 ··· 119
　　4.1.3　复杂目标的散射特性表征 ··· 123
4.2　SAR 图像主要特性 ·· 127
　　4.2.1　迎坡缩短、背坡拉伸与顶底倒置 ······································· 127
　　4.2.2　阴影现象 ·· 129
　　4.2.3　方位模糊现象 ··· 130
　　4.2.4　旁瓣效应 ·· 132
　　4.2.5　相干斑噪声 ··· 133
　　4.2.6　运动散焦现象 ··· 135
4.3　典型目标 SAR 图像特征 ·· 136
　　4.3.1　飞机特征 ·· 136
　　4.3.2　船只特征 ·· 140
　　4.3.3　外浮顶油罐特征 ·· 147

4.3.4　桥梁特征 ………………………………………………………… 151

　参考文献 …………………………………………………………………… 156

第5章　SAR卫星图像处理 …………………………………………………… 157

　5.1　图像校正处理 ………………………………………………………… 157

　　5.1.1　辐射校正 ………………………………………………………… 157

　　5.1.2　几何校正 ………………………………………………………… 163

　5.2　图像增强处理 ………………………………………………………… 167

　　5.2.1　方位模糊抑制 …………………………………………………… 167

　　5.2.2　旁瓣抑制 ………………………………………………………… 170

　　5.2.3　相干斑噪声抑制 ………………………………………………… 175

　　5.2.4　运动目标精细处理 ……………………………………………… 180

　5.3　图像质量评估指标 …………………………………………………… 187

　　5.3.1　地面分辨率 ……………………………………………………… 187

　　5.3.2　旁瓣比 …………………………………………………………… 188

　　5.3.3　模糊度 …………………………………………………………… 189

　　5.3.4　辐射精度 ………………………………………………………… 190

　　5.3.5　几何精度 ………………………………………………………… 191

　参考文献 …………………………………………………………………… 192

第6章　目标检测识别技术 …………………………………………………… 194

　6.1　目标检测 ……………………………………………………………… 194

　　6.1.1　目标检测基本流程及影响因素 ………………………………… 195

　　6.1.2　CFAR检测方法 ………………………………………………… 197

　　6.1.3　似然比检测方法 ………………………………………………… 199

　　6.1.4　小波变换检测方法 ……………………………………………… 200

　　6.1.5　子孔径相干检测方法 …………………………………………… 202

　　6.1.6　不同方法对比 …………………………………………………… 203

　　6.1.7　目标检测示例 …………………………………………………… 204

　6.2　目标特征提取 ………………………………………………………… 206

　　6.2.1　特征提取基本概念 ……………………………………………… 206

6.2.2 几何尺度特征 ·········· 208
6.2.3 灰度统计特征 ·········· 213
6.2.4 灰度纹理特征 ·········· 214
6.2.5 电磁散射特征 ·········· 220
6.2.6 变换域特征 ·········· 222
6.2.7 特征提取示例 ·········· 224

6.3 目标分类识别 ·········· 226
6.3.1 目标识别基本流程 ·········· 226
6.3.2 C 均值聚类方法 ·········· 228
6.3.3 支持向量机分类方法 ·········· 229
6.3.4 基于稀疏表示的分类识别方法 ·········· 230
6.3.5 目标分类示例 ·········· 233

参考文献 ·········· 238

第 7 章 极化 SAR 地物分类方法 ·········· 241

7.1 极化 SAR 基础理论 ·········· 241
7.1.1 极化 SAR 数据描述 ·········· 242
7.1.2 极化相干分解 ·········· 244
7.1.3 基于散射模型的极化分解 ·········· 248
7.1.4 极化 SAR 数据统计特性 ·········· 250

7.2 基于像素的地物分类 ·········· 254
7.2.1 H-α-CM 分类算法 ·········· 255
7.2.2 NSSVM 特征选择与分类算法 ·········· 262

7.3 基于区域的地物分类 ·········· 272
7.3.1 MRF 基础 ·········· 272
7.3.2 MAP 准则和 ICM 算法 ·········· 275
7.3.3 WMICM 分类算法 ·········· 276
7.3.4 MOS-ML 分类算法 ·········· 284

参考文献 ·········· 290

第 8 章 变化检测技术 ·········· 293

8.1 变化检测预处理 ·········· 293

	8.1.1	基于图像灰度的典型配准方法	294
	8.1.2	基于图像特征的典型配准方法	297

8.2 差异影像构造 ... 309
    8.2.1 差值法 ... 309
    8.2.2 比值法 ... 309
    8.2.3 小波融合法 ... 313

8.3 差异影像处理 ... 315
    8.3.1 形态学处理 ... 315
    8.3.2 阈值法分析 ... 319
    8.3.3 聚类法分析 ... 320

参考文献 ... 321

第9章 SAR 卫星数据智能应用方法 ... 323

9.1 神经网络 ... 324
    9.1.1 神经元 ... 324
    9.1.2 单层神经网络 ... 325
    9.1.3 两层神经网络 ... 328
    9.1.4 深度神经网络 ... 332

9.2 典型深度神经网络方法 ... 335
    9.2.1 深度信念网络 ... 335
    9.2.2 自编码器网络 ... 336
    9.2.3 生成对抗网络 ... 337
    9.2.4 卷积神经网络 ... 340
    9.2.5 Transfomer 网络 ... 348

9.3 典型 SAR 图像深度学习算法 ... 351
    9.3.1 基于 CNN 的 SAR 图像车辆目标识别算法 ... 351
    9.3.2 SAR 图像多类目标智能检测识别算法 ... 353
    9.3.3 复数域多极化 SAR 图像地物分类算法 ... 358
    9.3.4 智能变化检测方法 ... 365

9.4 典型 SAR 数据样本集 ... 371
    9.4.1 车辆目标样本集 ... 372

- 9.4.2 飞机目标样本集 373
- 9.4.3 船只目标样本集 375
- 9.4.4 多目标样本集 380

9.5 基于大模型的智能应用方法 381
- 9.5.1 大模型技术概述 382
- 9.5.2 大模型基本架构 385
- 9.5.3 大模型"预训练—微调"范式 392
- 9.5.4 大模型的遥感图像处理应用 394
- 9.5.5 应用展望 399

参考文献 400

第10章 SAR卫星图像典型应用 406

10.1 SAR卫星图像典型应用流程 406
- 10.1.1 SAR卫星图像应用流程 406
- 10.1.2 SAR卫星数据产品分级 408

10.2 防灾减灾领域 409
- 10.2.1 地震灾害 409
- 10.2.2 洪涝灾害 411

10.3 地质勘探领域 417
- 10.3.1 地质探测 418
- 10.3.2 地物分类 422

10.4 农林应用领域 429
- 10.4.1 农作物识别 429
- 10.4.2 森林监测 433
- 10.4.3 土壤监测 437

10.5 海洋应用领域 439
- 10.5.1 海上交通监测 440
- 10.5.2 海上溢油监测 445

参考文献 448

第 1 章　绪　论

合成孔径雷达（Synthetic Aperture Radar，SAR），又称为综合孔径雷达，是一种二维成像雷达，它利用雷达与目标的相对运动，把尺寸较小的真实天线孔径用数据处理方法合成为一个较大的等效天线孔径，从而提升方位向的分辨能力。与光学、红外、高光谱等其他成像遥感手段相比，SAR 能够全天时工作，不受昼夜限制；能够全天候工作，不惧一般云雨的遮挡；具有一定程度的穿透性，具备揭露伪装和穿透掩盖物的潜力；能够反映物体结构、材质等方面的微波散射特性，提供定量化信息反演的能力。特别是星载 SAR，与机载 SAR 相比，具有覆盖范围广、工作时间长等优势，已广泛应用于遥感探测领域。

本章首先对 SAR 卫星系统及其发展历程进行概述，然后系统梳理世界航天强国当前 SAR 卫星发展现状，最后介绍国内外 SAR 卫星应用技术的发展，以期读者对 SAR 卫星系统和应用发展有初步的认识。

1.1　SAR 卫星的发展历程

20 世纪 50 年代，SAR 技术概念首次出现。在 50 年代以前，成像雷达一般为斜视机载雷达，受信号带宽和天线波束宽度的限制，其分辨率较低，且方位向分辨率随斜距的增大而减小。1951 年，美国 Goodyear 公司 Carl Wiley 发现被成像物体的方位向坐标与其多普勒频率具有一一对应的关系，进而提出"多普勒波束锐化"的概念，从而可以通过多普勒频率分析的方法改善雷达受天线波束宽度所限的方位向分辨率。1952 年，伊利诺斯大学基于机载相干 X 波段脉冲雷达实现了波束锐化的实验演示。此后，这一概念被推广为我们目前所熟知的合成孔径技术。1958 年，密歇根大学雷达和光学实验室研制出采用光学设备进行二维成像处理的第一部SAR，得到清晰的地面场景图像，其方位向分辨率独立于斜距距离，是雷达天线孔径长度的一半。随着宽带信号生成、数字信号处理、数据存储等技术的逐渐成熟，SAR技术从理论走向现实。

20世纪60年代，星载SAR系统开始发展。在最初的发展过程中，机载SAR系统技术总是领先一步，后续用于星载SAR系统中。1964年12月，美国国家侦察局（NRO）发射了代号为"Quill"的SAR卫星，因保密原因，当时并未公开相关情况。1978年，第一颗民用SAR卫星SEASAT的发射使得星载SAR首次进入人们的视野。在此之后，SAR卫星以其独特的应用优势得到世界各航天强国的高度重视，纷纷开始研制发展。根据2023年1月忧思科学家联盟（UCS）发布的卫星数据库统计，目前全球公开有96颗SAR卫星在轨，约占对地观测卫星总数的1/10。图1.1给出了自1964年以来世界在轨SAR卫星数量增长曲线，可以看出，进入21世纪以来，SAR卫星发展迅猛，特别是近几年来，呈现了加速发展的势头。

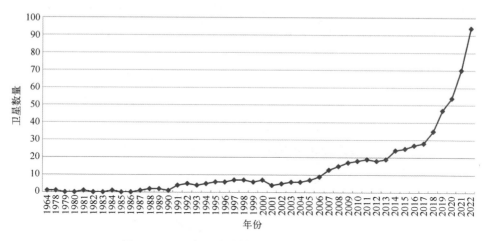

图1.1 1964年以来在轨SAR卫星数量增长图

回顾SAR卫星近60年的发展历程，大致可以分为试验起步、性能提升、稳定运行和创新发展四个阶段。

1.1.1 试验起步阶段

20世纪60年代至90年代初，美国、苏联、欧洲空间局（ESA）、日本等相继起步开展SAR卫星技术验证，SAR卫星工作时间较短，多为单模式、单频段、单极化，成像视角固定，分辨率在25m左右。

1964年，美国国家侦察局发射了世界首颗技术验证SAR卫星Quill，根据2012年美国国家侦察局解密公开的技术文档，实现了方位向5m、距离向25m的分辨率，成功验证了星载SAR成像的可行性，但由于电池不可充电，卫星仅在轨运行了4天，雷达开机工作14圈。1978年，美国发射的SEASAT卫星实现了稳定的在轨运行，工作在L波段、水平（HH）极化方式，波束指向固定。继SEASAT卫星之后，美国分别于1981年和1984年发射了SIR-A和SIR-B卫星，与SEASAT卫星一样，都工作在L波段、HH极化方式，但SIR-B具有可变的入射角。

1987年7月25日，苏联用"质子-K"火箭成功发射了ALMAZ-K（Cosmos-1870）卫星，这是苏联第一个雷达演示验证项目，卫星工作于S波段，分辨率30m。1991年，苏联发射了ALMAZ-1卫星，系统参数与Cosmos-1870基本相同，在服役17个月后，由于缺少燃料而掉入太平洋。

1991年7月，欧洲空间局遥感卫星ERS-1（European Remote Sensing Satellite）成功发射，采用C波段、垂直（VV）极化的SAR天线，获得了30m空间分辨率和100km观测带宽的SAR图像，此后于1995年4月发射了类似性能的ERS-2卫星，开启了星载SAR重轨干涉测量的研究序幕。ERS系列遥感卫星主要用于海洋动力学现象的探测，如海平面高度、海洋重力场、海面浪场、风场、流场、潮汐、温度场以及海冰监测等。

1992年2月，日本航天局（NASDA）发射了日本地球资源卫星JERS-1（Japanese Earth Resources Satellite），采用L波段、HH极化的SAR天线，分辨率18m，测绘带宽75km，主要用于地质研究、农业林业应用、海洋观测、地理测绘、环境灾害监测等。

这一阶段，SAR卫星全天时全天候成像的应用优势得以初步展现，特别是从SIR-A卫星系统获取的图像中识别出了位于埃及和苏丹的撒哈拉沙漠地下古河道，引发了国际科技界的震动，更引起了全世界遥感界对于SAR卫星应用的关注。

1.1.2 性能提升阶段

自20世纪80年代中后期开始，随着SAR卫星技术逐步成熟，各国开始重视提高SAR卫星图像质量和系统性能，技术体制上实现多模式、多极化、多视角，成像分辨率显著提高，最高达到1m。同时随着数据获取能力的提升，SAR卫星在海洋观测、地形测绘等方面的应用效益逐渐显现。

美国将其最先进的 SAR 卫星技术服务于军事应用，先后于 1988 年和 1991 年发射了"长曲棍球"（Lacrosse）系列的 Lacrosse-1、Lacrosse-2 卫星，是当时世界上最先进的 SAR 卫星（2008 美国国家侦察局解密了该项目的存在），分辨率最高达到 1m。1994 年 4 月和 10 月，由美国航空航天局（NASA）、德国空间局和意大利空间局利用航天飞机两次将 SIR-C/X-SAR 送上太空，该系统在 SIR-A、SIR-B 基础上引入了很多新技术，不仅具有多模式、多频、多极化的特点，可同时工作在 L、C、X 三个波段，其中 L 和 C 波段具有全极化能力，而且采用了相控阵天线，其下视角和测绘带都可在大范围内改变。

这一时期，俄罗斯、欧洲、日本、加拿大等国家和地区也持续推进 SAR 卫星的研制。俄罗斯于 1998 年发射的 ALMAZ-1B 卫星工作于 S 和 X 两个频段，HH 极化，最高分辨率可达 7m。欧洲空间局发射的 ENVISAT 卫星在 ERS-1/2 基础上增强了工作模式，具有多极化、多入射角、大幅宽等新特性。加拿大航天局于 1995 年发射的 RADARSAT-1 卫星，工作于 C 波段、HH 极化，首次采用扫描 SAR（ScanSAR）工作模式，幅宽高达 520km。日本发射的 ALOS 卫星采用 L 波段双极化相控阵天线，具有 3 种成像模式，最高分辨率达到 7m。

1.1.3 稳定运行阶段

进入 21 世纪以来，SAR 卫星技术体制更加成熟，星座系统开始规模化发展，空间分辨率向亚米级迈进，实现了多模式、多入射角、全极化、极化干涉、高分辨率、宽测绘带等先进技术的综合运用。SAR 卫星在灾害监测、地形和城市测绘、海洋环境观测、海事活动监测等领域得到了更加广泛的应用。

美国 Lacrosse-3 卫星将分辨率提高到了亚米级，并陆续发射了 Lacrosse-4、Lacrosse-5 卫星，是其军用卫星的骨干系统。德国宇航中心相继发射了 TerraSAR-X 和 TanDEM-X 卫星，是当时先进民用 SAR 卫星的代表，工作在 X 波段，具有渐进扫描成像（TOPS）等新成像模式，最高成像分辨率 1m（在轨验证了 0.25m 的凝视聚束模式），TanDEM-X 与 TerraSAR-X 编队飞行用于干涉模式。德国国防部也在 2008 年完成了军用 SAR 卫星系统 SAR-Lupe 的部署，该系统由 5 颗 SAR 卫星组成，最高分辨率 0.5m。意大利在 2010 年完成了其军民两用卫星系统 COSMO-SkyMed 的部署，由 4 颗 SAR 卫星组成，工作在 X 波段，具有多极化能力，包含聚束、条带、扫描三种工作模式，其中聚束模式最高分辨率0.7m，服务于国防部。俄罗斯Kondor-E（秃鹰E）SAR卫星、日本IGS-SAR卫星、加拿大RADARSAT-2卫星也相继投入运行。特别是以色列、印度、韩国等国家也开始逐步发展自己的SAR卫星。

1.1.4 创新发展阶段

近年来，随着各国经济发展、技术进步及其对SAR卫星遥感数据需求的不断增加，美国、德国、加拿大、意大利等军事强国的SAR卫星开始升级换代，西班牙、巴西、阿根廷等国家也相继发射了不同类型的SAR卫星，SAR卫星系统的发展和应用进入"百花齐放"的时代，整体呈现技术体制不断创新、商业小型SAR卫星组网规模不断扩大的局面。

美国"未来成像体系-雷达"（FIA-Radar）实现了对Lacrosse系列的全面升级，加拿大RCM（Radar Constellation Mission）星座实现了对Radarsat卫星的升级，德国SAR-Lupe和意大利COSMO-SkyMed也开始了下一代SAR卫星系统SARah、CNG的发射部署，"冰眼"（ICEYE）、"卡佩拉"（Cepella）、"暗影"（Umbra）等商业SAR卫星星座得到了快速部署，推动了全世界范围内SAR卫星应用产业的蓬勃发展。SAR卫星数据在国防安全、地形测绘、海洋环境监测、灾害监测、地质勘探等领域发挥着越来越重要的作用。

自进入21世纪以来，我国相继发射了环境-1C、高分三号、海丝一号、陆地探测等系列SAR卫星，2023年8月发射了世界第一颗地球同步轨道SAR卫星。通过科技自立自强，在短短20年时间里实现了从无到有、从低分辨率到高分辨率、从单频段/单极化到多频多极化、从单模式到多模式的跨越式发展。

综上所述，SAR卫星系统的发展历程如表1.1所列。

表1.1 SAR卫星系统发展历程简表

阶 段	时 间 段	特 点	典型代表
试验起步	20世纪60年代底至90年代初	技术验证为主，工作时间较短，单模式、单频段、单极化，成像视角固定，分辨率在25m左右。SAR卫星应用优势初步展现	美国Quill、SEASAT、SIR-A和SIR-B，苏联ALMAZ-K，欧洲空间局ERS-1，日本JERS-1
性能提升	20世纪80年代中后期开始至20世纪末	技术体制上实现多模式、多极化、多视角，分辨率显著提高，最高达到1m。SAR卫星在海洋观测、地形测绘等方面的应用效益逐渐显现	美国Lacrosse-1/2、SIR-C/X-SAR，俄罗斯ALMAZ-1B，加拿大RADARSAT-1，日本ALOS

续表

阶　段	时　间　段	特　点	典　型　代　表
稳定运行	21世纪以来	技术体制更加成熟，开始规模化发展星座系统，分辨率向亚米级迈进，实现了多模式、多入射角、全极化、极化干涉、宽测绘带等先进技术的综合运用。SAR卫星在灾害监测、地形和城市测绘、海洋环境观测、海事活动监测等领域得到了更加广泛的应用	美国Lacrosse-3/4/5，德SAR-Lupe、TerraSAR-X和TanDEM-X，意大利COSMO-SkyMed，俄罗斯Kondor-E，日本IGS-R1/R2/R3/R4，加拿大RADARSAT-2，欧洲空间局Sentinel-1，印度Risat-2
创新发展	21世纪10年代末以来	SAR卫星系统开始升级换代，技术体制不断创新，商业小型SAR卫星组网规模不断扩大。SAR卫星图像应用逐步进入大数据、智能化时代	美国FIA-Radar、Cepella、Umbra，加拿大RCM，德国SAR-Lupe、意大利CNG，日本IGS-R5/R6、StriX，印度RISAT-2B，芬兰ICEYE

1.2　世界各国SAR卫星现状

SAR卫星自出现以来，得到了世界各国（组织）的高度重视。目前，全球拥有SAR卫星的国家（组织）有美国、俄罗斯、德国、意大利、印度、日本等十余个，其具体数量分布如图1.2所示。

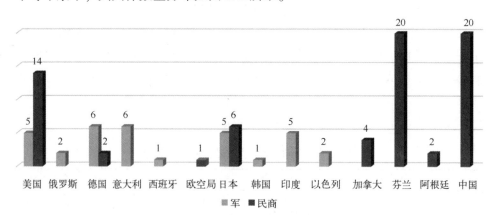

图1.2　世界各国和地区组织在轨SAR卫星数量分布

1.2.1　美国

美国SAR卫星发展的典型特点是军方主导研制高精尖大卫星，商用积极发展规模化小卫星星座。

（1）"未来成像体系-雷达"（FIA-Radar）卫星。

FIA-Radar 是美国国家侦察局于 20 世纪 90 年代中期开始发展的 SAR 卫星，也称为"黄玉"（TOPAZ）卫星，用于取代上一代的 Lacrosse 卫星。截至 2023 年 5 月，共有 5 颗 FIA-Radar 卫星在轨运行，其主承包商是洛克希德·马丁（LM）公司。

FIA-Radar 卫星，是美国高精尖 SAR 卫星的代表，运行在高度 1100km、倾角 123°的逆行圆轨道上，其系统设计与性能指标高度保密。据推测，FIA-Radar 卫星分辨率至少与其上一代 Lacrosse 卫星相当，也有报道称能达到 0.15m。

（2）"卡佩拉"（Cepella）卫星。

Cepella 卫星是美国商用 SAR 卫星系列，由卡佩拉空间公司制造并运行，截至 2023 年初，有 8 颗在轨。卫星工作于 X 波段，最高工作带宽 500MHz，具有条带、聚束、滑动聚束等多种成像模式，最高地面分辨率 0.5m，可与传统大型 SAR 卫星相媲美。按照计划，Cepella 将建成一个由 36 颗卫星构成、运行于低轨 12 个轨道平面的 SAR 星座，建成后将具备平均 1h 全球重访能力。其官方图像产品指标（https：//www.capellaspace.com/data/sar-imagery-products/）如表 1.2 所列。

表 1.2 "卡佩拉"系列卫星 SAR 图像产品指标

成像模式	标称幅宽	地面分辨率	斜距分辨率	入射角范围
聚束	5km×5km	0.5m	0.3m	25°~50°
滑动聚束	5km×10km	0.8m	0.5m	25°~50°
条带	5km×20km	1.2m	0.75m	25°~50°

（3）暗影 SAR（Umbra-SAR）卫星。

美国初创公司"暗影"（Umbra）自 2021 年开始至今已发射 6 颗 Umbra-SAR 卫星（https：//space.oscar.wmo.int/instruments/view/umbra_sar），工作于 X 波段，最高工作带宽 1200MHz，单星质量不足 100kg，工作于高度 500km 的太阳同步轨道，具有 0.25m、0.35m、0.5m 以及 1m 等不同分辨率成像模式，是目前全球首个可以提供优于 0.25m 分辨率 SAR 卫星图像的商业公司，其 4 种成像模式如表 1.3 所列。

表 1.3　Umbra-SAR 卫星成像模式

成像模式	分辨率	幅宽	极化方式
聚束	0.25~4m	4km×4km	HH、VV
条带	3m	(5~20) km×50km	HH、VV
扩展凝视模式 （Extended Dwell）	0.25~2m	4km×4km	HH、VV
扫描	10m	100km×100km	HH、VV

1.2.2　俄罗斯

俄罗斯虽然发展 SAR 卫星很早，但近年来发射数量很少，目前仅有 2 颗 SAR 卫星在轨。

一颗 SAR 卫星为 2013 年 6 月 27 日发射的 Kondor（Cosmos 2487）卫星，卫星质量约 1150kg，采用 S 波段抛物面天线，具有聚束、条带、扫描 3 种成像模式，最高分辨率 1m。

另一颗 SAR 卫星为 2023 年 5 月发射的新一代 SAR 卫星 Kondor-FKA 卫星，该卫星是 Kondor-E 系列的替代卫星，工作在 S 波段，具有聚束、条带、扫描 3 种成像模式，其中聚束模式下分辨率 1~2m，幅宽 10km。俄罗斯计划在 2024 年发射第二颗 Kondor-FKA 卫星，并在 2029—2030 年期间再发射两颗。

1.2.3　欧洲

欧洲各国 SAR 卫星发展受"多国天基成像系统"（MUSIS）项目影响较大，该项目由欧洲防务采办局执行，旨在协调天基欧洲成像卫星资源，谋求更统一、更强大的天基成像能力。参与国家包括比利时、法国、德国、希腊、意大利和西班牙等，其中：德国、意大利主要发展军民两用 SAR 卫星；法国主要发展光学遥感卫星。此外，欧洲空间局作为欧洲政府间组织主导民用 SAR 卫星的发展。

1）德国

目前，德国 2 颗民用 SAR 卫星 TerraSAR-X 和 TanDEM-X 仍在轨运行（详见 1.1.3 节），其军用 SAR 卫星星座正从"合成孔径雷达放大镜"（SAR-Lupe）卫星系统向下一代系统"萨拉"（SARrh）卫星系统升级过渡。

SAR-Lupe 卫星是德国第一代军用 SAR 卫星系统，目前共有 5 颗卫星在轨运行，每颗卫星的质量约为 770kg，其星载 SAR 工作在 X 波段，地面分辨率最高可达 0.5m，幅宽为 5.5~60km。系统部署以来，为德国军方提供全天时、全天候的雷达探测能力，特别是对冲突地区、热点地区或灾害地区的探测。

SARrh 卫星是德国发展的下一代军用 SAR 卫星系统，将取代 SAR-Lupe 加入欧洲"多国天基成像系统"。SARrh 星座系统是一个"一发多收"的分布式多基 SAR 卫星系统，由 3 颗卫星组成，其中：1 颗为有源卫星（SARrh-1），继承 TerraSAR-X 技术；2 颗为无源卫星（SARrh-2/3），继承 SAR-Lupe 卫星的反射面天线技术。系统成像分辨率优于 0.5m，同时具备垂直航迹基线和沿航迹基线实现高精度的数字高程模型（DEM）测量和高精度的地面动目标检测（GMTI）。这种主被动卫星相结合的空间配置方案将大幅增强整个星座系统的有效性，同时通过多星协同获取观测数据，可同时实现高分辨率和宽幅成像。2022 年 6 月，德国发射了第一颗 SARrh-1 卫星，质量约 2200kg，运行在高度 500km、倾角为 98.4° 的太阳同步轨道，设计寿命 10 年。

2）意大利

与德国一样，意大利也正处于"地中海盆地观测小卫星星座系统"（Cosmo-Skymed）的升级换代阶段，共有 4 颗一代卫星和 2 颗二代卫星（CSG）在轨工作。

Cosmo-Skymed 是意大利航天局和意大利国防部于 20 世纪末联合发展的军民两用 SAR 卫星星座，于 2010 年完成部署。该系统主要为意大利政府提供军用卫星雷达遥感图像，同时也依据协议为法国政府提供军用图像，并提供商业遥感图像服务。该系统 4 颗卫星部署在同一轨道面，等间距分布，平均重访时间可以达到半天，工作在 X 波段（9.6GHz），具备扫描、条带、聚束三种成像模式，其中 1m 分辨率聚束模式开放使用，还有一种 0.7m 聚束模式仅限国防部使用。

CSG 作为军民两用系统来接替 Cosmo-Skymed 系统，采用 X 波段，最高分辨率 0.8m，具备单极化、双极化、全极化等多极化方式，提升了高分辨率模式下双极化成像能力。CSG 系统已分别于 2019 年和 2022 年各发射一颗卫星。2020 年 12 月，意大利政府又采购了 2 颗卫星，并计划于 2024 年初和 2025 年初发射。CSG 系统卫星发射质量约 2230kg，设计寿命 7 年，运行在高度 619.6km、倾角 97.86° 的晨昏太阳同步圆轨道。

3）欧洲空间局

欧洲空间局目前在轨 SAR 卫星为"哨兵"-1（Sentinel-1）卫星，包括

Sentinel-1A 和 Sentinel-1B 共 2 颗，先后于 2014 年 4 月和 2016 年 4 月发射，主要应用于北极海冰范围监测、海冰测绘、溢油监测、海洋环境监测、海上安全船舶检测，以及土地变化、土壤含水量、产量估计、地震、山体滑坡、洪水淹没、城市地面沉降等监测任务。卫星工作在 C 波段，具有多极化模式，具有条带、干涉宽幅、超宽幅和波模式四种成像模式，其中：条带模式分辨率 5m，幅宽 80km；干涉宽幅模式为 TOPSAR 模式，分辨率 5m×20m，采用 3 个子带，幅宽 250km；超宽幅模式为 TOPSAR 模式，采用 5 个子带，分辨率 20m×20m，幅宽 400km；波模式由 20km×20km 的条带图像组成，传感器两个不同的入射角上交替采集，每 100km 采集一次波图像，同一入射角的影像相隔 200km，用以确定海洋上波浪的方向、波长和高度。

2022 年 8 月，Sentinel-1B 卫星由于 SAR 天线电源单元故障而停止工作。

1.2.4 其他国家

1）日本

日本目前有 5 颗军用"情报采集卫星"（IGS）系列 SAR 卫星和 2 颗民用 SAR 卫星在轨；同时积极发展小型商业 SAR 卫星星座，以 QPS-SAR 卫星和 StriX 星座为代表，均已完成技术验证星发射，开始进入业务部署阶段。

IGS 系列卫星主要为日本政府和军方提供图像情报，也用于民用自然灾害监测领域。目前，有 5 颗 SAR 卫星在轨，其中：IGS-R2 卫星质量约 1200kg，分辨率 1m；IGS-R3、IGS-R4、IGS-R 卫星基本相同，分辨率 1m，并在结构上针对 IGS-R1 和 IGS-R2 卫星出现的电源问题进行了改进，IGS-R 主要作为在轨备份卫星，保证整个星座总有 2 颗光学和 2 颗雷达卫星在轨工作；IGS-R5 和 IGS-R6 是第三代雷达成像装备星，分辨率 0.5m。

民用 SAR 卫星中，有 1 颗 ALOS-2 卫星和 1 颗 ASNARO-2 卫星在轨。ALOS-2 是 ALOS-1 的后继星，于 2014 年发射，工作在 L 波段，最高分辨率为 3m（距离向）×1m（方位向），具备多极化成像能力。ASNARO-2 卫星由日本 NEC 公司和无人空间试验飞行器研究院（USEF）联合研发，于 2018 年发射，工作在 X 波段，具有聚束、条带、扫描三种成像模式，最高分辨率 1m。

QPS-SAR 卫星是日本宇宙开发机构（JAXA）与 QPS 实验室有限公司合作创建的小型 SAR 卫星星座，计划利用 36 颗小型 SAR 卫星每 10min 获取一次数据，卫星工作在 X 波段，质量约 100kg，分辨率 1m 左右。QPS 实验室先后于2019年和2021年发射了QPS-SAR-1和QPS-SAR-2卫星进行技术验证。QPS-SAR-3/4为其星座的正式业务星，分辨率可达0.7m，2022年10月12日由于"艾普斯龙"运载火箭发射失败未能入轨。

StriX是日本创企Synspective公司的小型商业SAR卫星星座，计划由25颗100kg左右的SAR卫星组成，工作在X波段、单极化，分辨率1~3m，幅宽10~30km。该公司于2021年和2022年先后发射了2颗技术验证星StriX-α、StriX-β，并于2022年8月发射了StriX星座的第一颗业务星StriX-1。

2）加拿大

加拿大是发展SAR卫星比较早的国家，目前已完成第二代骨干系统"雷达卫星星座任务"（Radarsat Constellation Mission，RCM）星座的部署运行，尚有1颗第一代的"雷达卫星-2"（RadarSat-2）卫星在轨。

RadarSat-2卫星是全球第一颗提供多极化图像的商用雷达成像卫星，于2007年发射，由加拿大航天局和加拿大MDA公司合作开发，卫星质量2300kg，运行在高度798km、倾角98.6°的太阳同步轨道，工作在C波段，在RadarSat-1卫星基础上增加了3m分辨率的超精细成像模式和8m分辨率的全极化模式，可更好地区分、识别地面目标，可以双侧视成像。图像定位精度优于300m，后处理优于100m。

RCM星座是RadarSat-2的后续系统，由加拿大政府完全拥有，主要用于对加拿大国土和海域进行定期监测，于2019年12月开始全面运行。该系统由3颗完全相同的卫星组成，设计寿命7年，运行在高度约600km、倾角98°的晨昏太阳同步轨道，三星于同一轨道面等间距分布，相邻两颗卫星的时距为32min。卫星工作于C波段，具有低分辨率、中分辨率、高分辨率、低噪声、聚束、全极化等多种成像模式，最高分辨率1m。该系统不仅每天可实现对距离加拿大海岸2000km海域、长25m以上船只的精确探测，而且还具有单轨干涉测量能力。卫星上还装载船舶自动识别系统（AIS），可独立或与SAR结合使用，用于监测加拿大海上交通。

3）印度

"雷达成像卫星"（Radar Imaging Satellite，RISAT）是印度发展的军民两用雷达成像卫星系列，目前有5颗卫星在轨工作，能够进行全天时全天候的高分辨率成像，与光学遥感互为补充，主要用于军事侦察、农业、林业、海岸监测和灾害管理等众多领域。

RISAT-2卫星于2009年4月发射，是印度首颗SAR卫星，质量300kg，运行在高度550km、倾角41°的轨道上。其X波段SAR载荷购自以色列，具有扫描、条带、聚束、镶嵌（超级条带）等多种成像模式，其中聚束模式最高分辨率1m，镶嵌模式分辨率1.8m。

RISAT-2B系列包括RISAT-2B、RISAT-2BR1和RISAT-2BR2三颗卫星，是RISAT-2卫星的替代系统，先后于2019年和2020年发射入轨，实现了三星组网运行。三星工作在高度550km左右、倾角37°的圆轨道上，无法实现全球监测，主要用于观测印度和巴基斯坦，其SAR载荷也购自以色列。其中，RISAT-2BR1/2BR2采用更大的卫星平台，据称是新的六棱柱体构型，工作在X波段，采用3.6m口径网状天线，最高分辨率达0.3m。

RISAT-1A是2016年失效的RISAT-1的替代型号，于2022年2月发射入轨，发射质量1858kg，运行在609km高度的太阳同步轨道。RISAT-1A卫星由印度自主研制，工作在C波段，具有聚束、条带、扫描等多种成像模式，最高分辨率可达1m。卫星为三轴稳定姿态，在各方向都具有一定的机动能力。

4）以色列

以色列目前有2颗SAR卫星在轨。其中，"地平线-8"（Ofeq-8）卫星于2008年1月发射，是以色列首颗SAR技术演示验证卫星，聚束模式分辨率1m，条带模式分辨率3m。"地平线-10"（Ofeq-10）卫星于2014年10月发射，采用全新OPSAT-3000卫星平台和EL/M-2070改进型SAR，增加了新的成像模式，可以在短时间内完成不同目标区域之间的快速切换，进而实现多点成像，空间分辨率约0.46m。

5）韩国

韩国目前有一颗"韩国多用途卫星-5"SAR卫星在轨，也是韩国研制的第一颗SAR卫星，于2013年8月22日发射，质量约1400kg，工作在X波段，具有条带、扫描和聚束3种成像模式，最高分辨率1m，具有较高的姿态敏捷能力，可通过侧摆实现双侧视成像。

6）芬兰

芬兰"冰眼"（ICEYE）SAR卫星星座是世界第一个X波段微型SAR卫星星座。2018年发射的ICEYE-X1 SAR卫星，是世界上第一颗质量小于100kg的SAR卫星，其质量约是传统大卫星的1/20，据称研制成本是标准SAR卫星的1/100以内，这也是其能够大规模部署的关键。ICEYE SAR卫星工作在X波段，具备条带、聚束、扫描等多种工作模式，目前已发射20颗卫星，发展了两代，其中第二代卫星主要增加了入射角范围，提高了数传速率，最高分辨率可以达到 0.25m。

7）阿根廷

阿根廷发展了 SAOCOM 卫星系统，包括 SAOCOM 1A 和 SAOCOM 1B 两颗卫星，先后于 2018 年和 2020 年发射，主要用于测量土壤湿度和洪涝灾害监测等。卫星工作于 L 频段，空间分辨率 7~100m，幅宽 40~50km，入射角 20°~50°，运行于高度 620km 的太阳同步轨道。

1.2.5 中国

我国于 2012 年 11 月 19 日成功发射了第一颗民用 SAR 卫星环境一号 C 星，卫星上搭载有 S 波段 SAR，具有条带和扫描两种工作模式，其中：条带模式下，分辨率 5m，幅宽 40km；扫描模式下，分辨率 20m，幅宽 100km。

随着空间技术的发展和空间对地观测的需求不断拓展，我国 SAR 卫星的技术水平和工作性能不断提高，已进入世界先进行列。截至 2023 年 9 月，我国共有 10 型 14 组 20 颗民商 SAR 卫星在轨，如表 1.4 所列。

高分三号卫星是我国高分辨率对地观测系统重大专项的重要组成部分，目前三星组网稳定运行。工作在 C 波段，最高分辨率 1m，具备单极化、双极化和全极化能力，最大成像幅宽 650km，成像工作模式可以扩展到 20 种，服务于海洋环境监测与权益维护、灾害监测与评估、水利设施监测与水资源评价管理、气象研究及其他多个领域。

天绘二号卫星是我国首个基于 InSAR 技术的微波测绘卫星系统，是国际上继德国 TanDEM-X 系统后的第 2 个微波干涉测绘卫星系统。该系统工作于 X 波段，分辨率为 3m，位于 500km 的太阳同步轨道，由两颗卫星组成，采用异轨道面卫星编队、一发双收雷达收发模式的技术体制，可以快速绘制全球数字表面模型和雷达正射影像，目前有 2 组 4 颗卫星在轨。

陆地探测一号 01 组卫星是《国家民用空间基础设施中长期发展规划（2015-2025 年）》中首个立项的科研卫星工程，由 A、B 星组成，是全球首个 L 波段分布式编队多极化 InSAR 测高卫星系统，地面高程测量精度满足 1∶50000 比例尺标准，可为我国自然资源调查体系构建、全球地理信息资源建设与更新、高精度地形数据更新提供重要的技术支撑。陆地探测四号卫星是世界首颗地球同步轨道 SAR 卫星，于 2023 年 8 月 13 日成功发射，工作于 L 波段，目前尚处于测试阶段，预期具备对我国大陆及周边区域高分辨率、全天候、高重访、宽覆盖的观测能力。

表 1.4 我国在轨 SAR 卫星系统简表

卫星名称	发射时间	工作波段	极化方式	成像模式	最高分辨率	卫星质量	卫星轨道	主要任务	在轨数量/颗
环境一号 C	2012 年 11 月 19 日	S	VV 单极化	条带、扫描	5m	890kg	500km 高度太阳同步轨道	环境与灾害监测预报	1
高分三号	01 星：2016 年 8 月 02 星：2021 年 11 月 03 星：2022 年 4 月	C	单极化、双极化和全极化	滑动聚束、条带、扫描	1m	2779kg	755km 高度太阳同步轨道	海洋环境监测、灾害监测评估、水资源评价管理等	3
天绘二号	01 组：2019 年 4 月 02 组：2021 年 8 月	X	单极化	条带，双星编队干涉测高	3m	—	500km 高度太阳同步轨道	地球测绘	4（2 组）
海丝一号	2020 年 12 月	C	VV 单极化	条带、扫描	1m	185kg	太阳同步轨道	海洋和海岸带科学观测	1
齐鲁一号	2021 年 4 月	Ku	单极化	聚束、条带、扫描	0.5m	—	太阳同步轨道	技术验证	1
巢湖一号	2022 年 2 月	C	单极化	聚束、条带、扫描	1m	不足 180kg	太阳同步轨道	应急遥感服务	1
四维高景二号	2022 年 7 月	X	单极化	双星编队 InSAR、分布式网差分 InSAR 模式	1m	—	太阳同步轨道	商业遥感测绘服务	2
女娲星座	2023 年 3 月	X	多极化	滑动聚束、条带、TOPSAR、干涉成像	0.5m	主星 305kg，3 颗辅星每颗 250kg	528km 高度的准太阳同步轨道	商业遥感测绘服务	4（1 组）
陆地探测一号 01 组	A 星：2022 年 1 月 B 星于 2022 年 2 月	L	多极化	多极化干涉测高	3m	3200kg	600km 高度的太阳同步轨道	高精度地表测绘，支持地质、地震、应急应用	2
陆地探测四号	2023 年 8 月	L	单极化	—	—	—	地球同步轨道	防灾减灾与地震监测、国土资源勘查等	1

我国商业 SAR 卫星多以微小型 SAR 卫星为主。其中，海丝一号卫星是我国首颗商业 SAR 卫星，采用 C 波段，最高分辨率 1m，整星质量仅 185kg。齐鲁一号卫星搭载了国内首台 Ku 波段 SAR 载荷，采用轻型反射面天线，最高分辨率 0.5m，具有条带、聚束、滑动聚束多种成像模式，整星质量约 150kg。巢湖一号卫星工作在 C 波段，具备差分干涉能力、区域多点目标连续成像能力，具有聚束模式（分辨率 1m，幅宽 7km×7km）、条带模式（分辨率 3m，幅宽 25km）、扫描模式（分辨率 12m/20m，幅宽 100km/170km）三种成像模式。四维高景二号 01、02 星采用双星编队 InSAR 模式和分布组网差分 InSAR 模式，可实现 1∶25000 比例尺高精度地形测绘、厘米级地表形变检测、优于 1m 的高分辨率成像，是国内工作模式最多、产品精度最高的 InSAR 商业卫星星座。"女娲星座"卫星系统采用国际首个"1+3"车轮编队多星分布式干涉构型，由 4 颗高分辨率 X 波段雷达卫星组成，具备高精度地形测绘、高分宽幅成像、高精度形变监测等能力，最高成像分辨率达 0.5m。

1.3　SAR 卫星应用发展现状

自美国发射第一颗民用 SAR 卫星 Seasat 并从其图像中发现撒哈拉沙漠中的干涸古河道以来，SAR 卫星展示了独特而显著的对地观测能力。国内外借助于 SAR 卫星系统独特的技术优势，在农业生产、海洋监测、地形测绘、灾害监测等方面广泛开展了 SAR 卫星数据的应用研究。

1.3.1　SAR 卫星主要应用

1.3.1.1　农业应用

SAR 卫星能够为农业管理、生产和决策提供大面积、定量化的数据，极大地提升农业活动的效率、可持续性和智能化水平。SAR 卫星为农作物估产提供了丰富的信息，为全球生态监测提供全球森林生物量变化信息，为农业决策提供了科学依据。SAR 卫星发展将进一步推动农业现代化，为农业产业的可持续发展注入新的活力。

1）作物类型分类与土地利用状况评估

SAR 卫星提供了对地表变化高度敏感的能力，可以帮助区分不同类型的作物以及评估土地的利用状况。这对于追踪农田面积变化、监测耕地利用率以及推动精准农业发展具有重要价值。

2) 高精度作物生长监测与管理

SAR 卫星能够掌握作物的生长情况、健康状况以及可能的异常情况。这有助于制定更好的施肥和病虫害防治策略，最终提高农作物产量。

3) 农作物估产预测与调整

基于 SAR 数据，可以利用遥感与地面调查相结合的方法，建立农作物估产模型。通过监测生长指标、植被指数等信息，结合历史数据，预测农作物的产量。这有助于做出合理的市场供应安排和销售决策。

4) 农田土壤湿度与水分管理实时监测

SAR 卫星通过微波信号的反射特性，能够实时获取农田土壤湿度信息。这对于灌溉决策具有重要意义，可以根据 SAR 数据调整灌溉计划，实现精准的水分管理，提高作物产量。

5) 森林生物量监测

微波信号的穿透特性，使其可以穿过树冠探测到树干和大树树枝。SAR 卫星图像能够提供丰富的植被信息，可估测森林植被树高、森林蓄积量和森林生物量等。通过 SAR 卫星获取森林生物量，可以掌握全球森林的生长状况，推断森林物质和能量循环情况，帮助科学家持续监测全球生态系统。

1.3.1.2 海洋应用

世界上第一颗民用 SAR 卫星就是海洋卫星。由于 SAR 卫星全天时、全天候探测的特点，SAR 卫星已广泛应用于探测海浪、海洋内波、溢油污染、海面船只检测等方面，在海洋科学研究、安全管理等方面发挥了重要的作用，取得了显著的社会经济效益。

1) 海浪预报

SAR 卫星可以获取海浪的波长、波向、波的折射等海浪信息。利用大范围海浪场信息，了解波浪的形成、传播以及波浪在近岸的折射情况，提升海浪预报精度，为海事安全管理提供有力支持。

2) 海洋内波监测

海洋内波是一种发生在海洋内部的波动，具有非常大的破坏力，可导致海水强烈辐聚和突发性强流，对海洋工程、石油钻井平台和海底石油管道造成严重威胁。SAR 卫星可以对内波造成的海表面流场变化进行探测，掌握海洋内波活动情况。

3）溢油污染监测

海上溢油严重影响周边海洋和海岸环境安全。被油膜覆盖的海水表面更平滑，SAR 图像亮度较低。SAR 卫星利用油膜与海水的后向散射差异，可以及时发现污染区域、监测溢油污染变化、估算污染范围。

4）船只监测

SAR 卫星图像中船只具有很强的目标特征，较为容易实现自动化的船只监测。由于 SAR 卫星不受海上云雨影响，可以准确提供大范围海域内的船只分布情况，在海上交通管理、海洋权益维护方面发挥重要作用。

5）浅海水下地形反演

结合先验地形特征、水动力模型，通过浅海水下地形作用下的海表层流场改变海表面微尺度波的空间分布，SAR 卫星可对近岸浅海区域的水下地形进行探测。对一些经常进行水文探测的区域，SAR 卫星可大幅减少探测费用，已成为浅海水下探测的重要技术手段。

1.3.1.3 城市管理

SAR 卫星通过其独特的能力，提供了高分辨率、全天时、全天候信息，为城市管理者和规划者提供强有力的工具。

1）城市扩张和变化监测

SAR 卫星能够捕捉城市的空间变化和发展趋势。通过对不同时间的 SAR 图像进行比较，可以精确监测城市边界的扩张、新建建筑物的增加以及土地利用的变化。这有助于城市规划者及时了解城市的发展状况，制定可持续的城市发展策略。

2）建筑物变形监测

SAR 卫星的干涉技术可以用于测量城市建筑物的变形情况。这对于监测高楼大厦、桥梁和其他基础设施的结构稳定性，以及确保公共安全具有关键作用。

3）城市绿地监测

借助 SAR 的多极化能力，可以监测城市绿地的分布和变化。这有助于城市规划者优化城市绿地布局，提供人们健康的生活环境，以及应对城市热岛效应。

4）城市规划与管理支持

SAR 卫星数据为城市规划和管理提供了高质量的地理信息，帮助政府决策者更好地理解城市的变化和需求。这可以支持合理的土地利用规划、基础设施建设以及交通和交通管理。

1.3.1.4 地质勘探

SAR卫星图像中许多地质构造（如断层或断裂）在图像上具有明显的特征。由于SAR卫星具有一定的穿透性，对地下水、浅埋矿石等具有独特的作用。利用SAR卫星，可以分析地貌特征和构造现象，对岩体岩性和浅层埋藏地质进行探测。利用合成孔径干涉测量技术，还可以精确获取地高程信息和地表形变。SAR卫星已成熟应用于地质普查和矿产资源勘探中[1]。

1) 岩性地层划分及地质构造分析

不同粗糙度、不同化学成分的岩石在SAR图像中的灰度信息不同。利用多极化SAR获取不同岩石散射信息，通过极化分解，可以进一步增大不同岩石类别的散射强度差异，实现对不同类型岩石进行区分。此外，SAR卫星图像可以准确识别线性地质体、褶皱构造、控矿构造等，进行矿产资源勘查。

2) 隐伏活动构造探测

利用SAR卫星对地面的穿透特性，可以对隐伏地质现象进行探测。美国地质调查局利用SAR卫星图像分析，发现了撒哈拉大沙漠东部沙层覆盖下的古河道和古人类遗迹，引起地学界轰动。

3) 火山监测

InSAR卫星十分适合测量火山岩脉入侵、岩浆囊膨胀和收缩、地热系统引起的复杂地表形变。InSAR图像能够检测到火山每月几毫米的形变，对火山进行精确监测。通过检测火山微弱形变信息，有助于对火山爆发进行一定的预测。

4) 数字高程数据获取

通过对同一区域进行干涉测量，SAR卫星可以获取区域内的数字高程模型数据，准确描述观测区域地貌形态空间分布，为交通规划、城市建设等提供基础地理环境信息。

1.3.1.5 灾害监测

SAR在地震评估、山体滑坡和洪涝等灾害监测领域的应用已经取得显著的进展，为灾害预警和应对提供了有力支持。尤其在灾害天气时，在传统光学手段失效的情况下，SAR卫星几乎是在第一时间获取数据的唯一手段。

1）地震监测与灾害评估

SAR 卫星能够高精度地检测地表的微小变形。通过重复获取 SAR 图像，可以实时监测地震等事件引起的地壳运动，包括地表的垂直位移和水平位移。这种能力对于地震监测和预警系统的建立至关重要，有助于提前预测地震风险，减少灾害损失。在灾害发生后，SAR 卫星可以提供高分辨率的影像，用于评估灾害造成的损害情况。通过比较灾害前后的 SAR 图像，可以分析建筑物的倒塌、土地滑坡、地裂缝等地貌变化，为应急救援和灾后重建提供重要信息。

2）泥石流滑坡变形分析

SAR 卫星可以在不同时期获取山体滑坡的影像，帮助确定滑坡的活动程度和状态。通过对比图像，可以识别滑坡体的断裂、滑移和形变，进而评估滑坡的威胁程度。这对于制定应急响应计划和采取防范措施至关重要。

3）洪涝灾害监测

洪涝灾害一般伴随恶劣的天气条件，SAR 卫星可穿透云雨对地面进行成像，是监测洪涝灾害重要的手段。SAR 卫星发出的电磁波对土壤中含水量十分敏感。当洪水淹没土地时，淹没情况越严重，土壤中水分越接近饱和，介电常数越大，SAR 图像上的色调就越浅。利用 SAR 卫星，可以解决恶劣天气条件下全天时、全天候洪涝灾害的连续动态监测评估，及时掌握重大洪涝灾害实时情况，辅助提升救灾决策效率。

4）森林火灾监测

SAR 卫星发射的电磁波可以穿透森林火灾发生时产生的浓烟和大量扬尘，而过火区域的湿度、树木结构都发生了变化，其 SAR 图像灰度与未过火区域有显著区别。利用 SAR 卫星图像，可以对火灾发生全过程进行持续监测，掌握林火燃烧面积和强度，为评估和恢复过火迹地的生态系统提供支撑。

1.3.1.6 军事应用

SAR 具有高分辨率、全天候、全天时工作的特点，在军事领域具有广泛的应用，可以提供高质量的地面图像，在暴雨、云雾、沙尘等各类战场条件下能保持稳定的工作表现。因此 SAR 在军事情报获取、目标识别、侦察、导航、电子对抗、救援等方面发挥着重要作用和贡献。

1) 目标探测与识别

SAR 技术在军事领域中的一个重要应用是目标探测与识别。由于其高分辨率以及能够穿透云层和植被的特性，可以在各种天气条件下精确地探测地面目标。军事情报机构可以利用 SAR 图像来监测敌方军事设施、装备、车辆等目标，进行情报收集和分析。这有助于了解敌方的军事动态，为军事行动和决策提供重要的信息支持。

2) 地形与环境监测

在军事规划和导航中，SAR 卫星可以提供高分辨率的地表地形和地貌信息，帮助军事指挥官更好地了解作战地域，进行战术和战略规划。此外，SAR 还能够监测道路、桥梁、障碍物等环境特征的变化，为军事行动提供前期准备。

3) 目标变化检测

在情报收集和监测中，通过比较多个时间点的图像，SAR 技术可以检测地表目标的变化情况，例如敌军活动、军事设施的建设和变化等。这对于了解敌方的意图和活动模式，以及预测其可能开展的行动具有重要价值。

4) 导航和定位

SAR 卫星在军事导航和定位中具有重要意义，它可以在各种天气条件下提供精确的地图数据，帮助军事平台（如无人机、飞机、舰艇等）进行精确定位和导航。这在战场环境中尤其重要，有助于确保军事行动的准确性和成功率。

1.3.2 应用技术发展现状

1.3.2.1 目标自动检测识别技术

随着 SAR 卫星的快速发展，对地观测数据量急剧增加。如何在海量数据中快速找到感兴趣的目标，是提升 SAR 卫星图像应用效率的关键技术。与光学图像相比，SAR 图像物理生成过程复杂，高精度的自动化目标检测识别难度很大。近年来，随着在轨 SAR 卫星目标特征数据不断积累，人们对 SAR 图像的认识和理解越来越深入，目标自动检测识别技术取得了长足的进步。

一般来说，目标自动检测识别技术包含检测、鉴别和识别三个阶段[2]。检测阶段，通过检测算法将包含目标和虚警的可疑目标检测出来，最常见的传统目标检测算法为恒虚警率（CFAR）算法，CFAR 算法只依赖图像强度进行检测，它按照一定阈值将具有强散射的区域作为目标，反之为背景。鉴别阶段，进一步通过尺寸、形状、语义等特征来区分目标和虚警。识别阶段，通过分类器进行目标型号识别。

由于 SAR 图像中目标具有离散性与多变性的特点，且容易受背景强散射点的影响，因此设计鲁棒的特征提取方法，对目标精确检测识别具有关键作用。例如，中国科学院电子学研究所种劲松、朱敏慧利用 KSW 双阈值分割技术对船只目标进行检测，其效果在高分辨率图像中较为精确[3]；中国科学院遥感应用研究所王超等利用电磁计算目标三维模型的散射强度并仿真不同姿态 SAR 图像，实现目标的检测[4]；电子科技大学程建等提出分别使用级联方式和并联方式构造稀疏字典，实现 SAR 目标识别[5]；国防科技大学唐涛从目标的显著性特征、散射中心点集特征以及 SAR 图像局部不变特征出发，研究通过提取目标局部特征来提高目标检测与识别的精度的方法[6]；中国科学院电子学研究所张锐等提出基于圆周 SAR 回波模型的识别方法，利用三维模型与电磁仿真，可在线实时预测 SAR 图像完成识别[7]；清华大学杨健等提出基于一维匹配滤波的 SAR 目标识别，通过定义两样本图像间的相似度，采用最近邻分类完成目标识别[8]。

1.3.2.2 地物分类技术

地物分类（Land Cover and Land Use, LCLU），也称为土地覆盖和土地利用分类，是遥感最突出的应用之一[9]。土地覆盖和土地利用是将物理环境与人类活动联系起来的基本属性[10]。及时准确地获取地物变化信息是环境和经济社会研究（如可持续土地利用规划、水质评估、生物多样性保护、森林管理、荒漠化控制和气候变化监测等）不可或缺的数据组成部分。

SAR 应用于地物分类的时间较晚，但是 SAR 能够持续提供感兴趣区域（特别是多云区域）的高分辨率 SAR 图像数据。随着 SAR 卫星重访周期的缩短，利用 SAR 卫星影像，能够连续不断地获取大规模和最新的地物信息。研究表明，对某些类型地表覆盖物的监测，使用微波波段比使用光学波段效果更佳[11]。另外，光学传感器测量得到的是光谱响应信号，获取的是地物表面的属性和信息，而 SAR 传感器测量得到的是后向散射系数，与地物的结构和几何信息更加相关[12]。由此可见，SAR 数据作为光学数据的重要补充，在地物分类研究和应用中有其独特的价值。

在 SAR 卫星图像地物分类中，应用最为广泛的是极化合成孔径雷达（Polarimetric Synthetic Aperture Radar，PolSAR）。极化 SAR 是一种多参数、多通道的成像雷达系统[13]。极化 SAR 几乎同时发射并接收两组相干的极化电磁波，对目标进行全极化数据测量。1950 年，Sinclair 提出了极化散射矩阵的概念，将目标表示为一个 2×2 的矩阵，即 Sinclair 矩阵[14]。从 20 世纪 80 年代至今，极化 SAR 的理论进一步完善，在目标特性分析、目标自动分类、地表参数反演等方面取得大量研究成果。

极化 SAR 图像能够提供更完整的目标的后向散射信息，对目标进行更为详尽描述[15-16]。极化 SAR 图像能够得到散射回波的能量特性、相位特性、振荡特性和矢量特性。其测量得到的矢量数据不仅能够描述目标在特定观测频率和姿态下的功率，还能够描述目标的物理特性、介电常数、几何形状、方位取向、空间分布、粗糙度、湿度以及材料构成等特性，而这些特性成为获得目标信息乃至进一步提取目标分类识别特征的重要依据。同时，由于极化 SAR 系统具有同时发射和接收相干的电磁波，能够得到任意极化下的目标回波，消除了单极化测量状态下的不确定性。此外，极化 SAR 系统通过散射矩阵对目标的进行描述，通过目标分解，可以进一步得到目标的散射特征，便于理解目标的散射性质。

利用极化 SAR 地物分类技术，可以分析植被的极化反射特性，进而获取植被生物量、结构和湿度等信息。这对于森林资源调查、农作物估产和生态环境评估等方面具有重要意义。利用极化 SAR 图像，可以估计土壤的湿度和地表粗糙度，有效区分水体和湿地，为洪水预测、农业灌溉、湿地保护等应用提供地物信息。此外，极化 SAR 地物分类技术在城市规划和基础设施监测、灾害检测、冰雪覆盖研究等方面发挥了重要作用。

1.3.2.3 变化检测技术

变化检测（Change Detection，CD）技术是利用覆盖同一地理区域的多时相遥感影像来提取地表覆盖发生的变化信息，是遥感对地观测的重要研究方向[17]。该技术已经被广泛应用于环境监测、城市研究、森林监测、农业调查、灾害评估和打击效果评估等领域。例如，在民用方面，可以分析农作物的生长态势，可以评估城区的扩张情况；在军用方面，利用遥感图像的变化检测技术，可以开展战场态势的估计，有助于及时改变战略部署[18]。

随着 SAR 成像技术和计算机技术的发展，获取 SAR 图像变得越来越便捷。SAR 传感器的全天时全天候工作机制，保证了人们可以在短时间内获得同一地理位置不同时段的多时相 SAR 图像。通过这些图像，人们可以及时地对地物的变化情况做出准确的辨识和分析。能够引起 SAR 图像变化的因素，包括一些随机因素（如视角、潮汐、土壤湿度、季节、天气等）和观测地点目标本身的散射值及局部纹理特征。很多变化检测算法有这样一个前提：随机因素造成的变化比观测地点目标本身造成的变化要小得多，基本可以忽略。SAR 图像变化检测算法主要用于检测图像中变化的位置和变化的属性，具体包括变化的位置和范围、变化的性质以及变化的趋势。

变化检测方法的演化史，就是对地观测技术、信息技术和人工智能技术的发展史。遥感影像分辨率的提高、人工智能的崛起，深深影响了变化检测方法的发展。总结起来，SAR 变化检测技术主要包括以下 3 个典型的发展阶段。

（1）初始发展阶段（20 世纪 90 年代）[19-20]，主要以像元级统计方法为主。以独立的像元作为检测单元，主要针对中低分辨率 SAR 影像，通过逐像素分析像元散射差异来提取变化信息，主要包括直接比较法、图像变换方法、分类后比较法等。

（2）机器学习应用阶段（2000—2009 年）。随着支持向量机、决策树、随机森林、多核学习以及极限学习机等机器学习方法的出现和发展，机器学习方法被广泛应用于 SAR 遥感影像分类中，提高了 SAR 影像变化检测的精度。

（3）面向对象的变化检测阶段（2010 年至今）[21-22]。伴随着高空间分辨率 SAR 遥感影像的商业化，面向对象的影像分析技术被引入高分辨率遥感影像分析中，变化检测的基本单元由像素逐渐过渡到对象。同时，基于像素的直接比较法、分类后比较法等较为成熟的方法，慢慢地也被引入面向对象的高分辨率遥感影像变化检测中。此外，水平集、马尔可夫随机场、条件随机场等涉及邻域像素空间关系的方法，引入到对象级变化检测中，将散射和空间信息进行有效结合，降低对象级变化检测的不确定性。

1.3.2.4 智能应用技术

近年来，随着深度学习理论和方法的不断发展，基于深度学习的 SAR 图像智能应用技术快速发展，在目标检测识别、变化检测、地物分类等多个技术方向取得了较好的应用效果。其中，目标检测识别作为图像解译中重要一环，是当前 SAR 卫星图像智能应用技术的研究热点。基于深度学习的目标检测识别方法可以分为基于锚框、无锚框和两类融合，发展脉络如图 1.3 所示。

图 1.3　基于深度学习的目标检测识别方法发展脉络

现有基于深度学习的 SAR 目标检测识别方法中，典型网络主要分为三大类：卷积神经网络、深度置信网络和区域卷积神经网络。例如，王思雨等提出了基于数据增强与卷积神经网络的 SAR 图像中目标检测算法，先通过滑动窗选取候选切片，再通过卷积神经网络对候选切片进行鉴别[23]。Dou 等提出了一种利用形状先验来精确提取轮廓形状特征的目标重建方法，使用生成式深度学习建模方法获得目标形状先验；在重建阶段提出了一种结合优化算法的从粗到精的目标姿态估计方法，为目标识别提供有效的先验信息[24]。He 等从不同分辨率描述目标，并搭建了整体目标与部件目标组成的多尺度检测器实现对目标与部件的检测，基于 TerraSAR-X 数据的实验证明了该方法是可行的[25]。An 等基于旋转最小邻接矩形框，提出了一种结合困难样本挖掘及焦点损失的方法，改善在目标检测中正负样本均衡的问题，并在高分三号等数据集上验证了其算法的可行性[26]。

然而，深度学习对训练数据依赖很强，而 SAR 图像中目标的多变性使得同一目标在不同的成像条件下的成像结果往往会有较大差异，这对强烈依赖训练数据的神经网络非常不利。因此，对于 SAR 图像中飞机目标检测与识别问题，直接应用深度学习算法，或者简单结合目标结构特征，并不能获得一个鲁棒的结果。

现有研究中目标电磁散射信息与深度学习结合的方法,主要分为隐式结合散射信息改进网络结构与显式结合散射信息增强图像信息两大类。在改进网络结构方面:针对SAR图像中船只检测,Cui等提出了一种基于密集注意力的金字塔网络,将卷积注意模块与金字塔网络各个级联特征图相连,有效提升SAR图像中目标检测精度[27];针对高分辨率SAR图像中区域级船只目标灰度对比度低的问题,Wei等提出了一种高分辨率特征金字塔网络结构,并行连接从高分辨率到低分辨率的子网络,从而增强网络中的目标显著信息,改善算法对区域级船只目标的检测效果[28];考虑到SAR图像中飞机目标具有离散的强散射点的特征,Zhao等提出了一种金字塔注意力膨胀网络(PADN)结构,利用多分支膨胀卷积模块(MBDCM)改善飞机离散特征之间的关系,利用卷积块注意力模块(CBAM)对重要信息进行提炼,进而建立了一种精确检测SAR图像中飞机的方法[29]。在增强图像信息方面,考虑到SAR图像中飞机易表现为离散的强散射点,并且飞机目标部件分布满足混合高斯模型的特征,Guo等提出了一种基于散射信息与深度学习融合的SAR图像中飞机目标检测方法[30],通过对目标散射特征的分析与提取,利用神经网络强大的特征提取能力,结合目标与背景的上下文信息,实现对飞机目标的高精度检测。

参考文献

[1] 陈立泽,申旭辉,田勤俭. 合成孔径雷达(SAR)机器在地质和地震研究中的应用[J]. 地震,2003(23):29-33.

[2] DUDGEON D E, LACOSS R T. An overview of automatic target recognition [J]. The Lincoln Laboratory Journal, 1993 (6):3-10.

[3] 种劲松,朱敏慧. SAR图像船只及其尾迹检测研究综述[J]. 电子学报,2003,31(9):1356-1360.

[4] 王超,张波,温晓阳,等. 基于雷达散射特性的高分辨率SAR图像自动目标识别[J]. 电波科学学报,2004,19(4):422-426.

[5] 程建,黎兰,王海旭. 稀疏表示框架下的SAR目标识别[J]. 电子科技大学学报,2014,43(4):524-529.

[6] 唐涛. 合成孔径雷达图像局部特征提取与应用研究[M]. 长沙:国防科学技术大学出版社,2016.

[7] 张锐, 洪峻, 明峰. 基于目标 CSAR 回波模型的 SAR 自动目标识别算法 [J]. 电子与信息学报, 2011, 33 (1): 27-32.

[8] 陈思, 杨健. 基于一维匹配滤波的 SAR 目标识别 [J]. 信息与电子工程, 2011, 9 (2): 133-137.

[9] SOERGEL U. Review of radar remote sensing on urban areas [M]. Berlin: Springer, 2010.

[10] CIHLAR J. Land cover mapping of large areas from satellites: status and researchpriorities [J]. International journal of Remote Sensing, 2000, 21 (6.7): 1093-1114.

[11] KUROSU T, FUJITA M, CHIBA K. Monitoring of rice crop growth from space using the ERS-1 C-band SAR [J]. IEEE Transactions on Geoscience and Remote Sensing, 1995, 33 (4): 1092-1096.

[12] HEROLD N D, HAACK B N, SOLOMON E. An evaluation of radar texture for landuse/cover extraction in varied landscapes [J]. International Journal of Applied Earth Observation and Geoinformation. 2004, 5 (2): 113-128.

[13] 庄钊文, 肖顺平, 王雪松. 雷达极化信息处理及其应用 [M]. 北京: 国防工业出版社, 1999.

[14] SINCLAIR G. The transmission and reception of elliptically polarized waves [J]. Proc. IRE, 1950, 38 (2): 148-151.

[15] 王超, 张红, 陈曦, 等. 全极化合成孔径雷达图像处理 [M]. 北京: 科学出版社, 2008.

[16] 张爽. 基于散射机理和目标分解的极化 SAR 图像地物分类 [D]. 西安: 西安电子科技大学, 2014.

[17] 张良培, 武辰. 多时相遥感影像变化检测的现状与展望 [J]. 测绘学报, 2017 (10): 1447-1459.

[18] 焦李成, 张向荣, 侯彪, 等. 智能 SAR 图像处理与解译 [M]. 北京: 科学出版社, 2008.

[19] DEKKER J R. Speckle filtering in satellite SAR change detection imagery [J]. International Journal of Remote Sensing, 1998 (19): 1133-1146.

[20] BOVOLO F, BRUZZONE L. A detail-preserving scale-driven approach to change detection in multitemporal sar images [J]. IEEE Trans. Geosci. Remote Sens., 2005 (43): 2963-2972.

[21] HUSSAIN M, et al. Change detection from remotely sensed images: from pixel-based to object-based approaches [J]. ISPRS J. Photogram. Remote Sens., 2013 (80): 91-106.

[22] GONG M, ZHAN T, ZHANG P et al. Superpixel-based difference representation learning for change detection in multispectral remote sensing images [J]. IEEE Trans. Geosci. Remote Sens., 2017 (55): 2658-2673.

[23] 王思雨，高鑫，孙皓，等. 基于卷积神经网络的高分辨率SAR图像飞机目标检测方法[J]. 雷达学报，2017，6（2）：195-203.

[24] DOU F, DIAO W, SUN X, et al. Aircraft reconstruction in high-resolution SAR images using deep shape prior [J]. ISPRS International Journal of Geo-Information, 2017(6): 330.

[25] HE C, TU M, XIONG D, et al. Adaptive component selection-based discriminative model for object detection in high-resolution SAR imagery [J]. ISPRS International Journal of Geo-Information, 2018 (7): 72.

[26] AN Q, PAN Z, LIU L, et al. DRBox-v2: an improved detector with rotatable boxes for target detection in SAR images [J]. IEEE Transactions on Geoscience and Remote Sensing, 2019 (57): 8333-8349.

[27] CUI Z, LI Q, CAO Z, et al. Dense attention pyramid networks for multi-scale ship detection in SAR images [J]. IEEE Transactions on Geoscience and Remote Sensing, 2019 (57): 1-15.

[28] WEI S, SU L, MING J, et al. Precise and robust ship detection for high-resolution SAR imagery based on HR-SDNet [J]. Remote Sensing, 2020 (12): 167.

[29] ZHAO Y, ZHAO L, LI C, et al. Pyramid attention dilated network for aircraft detection in SAR Images [J]. IEEE Geoscience and Remote Sensing Letters, 2020 (14): 662-666.

[30] GUO Q, WANG H XU F. Aircraft detection in high-resolution SAR images using scattering feature information [C]//2019 6th Asia-Pacific Symposium Conference on Synthetic Aperture Radar (APSAR), Xiamen, China, 2019: 1-5.

[31] 胡建国，李建成，董晓军，等. 利用卫星测高技术监测海平面变化[J]. 测绘学报，2001，30（4）：316-321.

[32] 刘鹏，许可，王磊，等. 合成孔径雷达高度计与传统高度计精度比对分析与机载试验验证[J]. 电子与信息学报，2016，38（10）：2495-2501.

[33] 李建成，宁津生，晁定波，等. 卫星测高在大地测量学中的应用及进展[J]. 测绘科学，2006，31（6）：19-23.

[34] 孙中苗，管斌，翟振和，等. 海洋卫星测高及其反演全球海洋重力场和海底地形模型研究进展[J]. 测绘学报，2022，51（6）：923-934.

[35] 蔡玉林. 多源遥感数据应用于鄱阳湖水环境研究[D]. 北京：中国科学院遥感应用研究所，2006.

[36] 杨兴超，郭斌，邢文雪，等. Sentinel-3测高数据在湖库区域的波形重跟踪方法：以东平湖和峡山水库为例[J]. 地球物理学报，2023，66（3）：986-996.

[37] 姜丽光，刘俊，张星星. 基于卫星雷达测高技术的湖库动态监测理论、方法和研究进展[J]. 遥感学报，2022，26（1）：104-114.

[38] 杨磊,常晓涛,郭金运,等. ENVISAT雷达高度计后向散射系数的极区海冰分布特性 [J]. 测绘学报, 2013, 42 (5): 676-681.

[39] 蒋涛,李建成,王正涛,等. 利用卫星测高技术监测 2006-2007 年厄尔尼诺现象 [J]. 海洋通报, 2008, 27 (5): 105-109.

[40] 中华人民共和国自然资源部. 自然资源部关于印发《自然资源调查监测体系构建总体方案》的通知 [EB/OL]. (2020-01-17) [2020-01-20]. http://gi.mnr.gov.cn/202001/t20200117_2498071.htm.

第 2 章　SAR 卫星成像原理

早期的雷达系统利用时间延迟测量雷达与目标之间的距离，通过天线指向探测目标方位，继而利用多普勒频移检测目标速度。SAR 卫星通过发射宽带信号形成距离向分辨能力，利用航迹方向合成孔径实现方位向分辨能力，形成的 SAR 图像反映了微波波段的地球表面特征，这种特征是以前肉眼无法观察到的。

根据目前世界各国在轨卫星的总体情况，SAR 卫星的工作模式大体上划分为扫描类工作模式和非扫描类工作模式。其中，非扫描类工作模式主要是单通道条带模式、多通道条带模式等，该类模式下波束指向不变，其方位向分辨率、观测幅宽完全由卫星天线尺寸决定；扫描类工作模式主要是通过调整特定波束指向，可以在短时间内尽可能获取较大观测带宽，也可以在较长时间内持续观测目标以获取更高的分辨率。

本章从卫星轨道、电磁波基础、雷达工作原理出发，简要介绍 SAR 卫星系统基础知识，论述了脉冲压缩、合成孔径的基本原理，解释 SAR 卫星图像的物理生成过程，进一步对 SAR 卫星系统、地面系统、典型工作模式进行概述，以增进读者对整个 SAR 卫星系统运行的认识。

2.1　卫星轨道基础

根据不同应用需求，SAR 卫星可运行于多种空间轨道。根据不同类型轨道特点，SAR 卫星可实现特定的对地观测功能。本节不对卫星轨道作深入全面阐述，主要介绍卫星轨道的基本概念、常用轨道类型特点以及轨道空时系统[1-2]。

2.1.1 空间坐标系

1) 天球坐标系

天球是天文学想象出的一个与地球同球心，有相同自转轴，半径无限大的球。天球可以描述物体的位置、时间等信息。在研究地面上的对象时，地面上某地点的位置就采用相对地球的经纬度表示。在研究宇宙中更大范围内的对象时，其位置及各对象相对关系都可以用天球坐标表示。

如图 2.1 所示，地球自转轴延长与天球交点称为天极，在北半球的天极称为北天极、在南半球的天极称为南天极。过天球中心作一平面与天轴垂直，该平面称为天赤道面。天赤道面与天球相交的大圆称为天赤道，与天赤道对应的为天子午圈。过天球中心作一平面与地球公转的轨道面平行，该平面为黄道面，黄道面与赤道面的夹角约为 23.5°，它实际上是地球自转轴的倾斜角度，正是由于该角度的存在，才使得地球上某点出现了四季变化。黄道面在天球上截出的大圆称为黄道。黄道实际上是地球绕太阳公转一周的轨迹在天球上的投影，从地球上看是太阳一年在天球上转动一周的轨迹。黄道与天赤道相交两点。每年 3 月 21 日前后，太阳由南半天球进入北半天球通过天赤道的那一点称为春分点；每年 9 月 23 日前后，太阳由北半天球进入南半天球通过天赤道的那一点称为秋分点。黄道上距离天赤道最远的两点分别称为夏至点和冬至点。

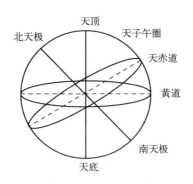

图 2.1 天球示意图

天球坐标系分为天球直角坐标系、天球球面坐标系两种形式。如图 2.2 (a) 所示，天球直角坐标系以地球质心为坐标原点，Z 轴由地心指向天球的北极为正方向，X 轴由地心指向春分点为正方向，Y 轴与 X 轴、Z 轴正交且构成右手坐标系。天体的位置，在空间直角坐标内以 (X, Y, Z) 表示。在天球球面坐标系内,天球上任一点均可用赤经 α 和赤纬 β 表示。如图2.2(b)所示,该坐标系内以地球质心为中心,以过春分点 γ 和天极的子午面为经度起算面;天球赤道与地球赤道面重合,赤道面是纬度起算面;赤经以春分点为起点,反时针方向量度,范围为 $0°\sim360°$;赤纬以天赤道为 $0°$,向北南两极为 $\pm90°$。天球坐标系不随地球自转而变。

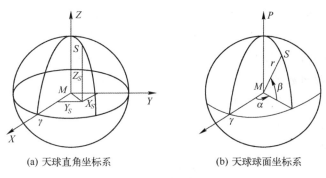

(a) 天球直角坐标系　　　　(b) 天球球面坐标系

图2.2　天球坐标系

2) 地理坐标系

在大地测量中表示地面点位置,通常使用地理坐标系。地理坐标系,也称为真实世界的坐标系,是用于确定地物在地球上的位置的坐标系。如图2.3所示,首先将地球抽象成一个规则的逼近原始自然地球表面的椭球体,称为参考椭球体。然后在参考椭球体上定义一系统的经线和纬线构成经纬网,常用的经度和纬度是从地心到地球表面上某点的测量角。通常以度或百分度为单位来测量该角度。

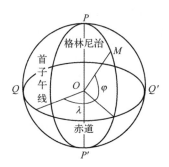

图2.3　地理坐标系

3) 地心惯性坐标系

地心惯性坐标系(Earth-Centered Inertial Frame,ECI)不随地球转动而转动,是指相对于宇宙而言没有速度和加速度的坐标系。该坐标系的原点在地心处，X 轴在赤道面内从地心指向春分点；Z 轴沿地球自转轴方向，从地心指向北极点；Y 轴与 X、Z 轴构成右手坐标系。由于春分点具有随时间变化而进动的特点，根据 1976 年国际天文协会决议，从 1984 年起采用新的标准历元，即以 2000 年 1 月 15 日的平春分作为基准。地心惯性坐标系可用来描述地球卫星、飞船以及洲际弹道导弹、运载火箭的轨道。

4）地心地固坐标系

地心地固坐标系（Earth-Centered Earth-fixed Frame，ECEF）是转动坐标系，其 X、Y 轴随地球自转而转动。该坐标系原点为地心，X 轴在赤道平面内，从地心指向赤道与本初子午线（格林尼治天文台所在子午线）的交点。Z 轴沿地球自转轴方向，从地心指向北极点。地心坐标系适用于确定运载火箭相对地球表面的位置，常用的地心地固坐标系是 WGS84 坐标系。

5）发射坐标系

地心坐标系原点与航天器发射点 O 固联，X 轴在发射点水平面内且指向发射方向，Y 轴垂直于发射点水平面指向发射瞄准方向。Z 轴与 X 轴、Y 轴构成右手直角坐标系。由于发射点 O 随地球一起旋转，因此发射坐标系是移动坐标系。根据所采用的地球形状模型的不同，可以将发射坐标系分为两类，其中：当把地球看成圆球模型时，Y 轴垂直于发射点水平面指向上方，其延长线过地球质心，此时 Y 轴延长线交赤道面的夹角称为地心纬度 φ_0，在不同的发射点 X 轴与子午线切线正北方向的交角称为地心方位角 α_0，如图 2.4（a）所示；当把地球看成椭圆球模型时，Y 轴垂直于发射点水平面指向上方，其延长线不过地球质心，此时 Y 轴延长线交赤道面的夹角称为地理纬度 B_0，在不同的发射点 X 轴与子午线切线正北方向的交角称为射击方位角 A_0，地心方位角和射击方位角均以绕 Y 轴转动方向为正，如图 2.4（b）所示。

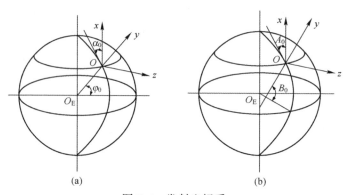

图 2.4　发射坐标系

6) 轨道坐标系

轨道坐标系的原点在卫星即时所处的位置。卫星轨道平面为坐标平面，Z 轴由卫星指向地心（又称为地垂线），X 轴在轨道平面内与 Z 轴垂直并指向卫星速度方向。Y 轴与 X 轴、Z 轴右手正交，且与轨道平面的法线平行。轨道坐标系在空间是旋转的，在描述卫星运行时经常用到该坐标系。

2.1.2 时间系统

在空间中描述卫星在轨道上的运动特性，需要给定卫星的位置以及对应的时间。轨道时间系统与坐标一样，既需要一个测量卫星位置瞬时的确定时间，又需要反映卫星运动过程经历的时间间隔。卫星应用领域常见的时间系统主要包括恒星时、基于星体观测的世界时、基于原子频率测量的国际原子时、便于工程实际应用的协调世界时、方便各地使用的地方标准时、卫星导航应用的全球定位系统（GPS）时等。

1) 恒星时

以春分点为基本参考点，由春分点的周日视运动确定的时间，称为恒星时。某一地点的地方恒星时，在数值上等于春分点相对于当地地方子午圈的时角。春分点连续两次过中天的时间间隔称为恒星日。由于春分点在天球上不是固定的，存在真春分点和平春分点，因此恒星时也可分为真恒星时和平恒星时。

2) 世界时

早期，人们选取星体的运动作为时间测量尺度。以真太阳视圆面中心作为参考点，由其运动所确定的时间称为真太阳时。由于地球公转轨道是变化的椭圆，公转速度不均匀，而且黄道和赤道又不重合，这使得真太阳日的长度不是一个固定量。为此，通过引入假想的均速运动的点，人们提出了平太阳日和平太阳时。

世界时（Universal Time，UT）系统就是在平太阳时基础上建立的，是以平子夜作为 0h 开始的格林尼治平太阳时，世界时的 1s 被定义为一个平太阳日的 1/86400。

3) 国际原子时

对于以周期运行的物体，只要它的周期是恒定的并且是可观测的，都可以作为时间尺度。频率是某周期事件在单位时间内发生的次数，显然频率与时间是密切相关的。一个高稳定的频率发生器可以相应的精度再现时间尺度。

人们发现原子内部的运动比地球自转运行稳定性高得多，于是根据原子频率高稳定特性制定了新的计时标准——国际原子时，简称为原子时。

原子时的起点按国际协定原为1958年1月1日0时0秒（UT）。1967年10月，第十三届国际度量衡会议重新分配了基于原子时秒长的时间尺度，其定义为位于海平面上的铯-133原子基态的两个超精细能级在零磁场中跃迁辐射振荡为9192631770周所经历的时间。这一时间尺度目前被广泛地应用于动力学时间单位，其中包括轨道时间系统。国际原子时是世界上统一的，它由国际时间局（BIH）通过7个国家100台原子钟保持，其稳定度为1×10^{-13}，每天误差为10^{-8}s。

4) 协调世界时

尽管原子时比世界时精确，但考虑到许多时间测量相对地球自转更加方便，因此目前许多航天应用部门仍然要求时间系统接近世界时（UT）。协调世界时（Coordinated Universal Time，UTC）是一种折中办法，UTC本身不是一种独立的时间尺度，它采用了原子时秒长，但比原子时慢整秒数（1972年1月1日两者差10s，到1999年1月1日相差32s），从1972年开始UTC采用对原子时人为调秒方法调整与原子时的差值，这样便可消除原子时与世界时的差异。OTC既保持原子计时均匀精确的优点，又能反映世界时的特点。

显然，UTC的引入极大地方便了世界各地人们同时采用共同的时间标准，目前几乎所有国家发播的时号都以UTC为基础。UTC在航天领域得到了普遍应用。

5) 地方标准时

由于地球由西向东自转，经度不同的地方时间便有差异。仅有一个世界时给世界各地的人们日常生活带来许多不便，1884年华盛顿国际会议决定全球统一区间系统计量时间，全世界分为24个时区，每个时区15°，每个时区以中央经线的地方平时为本区的区时，从西经7.5°到东经7.5°为0时区，依次类推。这样的时间称为标准时，由于各地对应的标准时有所不同，所以有时也被称为地方时。我国从东到西横跨东5到东9共5个时区，现在我国标准时采用北京所在的东8区区时。

在航天应用中一般广泛采用UTC，因此，根据不同的时区，便可将当地时转换为相应的UTC，如北京正午（12:00AM）对应的UTC为0400。

6) 全球定位系统时

全球定位系统时（简称为GPS时）采用原子时秒长作为标准，时间地点为 1980 年 1 月 6 日 UTC 零点。GPS 时间系统与 UTC 不同，UTC 在年末需要通过跳秒与 UT 尽量接近，而这种时间的跳变可能会使卫星导航中断，所以 GPS 时启动后连续测量，不跳秒。随着时间积累，GPS 时与 UTC 的整秒差以及秒以下的差异通过时间服务定期公布。

2.1.3 轨道运动

1）二体运动

卫星轨道对 SAR 卫星的地面覆盖、目标重访能力、信噪比、工作寿命等具有较大影响。忽略其他天体的引力和稀薄大气对卫星的阻尼，将地球看作质量均匀分布的球对称体，则卫星—地球系统简化为两个质点组成的系统，卫星围绕地球运动可简化为二体运动。

二体运动描述了物体 p_i 围绕物体 p_j 进行转动，运动过程在通过 p_j 的一个平面（轨道面）内。物体 p_i 形成的运动轨迹为椭圆，被围绕运动的物体 p_j 位于这个椭圆轨道的焦点上，根据卫星与地球的引力作用关系，椭圆轨道的方程可描述为

$$r = \frac{p}{1+e\cos\theta} \tag{2.1}$$

式中：e 为偏心率；p 为半正焦距；θ 为真近心角。半正焦距由质点每单位质量的能量大小决定。典型的椭圆轨道示意如图 2.5 所示。

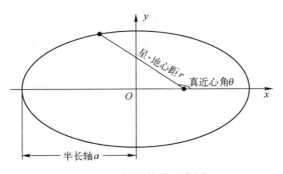

图 2.5 椭圆轨道示意图

图中：轨道半长轴 a 为椭圆与椭圆中心最大距离，可用半正焦距替代；偏心率 e 为两焦点之间距离与椭圆长轴之比；过近心点时刻 τ 为卫星过近地点时刻，可用真近心点角替代。

卫星在椭圆轨道上的运动可以用 6 个轨道要素描述，这 6 个轨道要素分别为轨道半长轴 a，偏心率 e，轨道倾角 i，近地点幅角 ω，升交点赤经 Ω，过

近地点时刻 τ。在任一时刻 t，椭圆轨道上运动的卫星位置由 6 个轨道要素确定。

以不动地心赤道参考系作为讨论椭圆轨道的参考系，则 XY 面是地球平均赤道平面；坐标原点取在地心；X 轴在赤道面内，指向春分点；Z 轴垂直于赤道面，与地球自转角速度方向一致；Y 轴与 X 轴、Z 轴垂直，构成右手坐标系。地心赤道参考系下轨道平面的空间关系如图 2.6 所示。

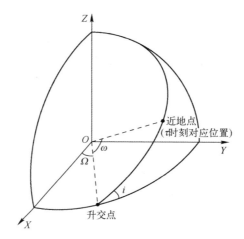

图 2.6 地心赤道参考系下轨道平面的空间关系

图中：升交点赤经 Ω 为春分点到升交点的地心张角，从春分点向东度量；轨道倾角 i 为轨道平面正法向与地球北天极之间的夹角；近地点幅角 ω 为升交点到近地点的地心张角，从升交点顺轨道运行方向度量。

2）卫星摄动

二体问题描述了卫星轨道的基本特征，但由于空间中存在其他引力的作用，使得二体运动与卫星实际轨道仍有一定的差异，这种差异称为轨道摄动。根据摄动的起因，轨道摄动有以下几种类型。

（1）地球形状摄动：地球形状呈非球形和密度分布非中心对称使卫星轨道产生的摄动。

（2）大气阻力摄动：稀薄大气给卫星的阻力对卫星轨道产生的摄动。

（3）光压摄动：太阳光摄动压力对卫星轨道产生的摄动。

（4）日、月摄动：太阳、月球的引力对卫星轨道产生的摄动。

对近地轨道而言，轨道摄动因素主要是地球非球形和稀薄大气摄动的影响。其中，地球形状摄动主要表现在：一是使卫星的轨道面围绕地球自转轴缓慢移动,即轨道面进动,进动方向与卫星运行方向相反;二是使近地点幅角发生变化,即近地点漂移。轨道面进动相当于升交点位置变化。椭圆轨道升交点赤经的平均变化速率 Ω 和近地点幅角平均变化速率 ω 分别为

$$\Omega = -10 \frac{1}{(1-e_0^2)^2} \left(\frac{R_e}{a_0}\right)^{3.5} \cos i_0 \quad (2.2)$$

$$\omega = 5 \frac{1}{(1-e_0^2)^2} \left(\frac{R_e}{a_0}\right)^{3.5} (5\cos^2 i_0 - 1) \quad (2.3)$$

式中:R_e 为地球赤道半径。

大气阻力摄动是决定近地轨道卫星寿命的主要摄动力。它使得椭圆轨道的半长轴和偏心率同时下降,使轨道逐渐圆形化,轨道平均高度减小,最终导致卫星进入大气层烧毁。

对高轨卫星或轨道精度要求较高的卫星,还需考虑日、月摄动和太阳光压摄动的影响。

3) 星下点轨迹

卫星在外层空间沿轨道运行,而地球在不停自转。因此,卫星在沿椭圆轨道绕地球运行时,其后一圈运行的星下点(地心至卫星的连线与地球表面的交点)轨迹一般不再重复前一圈运行的星下点轨迹。沿椭圆轨道运行的卫星于某一圈运行中的星下点轨迹可表示为

$$\begin{cases} \delta_s = \arcsin(\sin i_0 \sin\theta) \\ L_s = L_0 + \arcsin(\cos i_0 \tan\theta) - \omega_e t \pm N \end{cases} \quad (2.4)$$

$$N = \begin{cases} -180°, & -180° \leq \theta \leq -90° \\ 0°, & -90° \leq \theta \leq 90° \\ 180°, & 90° \leq \theta \leq 180° \end{cases}$$

式中:δ_s 为星下点纬度;L_s 为星下点经度;ω_e 为地球自转角速度。

2.1.4 轨道类型

2.1.4.1 轨道参数分类

根据不同卫星轨道参数,卫星轨道存在多种分类方法,一般可根据偏心率、轨道倾角、轨道高度等几种典型参数进行轨道分类。

根据轨道偏心率的不同,卫星轨道分为圆轨道、近圆轨道、椭圆轨道。

其中：圆轨道偏心率为0；近圆轨道偏心率小于0.1；椭圆轨道偏心率大于0.1且小于1。

根据轨道高度不同，卫星轨道分为低地球轨道（LEO）、中圆地球轨道（MEO）、地球同步轨道（GEO）、地球同步转移轨道（GTO）等。其中，低地球轨道又称为近地轨道，距地面200～2000km；中地球轨道距地面2000～20000km；地球同步轨道距地面约36000km；地球同步转移轨道一般为距地面近地点约200km、远地点约36000km的椭圆轨道。

根据轨道倾角不同，卫星轨道分为顺行轨道、逆行轨道、赤道轨道、极地轨道。如图2.7所示，顺行轨道是指从北天极看，航天器运动方向和地球自转方向相同的轨道，轨道倾角小于90°；逆行轨道与顺行轨道方向相反，轨道倾角大于90°；赤道轨道是指轨道平面与赤道面夹角为0°或180°的卫星轨道；极地轨道是指轨道平面与赤道面夹角为90°的卫星轨道，一般气象卫星、导航卫星、地球资源卫星都采用这种轨道。

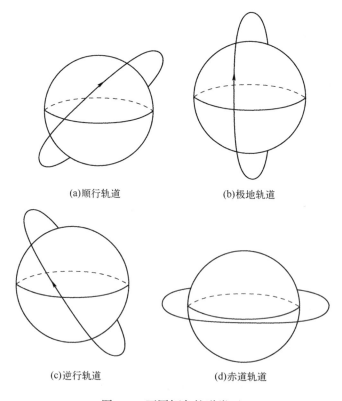

(a) 顺行轨道　　　　　(b) 极地轨道

(c) 逆行轨道　　　　　(d) 赤道轨道

图2.7　不同倾角轨道类型

2.1.4.2 SAR 卫星常用轨道类型

1）极地轨道

极地轨道可实现对全球目标的探测，是 SAR 卫星最常见的轨道类型。其中，太阳同步轨道是当前在轨 SAR 卫星最常用的极地轨道。太阳同步轨道是指卫星轨道面绕地球自转轴进动的角速度和太阳在黄道上运动的平均角速度（即地球绕太阳公转的平均角速度）方向相同、大小相等的轨道。它的轨道平面绕地轴的旋转方向和周期与地球绕太阳的公转方向和周期相同。这种轨道的特点是太阳光和轨道平面夹角保持不变。沿太阳同步轨道运行的卫星，每次从同一纬度地面目标上空经过时，都保持同一地方时、同一运行方向，具有相同的光照条件，因此可在同样条件下重复观测地球。例如卫星第一次飞过某一地面目标上空是当地时间上午 10 时，那么下一次仍将是上午 10 时从该目标上空飞过。由于卫星轨道平面和太阳光间保持同一角度，因此当采用太阳能电池卫星供电时，只要卫星开始工作时让太阳能电池帆板正对太阳，就能获得最大的供电效果。

在一些特定需求中，SAR 卫星需要对某一区域进行固定周期探测。此时，可以采用回归轨道。回归轨道可以是太阳同步轨道，也可以是倾斜轨道。回归轨道的星下点轨迹经过一定时间后又重新回到原来通过的轨迹，轨道重复的时间间隔称为回归周期。相同回归周期的轨道有很多条，例如回归周期为一天的回归轨道，它的运行周期可以为 24h、12h、8h 等。在回归轨道上运行的卫星，每经过一个回归周期，卫星重新依次经过各地上空，这样可以对覆盖区域进行动态监视，借以发现这段时间内目标的变化。以获取地面图像为目标的卫星，如遥感卫星、气象卫星、地球资源卫星等，大多选择太阳同步型的回归轨道，兼有太阳同步轨道和回归轨道的优点，不仅可以多次获取同一地区的图像，而且获取图像时的探测条件大致相同。回归轨道对轨道周期的精度要求非常高，且周期需在长时间里保持不变。因此，卫星必须具备轨道修正能力，以克服入轨时的轨道误差和消除运行中的轨道变化。

2）地球同步轨道

2023 年，中国首发了第一颗地球同步轨道 SAR 卫星。该轨道上的 SAR 卫星可以对关注区域实现 24h 不间断探测，但由于星地相对运动速度较小，该轨道上的 SAR 卫星分辨率很低，主要用于大尺度目标或地形的探测。地球同步轨道是指运行周期与地球自转周期（23h56min4s）相等、倾角为 0°、圆形的卫星轨道,其轨道高度为 35786km,运行速度为 3.07km/s。由于星下点轨迹为赤道上的一个点,在地面上的人看来,卫星始终不动,也称为静止卫星。这种卫星并非"挂"在天上不动,由于它绕地轴的角速度与地球自转角速度大小相等、方向相同,于是卫星相对于地面是静止的。理论上,地球同步轨道只有一条,在这条轨道上已有许多卫星在运行,它们分布在不同地球经度的赤道上空。每颗卫星静止的位置是它进入地球同步轨道那一瞬间卫星所处的地理经度。地球同步轨道的精度要求很高,稍有偏差,卫星就会漂移。轨道不圆时,卫星每天在经度方向摆动一次,摆动的幅度若用弧度单位计量约为轨道偏心率的 2 倍。轨道倾角不为 0°时,轨道平面不与赤道平面重合,这时卫星每天在纬度方向摆动一次,星下点轨迹呈面北向南的"8"字形。轨道周期小于地球自转周期时,卫星均匀向东漂移;轨道周期大于地球自转周期时则向西漂移。由于 SAR 卫星需要相对地面目标存在一定的运动才能进行方位向成像,地球同步轨道 SAR 卫星需要具备一定倾角。此外,已经进入地球同步轨道的,由于各种摄动的存在,运行中轨道也会偏离理论值,卫星也会发生不超过 0.1°的漂移。这就要求卫星具备修正轨道误差和位置保持的能力。一颗静止卫星可以覆盖大约地球表面 40%的区域。3 颗等间距配置在赤道上空的静止卫星,可以覆盖除两极地区外的全球区域。

3)倾斜轨道

根据关注区域的纬度,降低轨道倾角,可以有效提升对关注区域的重复探测能力。卫星星下点轨迹在南北纬存在一定运行范围,运行范围由轨道倾角决定。轨道倾角越大,星下点分布的范围就越广;轨道倾角越小,星下点分布的范围越集中在赤道附近。对于轨道倾角接近 90°的 SAR 卫星而言,全球纬度范围内的所有目标都可以进行探测,但由于这种普适性没有重点顾及某个地区,对于一些人口密集或热点关注区域,平均每天大概仅能探测 1 或 2 次,无法满足一些特定应用需求。根据关注的纬度范围,选取特定倾角的倾斜轨道,可以有效提升对关注区域的探测次数,提高 SAR 卫星应用效率。

此外,在倾斜轨道中还存在一种临界倾角轨道,该轨道倾角为 63.4°。该轨道由地球非圆球形和地球质量分布不均匀造成的摄动力几乎为零,其近地点幅角不变,轨道椭圆长轴在轨道面内不转动。由于在每个轨道周期的轨道高度保持不变,因此该轨道也被称为冻结轨道。InSAR 卫星等一些对轨道高度敏感的卫星系统,可以采用这种轨道。

2.1.5 SAR 卫星运动几何关系

在 SAR 卫星成像过程中，卫星以特定的轨道（如太阳同步轨道、倾斜轨道等）运行，而地球从西向东转动。根据 SAR 图像的成像机理，卫星与地面的相对几何关系可分为沿航迹向几何关系与垂直航迹向几何关系。其中，沿航迹向几何关系与 SAR 图像方位向对应；垂直航迹向几何关系与 SAR 图像距离向对应。

图 2.8 给出了 SAR 卫星沿雷达发射方向的几何关系，其中卫星飞行方向垂直平面向内，波束以一定的角度向地面进行照射。根据卫星与照射区域内的距离，照射区域在该平面内形成近距点与远距点。由近距点与远距点距离差投影至地面，形成 SAR 图像的距离向观测带宽。显然，由于地球的曲率存在，卫星下视角与投影至地面的射线入射角并不相等。这与平坦地面的相对关系是不同的。

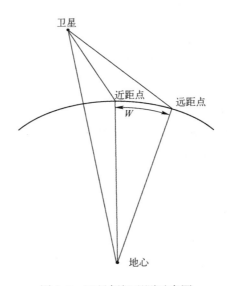

图 2.8　卫星侧摆观测示意图

图 2.9 给出了卫星由位置 1 运动到位置 2 时的相对几何关系。忽略地球自转、卫星运动引入的相对运动偏差，可近似认为卫星飞行方向为 SAR 图像方位向，在正侧视条件下，距离向与方位向垂直。随着卫星运动，波束在地面不断进行采样，最终通过地面处理形成二维 SAR 图像。

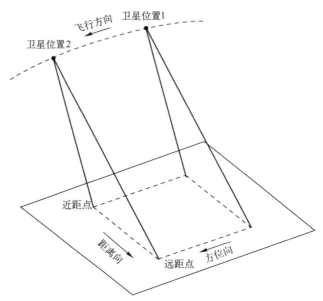

图 2.9　SAR 卫星距离向与方位向几何关系

2.2　电磁波基础

电磁波是由方向相同且相互垂直的电场与磁场在空间中以波动的形式传播的电磁场，其传播方向垂直于电场与磁场构成的平面。SAR 卫星系统通过主动发射电磁波并接收由物体反射回波来成像。通过选择具有合适特性的电磁波，可以实现 SAR 卫星系统全天时和全天候成像。

2.2.1　电磁场理论

电磁场理论是研究电磁场中各物理量之间关系及其空间分布和时间变化的理论。麦克斯韦方程是电磁场理论的基础，揭示了磁场与电场相互激发的过程。

2.2.1.1　麦克斯韦方程

完整的电磁理论是从麦克斯韦方程出发，以数学为工具发展而来的。积分形式的麦克斯韦方程组，如式（2.5）~式（2.8）所示，分别对应法拉第定律、麦克斯韦–安培定律、高斯定律、磁场高斯定律[3]。

$$\oint_C \boldsymbol{E}(\boldsymbol{r},t) \cdot \mathrm{d}\boldsymbol{l} = -\frac{\partial}{\partial t}\iint_S \boldsymbol{B}(\boldsymbol{r},t) \cdot \mathrm{d}\boldsymbol{S} \qquad (2.5)$$

$$\oint_C \boldsymbol{B}(\boldsymbol{r},t) \cdot \mathrm{d}\boldsymbol{l} = \varepsilon_0 \mu_0 \frac{\partial}{\partial t} \iint_S \boldsymbol{E}(\boldsymbol{r},t) \cdot \mathrm{d}\boldsymbol{S} + \mu_0 \iint_S \boldsymbol{J}_{\text{total}}(\boldsymbol{r},t) \cdot \mathrm{d}\boldsymbol{S} \quad (2.6)$$

$$\iint_S \boldsymbol{E}(\boldsymbol{r},t) \cdot \mathrm{d}\boldsymbol{S} = \frac{1}{\varepsilon_0} \iiint_V \rho_{\text{e,total}}(\boldsymbol{r},t) \mathrm{d}V \quad (2.7)$$

$$\iint_S \boldsymbol{B}(\boldsymbol{r},t) \cdot \mathrm{d}\boldsymbol{S} = 0 \quad (2.8)$$

式中：$\boldsymbol{E}$ 为电场强度（V/m）；$\boldsymbol{B}$ 为磁通密度或磁感应强度（Wb/m）；$\boldsymbol{J}_{\text{total}}$ 为电流密度（A/m²），其下标"total"表示总电流密度；$\rho_{\text{e,total}}$ 为体积 V 内的电荷密度（C/m³），其下标"total"表示总电荷密度；ε_0 为自由空间介电常数（F/m）；μ_0 为自由空间磁导率（H/m）。

2.2.1.2 本构关系

介质可以通过三种效应（电极化、磁极化或磁化、电传导）影响电磁场，因而在研究电磁场时必须考虑这些影响，有

$$\rho_{\text{e,total}} = \rho_{\text{e,f}} + \rho_{\text{e,b}} \quad (2.9)$$

式中：$\rho_{\text{e,f}}$ 为自由电荷的密度；$\rho_{\text{e,b}}$ 为束缚电荷的密度。介质的介电常数定义为 $\varepsilon = \varepsilon_0(1+\chi_{\text{m}})$，则磁通密度可表示为

$$\boldsymbol{B} = \mu_0(1+\chi_{\text{m}})\boldsymbol{H} = \mu \boldsymbol{H} \quad (2.10)$$

式中：$\boldsymbol{H}$ 为磁场强度（A/m）。三种效应引起的电流密度可表示为

$$\begin{cases} \boldsymbol{J}_{\text{total}} = \boldsymbol{J}_{\text{p}} + \boldsymbol{J}_{\text{m}} + \boldsymbol{J}_{\text{f}} \\ \boldsymbol{J}_{\text{c}} = \sigma \boldsymbol{E} \\ \boldsymbol{J}_{\text{f}} = \boldsymbol{J}_{\text{c}} + \boldsymbol{J}_{\text{i}} \end{cases} \quad (2.11)$$

式中：$\boldsymbol{J}_{\text{p}}$ 为电极化所引起的电流密度；$\boldsymbol{J}_{\text{m}}$ 为磁极化引起的电流密度；$\boldsymbol{J}_{\text{f}}$ 为自由电流密度；$\boldsymbol{J}_{\text{c}}$ 为传导电流密度；$\boldsymbol{J}_{\text{i}}$ 为外加电流密度。自由电荷在外加电场的存在下传导电流。

在引入本构关系后，可以把积分形式的麦克斯韦方程组写成以自由电荷和自由电流的表示形式，即

$$\begin{cases} \oint_C \boldsymbol{E} \cdot \mathrm{d}\boldsymbol{l} = -\frac{\partial}{\partial t} \boldsymbol{B} \cdot \mathrm{d}\boldsymbol{S} \\ \oint_C \boldsymbol{H} \cdot \mathrm{d}\boldsymbol{l} = \frac{\partial}{\partial t} \iint_S \boldsymbol{D} \cdot \mathrm{d}\boldsymbol{S} + \iint_S \boldsymbol{J}_{\text{f}} \cdot \mathrm{d}\boldsymbol{S} \\ \iint_S \boldsymbol{D} \cdot \mathrm{d}\boldsymbol{S} = \iiint_V \rho_{\text{e,f}} \mathrm{d}V \\ \iint_S \boldsymbol{B} \cdot \mathrm{d}\boldsymbol{S} = 0 \end{cases} \quad (2.12)$$

在此基础上加入磁流和磁荷，可以使麦克斯韦方程在形式上变得对称。尽管到目前为止人们还没有发现磁流和磁荷的存在，但是等效磁流和磁荷概念的引入，在有些情况下可以简化对电磁问题的分析，有

$$\begin{cases} \oint_C \boldsymbol{E} \cdot \mathrm{d}\boldsymbol{l} = -\dfrac{\partial}{\partial t}\iint_S \boldsymbol{B} \cdot \mathrm{d}\boldsymbol{S} - \iint_S \boldsymbol{M}_\mathrm{f} \cdot \mathrm{d}\boldsymbol{S} \\ \oint_S \boldsymbol{B} \cdot \mathrm{d}\boldsymbol{S} = \iiint_V \rho_{\mathrm{m,f}} \mathrm{d}V \end{cases} \qquad (2.13)$$

式中：$\boldsymbol{M}_\mathrm{f}$ 为自由磁流密度（V/m^2）；$\rho_{\mathrm{m,f}}$ 为自由磁荷密度（Wb/m^3）。利用斯托克斯定理和高斯定理，可以把麦克斯韦方程由积分形式变换到对应的微分形式，对应的微分形式的麦克斯韦方程组为

$$\begin{cases} \nabla \times \boldsymbol{E} = -\dfrac{\partial \boldsymbol{B}}{\partial t} - \boldsymbol{M}_\mathrm{f} \\ \nabla \times \boldsymbol{H} = \dfrac{\partial \boldsymbol{D}}{\partial t} + \boldsymbol{J}_\mathrm{f} \\ \nabla \cdot \boldsymbol{D} = \rho_{\mathrm{e,f}} \\ \nabla \cdot \boldsymbol{B} = \rho_{\mathrm{m,f}} \end{cases} \qquad (2.14)$$

2.2.1.3 边界条件

我们可以用积分形式的麦克斯韦方程得到分界面两侧场的关系，这样的关系称为边界条件。边界条件描述了场在跨越不连续分界面时的特性，而微分形式的麦克斯韦方程描述的则是连续介质中的场。在给定边界条件之前，电磁问题的定义是不完备的，因而也不能被求解。边界条件为

$$\begin{cases} \hat{\boldsymbol{n}} \times (\boldsymbol{H}_2 - \boldsymbol{H}_1) = \boldsymbol{J}_\mathrm{s} \\ \hat{\boldsymbol{n}} \times (\boldsymbol{E}_2 - \boldsymbol{E}_1) = -\boldsymbol{M}_\mathrm{s} \\ \hat{\boldsymbol{n}} \cdot (\boldsymbol{D}_2 - \boldsymbol{D}_1) = \rho_{\mathrm{e,s}} \\ \hat{\boldsymbol{n}} \cdot (\boldsymbol{B}_2 - \boldsymbol{B}_1) = \rho_{\mathrm{m,s}} \end{cases} \qquad (2.15)$$

式中：$\boldsymbol{J}_\mathrm{s}$ 为面电流密度（A/m）；$\boldsymbol{M}_\mathrm{s}$ 为面磁流密度（V/m）；$\rho_{\mathrm{e,s}}$ 为面电荷密度（C/m^2）；$\rho_{\mathrm{m,s}}$ 为面磁荷密度（Wb/m^2）；$\hat{\boldsymbol{n}}$ 为外法向单位矢量，在这里指向介质 2 方向。式（2.15）表明：磁场强度的切向分量在自由面电流密度不为零的界面两侧是不连续的；电场强度的切向分量在自由面磁流密度不为零的界面两侧是不连续的，由于现实生活中并不存在磁流，因此在任意界面两侧，电场切向分量总是连续的；电位移矢量的法向分量在自由面电荷密度不为零

的分界面上是不连续的；磁通密度的法向分量在自由面磁荷密度不为零的分界面两侧也是不连续的，但由于实际上磁荷并不存在，因此任意分界面上磁通密度的法向分量总是连续的。

上述过程的关系如图 2.10 所示，以积分形式的麦克斯韦方程作为基本假定，由此推导（斯托克斯定理和高斯定理）出为微分形式的麦克斯韦方程（连续介质）以及各种边界条件（不连续介质界面）。

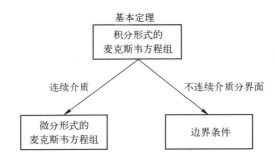

图 2.10　积分形式的麦克斯韦方程组与微分形式的麦克斯韦方程组及边界条件之间的关系

2.2.1.4　场源关系与散射类型

当电磁波入射到某一目标上时，根据麦克斯韦方程和相应的电磁场边界条件，在该目标上和目标内便有电流和磁流流动。这些感应电磁流又产生它们自己的电磁场。这个场就是目标的散射场，通常沿各个不同方向以不同的幅度和相位传播。当电（磁）流、电（磁）荷和电磁场以单一频率振荡时，相应的物理量可以表示为包含幅度和相位的正弦函数。例如，电场可以写为

$$\varepsilon(r,t) = E_0(r)\cos[\omega t + \alpha(r)] \tag{2.16}$$

式中：ε 为瞬时量；E_0 为幅度；α 为相位；ω 为角频率。应用欧拉公式，式（2.16）可以写为

$$\varepsilon(r,t) = E_0(r)\mathrm{Re}[\mathrm{e}^{\mathrm{j}\omega t + \mathrm{j}\alpha(r)}] = \mathrm{Re}[E_0(r)\mathrm{e}^{\mathrm{j}\omega t}\mathrm{e}^{\mathrm{j}\alpha(r)}] \tag{2.17}$$

定义一个复数量（复相量），即

$$E(r) = E_0(r)\mathrm{e}^{\mathrm{j}\alpha(r)} \tag{2.18}$$

来包含场的幅度和相位，并且仅为空间的函数，则电场可以重新写为

$$\varepsilon(r,t) = \mathrm{Re}[E(r)\mathrm{e}^{\mathrm{j}\omega t}] \tag{2.19}$$

给定时谐场电流源 J 和磁流源 M，由源产生的电磁场满足麦克斯韦方程组。给定本构关系和边界条件，我们可以通过求解微分形式的麦克斯韦方程

来分析电磁辐射问题,这是计算电磁学方法研究的重要基础,即

$$E(r) = -\frac{1}{4\pi}\iiint_V \left\{ j\omega\mu J(r') - \frac{1}{j\omega\varepsilon}\nabla'[\nabla'\cdot J(r')] + \nabla'\times M(r') \right\} \frac{e^{-jkR}}{R} dV' \tag{2.20}$$

$$H(r) = -\frac{1}{4\pi}\iiint_V \left\{ j\omega\varepsilon M(r') - \frac{1}{j\omega\mu}\nabla'[\nabla'\cdot M(r')] - \nabla'\times J(r') \right\} \frac{e^{-jkR}}{R} dV' \tag{2.21}$$

以金属球为例,散射过程可以分为三种类型,三种类型是以波长 λ 和物体尺寸 L 之间的关系区分的。目标的雷达截面是比值 L/λ 或 kL 的特征曲线,这里 $k=2\pi/\lambda$ 是波数。一是低频区或瑞利区,这时波长较之散射体尺寸大得多。散射体的轮廓尺寸和形状才是重要的,散射过程是感应偶极矩引起的。二是谐振区,这时波长和散射体尺寸为同一数量级,散射体的每一部分对其他各部分都产生电气影响,散射场就是这些相互影响的总效果。三是高频区,这时波长远小于散射体尺寸,散射场主要是来自各个独立(没有相互影响)散射中心的回波的叠加。

2.2.1.5 计算电磁学方法

电磁计算以麦克斯韦方程组为核心,通过介质的本构关系和特定的边界条件对方程组进行求解,根据求解方式的不同,大致可以分为图 2.11 所示的一些方法及其混合方法。

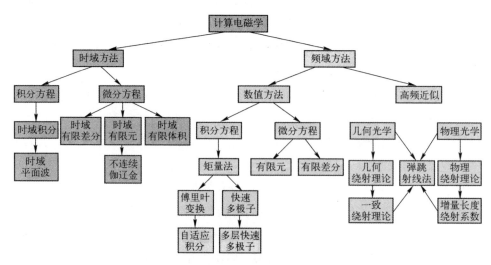

图 2.11 复杂目标电磁散射特性计算方法

常见的数值方法包括时域有限差分法（Finite-Difference Time-Domain，FDTD）、矩量法（Method of Moments，MOM）、有限元法（Finite Element Method，FEM）等。

（1）FDTD 是一种数值求解电磁波传播和散射问题的方法。它将空间离散化为网格，在时间和空间上使用差分近似来模拟电磁场的演变。通过在离散的时间步骤和网格点上更新电磁场的值，可以模拟波的传播、反射、折射和散射等现象。FDTD 方法适用于处理各种电磁问题，包括宽频带、非线性和吸收等效应。

（2）MOM 是一种用于求解电磁场问题的数值方法，主要用于分析导体结构和天线等问题。它基于电磁场的积分方程，将结构中的电流和电荷分布表达为基函数的线性组合，通过求解矩阵方程来获得电磁场分布。MOM 方法适用于处理复杂几何结构，但可能需要较高的计算资源，特别是在高频和大尺寸问题上。

（3）FEM 是一种广泛应用于工程和科学领域的数值方法，包括电磁场问题。它将解域离散化为有限数量的单元，通过在单元内进行逼近来求解微分方程。在电磁学中，FEM 可用于求解电场、磁场和耦合问题。它适用于从静态场到频率域和时域动态场的各种问题。

上述方法均被认为是比较精确的方法，但是对计算能力的依赖性较高。随着目标的电尺寸增大，计算量会迅速增大，故对电大尺寸目标和大场景的散射计算代价较高。

对于常见的 SAR 传感器，其观测的场景与目标往往电尺寸较大、构成复杂。这种情况下适用于 SAR 图像中目标特性建模的方法往往是高频近似方法，其具有较高的计算效率和相当的计算精度，同时物理机理具有较强的可解释性，包括基于射线的几何光学（Geometrical Optics，GO）方法和基于感应电流的物理光学（Physical Optics，PO）方法等。

（1）PO 将散射场表示为散射体表面上每个面元的感应电流的积分，主要缺点是不能计算散射体上不连续的几何结构处产生的感应电流，且不考虑多次散射。为此，物理绕射理论（Physical Theory of Diffraction，PTD）、增量长度绕射系数（Incremental Length Diffraction Coefficients，ILDC）理论等修正了表面边缘不连续处的感应电流，弥补了该缺点。

（2）GO 用射线和射线管的概念描述散射和能量传播机制，其物理概念清晰、简单易算，能准确地计算直射场、反射场和折射场，但不能分析和计算绕射场。为此，Keller 提出了几何绕射理论（Geometrical Theory of Diffraction，GTD）计算边缘、表面屏尖顶和曲面的绕射场，在 GO 射线的基础上引入了绕射射线，使得几何光学方法可以计算暗区的散射场，然而在亮区和暗区的交界处仍然存在不连续问题。针对这个问题，Pathak 等在 GO 和 GTD 的基础上提出了一致性几何绕射理论（Uniform Geometrical Theory of Diffraction，UTD），包含有劈尖边、尖顶、曲面等的绕射，使得散射场在这些不连续结构的亮区和暗区的交界处连续变化。

2.2.2 电磁波的特性

电磁波的频率是指电磁波每秒震动的周期数，单位为赫兹（Hz）。在波的传播方向上，两个相邻的同相位质点间的距离称为波长，波长和频率成反比。电磁波的选择受到大气效应和目标散射特性的影响。一方面，大气中存在的氧与水蒸气会吸收电磁波中很多频率的信号。而根据大气窗口的分析，在 1~10GHz 范围内，电磁波的大气透射率接近 100%。因此，SAR 卫星一般选择此频率范围内的信号作为发射信号载频。另一方面，电磁波与地面之间的相互作用机理与波长也存在很大的相关性。这种相关性主要受到地面目标的介电常数和起伏程度的影响。不同的应用目的需要选择合适的波长[4]。

2.2.2.1 频率

在雷达工程领域中，经常将一定频率范围的电磁波统称为一个波段，用一些英文字母来表示特定波段的名称，如 L 波段、S 波段、X 波段、K 波段。这是第二次世界大战中一些国家对雷达工作频率保密而采用的符号表示，以后逐渐被所有雷达工程师接受并沿用至今，形成了标准，如图 2.12 所示。表 2.1 给出了各雷达波段的字母代码及其对应的频率范围。

表 2.1 雷达频率与波长

名 称	频率范围	波长范围
P	230~1000MHz	1.3~0.3m
L	1~2GHz	30~15cm
S	2~4GHz	15~7.5cm
C	4~8GHz	7.5~3.75cm
X	8~12GHz	3.75~2.4cm
Ku	12~18GHz	2.4~1.67cm

续表

名称	频率范围	波长范围
K	18~27GHz	1.67~1.11cm
Ka	27~40GHz	1.11~0.75cm
V	40~75GHz	0.75~0.4cm
W	75~110GHz	0.4~0.27cm
mm	110~300GHz	0.27~0.1cm

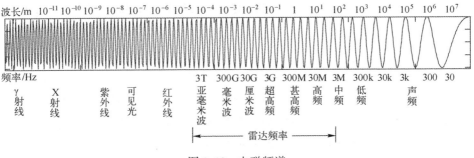

图 2.12 电磁频谱

每一种频率的电磁波都具有自己的特性，波长越长，穿透降水和表层的能力越强。一般来说，雷达工作波段大于 3cm 时，受云层覆盖的影响不显著。工作在不同频率范围的雷达在工程实现时往往差别很大。

SAR 卫星的轨道高度至少为数百千米，毫米级别波段的电磁波大气衰减极为显著。为保证一定的分辨率性能，SAR 卫星载荷一般选取的波段为 P 波段到 Ka 波段。

1) 米波段（P 波段）SAR

P 波段电磁波的波长最长，对电离层较为敏感，云雨影响很小，对树冠具有较好的穿透作用，对干燥沙地等地面具有较好穿透能力，但该波段方位向分辨率很低。该工作波段的雷达具有简单可靠、容易获得高辐射功率、容易制造、动目标显示性能好、不受大气传输影响、造价低等特点。欧洲空间局 BIOMASS 计划发射一颗 P 波段 SAR 卫星，主要利用 P 波段穿透树林的能力，获取全球森林生物量，为林业和生态监测服务。

2) 分米波段（L、S 波段）SAR

分米波段介于米波段和厘米波段之间，兼具两种波段特点。该波段开始受到大气衰减、云雨衰减的影响，对浅层地表有一定穿透能力，方位向分辨率有所增加，但辐射功率不如米波段高。由于带宽限制，分米波段分辨率一般不高,例如阿根廷宇航局发射的 SAOCOM 卫星,工作在 L 波段,最高分辨率 10m,主要用于监测土壤湿度。

3)厘米波段(C、X、Ku、Ka 波段)SAR

厘米波段可用带宽较宽,对地面穿透能力很弱,是当前应用较广的频段,由于波长较短,可以较为精细地描述目标细节变化。由于该波段可利用比较小的天线产生窄波束宽度,一般被应用于高分辨率雷达。优于米级分辨率的 SAR 卫星基本都采用该波段雷达,一些在轨的 X 波段、Ku 波段、Ka 波段 SAR 卫星已达到亚米级分辨率,可以对人造目标进行精细观测,可用于城市管理、军事应用等方面。

2.2.2.2 极化方式

电磁场的极化用来描述给定位置电场矢量的方向随时间的变化,定义为空间某点处固定电场位置电场方向矢量终点随时间变化所形成的轨迹,即电磁波在一个振荡周期内电场矢量在空间的方向。人类对电磁波的极化特性研究是从可见光波段的偏振现象展开的,但电磁波的矢量特性体现在整个电磁波谱中,极化是所有波段电磁波的固有特性。极化与频率、波长、振幅相位等物理量共同描述了电磁波的传播和衍射现象。

根据电场的运动轨迹,极化波可以分为三类。

(1)完全极化波,也称为单色波,电场矢端在一个极化椭圆上随时间做周期性运动,其两个正交分量的振幅为常数,且相位差恒定。雷达的发射波一般可认为是完全极化波。

(2)部分极化波,电场矢端在一个周期内随时间变化的轨迹不再是一个椭圆,而是随时间变化而变化的。雷达接收的从自然界和人工建筑等反射的回波信号一般可认为是部分极化波。

(3)完全非极化波,电场矢端运动完全无规则。

单色平面电场的极化状态可以用琼斯矢量定义,而电磁波的任意极化状态可以由一对正交琼斯矢量组成的正交极化基表示。雷达目标在远场区域内时,可以将电磁波视作平面波,而此时散射是一个线性过程,用 E_I 和 E_S 分别表示入射电磁波和散射电磁波的琼斯矢量,根据电磁散射的线性性质,散射过程可表示为

$$E_S = \frac{e^{-jkr}}{r} S E_I = \frac{e^{-jkr}}{r} \begin{bmatrix} S_{11} & S_{12} \\ S_{21} & S_{22} \end{bmatrix} E_I \qquad (2.22)$$

式中：S 为极化散射矩阵；S_{ij} 为复散射系数。在散射矩阵中，对角元素即 S_{11} 和 S_{22} 称为同极化项，表征相同极化方式的入射电磁场和散射电磁场的关系；而非对角元素即 S_{12} 和 S_{21} 则称为交叉极化项，表征正交极化方式的入射场和散射场的关系。

由于散射过程的表示式由入射波和散射波的琼斯矢量构成，因此需要特定的坐标系来描述极化性质，同时散射矩阵 S 也需要坐标系来定义，当前的研究主要基于两种坐标体系：前向散射坐标系和后向散射坐标系。在后向散射坐标系中，用水平-垂直基 $(\hat{u}_H, \hat{u}_V)$，其中 $\hat{u}_H$ 是水平极化单位矢量，$\hat{u}_V$ 是垂直极化单位矢量。后向散射矩阵 S 可表示为

$$S = \begin{bmatrix} S_{HH} & S_{HV} \\ S_{VH} & S_{VV} \end{bmatrix} \quad (2.23)$$

在单站后向散射情况下，满足互易性，$S_{HV} = S_{VH}$，此时散射矩阵仅由 3 个幅度和 2 个相位共 5 个参数表示。

在描述电磁波的极化状态时，一般选取笛卡儿坐标系的 z 轴为传播方向，则沿 z 轴传播的单色电磁波的电场位于 x-y 平面内，由 x 方向分量 E_x 和 y 方向分量 E_y 组成。

如图 2.13 所示，平行波极化按极化波轨迹形状的不同分为三类：线极化、圆极化和椭圆极化。对于平面电磁波，电磁场矢量总是与传播方向垂直。任意极化的平面电磁波都可以分解为两个相互正交的线极化波。

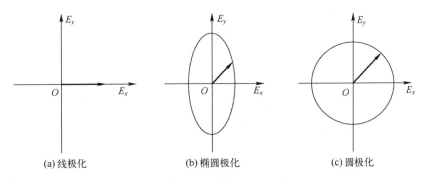

(a) 线极化　　(b) 椭圆极化　　(c) 圆极化

图 2.13　线极化、椭圆极化、圆极化

1）线极化

电场的水平分量与垂直分量的相位相同或相差 180°，这种极化称为线极化。在电磁波传播方向上的任意一点，电场矢量始终在同一条直线上，有

$$E_H(t) = E_{Hm} \cos(\omega t - \varphi_H) \quad (2.24)$$

$$E_V(t) = E_{Vm}\cos(\omega t - \varphi_V) \qquad (2.25)$$

式中：$E_H(t)$ 为 t 时间电场水平分量；$E_V(t)$ 为 t 时间电场垂直分量；E_{Hm} 为水平电场强度；E_{Vm} 为垂直电场强度；φ_H 为水平电场变化的相位；φ_V 为垂直电场变化的相位。

若水平电场变化的相位与垂直电场变化的相位相同，则合成电场方向的斜率为

$$\frac{E_H(t)}{E_V(t)} = \frac{E_{Hm}}{E_{Vm}} = 常数 \qquad (2.26)$$

此时，合成电场方向斜率不变，电场始终在一条直线上进行传播。对于合成电场方向垂直于地面的波称为垂直极化波，合成电场方向平行于地面的波称为水平极化波。

2）椭圆极化

当垂直极化和水平极化两个分量的大小和相位都不相同时，产生椭圆极化。在一个周期内，电场矢量在垂直于电磁波传播方向的平面上轨迹是一个椭圆。

3）圆极化

圆极化是椭圆极化的一种特殊形式。电场的水平分量与垂直分量大小相等，相差90°或270°，这种极化称为圆极化。在固定周期内，电场矢量端点在垂直于电磁波传播方向平面内的轨迹是一个圆。

若 $E_{Vm} = E_{Hm}$，且 $\varphi_H = 0$，$\varphi_V = 90°$，则合成电场方向为

$$\frac{E_V(t)}{E_H(t)} = \frac{E_{Vm}\sin(\omega t)}{E_{Hm}\cos(\omega t)} = \tan(\omega t) \qquad (2.27)$$

此时，合成电场大小不变，电场方向以角速度 ω 旋转。根据垂直电场和水平电场相位角度差变化，电场旋转方向按顺指针或逆时针旋转。顺指针传播方向看，电场矢量旋转方向符合右手螺旋的，称为右旋极化；符合左手螺旋的，称为左旋极化。

在轨 SAR 卫星的极化方式均为线性极化波。线性极化波一般用水平极化波（H 极化）和垂直极化波（V 极化）描述。如图 2.14 和图 2.15 所示，H 极化波垂直于入射面（XOZ），V 极化波平行于入射面。根据发射和接收的顺序，目前在轨 SAR 卫星可分为 HH 极化（发射 H 极化波接收 H 极化波）、VV 极化（发射 V 极化波接收 V 极化波）、HV 极化（发射 H 极化波接收 V 极化波）、VH 极化（发射 V 极化波接收 H 极化波）。

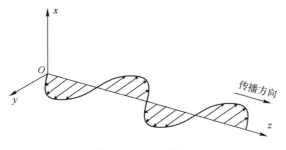

图 2.14 H 极化波

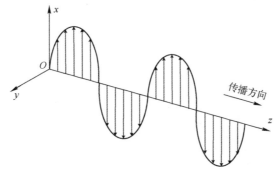

图 2.15 V 极化波

不同极化回波是相应的电场方向与地物目标相互作用的结果。目标之所以能产生交叉极化波,是由于电磁波与目标相互作用时使电磁波极化产生不同程度的旋转。对 SAR 卫星而言,目标受到一定极化方式的电磁波照射后,目标与电磁波相互作用,反射波的极化有时会产生偏转。目标对发射信号的极化信息进行调制,产生与系统相同或不同的极化分量。这种产生交叉极化的机理称为去极化效应。

根据介质表面平整度、目标结构的不同,极化图像特性存在很大的区别。以下给出了几种常见结构的极化图像特点。

(1) 介质表面平整度。光滑平面的 HH 极化回波弱于 VV 极化回波,HV 极化通道几乎无响应。粗糙平面的回波响应存在较为严重的去极化效应。通常而言,HV 极化或 VH 极化响应要大于 HH 极化和 VV 极化。HH 极化与 VV 极化的回波强度与入射波的波长相关。对于粗糙度大于辐射波长的地物目标,HH 极化与 VV 极化无明显变化。对于粗糙度与辐射波长相当的地物目标,VV 极化响应大于 HH 极化。

(2) 二面角结构。二面角一般是由相互垂直的两个平板组成的典型散射体结构，如图 2.16 所示。该结构下电磁波在两个平面间进行二次传播，大量的电磁波按与入射方向相反的方向散射传播，其物理传播路径等效在两平面交线处。二面角是 SAR 图像中散射特征极为明显的部分，在人造目标中广泛存在，是人造目标主要散射特征之一。根据二面角的结构设计，决定二面角极化散射特征的主要因素是二面角中两面夹角。入射角一般决定了二面角的总体散射强度。

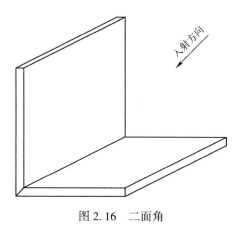

图 2.16 二面角

直角二面角的极化矩阵可表示为

$$S_{90} = \begin{bmatrix} 1 & 0 \\ 0 & -1 \end{bmatrix} \quad (2.28)$$

直角二面角只在 HH 和 VV 极化有响应，HV 或 VH 极化无响应，而 HH 极化强度在 SAR 入射角度内大于 VV 极化。随着二面角夹角的变化，二面角逐渐产生去极化效应，逐渐出现 HV 或 VH 极化响应。

（3）三面角结构。三面角是一种主要产生奇次反射的结构，极化矩阵较为稳定，一般用来进行 SAR 图像的系统定标器。入射角变化同样不影响三面角的极化矩阵。其极化响应在 HH 和 VV 极化具有强烈的散射特征，HV 与 VH 极化无响应，其极化矩阵可表示为

$$S_{tri} = \begin{bmatrix} -1 & 0 \\ 0 & -1 \end{bmatrix} \quad (2.29)$$

2.2.3 电磁波与目标作用机理

当雷达工作时，发射机经天线向所观测方向按一定周期发射重复的一串高频脉冲。如果在该传播路径上存在目标，则该目标将截获一部分雷达

发射的电磁能量,并将所截获的能量以电磁波形式再次辐射,其中部分散射能量会朝向雷达接收的方向,雷达最终获取的是由目标散射回来的这部分能量[4]。

2.2.3.1 目标尺寸的三个散射区

若物体的物理尺寸为 a,则 ka 为物体的电尺寸,其中 $k=2\pi/\lambda$。当物体的物理尺寸 a 给定时,电尺寸的变化只依赖于频率。

目标的电磁散射特性强烈依赖于目标的电尺寸。目标的散射强度随目标电尺寸变化,大致分为三个区域。以金属球体为例,散射强度曲线分为三个区域(图 2.17):从 0 到第一个峰值的快速上升段,称为低频散射区或瑞利区,其散射强度随频率增大而增大;从第一个峰值到散射强度曲线趋于稳定之间的振荡段,称为谐振区;散射强度趋于稳定的区域,称为光学区。

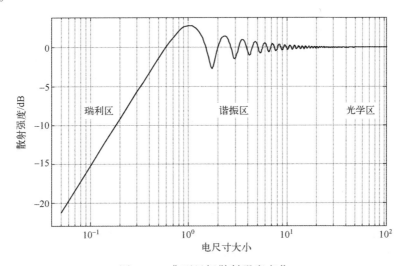

图 2.17 典型目标散射强度变化

1)瑞利区

瑞利区是指物理尺寸小于雷达波长的目标,一般范围取值为

$$a<\frac{\lambda}{4\pi} \tag{2.30}$$

在瑞利区,入射场在整个散射体上没有明显的变化。此区域目标的散射场依赖于入射场在物体上感应的电荷密度。此区域内目标的散射强度一般与波长的四次方成反比。

对于飞行器一类的物体，目标散射强度的决定因素是由波长归一化的物体体积。在非对称轴观测方向上，这些物体的散射强度大多会下降。在偏离轴线的小角度方向上，这种变化缓慢，在多数姿态角内，散射强度的变化误差不超过几分贝。

2）谐振区

谐振区是指物理尺寸与雷达波长相当的目标，一般范围取值为

$$\frac{\lambda}{4\pi}<a<\frac{10\lambda}{\pi} \tag{2.31}$$

在谐振区，场的耦合现象严重，即物体上任一点的总场等于该点入射场与物体其他部分在该点产生的感应场之和，而感应场是入射场在物体上感应的电流、电荷生成的散射场。由于各个散射分量之间的干涉，散射强度随频率和姿态变化呈现振荡性起伏。

谐振区中的起伏是由物体多种回波相互干涉造成的。以球体为例，谐振区内回波可分为镜面反射波与爬行波。随着物体电尺寸的增大，发射源与接收机间的电路长度差不断增大，导致两种。波随着球体的增大而同相或反相。但随着爬行波电路径越长，丢失得越多，随着电尺寸增大，起伏逐渐减弱。

3）光学区

光学区是指物理尺寸远大于雷达波长的目标，一般范围取值为

$$a>\frac{10\lambda}{\pi} \tag{2.32}$$

严格意义上，光学区与谐振区的上界的界限并不是一定的，本书采用的是对简单目标体的常用界限。飞机类目标电尺寸可能达到 30 以上。

在光学区，目标散射强度主要决定于目标的形状和表面粗糙度。目标外形的不连续是导致散射强度增大的直接原因。对于光滑凸型导电目标，其散射强度可近似为雷达视线方向的轮廓截面积。然而当目标含有棱边、拐角、凹腔等情况时，轮廓截面积的概念是不正确的。目标上不同的散射结构导致散射强度随频率和姿态角的变化敏感。

通常情况下，可以把物体的散射等效为若干个孤立散射点源的散射。这些点称为散射中心，整个物体的散射总场可以通过每个散射中心散射场的矢量叠加得到。

2.2.3.2 平面波的折射、散射与衍射

在电磁波的实际传播过程中,传播介质不连续,会出现波的传播方向发生变化的现象,即波的折射、散射和衍射,这也正是雷达之所以能探测到目标的原理。

1) 平面波的折射

当平面波入射到两种介质的分界面时,根据惠更斯原理,会发生平面波的反射与折射,如图 2.18 所示。假设折射面为光滑水平面,则平面波的折射定律为:入射线、折射线和介质分界面的法线在同一平面内,并且入射角的正弦与折射角的正弦之比等于波在两种介质中的速度之比,即

$$\frac{\sin\theta}{\sin\theta''}=\frac{V_1}{V_2} \quad (2.33)$$

式中:θ 为入射角;θ'' 为折射角。比值为介质 2 相对于介质 1 的相对折射率。

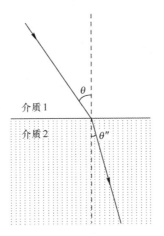

图 2.18 平面波的折射作用

2) 平面波的散射

当分界面为光滑平面时,入射线、反射线和介质分界面的法线在同一平面内且入射角等于反射角,如图 2.19 所示。光滑表面的反射系数与频率、表面的介电常数以及雷达波的入射角有关。垂直极化与水平极化的反射系数分别为

$$\begin{cases} \Gamma_V = \dfrac{\varepsilon\cos\theta_i - \sqrt{\varepsilon - \sin^2\theta_i}}{\varepsilon\cos\theta_i + \sqrt{\varepsilon - \sin^2\theta_i}} \\ \Gamma_H = \dfrac{\cos\theta_i - \sqrt{\varepsilon - \sin^2\theta_i}}{\cos\theta_i + \sqrt{\varepsilon - \sin^2\theta_i}} \end{cases} \quad (2.34)$$

式中：θ_i 为电磁波的入射角；ε 为表面的复介电常数。

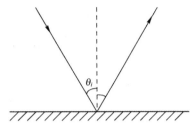

图 2.19　平面波的反射作用

当电磁辐射通过介质传播时，平面波的电场将引起电荷的运动。由于任何被加速的电荷必定要发射电磁波，因此运动的电荷将依次向各个方向辐射，这种再辐射成为散射。由于散射的存在，向前传播的波束能量会有少量衰减，在向前方向传播过程中，损失的能量将重新分布到其他方向上去。

这种散射的效应根据分界面粗糙程度会存在较大的变化。分界面越光滑，反射或散射的回波方向性越强，波束中心损失的能量越小，其他方向散射的能量越大。由于 SAR 系统为后向散射接收系统，在不考虑介质的介电特性条件下，SAR 图像中纯平面的散射强度要小于粗糙面的散射强度，如图 2.20 所示。

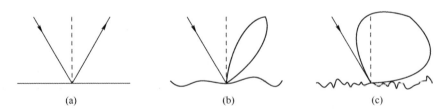

图 2.20　平面波在不同粗糙度下的散射现象

3）平面波的衍射

根据惠更斯原理，当平面波穿过一个孔径后，由于在孔径边缘处发生波前弯曲，电场将会以超过该孔径尺寸范围继续向前传播，即电磁波的衍射现象。根据能量守恒原理，衍射后发射扩散的波的总能量与穿透小孔的能量相等,相比目标本身的后向散射能量,这种扩散后的波能量在一般条件下要小几个到几十个数量级。因此 SAR 图像中很难观测到这种波的衍射现象,如图 2.21 所示。

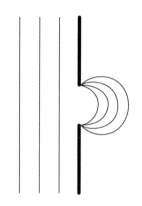

图 2.21　平面波的衍射现象

2.2.3.3　复杂散射目标的散射回波方式

图 2.22 给出了典型飞机目标的主要散射现象,根据目标电磁散射的特点,目标散射主要分为镜面反射、边缘散射、尖顶散射、凹腔体散射、爬行波等[4]。

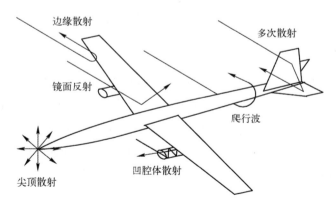

图 2.22　典型飞机目标的主要散射现象

1)镜面反射

当光滑的表面被电磁波照射时,会产生镜面反射,这种镜面反射点通常仅在某一有限的方位角范围内起作用。在 SAR 图像中,由于镜面反射方向与入射方向相对平面法向对称,接收机无法接收到镜面反射信息,其 SAR 图像通常表现为暗色调。当数个镜面反射结构相互构成一定的角度时，将发生多次反射，形成二面角、三面角等强散射目标特征。

2）边缘散射

尖劈的边缘、锥柱的底部边缘等都属于这一类型的散射中心。一般情况下，仅边缘上的一两个点起作用。特殊情况下，整个边缘都起作用。例如锥体，当沿锥轴方向入射时，底部边缘上的所有点都起作用；而当其他方向入射时，仅一两个点起作用。这一两个点是由入射线与锥轴所构成的平面与锥底部边缘的交点。如前所述，镜面反射点仅在某一有限的方位范围内起作用，在其他大部分方位范围内对散射回波无重要贡献。而边缘散射点则相反，它在大部分方位角内对散射回波都有贡献。

3）尖顶散射

尖锥或喇叭形的尖顶散射属于这一类情况。当锥角较大时，这种散射中心的散射场较大。对有些目标而言，其边缘或顶端可能是圆滑的而不是尖锐的，如果此时的曲率半径远小于雷达波长，则一般可作为边缘或尖顶散射中心。如果其曲率半径大于雷达波长，则在某些方位角产生镜面反射，以及二阶边缘绕射（贡献很小）。

4）凹腔体散射

凹腔体散射中心包括飞行器喷口、进气道、开口的波导，以及角反射器等复杂的多次反射型散射。由于其散射结构十分复杂，除一些特殊情况外，很难进行解析。

5）爬行波

当电磁波沿进轴方向入射到细长目标时，若入射电磁场有一个平行于轴的分量，则会产生一种类似于行波的散射场，这种散射场仅当目标又细又长时才会产生一定的影响。爬行波是指入射波绕过目标的后部传播到前面来形成的散射。这种散射场在高频区对目标总的散射场有影响，但由于这种散射信号无法被精确聚焦，信号能量在图像中大面积分散，因此在 SAR 图像中很难被观察到。

2.3 雷达工作基本原理

雷达的英文名称为 Radar，意为无线电探测与定位。雷达通过发射电磁波，并观测目标对发射波的散射回波，测量目标的坐标及其他特征信号。信号的发射和接收是雷达系统必须具备的基本功能[5]。

2.3.1 雷达系统组成

典型雷达系统主要由天线、发射机、接收机、振荡器、双工器、波形发射器及信号处理器等部分组成，如图2.23所示。其中：天线是电磁波发射和接收的装置；发射机产生大功率的射频信号；接收机接收目标的回波信号；双工器用来控制天线发射和接收；波形发生器用来生成需要的信号波形；振荡器用来提供发射/接收信号的基准频率；信号处理器对接收到的信号进行处理和显示。

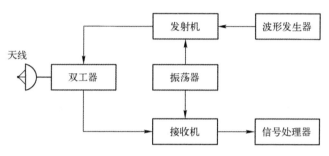

图2.23 典型雷达系统组成图

1）波形发生器

波形发生器利用控制计算机及相关软件，可以提供雷达信号发射所需的各种波形信息，包括频率、脉宽、重复频率、起止时间、脉冲特性等。通常，模拟信号波形是根据计算机输出相关信息，通过数字合成的方法得到。波形发生器接收到波形信息后，与振荡器的信号叠加和混频，产生具有特定波形的信号。SAR卫星系统一般采用线性调频信号作为发射信号波形。

2）振荡器

振荡器是一个极其稳定的基准频率发射器，就像爵士乐队的鼓手一样，为其他雷达组成器件提供基准的时钟节拍。振荡器既是产生电磁波的源头，又是雷达各分系统同步工作的相对时钟基准。

3）发射机

发射机将具有特定波形的雷达信号经过放大并调制到射频后送至天线。来自波形发生器的低频信号与振荡器提供的高频信号进行混频，经上变频滤波后生成所需频率的电磁波信号。雷达发射机一般分为脉冲调制发射机和连续波发射机，绝大多数SAR卫星系统采用脉冲调制发射机。

4) 双工器

双工器对天线来说相当于一个单刀双置开关。当要发射雷达脉冲时，双工器把发射机与天线相连；当天线接收回波时，双工器把天线与接收机相连。双工器通常使用环行器或发送/接收开关，要保证发射机向接收机的泄漏非常低。

5) 天线

天线用于实现电磁波和电信号的转化。电磁波从双工器传输到天线，再由天线发射出去。若在天线的辐射场中有反射体存在，则一部分辐射波将被反射，传回天线。天线的辐射场具有方向性，即辐射场在不同方向的强度不同。天线辐射场的方向性可以用函数表示，也可以用一个角度变量描述的曲线或两个角度变量确定的曲面来表示。

6) 接收机

接收机对天线接收到的目标回波进行混频滤波、放大处理，获得较低频率的基带信号并进行数字采样处理。SAR卫星系统工作频率一般在1GHz以上，如果直接对如此高频信号进行处理，则需要构造极快处理速度的处理器。通过接收机将信号降低到零频处，可以大幅降低数字信号的数据量，提升信号处理效率。

7) 信号处理器

信号处理器接收数字信号后，通过对信号进行处理，可以获取目标的相关信息。SAR卫星信号处理主要完成数字回波信号的解调、成像处理、图像显示等功能，将雷达回波数据转化成肉眼可解译的图像数据。

2.3.2 雷达工作原理

雷达对于目标距离的测量，是通过测量雷达发射脉冲和目标回波脉冲之间的时延来实现的。当雷达工作时，发射机经天线向所观测方向按一定的周期发射重复的一串高频脉冲。如果在该传播路径上存在目标，则该目标将截获一部分雷达发射的电磁能量，并将所截获的能量以电磁波的形式再次辐射，其中部分散射能量会朝向雷达接收的方向，雷达最终获取的是由目标散射回来的这部分能量。

如图 2.24 所示，单个脉冲的持续时间为脉冲宽度，以符号 t_p 表示，单位为秒（s）。电磁波的能量以光速 c 传播，雷达波的传播速度极快。一般假定所有的雷达发射脉冲均具有相同的脉冲宽度，两个脉冲之间的时间间隔为脉冲重复周期，记为 T_p。

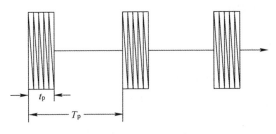

图 2.24 脉冲信号及发射方式

脉宽与脉冲重复周期的比值称为占空比或占空因子，记为 $D_e = t_p/T_p$。

由于目标的回波信号往返于雷达和目标之间（图 2.25），它将滞后于发射脉冲一个时间间隔 Δt。如果目标到雷达的距离为 R，则雷达波从天线辐射到达目标处并由目标反射回雷达天线处的往返双程传播距离，等于传播速度乘以传播的时间间隔，即

$$R = \frac{c\Delta t}{2} \tag{2.35}$$

式中：R 为目标同雷达之间的单程距离；Δt 为雷达发射脉冲同接收到的回波脉冲之间的时间间隔。

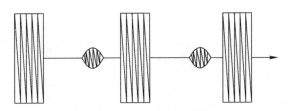

图 2.25 雷达的发射和接收

2.4 脉冲压缩原理

脉冲压缩是雷达信号处理中最基本的内容之一，是实现高距离向分辨率的主要途径。脉冲压缩是指将一个时域较宽但在脉内进行了某种调制的发射脉冲通过信号处理的方式进行处理，使压缩后脉冲响应的时域宽度变小。

2.4.1 线性调频信号特性

线性调频信号是雷达系统中非常重要的信号形式，其瞬时频率是时间的

线性函数。这种信号用于发射,以得到均匀的信号带宽。本节重点介绍线性调频信号的时域和频域性质[6-8]。

2.4.1.1 时域表达

在时域中,一个理想线性调频信号或脉冲的持续时间为 T,振幅为常量,相位是时间的二次函数。信号的复数形式为

$$s(t) = \text{rect}\left(\frac{t}{T_p}\right) e^{j\pi Kt^2} \quad (2.36)$$

式中:t 为时间变量;K 为线性调频率。图 2.26 给出了线性调频信号示意,从图 2.26(d)的时频关系中可以看出信号被称为线性调频(或 K 被称为线性调频率)的缘由。信号的相位为

$$\theta(t) = \pi Kt^2 \quad (2.37)$$

对时间取微分后的瞬时频率为

$$f = \frac{1}{2\pi} \frac{d\theta(t)}{dt} = Kt \quad (2.38)$$

频率是时间的线性函数,斜率为 K。线性调频信号的频率是时间的线性函数,由于与鸟鸣很相似,故线性调频信号经常被称为 Chirp 信号。

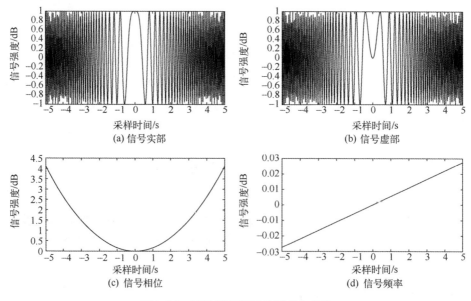

图 2.26 线性调频信号的频率与相位

2.4.1.2 频域表达

在雷达系统分析中经常用到线性调频信号频谱的解析形式，分析调频信号的解析表达需要了解驻定相位原理（POSP）。

对于积分式

$$P = \int_M^N U(t)\cos[V(t)]\mathrm{d}t = \mathrm{Re}\left\{\int_M^N U(t)\mathrm{e}^{\mathrm{j}V(t)}\mathrm{d}t\right\} \quad (2.39)$$

式中：$U(t)$和$V(t)$分别为时间t的缓变函数。当$V(t)$的变化范围比2π大许多倍时，$\cos[V(t)]$可能在积分区间内有许多正负相间的重复。如图2.27所示，由于$\cos[V(t)]$的正部分与负部分的面积相互抵消，因此式（2.39）积分接近为零，只有在极点附近时，由于相位变化率很小，相位值有很长时间的滞留，才使得积分式显著不为零。这个时刻称为驻定相位点，这个原理称为驻定相位原理。

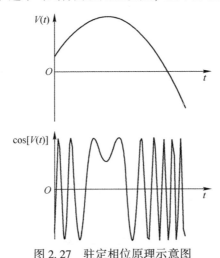

图2.27　驻定相位原理示意图

设$g(t)$是一个调频信号，即

$$g(t) = \omega(t)\mathrm{e}^{\mathrm{j}\phi(t)} \quad (2.40)$$

式中：$\omega(t)$为包络信号；$\phi(t)$为信号相位。假设与相位相比，包络是缓变的函数，该信号的傅里叶变换（FFT）为

$$\begin{aligned} G(f) &= \int_{-\infty}^{+\infty} g(t)\mathrm{e}^{-\mathrm{j}2\pi ft}\mathrm{d}t \\ &= \int_{-\infty}^{+\infty} \omega(t)\mathrm{e}^{\mathrm{j}\phi(t)-\mathrm{j}2\pi ft}\mathrm{d}t \end{aligned} \quad (2.41)$$

令 $\theta(t) = \phi(t) - 2\pi ft$，则 $\mathrm{d}\theta(t)/\mathrm{d}t = 0$ 得到时间 t 与频率 f 的对应关系 $t(f)$。此时得到时域包络 $\omega(t)$ 的尺度变换 $W(f) = \omega[t(f)]$，时域相位 $\theta(t)$ 的尺度变换 $\Theta(f) = \theta[t(f)]$，得到信号 $g(t)$ 的频域表达式为

$$G(f) \approx C_1 \cdot W(f) \mathrm{e}^{\mathrm{j}\left(\Theta(f) \pm \frac{\pi}{4}\right)} \tag{2.42}$$

式中：C_1 为可忽略的常数。

利用 POSP，求线性调频信号的频谱，即

$$G(f) = \int_{-\infty}^{+\infty} \mathrm{rect}\left(\frac{t}{T}\right) \cdot \mathrm{e}^{\mathrm{j}\pi K t^2} \cdot \mathrm{e}^{-\mathrm{j}2\pi ft} \mathrm{d}t \tag{2.43}$$

被积相位为

$$\theta(t) = \pi K t^2 - 2\pi ft \tag{2.44}$$

令 $\dfrac{\mathrm{d}\theta(t)}{\mathrm{d}t} = 0$，则线性调频信号的时频转换关系为 $f = Kt$ 和 $t = \dfrac{f}{K}$。频域相位为

$$\Theta(f) = -\pi \frac{f^2}{K} \tag{2.45}$$

频域包络为

$$W(f) = \mathrm{rect}\left(\frac{f}{|K|T}\right) \tag{2.46}$$

并忽略常数 C_1 和相位 $\dfrac{\pi}{4}$，得到的线性调频信号频谱为

$$G(f) = \mathrm{rect}\left(\frac{f}{KT}\right) \mathrm{e}^{-\mathrm{j}\pi \frac{f^2}{K}} \tag{2.47}$$

信号频谱如图 2.28 所示。

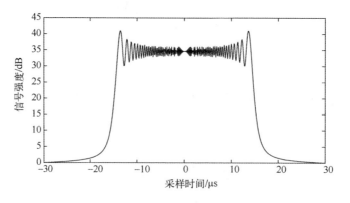

图 2.28 线性调频信号频谱

2.4.2 脉冲压缩处理

脉冲压缩是一种用于最大化信噪比的方法。通过雷达发射机发射时间宽度较大、峰值功率较低的脉冲,利用接收机获取回波信号后,将脉冲信号压缩成时间宽度较小、峰值功率较高的图像[6]。

在探测系统中,通过脉冲能量对于远场目标的距离、速度、形状或反射率等参数进行测量。如果发射脉冲的持续时间为 T,则每一目标在回波数据中占据相同的时间间隔 T,即在脉冲压缩前系统的可分辨能力为 T。在任意时刻,回波中间隔大于这一时间的两个目标都不会被同一脉冲同时照射到。因此,为了得到良好的分辨率,必须使用短脉冲或至少使用经过信号处理得到短脉冲的信号。这种系统的接收信号信噪比必须足够高,否则难以得到良好的分辨能力。

2.4.2.1 信号匹配滤波

在雷达应用中,一般用已知的发射信号去检测某个目标是否存在。对目标的检测概率取决于所接收信号的信噪比,而不是接收到的信号准确波形。匹配滤波器就是这样一种滤波器,它可以通过某种方式使滤波器的参数根据所输入信号的不同而自适应地改变,以便获得最大的输出信噪比。

对于一个线性时不变系统,其系统频率响应函数为 $H(f)$。假设输入到系统的信号为

$$s(t) = u(t) e^{j2\pi f_0 t} \tag{2.48}$$

式中:f_0 为载频;$u(t)$ 为信号包络。滤波器的输入信号为一个包含零均值的高斯白噪声 $n(t)$ 的信号,如图 2.29 所示。

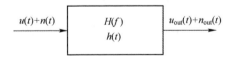

图 2.29　线性时不变系统及其输入与输出

当信号和噪声输入到该系统时,在 t_m 时刻,系统输出端的信噪比为

$$\text{SNR} = \frac{|u_{\text{out}}(t_m)|^2}{\langle n_{\text{out}}^2(t) \rangle} \tag{2.49}$$

$$u_{\text{out}}(t_m) = \int_{-\infty}^{+\infty} H(f) U(f) e^{j2\pi f t_m} df \qquad (2.50)$$

$$|u_{\text{out}}(t_m)|^2 = u_{\text{out}}(t_m) u_{\text{out}}^*(t_m) = \left| \int_{-\infty}^{+\infty} H(f) U(f) e^{j2\pi f t_m} df \right|^2 \qquad (2.51)$$

$$\langle n_{\text{out}}^2(t) \rangle = N_0 \int_{-\infty}^{+\infty} |H(f)|^2 df \qquad (2.52)$$

式中：$u_{\text{out}}(\cdot)$ 为系统的输出信号；$|u_{\text{out}}(\cdot)|^2$ 为信号的输出功率；$\langle n_{\text{out}}^2(\cdot) \rangle$ 为系统的输出噪声功率；N_0 为噪声功率谱密度。

因而输出信噪比为

$$\text{SNR} = \frac{|u_{\text{out}}(t_m)|^2}{\langle n_{\text{out}}^2(t) \rangle} = \frac{\left| \int_{-\infty}^{+\infty} H(f) U(f) e^{j2\pi f t_m} df \right|^2}{N_0 \int_{-\infty}^{+\infty} |H(f)|^2 df} \qquad (2.53)$$

利用 Schwartz 不等式，对任何两个复数信号 $A(f)$ 和 $B(f)$ 有

$$\left| \int_{-\infty}^{+\infty} A(f) B(f) df \right|^2 \leq \left| \int_{-\infty}^{+\infty} |A(f)|^2 df \right|^2 \left| \int_{-\infty}^{+\infty} |B(f)|^2 df \right|^2 \qquad (2.54)$$

当且仅当

$$A(f) = K \cdot B^*(f) \qquad (2.55)$$

式中：K 为常数；上标"$*$"表示复共轭。

对式（2.54）进行 Schwartz 不等式代换，可得

$$\text{SNR} \leq \frac{1}{N_0} \int_{-\infty}^{+\infty} |U(f)|^2 df = \frac{E}{N_0} \qquad (2.56)$$

$$E = \int_{-\infty}^{+\infty} |U(f)|^2 df \qquad (2.57)$$

式中：E 为信号输入能量。输出信噪比永远不可能优于输入信噪比。根据式（2.55），仅当

$$H(f) = K U^*(f) e^{-j2\pi f t_m} \qquad (2.58)$$

时，输出信噪比取最大值且等于输入信噪比，其中 K 为常数。对式（2.58）进行逆傅里叶变换（IFFT），可得到系统的时域响应函数为

$$h(t) = K u^*(t_m - t) \qquad (2.59)$$

当系统的频域响应满足式（2.59）时，可得到最大输出信噪比。此时系统处于匹配状态，这类系统称为匹配滤波器。匹配滤波器的冲激响应为其所

接收信号经过延时的"镜像共轭"。

2.4.2.2 脉冲压缩

匹配滤波器的冲激响应为 $h(t)=s^*(-t)$，传递函数为 $H(f)=S^*(f)$，与雷达相距为 R 的目标，接收机输出为

$$\begin{aligned}G(f)&=H(f)S(f)\mathrm{e}^{-\frac{\mathrm{j}2\pi fR}{c}}\\&=S^*(f)S(f)\mathrm{e}^{-\frac{\mathrm{j}2\pi fR}{c}}\\&=A^2(f)\mathrm{e}^{-\frac{\mathrm{j}2\pi fR}{c}}\end{aligned} \quad (2.60)$$

若 $A(f)$ 为矩形，$G(f)$ 频谱为矩形，带宽为 B，则匹配滤波器的时域输出为

$$g(t)=2B\cos\left[2\pi f\left(t-\frac{2R}{c}\right)\right]\cdot\mathrm{sinc}\left(t-\frac{2R}{c}\right) \quad (2.61)$$

匹配滤波的过程可以描述为：先将雷达回波的 FFT 与参考函数的 FFT 的复共轭相乘，再进行 IFFT，即可完成对雷达回波的脉冲压缩。需要注意的是，参考函数的长度需要补零至与回波相同的长度。匹配滤波脉压处理示意如图 2.30 所示。

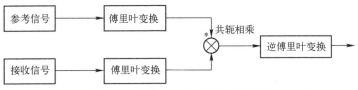

图 2.30 匹配滤波脉压处理示意图

图 2.31 中展示了三个目标的回波匹配滤波处理，其中：图 2.31（a）给出了未压缩的信号波形，从图中无法提取有用的目标信息；图 2.31（b）给出了压缩后信号波形，三个目标距离上的差异性展示在图中。

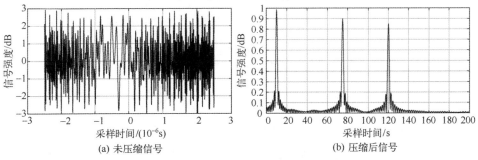

(a) 未压缩信号 (b) 压缩后信号

图 2.31 信号脉冲压缩示意

2.5 SAR工作基本原理

经典雷达系统通过脉冲压缩技术，可以在探测方向上形成一定分辨率的探测数据，称为一维距离像。一维距离像主要反映了目标沿探测方向的后向散射特征变化信息。在卫星运动方向上，雷达每次发射接收信号都会随着运动在地面形成"波束脚印"，通过积累序列"波束脚印"的一维距离像，就形成了沿探测方向和运动方向的二维数据。"波束脚印"在地面上的宽度反映了运动方向上的分辨能力。在运动方向要形成和探测方向相当的分辨率，需要在运动方向上构建一个极窄宽度的波束。如果要达到米级分辨率，实孔径天线长度需要达到千米级，这在工程上是很难实现的。SAR系统基于合成孔径原理，利用真实的小孔径天线在运动过程中快速采样，合成后等效构造一个虚拟的大口径天线，形成极窄波束，实现运动方向高分辨率成像，结合一维距离像，形成二维SAR图像数据。

2.5.1 多普勒效应

雷达发射的是由本地振荡器产生的单频波。经天线发射出去的信号以电磁波形式向地面传播，当遇到物体后被反射（散射）。反射的电磁波中存在一个由传感器（天线）和散射体之间的相对速度引起的频移。如果天线与散射体不断接近，接收信号的频率则会增加。反之，如果两者不断远离，接收信号的频率则会减小。这种情况与救护车驶近（远）时听到的报警器频率变高（低）现象很类似。这种由传感器与目标相对速度引起的频率称为SAR的多普勒频率[6-9]，如图2.32所示。

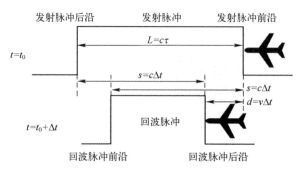

图2.32 雷达发射脉冲宽度和来自运动目标的回波脉冲宽度变化的示意图

假设 τ 为雷达发射脉冲的宽度，目标以速度 v 向着雷达飞行。在 t_0 时刻发射脉冲的前沿到达目标并即刻产生回波，在此瞬间发射脉冲的后沿到达目标需穿过的距离为

$$L = c\tau \tag{2.62}$$

在 $t = t_0 + \Delta t$ 时刻，发射脉冲的后沿到达目标。由于目标向着雷达运动，发射脉冲的后沿到达目标实际穿过的距离为

$$s = c\Delta t = L - d = L - v\Delta t \tag{2.63}$$

这个距离也正是发射脉冲的前沿走过的距离。由于目标的运动而发生了变化，雷达所接收到回波的脉冲宽度为

$$\tau' = \frac{s-d}{c} \tag{2.64}$$

则有

$$c\tau' = s - d = c\Delta t - v\Delta t \tag{2.65}$$

由于

$$c\tau = L = s + d = c\Delta t + v\Delta t \tag{2.66}$$

可得

$$\frac{\tau'}{\tau} = \frac{c\Delta t - v\Delta t}{c\Delta t + v\Delta t} = \frac{c-v}{c+v} \tag{2.67}$$

发射脉冲时间宽度内的周期数为

$$N = \frac{f}{\tau} \tag{2.68}$$

f 为发射脉冲信号的频率，应该等于接收脉冲时间宽度所包含的周期数，即

$$N = \frac{f}{\tau} = \frac{f'}{\tau'} \tag{2.69}$$

于是有

$$\frac{f'}{f} = \frac{\tau'}{\tau} \approx 1 - \frac{2v}{c} \tag{2.70}$$

变换可得

$$f_d = f - f' = -\frac{2v}{\lambda} \tag{2.71}$$

2.5.2 回波信号的多普勒历程

搭载雷达的平台沿直线运动时，雷达按照一定的时间间隔发射脉冲信号，

同时接收来自观测目标的回波信号,这个时间间隔称为脉冲重复周期,其倒数为脉冲重复频率(Pulse Repetition Frequency,PRF)。由于电磁波的传播速度远大于 SAR 平台的运动速度,并且 SAR 发射信号的时宽通常在 10μs 量级,通常可以近似认为雷达发射和接收信号都在同一位置,即假设平台停下来发射和接收信号[6]。

雷达在接收回波时获取了一个关于时间的一维信号,每段接收的信号之间存在一定的时间间隔,表示接收机在间隔内处于关闭状态,则接收机获取的数据序列如图 2.33 所示。

图 2.33 接收机获取数据序列

随着卫星的运动,每隔一个脉冲重复时间即发射一个脉冲,相应的回波按行连续写入信号存储器。如图 2.34 所示,卫星由位置 A 运动到 B,再运动到 C。可以看到,同一目标在信号存储器中将形成数个回波信号。根据 A、B、C 三点卫星与目标的距离,目标的回波存在相应的距离延迟,A 最远则回波信号偏后,C 最近则回波信号靠前。

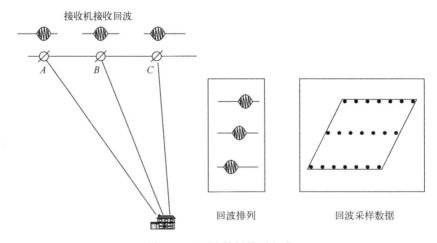

图 2.34 回波数据排列方式

SAR 工作过程中,其获取的数据可以排列成二维矩阵形式,分别对应快时间采样和慢时间采样。快时间采样是指对每一个发射脉冲的回波信号进行采样,慢时间采样是指以脉冲重复频率对观测区域进行采样。通常慢时间采样的时间没有限制，而脉冲重复频率的大小则需要至少两倍于回波信号的多普勒带宽。

图 2.35 展示了合成孔径雷达的基本几何关系，以平台运动方向为 x 方向，与之垂直的为斜距 R 方向，建立坐标系。雷达天线水平波束为 β，当平台处在位置 1 时，波束刚刚触及点目标 P；当平台运动到位置 2 时，P 点正好在波束中心；当平台运动到位置 3 时，P 点离开波束。点目标的 x 坐标记为 X，平台的 x 坐标记作 x_a。时间起始点这样选择，当 $t=0$ 时，平台位置 $x=0$，于是有

$$x = v_a t \tag{2.72}$$

式中：v_a 为平台沿 x 轴运动的速度。当平台位于 x 时，雷达至点目标 P 的距离 r 可表示为

$$r = [R^2 + (x-X)^2]^{\frac{1}{2}} \tag{2.73}$$

式中：R 为点目标 P 离平台航线的垂直距离；X 为点目标 P 的 x 坐标。随着平台沿 x 方向匀速直线运动，点目标 P 至雷达的距离也随之改变，则 r 是时间 t 的函数，即

$$r = [R^2 + (vt-X)^2]^{\frac{1}{2}} \tag{2.74}$$

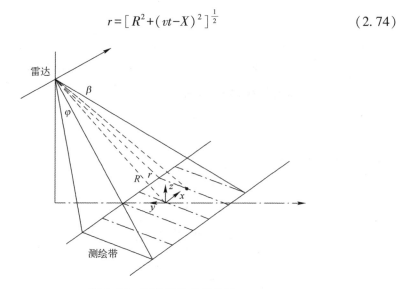

图 2.35　侧视雷达几何关系

一般情况下，合成孔径侧视雷达的斜距 R 总要比 $x-X$ 大很多，在此条件下有以下近似为

$$r(t) = [R^2+(x-X)^2]^{\frac{1}{2}} \approx R\left[1+\frac{(x-X)^2}{2R^2}\right]$$
$$= R\left[1+\frac{(v_a t-X)^2}{2R^2}\right] \qquad (2.75)$$

此近似称为菲涅耳近似。

雷达发射连续的正弦波即发射信号 $s_t(t)$ 为

$$s_t(t) = \text{Re}[Ae^{j\omega_c t}] \qquad (2.76)$$

式中：A 为发射正弦波信号的振幅；ω_c 为发射信号的载频。

从点目标 P 散射，经接收机收到的信号 $s_r(t)$ 可表示为

$$s_r(t) = \text{Re}\{KAe^{j\omega_c(t-\alpha)}F(x)\} \qquad (2.77)$$

$$\alpha = \frac{2r}{c} \qquad (2.78)$$

式中：K 为一常数，其值和点目标至雷达距离 R 及点目标散射系数有关，一般为复数；α 为回波延后发射信号时间；$F(x)$ 为考虑雷达水平方向增益变化而引入的加权函数。如果不考虑雷达天线的加权作用，即令 $F(x)=1$，则式（2.77）变为

$$s_r(t) = \text{Re}\{KAe^{j\omega_c(t-\alpha)}\} \qquad (2.79)$$

由此可见，平台相对于点目标的运动将造成回波信号的相位随时间不断变化，从而引起回波瞬时频率的变化。这就是熟知的多普勒频移。由式（2.79）可得多普勒频移 $f_d(t)$ 为

$$f_d(t) = \frac{-1}{2\pi}\frac{d(\omega_c \alpha)}{dt} = \frac{-1}{2\pi}\frac{d}{dt}\left\{\frac{2\omega_c r}{c}\right\} \qquad (2.80)$$

将式（2.75）代入得

$$f_d(t) = \frac{-1}{2\pi}\frac{d}{dt}\left\{\frac{2\omega_c r}{c}\right\}$$
$$= \frac{-1}{2\pi}\frac{d}{dt}\left\{\frac{2\omega_c R}{c}\left[1+\frac{(v_a t-X)^2}{2R^2}\right]\right\} \qquad (2.81)$$
$$= -\frac{2v_a^2}{\lambda R}(t-t_0)$$

式中：c 为光速；λ 为雷达波长，且 $\lambda=2\pi c/\omega_c$；t_0 为雷达通过 $x=X$ 位置的时间，且 $t_0=X/v_a$。这样，回波信号的瞬时频率 $f_r(t)$ 为

$$f_r(t) = f_c + f_d(t) = f_c - \frac{2v_a^2}{\lambda R}(t-t_0) \qquad (2.82)$$

由此可见，由于存在多普勒频移，回波信号的瞬时频率将在载波频率 ω_c 附近作线性变化。也就是说，由于平台匀速直线前进，回波信号将为线性调频信号，有

$$s_r(t) = \mathrm{Re}\{KA\mathrm{e}^{\mathrm{j}[\omega_c t - \omega_c \alpha]}\}$$
$$= \mathrm{Re}\left\{KA\mathrm{e}^{\mathrm{i}\left[\omega_c t - \frac{4\pi}{\lambda}R - \frac{2\pi v_a^2}{4R}(t-t_0)^2\right]}\right\} \tag{2.83}$$

略去所有的固定相位，将不失其一般性，于是式（2.83）变为

$$s_r(t) = \mathrm{Re}\left\{|KA|\mathrm{e}^{\mathrm{i}\left[\omega_c t - \frac{2\pi v_a^2}{\lambda R}(t-t_0)^2\right]}\right\} \tag{2.84}$$

由于回波信号的载频很高，不可能直接将其显示记录。必须将它降至较低的频率，通过频率变换回波多普勒频率将以 f_0 为中心作线性变化，这个较低的中心频率 f_0 通常称为偏置频率。此时式（2.82）变为

$$f_{\mathrm{det}}(t) = f_0 - \frac{2v_a^2}{\lambda R}(t-t_0) \tag{2.85}$$

式中：$f_{\mathrm{det}}(t)$ 为回波信号经变频将载频降至偏置频率后的瞬时频率变化。通常 $f_{\mathrm{det}}(t)$ 称为点目标回波的多普勒频率历史，简称为多普勒历史。这种在多普勒历史加偏置频率的方式称方位偏置方式。

由式（2.85）可见，多普勒历史是一按负斜率变化的线性调频信号，其调频斜率 k_a（角频率的斜率）为

$$k_a = -\frac{2v_a^2}{\lambda R} \tag{2.86}$$

点目标 P 横过天线波束最大距离由波束水平张角 β 决定，即

$$L_s = \beta R \tag{2.87}$$

式中：L_s 为点目标横过波束最大距离，通常称为合成孔径长度。

通常称点目标横过波束的时间为合成孔径时间，用 T_s 表示，由式（2.87）有

$$T_s = \frac{L_s}{v_a} = \frac{\beta R}{v_a} \tag{2.88}$$

在合成孔径时间间隔内，多普勒频率的变化范围称为多普勒带宽，用 Δf_d 表示。

$$\Delta f_d = \frac{1}{2\pi}|k_a| \cdot T_s = \frac{2v_a^2}{\lambda R} \cdot T_s = \frac{2\beta v_a}{\lambda} \tag{2.89}$$

这样，回波的时间带宽积为

$$\Delta f_\mathrm{d} \cdot T_\mathrm{s} = \frac{2v_\mathrm{a}^2}{\lambda R} \cdot T_\mathrm{s}^2 \qquad (2.90)$$

如图 2.36 所示，随着平台的前进，地面上的某个目标被数百个脉冲照射。主要由于方位向波束方向图的影响，每个脉冲的回波信号强度存在变化。以斜距平面内的三个传感器位置为例，当传感器处于 A 点时，目标刚刚进入波束主瓣，其开始接收信号。在目标被波束中心（B 点）照射之前，接收信号强度一直不断增加。当波束中心穿过目标后，在目标被波束方向图的第一个零点（C 点）照射到之前，信号强度又逐渐减弱。此后仍然可以接收到来自波束方向图副瓣的少许能量。波束方向图主瓣外沿以及副瓣的接收能量会造成图像中出现方位模糊，而多普勒中心频率的估计误差则会加重这些模糊。

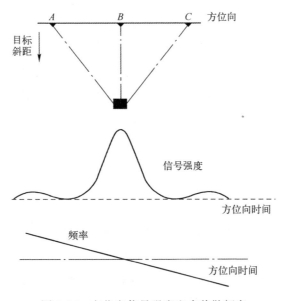

图 2.36　方位向信号强度和多普勒频率

多普勒频率正比于目标相对于传感器的径向速度。当目标接近雷达时，多普勒频率为正；当目标远离雷达时，多普勒频率为负。因此，频率随时间变化曲线的斜率为负。

图 2.36 中，波束中心斜视角为零，当雷达位于 B 点时波束中心经过目标，此时接收信号的强度最大。但是，实际情况往往并非如此，由于平台或天线姿态、波束对准、地球弯曲和自转以及机载情况下的侧风等因素影响，波束不可避免地存在一定程度的斜视。在一般的非零斜视角情况下，波束中

心在被称为"波束中心穿越时刻"的时间点上经过目标,以零多普勒时间作为参考,该时刻记为t_c。

下面给出包括合成孔径时间、调频率以及多普勒带宽在内的其他一些方位向参数。这些参数依赖于天线斜视角,并且是在$t=t_c$的波束中心计算的,波束中心斜视角记为$\theta_{r,c}$。

(1)多普勒中心频率可表示为

$$f_{t_c} = -\frac{2}{\lambda}\frac{\mathrm{d}R(t)}{\mathrm{d}t}\bigg|_{t=t_c} = \frac{2V\sin\theta_{r,c}}{\lambda} \tag{2.91}$$

式中:$V\sin\theta_{r,c}$为雷达至目标视线方向上的径向速度。

(2)多普勒带宽可表示为

$$\Delta f_{\mathrm{dop}} = \frac{2V\cos\theta_{r,c}}{\lambda}\theta_{\mathrm{bw}} \tag{2.92}$$

该等式利用了这样一个事实:带宽是目标在雷达3dB波束照射期间产生的频率漂移。这一带宽决定了采样要求,即确定了脉冲重复频率的下限。然而,波束边沿信号强度只下降了6dB,并且方位谱衰减得比较慢,因此过采样率一般应取为1.1~1.4,以减小方位模糊功率。

(3)合成孔径时间是指目标处于3dB波束范围内的时间宽度,可写为

$$T_a \approx \frac{\lambda}{D}\frac{R(t)}{V\cos\theta_{r,c}} \tag{2.93}$$

式中:D为方位向天线长度。

(4)方位向调频率是指方位向频率或多普勒频率的变化率,即

$$K_a = \frac{2}{\lambda}\frac{\mathrm{d}^2R(t)}{\mathrm{d}^2t}\bigg|_{t=t_c} = \frac{2V^2\cos^3\theta_{r,c}}{\lambda R_0} \tag{2.94}$$

2.5.3 方位向分辨率的形成

SAR卫星天线在运动方向具有一定的波束宽度,通常可假设3dB范围内目标可以被天线侦获,若超出范围,则可忽略信号。在这个条件下,卫星波束在经过目标时会存在一段时间始终能侦获该目标的信号。如图2.37所示,卫星由位置A运动到位置C时,目标始终能被波束覆盖,这段时间就是合成孔径时间。

在合成孔径时间内,卫星始终以相同的脉冲重复时间发射信号并接收回波信号。在空间中等效于在长度为一个合成孔径时间的距离上分别对该目标进行采样。

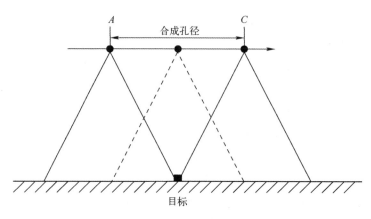

图 2.37 卫星运动形成合成孔径示意图

这样,对于任意采样时间(方位向)t,卫星与目标的相对距离可描述为

$$R(t)=\sqrt{R_0^2+V^2t^2} \tag{2.95}$$

式中:R_0 为卫星与目标的最近距离,该距离对应的相对时间为 0;V 为卫星相对目标的运动速度,该方程假定为卫星工作在正侧视条带模式下。

如图 2.38 所示,假设发射信号为连续的正弦波,在任意方位向时间 t 上,卫星接收的回波信号将存在一个由距离导致的延迟,则接收信号可表示为

$$s_r(t)=e^{j2\pi f_0\left(t-\frac{2R(t)}{c}\right)}e^{j\pi K\left(t-\frac{2R(t)}{c}\right)^2} \tag{2.96}$$

将信号解调后有

$$s_r(t)=e^{-j4\pi\frac{R(t)}{\lambda}}e^{j\pi K\left(t-\frac{2R(t)}{c}\right)^2} \tag{2.97}$$

目标回波的多普勒相位历程可表示为

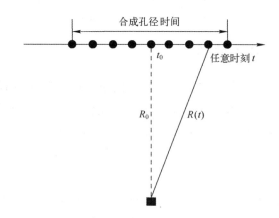

图 2.38 星地相对关系图

$$\varphi(t) = \frac{-4\pi R(t)}{\lambda} \tag{2.98}$$

对时间求一阶导数，得到多普勒频率，即

$$f_\mathrm{d} = \frac{2V}{\lambda} \tag{2.99}$$

将相位进行泰勒展开，并取近似可得

$$\varphi'(t) \approx -4\pi \frac{R_0}{\lambda} - \pi \frac{2V^2}{\lambda R_0} t^2 \tag{2.100}$$

可以看出，方位向信号与线性调频信号的表达一致，即通过方位向合成孔径后获取的方位向多普勒信号也为线性调频信号。雷达在相干合成孔径长度内所能获得的最大多普勒带宽，其倒数所对应于时间分辨率乘以平台运动的速度，从而得到方位向分辨率，即

$$f_\mathrm{DB} = f_\mathrm{R} \cdot T = \frac{2V^2}{\lambda R_0} \cdot \frac{L}{V} = \frac{2V^2}{\lambda R_0} \cdot \frac{\lambda R_0}{D} \cdot \frac{1}{V} = \frac{2V}{D} \tag{2.101}$$

因此可以得到合成孔径处理后方位向的分辨率为

$$\rho = \frac{V}{f_\mathrm{DB}} = \frac{D}{2} \tag{2.102}$$

忽略 SAR 回波中存在的距离徙动问题，近似认为 SAR 回波数据为距离向和方位向均为线性调频信号的二维耦合信号。与距离向脉冲压缩近似，构造相应的匹配滤波器，即可实现对方位向信号的合成，形成与距离向相似的 sinc 函数。其合成后的方位向分辨率与距离向分辨率具有近似的信号特征。

2.5.4 距离向分辨率的形成

距离向分辨率分为斜距分辨率和地距分辨率。斜距是指 SAR 卫星与目标沿信号发射方向的相对距离，地距是指地面上两目标间的距离。斜距分辨率代表在信号发射方向上可分辨的两目标信号最小距离（图 2.39），地距分辨率是斜距分辨率在地面等效投影的最小可分辨距离。由 SAR 卫星正侧视观测模式可以看出，斜距分辨率取决于发射信号的信号形式。在 SAR 系统中，脉冲压缩是实现距离向分辨率的关键技术。

脉冲压缩通过处理特定形式的信号，可以将脉冲重复时间降低为具有极小的展宽的信号，如图 2.40 所示。在目前的 SAR 卫星系统中，发射信号一般为线性调频信号，则在经过时延 t_0 后的目标接收回波可表示为

$$s(t) = \text{rect}\left(\frac{t-t_0}{T}\right) e^{j\pi K(t-t_0)^2} \qquad (2.103)$$

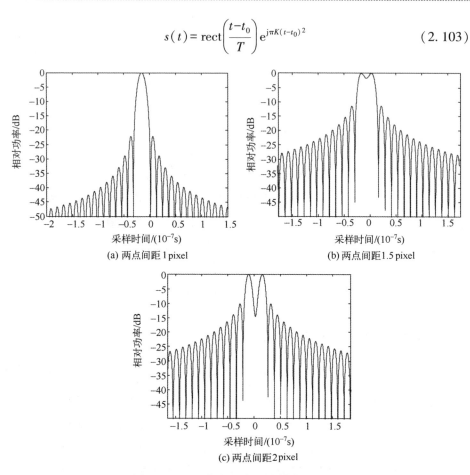

图 2.39 两目标间距实际分辨能力对比

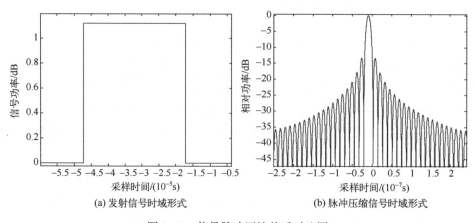

图 2.40 信号脉冲压缩前后对比图

构造脉冲压缩的滤波器，有

$$h(t) = \text{rect}\left(\frac{t}{T}\right) e^{-j\pi Kt^2} \tag{2.104}$$

经过脉冲压缩后，压缩后的输出近似为 sinc 函数，即

$$s_{\text{out}}(t) = s(t) \otimes h(t) = T\text{sinc}(KT(t-t_0)) \tag{2.105}$$

在该函数中，信号的宽度大大减小，其大部分能量集中于 3dB 宽度内，该宽度对应的时间宽度为

$$\rho = \frac{0.886}{KT} \tag{2.106}$$

图 2.40 给出了未压缩信号与压缩后的信号对比图。

SAR 系统中利用 3dB 宽度描述系统的距离向斜距分辨能力。图 2.40 给出了 2 个目标的回波压缩后图像。当 2 个目标的间距小于 3dB 宽度时，2 个目标无法区分。2 个目标间距超过 3dB 宽度后，2 个目标辨识能力越来越高。一般将信号的 3dB 宽度定义为距离向斜距分辨率。

斜距分辨率是沿发射方向可分辨的最小距离单元，其在地面的投影就是地距分辨率。斜距和地距的关系如图 2.41 所示。其中，目标 1 和目标 2 的地面距离为 ΔR_e，两者在斜距上的等效距离为 ΔR_s，θ_1 为目标 1 相对卫星的仰角，θ_2 为目标 2 相对卫星的仰角。其中，仰角是卫星与目标所在处地平线之间的夹角。

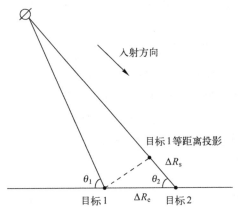

图 2.41 两目标斜距距离与地距距离关系

根据三角函数关系可得

$$\frac{\Delta R_s}{\Delta R_e} = \frac{\sin\theta_1 - \sin\theta_2}{\sin(\theta_1 - \theta_2)} \tag{2.107}$$

卫星的探测距离一般在数百千米，目标距离远远小于卫星距离，则有

$$\theta_1 \approx \theta_2$$

则有

$$\frac{\Delta R_s}{\Delta R_e} = \cos\theta_2 + \lim_{(\theta_1-\theta_2) \to 0} \frac{1-\cos(\theta_1-\theta_2)}{\sin(\theta_1-\theta_2)} \sin\theta_2 = \cos\theta_2 \qquad (2.108)$$

如果地距分辨率和斜距分辨率遵从式（2.108），则地距分辨率为

$$\rho_e = \frac{\rho}{\cos\theta_2} = \frac{0.886}{KT\cos\theta_2} \qquad (2.109)$$

可以看到，在斜距分辨率不变的情况下，随着地面目标仰角增加，地距分辨率越来越大。当仰角超过75°后，地距分辨率相对斜距分辨率超过原来的4倍。目标越靠近卫星星下点，地距分辨率越差。极限情况下，当SAR卫星仰角达到约90°，卫星可同时收到星下点两侧等距目标的回波信息，两种信息叠加在一起无法分辨。因此，SAR卫星系统一般是侧视成像，且侧视角需要满足一定的角度范围。

2.6 SAR卫星系统

2.6.1 典型工作模式

受天线尺寸和系统工作参数约束，SAR卫星的分辨率和成像幅宽存在约束关系。通过调节天线波束指向，可以根据应用需求获取更大幅宽或者更高分辨率SAR图像。这种调节天线波束指向的方式，是区分SAR卫星系统不同工作模式的重要依据。根据方位向是否进行天线波束指向变化，当前主流卫星系统工作模式大体可分为非扫描模式和扫描模式两大类。条带模式是经典的非扫描模式，条带模式、ScanSAR模式、TOPSAR模式是扫描模式的典型代表。此外，根据不同通道接收方式，还存在多通道SAR、极化SAR、InSAR等多种工作模式[7-10]。

2.6.1.1 条带模式

非扫描模式是以固定的角度对地面进行成像，根据侧视角度不同可分为正侧视条带模式和斜视条带模式，如图2.42所示。条带模式的工作机理简单、工程实现难度小，成像带内沿卫星运动方向的每个目标点都具有完全相同的多普勒历程，在卫星运动方向利用相同的匹配滤波器就可以生成相应的

图像,几乎所有的在轨 SAR 卫星都具有条带模式。条带模式下,SAR 卫星图像的分辨率、成像幅宽等性能指标完全由天线实际尺寸决定。在单通道模式下,SAR 卫星图像的分辨率一般不会优于米级分辨率。

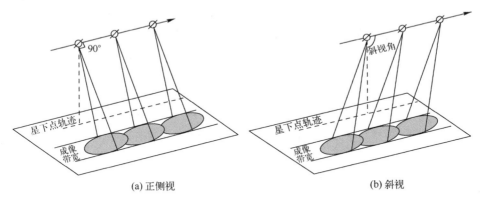

图 2.42　条带成像模式

2.6.1.2　聚束模式

合成孔径时间决定 SAR 卫星方位向分辨率。为进一步提升 SAR 卫星图像分辨率,需要在方位向对目标积累足够长的观测时间,提升多普勒历程长度。聚束模式是通过调整方位向天线波束指向,使卫星运动过程中天线波束始终指向地面某个点,通过积累合成孔径时间提升图像分辨率。聚束模式工程难度相对较大,观测带内沿卫星运动方向的不同目标的多普勒历程始终在变化,既要保持天线指向平稳,又要成像算法对方位向不同目标设计相应的匹配滤波器。此外,由于聚束模式始终瞄准地面上的某个点,使得方位向的成像带宽不会超过天线波束宽度,降低了 SAR 图像的应用能力。

滑动聚束模式是从聚束模式发展而来的另一种工作模式,能够获取高分辨率星载 SAR 图像,由于其分辨率与测绘范围可以灵活控制,因此是一种有较高应用价值的工作模式。滑动聚束模式的工作原理如图 2.43 所示。SAR 卫星工作在滑动聚束模式时,天线波束在方位向从前往后扫描,可延缓波束离开目标速度,增加目标的合成孔径时间,提高了方位分辨率。然而,与聚束模式相似,它也是将其他地方的合成孔径时间附加到目标区域,因此也只能对有限区域进行成像,而不能形成方位向连续的图像。目前,TerraSAR-X 的两种高分辨模式都通过滑动聚束模式来实现。

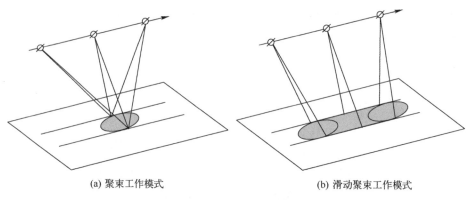

(a) 聚束工作模式　　　　　　(b) 滑动聚束工作模式

图 2.43　聚束与滑动聚束工作模式示意图

2.6.1.3　ScanSAR 模式

ScanSAR 是星载 SAR 宽测绘带观测的重要模式，它通过在多个子测绘带间切换，来扩展其一次通过观测地区时的观测带宽度，从而实现宽测绘带观测。从目标的角度看，就是把原来的合成孔径时间进行了拆分，使同一方位向不同测绘带的目标分别获取一小段合成孔径时间，从而获得更大的观测幅宽，如图 2.44 所示。SAR 卫星工作于 ScanSAR 模式时，首先在第一个子测绘带工作一段时间，再切换到第二个子测绘带。对所有子测绘带完成扫描后，再回到第一个子测绘带继续工作。为了地面图像能够连续，ScanSAR 需要在

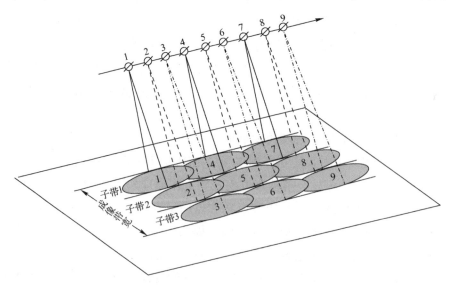

图 2.44　ScanSAR 模式工作示意图

合成孔径时间内完成对所有子测绘带的观测,在每个测绘带观测的时间就会比较少。因此,相比条带模式,ScanSAR 可以说是牺牲一部分的分辨率来换取了宽的测绘带。

2.6.1.4 TOPSAR 模式

ScanSAR 模式由于是通过将波束的合成孔径时间切分给各个子条带,所以方位向天线方向图对不同位置的目标照射不均匀,会产生亮暗不均的现象。TOPSAR 工作模式示意如图 2.45 所示。SAR 卫星工作在 TOPS 模式时,天线波束首先对第一个子带以一定速度从后向前进行扫描,扫描完第一个子带后再把天线指向后方,对第二个子带进行扫描;扫描完所有子带后,再回到第一个子带进行扫描。与 ScanSAR 不同,TOPSAR 模式通过扫描压缩了合成孔径时间,从而使每个目标都能快速地经历整个天线方向图的加权。因此它在保持 ScanSAR 宽测绘带优势的同时,解决了扇贝效应问题。

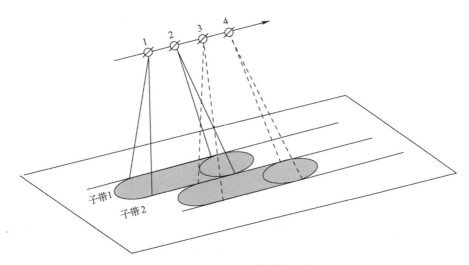

图 2.45　TOPSAR 工作模式示意图

2.6.1.5 多通道 SAR 模式

SAR 卫星系统脉冲重复频率越高,方位向可实现的分辨率越高,但过高的脉冲重复频率会限制成像幅宽。这种约束关系造成 SAR 卫星条带模式的成像幅宽和分辨率存在设计瓶颈,两者比值不会超过一个固定的数值。多通道

SAR模式可以突破条带模式的设计约束，通过一发多收的方式，在较低脉冲重复频率中获取更大的距离向带宽，同时满足方位向分辨率要求。该模式中，卫星天线被分为多个子阵，每个子阵的相位中心位置不同。每发射一个脉冲可以在不同相位中心的子阵接收回波，等效于发射并接收了多个脉冲信号，等效的脉冲重复频率相当于实际系统脉冲重复频率的几倍，从而实现了在小脉冲重复频率下仍然获取较高分辨率的能力，如图2.46所示。该模式虽然具有独特的优势，但对天线系统的精准度要求很高，相位中心误差会造成严重的非均匀采样问题，使SAR图像质量严重下降。

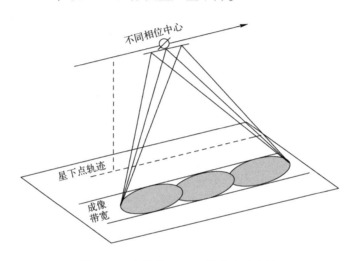

图2.46 多通道SAR工作模式示意图

2.6.1.6 极化SAR模式

极化SAR模式是一种特殊的多通道SAR模式，在天线上设计了H通道和V通道两种通道，典型极化SAR模式包括双极化模式、四极化模式，近年来也出现了圆极化模式。典型的四极化SAR模式是通过SAR载荷脉间周期交替发射H和V信号，两个接收通道同时接收H、V极化回波信号，如图2.47所示。与单极化和双极化条带模式相比，由于H、V通道信号交替工作，为实现相同的分辨率和系统灵敏度等指标，四极化SAR的脉冲重复频率需增大一倍，使四极化SAR模式的波位较难选择，成像带宽较小。

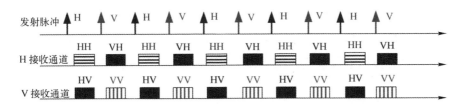

图 2.47　极化 SAR 模式示意图（见彩图）

2.6.1.7　InSAR 模式

InSAR（Interferometric Synthetic Aperture Radar），是干涉 SAR。该模式下，通过垂直运动方向的两部天线同时对目标进行观测，或以一定时间间隔相近位置进行平行观测，获得同一地区两次成像的复图像对。根据目标与两次观测位置的几何关系，地面目标回波形成相位差信号，根据信号差的变化来获取地面目标的高程信息，如图 2.48 所示。InSAR 可分为双通道干涉、重复轨道干涉两类。重复轨道干涉工作模式简单，但需要等待卫星运行到轨道相近的观测位置才能获取有效数据，期间任何小的误差变化都可能造成复图像对的误差，一般只能用于大尺度的地形测绘。双通道干涉工作模式可以采用两星伴飞，也可以采用单个卫星两个通道，获取数据时效性高，数据对一致性好，是当前在轨卫星广泛采用的 InSAR 模式。

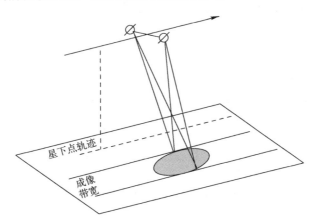

图 2.48　InSAR 工作模式示意图

2.6.2　卫星工程典型组成

不同轨道高度、不同应用类型的 SAR 卫星工程组成有所不同，尤其是近年来随着微纳卫星、太空互联网卫星星座等手段的发展，卫星系统组成正在发生重要变化。本节主要介绍保障 SAR 卫星系统运行的典型系统组成。SAR 卫星工程主要包括卫星系统、测控系统、运控系统、应用系统等。

2.6.2.1 卫星系统

SAR 卫星系统包括有效载荷分系统和卫星平台分系统，其中：有效载荷分系统包括 SAR 子系统、数据传输与存储子系统、空间环境监测子系统等；卫星平台分系统包括结构子系统、姿轨控子系统、推进子系统、电源子系统、太阳电池阵子系统、测控星务子系统、热控子系统等。

卫星系统主要功能包括：

（1）按照地面上注指令，以一定的脉冲重复频率、波束扫描角、信号带宽，周期性地发射线性调频信号，同时接收目标物体的反射回波。

（2）将接收到的 SAR 回波数据进行编码、加密后存储或下传地面站。

（3）对测控数据与回波数据进行中继数传。

（4）高精度测量三轴稳定姿态，实施卫星姿态机动，根据指令完成初始轨道建立、寿命期轨道保持、轨道机动和必要时的倾角调整。

（5）将太阳能转化为电能，并对蓄电池组进行充电，支持整星工作。

（6）支持遥控信息接收、解调、解密、校验、译码发送和数据处理，以及遥测数据接收、延时处理、组帧、传输和调制发送。

2.6.2.2 测控系统

测控系统由测控站（船）、发射指控中心、卫星测控中心、指挥中心等多个点站组成。陆上以有线通信为主，船岸间用无线通信和卫星通信，把测控站（船）与测控中心、指挥中心等连接起来，配以相应的软件，组成有机的测控系统。

测控系统主要功能包括：

（1）根据实时获取的卫星数据，计算卫星位置、速度和姿态参数。

（2）对星上仪器工作状态进行测量、分析和处理。

（3）接收卫星发回的探测数据。

（4）对卫星轨道实施周期性修正和管理，确保卫星始终运行在设计轨道上。

（5）上注卫星运行指令，控制卫星完成指定的观测任务。

2.6.2.3 运控系统

运控系统一般由指挥调度、任务控制、数据接收、信息传输等四个分系统组成。其主要功能包括：

(1) 受理卫星观测任务与需求。

(2) 完成卫星观测任务分析与规划，制定卫星遥感计划、中继传输计划、中继测控计划、跟踪接收计划。

(3) 管理控制卫星有效载荷。

(4) 接收并传输卫星遥感数据。

(5) 监视星地技术状态和工作状态，管理监控全系统运行质量，对系统信息安全进行管理，组织实施系统任务调度与外部协调。

2.6.2.4 应用系统

应用系统一般由信息处理、产品制作、定标测试、质量评定等分系统组成，主要负责卫星需求统筹与分析、信息处理、成像载荷的参数标定与质量评定。

应用系统主要功能包括：

(1) 将接收到的 SAR 卫星回波数据进行数据处理，生成 SAR 图像产品。

(2) 对 SAR 图像产品进行解译，根据不同用户需求生成相应的应用级产品。

(3) 对 SAR 卫星系统几何、辐射特性进行标定。

(4) 对 SAR 卫星系统产品进行长期质量监控，评定系统稳定性。

参考文献

[1] MONTENBRUCK O, GILL E. 卫星轨道：模型、方法和应用 [M]. 王家松，等译. 北京：国防工业出版社，2012.

[2] 郗晓宁，等. 近地航天器轨道基础 [M]. 长沙：国防科技大学出版社，2003.

[3] GURU B S，等. 电磁场与电磁波 [M]. 周克定，译. 北京：机械工业出版社，2002.

[4] 许小剑. 雷达目标散射特性测量与处理新技术 [M]. 北京：国防工业出版社，2017.

[5] 许小剑，黄培康. 雷达系统及其信息处理 [M]. 北京：电子工业出版社，2010.

[6] 张澄波. 综合孔径雷达原理、系统分析与应用 [M]. 北京：科学出版社，1989.

[7] 袁孝康. 星载合成孔径雷达导论 [M]. 北京：国防工业出版社，2003.

[8] 魏钟铨，等. 合成孔径雷达卫星 [M]. 北京：科学出版社，2001.

[9] John C Curlander，等. 合成孔径雷达：系统与信号处理 [M]. 韩传召，等译. 北京：电子工业出版社，2006.

[10] ZAN F D, et al. TOPSAR：Terrain observation by progressive scans [J]. IEEE tran. Geo. and Remote Sensing，2006，44（6）：2352-2360.

第 3 章 SAR 卫星成像处理

与光学遥感不同，SAR 卫星回波数据是地面目标反射信号相互叠加的复数原始信号数据，肉眼无法直接解译。将接收到的 SAR 卫星回波数据进行处理，得到反映目标后向散射分布的 SAR 图像，从回波信号到 SAR 图像的过程称为成像处理。SAR 卫星成像处理是 SAR 图像应用中必不可少的关键环节。

早期 SAR 成像处理主要为模拟信号处理，研究人员基于傅里叶光学原理，利用激光波束和透镜组聚焦获得 SAR 图像，这种通过光学处理器得到 SAR 图像的方法灵活性不高，并且操作复杂。随着计算机存储能力和运算能力的提升，基于数字信号处理的 SAR 成像处理方法成为主流。几十年来，随着 SAR 卫星工作模式的发展，SAR 成像出现了距离多普勒（Range Doppler，RD）、线性调频变标（Chirp Scaling，CS）等一系列成像算法。这些算法主要聚焦在如何高精度、高效率地解决信号距离-方位耦合的问题，但是在成像精度与运算效率方面有较大差异。

本章首先介绍 SAR 卫星回波信号的数学模型，在此基础上分别介绍距离多普勒（RD）算法、线性调频变标（CS）算法、波束域（ωK）算法、频谱分析（SPECtral ANalysis，SPECAN）算法、后向投影（BP）算法等典型成像算法，重点分析不同成像算法的数学表达。

3.1 回波信号数学模型

回波信号数学模型是 SAR 成像算法的基础，目前最通用的是 1982 年 Wu 提出的一种适用于 SAR 卫星的回波信号模型[1]。本节根据信号收发过程对该模型推导中关键步骤数学表达式的物理意义进行阐述。

3.1.1 回波信号模型

假设发射脉冲的信号形式 $p(\tau)$ 为

$$p(\tau) = a(\tau)\cos[j\omega_0\tau + j\pi k\tau^2] \tag{3.1}$$

$$a(\tau) = \begin{cases} 1, & 0 \leqslant \tau \leqslant \tau_p \\ 0, & \text{其他} \end{cases} \tag{3.2}$$

式中：k 为发射信号调频率；$a(\tau)$ 为矩形脉冲窗，它决定了单个发射脉冲的脉冲时间长度 τ_p。

雷达连续发射的脉冲串信号形式为

$$S(\tau) = \sum_{n=-\infty}^{+\infty} p(\tau - nT_{\text{prt}}) \tag{3.3}$$

式中：T_{prt} 为各个脉冲间的时间间隔。

设卫星与目标间距为 $R(\eta)$（η 为方位时间），则地面点目标的回波信号为

$$S_{\text{echo}}(\tau,\eta) = \sigma W_a(\eta)S\left(\tau - \frac{2R(\eta)}{c}\right) = \sum_{n=-\infty}^{+\infty}\sigma W_a(\eta)p\left(\tau - nT_{\text{prt}} - \frac{2R(\eta)}{c}\right) \tag{3.4}$$

式中：$W_a(\eta)$ 为方位天线方向性函数；σ 为与目标雷达散射截面积有关的常数；c 为光速。

在 SAR 卫星系统中，由于发射信号为余弦形式的电磁信号，接收机接收回波后通过混频、中放、正交解调后将形成复信号，则回波信号的复信号形式为

$$S_{\text{cp}}(\tau,\eta) = \sum_{n=-\infty}^{+\infty}\sigma W_a(\eta)a\left(\tau - nT_{\text{prt}} - \frac{2R(\eta)}{c}\right) \cdot$$

$$\exp\left\{-j\frac{4\pi}{\lambda}R(\eta) - j\varphi\left[\tau - nT_{\text{prt}} - \frac{2R(\eta)}{c}\right]\right\} \tag{3.5}$$

在空间内，天线方向图 $W_a(\eta)$ 和斜距 $R(\eta)$ 相对方位时间为慢变化，因此它们可近似为

$$\begin{cases} R(\eta) = R(nT_{\text{prt}}) \\ W_a(\eta) = W_a(nT_{\text{prt}}) \end{cases} \tag{3.6}$$

将连续时间 t 看作随脉冲重复时间周期变化的时间段，每段内时间一致，则最终点目标的回波信号可以表示为

$$s_0(\tau,\eta) = \sigma \cdot W_a(\eta) \cdot a\left[\tau - \frac{2R(\eta)}{c}\right] \cdot$$

$$\exp\left\{-j\pi K_r\left[\tau - \frac{2R(\eta)}{c}\right]^2\right\} \cdot \exp\left\{-j\frac{4\pi f_0 R(\eta)}{c}\right\} \tag{3.7}$$

$$R(\eta) = \sqrt{R_0^2 + (V_r\eta)^2 - 2R_0 V_r\eta\cos\varphi} \tag{3.8}$$

式中：f_0 为发射脉冲频率；K_r 为调频率；τ 和 η 分别为距离向和方位向时间；$R(\eta)$ 是卫星与目标的间距；R_0 为方位向时间为零时的斜距；V_r 为卫星等效飞行速度；φ 为等效斜视角。

3.1.2 信号模型的理解

（1）σ 反映了目标本身的后向散射系数，回波信号经过成像后，SAR 图像表征的是该目标本身的后向散射系数。

（2）$W_a(\eta)$ 反映了目标在沿方位向运动过程中天线增益的变化。信号经天线发射和接收，所以目标的回波沿方位向存在一个双程天线方向图的加权。

（3）$a\left[\tau - \frac{2R(\eta)}{c}\right] \cdot \exp\left\{-j\pi K_r\left[\tau - \frac{2R(\eta)}{c}\right]^2\right\}$ 反映了回波数据在距离向依然是线性调频信号，也表明信号存在一个 $\frac{2R(\eta)}{c}$ 的距离延迟。这个距离延迟发生在距离向，但延迟量会沿方位向产生变化。

该距离延迟项称为距离徙动（Range Cell Migration，RCM），反映了目标回波在距离向和方位向的二维耦合特性，是 SAR 成像算法需要解决的核心问题。距离徙动的产生是由卫星与目标相对距离的变化导致（图3.1），随着卫星运动，同一目标在雷达接收机中位于不同的距离门，接收信号按照时间排列会呈现一种曲线变化，如图 3.2 所示。

根据雷达相对目标距离变化的程度，一般将距离徙动分为距离走动项和距离弯曲项。其中，距离走动项是指距离徙动中的一次项部分，这种情况一般是由于观测视线存在一定的斜视角造成；距离弯曲项是指距离徙动中二次项和二次以上部分。在正侧视 SAR 卫星系统中，距离走动项基本为零，距离徙动以二次项为主。

由于距离徙动现象的存在，同一点目标的回波信号位于不同距离门内，直接进行方位向压缩会影响聚焦精度，因此准确地校正距离徙动，关系着最终 SAR 图像成像聚焦质量。

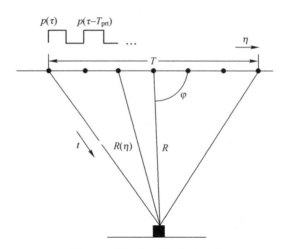

图 3.1　星地相对关系示意图

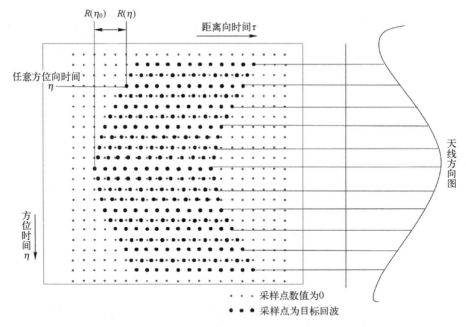

图 3.2　回波数据各项参数示意图

（4）$\exp\left\{-j\dfrac{4\pi f_0 R(\eta)}{c}\right\}$ 反映了卫星与目标随方位向时间变化的多普勒历程。对该相位的补偿精度，决定了目标在方位向的聚焦效果。在星载 SAR 成像中，通过求解卫星轨道参数、姿态参数等，可以准确解算该相位的多普勒参数，实现方位向聚焦。

3.2 RD 算法

3.1 节根据星载 SAR 系统信号收发过程推导了回波信号模型。从回波信号模型中可知，距离徙动反映了目标回波在距离向和方位向的二维耦合特性，是成像算法需要解决的核心问题。RD 算法因其在距离多普勒域完成距离徙动校正而得名，该算法是在 1976—1978 年为处理 Seasat SAR 数据而提出的，并于 1978 年处理得到第一幅机载 SAR 数字图像[2]。其基本思想是先将距离压缩后的数据沿方位向作傅里叶变换，再变换到距离多普勒域，完成距离徙动校正和方位压缩。

3.2.1 算法概述

RD 算法主要包括几个步骤：距离压缩、距离徙动校正、方位压缩等。其算法流程如图 3.3 所示。

图 3.3　RD 算法流程图

1) 距离压缩

RD 算法利用匹配滤波对信号的距离向进行脉冲压缩，将信号与参考函数变换到频域，相乘后再变换到时域。距离压缩沿方位向进行，对每条方位线上的信号采用相同的参考函数进行压缩处理。理想点目标的距离压缩前后信号对比如图 3.4 所示（图中两维均为时域，横轴为距离向，纵轴为方位向，后同）。

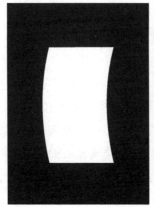 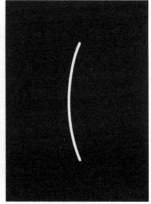

(a) 原始回波信号　　　　(b) 距离压缩信号

图 3.4　距离压缩前后信号对比图

2）距离徙动校正

由于距离徙动效应的存在，同一点目标的回波分布在不同的距离门上，直接进行方位压缩会影响聚焦精度，因此，在方位压缩前需要进行距离徙动校正，使同一点目标的回波信号位于同一个距离门。在方位向频域内，同一距离门上所有点的距离徙动曲线是重合的，因此可同时校正该距离门上所有点目标的距离徙动。不同距离门上点的距离徙动弯曲曲率不同，通常可以采用插值的方式完成不同距离门点目标的徙动校正。距离徙动校正前后的信号对比如图 3.5 所示。

 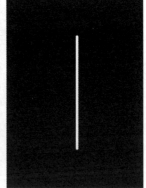

(a) 距离徙动校正前信号　　　　(b) 距离徙动校正后信号

图 3.5　距离徙动校正前后信号对比图

3）方位压缩

距离徙动校正后，信号沿方位向的轨迹由曲线变为直线，因此可对方位向进行一维压缩处理。方位压缩后输出信号就是二维的辛格函数，经过辐射校正等处理即可得到直观可视的 SAR 图像。方位压缩前后的信号对比如图 3.6 所示。

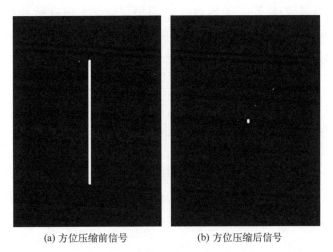

(a) 方位压缩前信号　　　　(b) 方位压缩后信号

图 3.6　方位压缩前后信号对比图

3.2.2　算法数学表达

RD 算法在距离多普勒域完成距离徙动校正，本节详细推导 SAR 回波信号的距离多普勒频谱与距离徙动校正数学表达式[3]。

3.2.2.1　距离多普勒频谱

SAR 回波信号的距离多普勒频谱表达式是 RD 算法的基础。要获得距离多普勒频谱，一般需要对原始回波信号进行距离向傅里叶变换、方位向傅里叶变换、距离向逆傅里叶变换。

1）距离向傅里叶变换

利用驻定相位原理（POSP）推导基带接收信号 $s_0(\tau,\eta)$ 经距离向傅里叶变换后的数学表达式，可以写为

$$S_0(f_\tau,\eta) = \int_{-\infty}^{\infty} s_0(\tau,\eta)\exp\{-\mathrm{j}2\pi f_\tau \tau\}\mathrm{d}\tau \tag{3.9}$$

积分号中的相位为

$$\theta(\tau) = -\frac{4\pi f_0 R(\eta)}{c} + \pi K_\mathrm{r}\left[\tau - \frac{2R(\eta)}{c}\right]^2 - 2\pi f_\tau \tau \tag{3.10}$$

$\theta(\tau)$ 对于 τ 的导数为

$$\frac{\mathrm{d}\theta(\tau)}{\mathrm{d}\tau} = 2\pi K_r \left[\tau - \frac{2R(\eta)}{c}\right] - 2\pi f_\tau \qquad (3.11)$$

式中：$R(\eta)$ 为等效速度 V_r 的函数。V_r 随距离变化，但在脉冲持续时间内可以近似保持不变，因此 $R(\eta)$ 并不是 τ 的函数。根据驻定相位原理，找出导数为零的距离时间为

$$\tau = \frac{f_\tau}{K_r} + \frac{2R(\eta)}{c} \qquad (3.12)$$

利用 τ 的这一表达式，$S_0(f_\tau,\eta)$ 可以写为

$$S_0(f_\tau,\eta) = A_0 A_1 W_r(f_\tau) w_a(\eta-\eta_c) \times \exp\left\{-j\frac{4\pi(f_0+f_\tau)R(\eta)}{c}\right\} \exp\left\{-j\frac{\pi f_\tau^2}{K_r}\right\} \qquad (3.13)$$

式中：$W_r(f_\tau) = w_r(f_\tau/K_r)$ 为距离频谱的包络；常数 A_1 包含一个 $\pm\pi/4$ 的相位，但它对以下分析并不重要。

2) 方位向傅里叶变换

上面推导出了基带接收信号 $s_0(\tau,\eta)$ 经距离向傅里叶变换后的信号形式 $S_0(f_\tau,\eta)$，再次应用驻定相位原理推导出 $S_0(f_\tau,\eta)$ 经方位向傅里叶变换后的解。$S_0(f_\tau,\eta)$ 经方位向傅里叶变换可以写为

$$S_{2df}(f_\tau,f_\eta) = \int_{-\infty}^{\infty} S_0(f_\tau,\eta)\exp\{-j2\pi f_\eta \eta\}\mathrm{d}\eta \qquad (3.14)$$

积分号中的相位为

$$\theta(\eta) = -\frac{4\pi(f_0+f_\tau)R(\eta)}{c} - \frac{\pi f_\tau^2}{K_r} - 2\pi f_\eta \eta \qquad (3.15)$$

$\theta(\eta)$ 对于 η 的导数为

$$\frac{\mathrm{d}\theta(\eta)}{\mathrm{d}\eta} = -\frac{4\pi(f_0+f_\tau)V_r^2 \eta}{c\sqrt{R_0^2+V_r^2\eta^2}} - 2\pi f_\eta \qquad (3.16)$$

根据驻定相位原理，找出导数为零的方位时间为

$$\eta = -\frac{cR_0 f_\eta}{2(f_0+f_\tau)V_r^2 \sqrt{1-\frac{c^2 f_\eta^2}{4V_r^2(f_0+f_\tau)^2}}} \qquad (3.17)$$

利用 η 的这一表达式，$S_{2df}(f_\tau,f_\eta)$ 可以写为

$$S_{2df}(f_\tau,f_\eta) = A_0 A_1 A_2 W_r(f_\tau) W_a(f_\eta-f_{\eta c})\exp\{j\theta_a(f_\tau,f_\eta)\} \qquad (3.18)$$

式中：A_2 为常数；$W_a(f_\eta-f_{\eta c})$ 为以多普勒中心频率 $f_{\eta c}$ 为中心的方位频谱包络；$\theta_a(f_\tau,f_\eta)$ 为傅里叶变换后的相位角。常数 A_2 也有一个无关紧要的 $\pm\pi/4$ 相位。

包络 $W_a(f_\eta)$ 和相位角 $\theta_a(f_\tau,f_\eta)$ 的表达式为

$$W_a(f_\eta) = w_a\left(\frac{-cR_0 f_\eta}{2(f_0+f_\tau)V_r^2\sqrt{1-\dfrac{c^2 f_\eta^2}{4V_r^2(f_0+f_\tau)^2}}}\right) \tag{3.19}$$

$$\theta_a(f_\tau,f_\eta) = -\frac{4\pi R_0(f_0+f_\tau)}{c\sqrt{1-\dfrac{c^2 f_\eta^2}{4V_r^2(f_0+f_\tau)^2}}} + \frac{\pi c R_0 f_\eta^2}{(f_0+f_\tau)V_r^2\sqrt{1-\dfrac{c^2 f_\eta^2}{4V_r^2(f_0+f_\tau)^2}}} - \frac{\pi f_\tau^2}{K_r}$$

$$= -\frac{4\pi R_0(f_0+f_\tau)}{c}\sqrt{1-\frac{c^2 f_\eta^2}{4V_r^2(f_0+f_\tau)^2}} - \frac{\pi f_\tau^2}{K_r} \tag{3.20}$$

$$= -\frac{4\pi R_0 f_0}{c}\sqrt{D^2(f_\eta,V_r) + \frac{2f_\tau}{f_0} + \frac{f_\tau^2}{f_0^2}} - \frac{\pi f_\tau^2}{K_r}$$

$$D(f_\eta,V_r) = \sqrt{1 - \frac{c^2 f_\eta^2}{4V_r^2 f_0^2}} \tag{3.21}$$

3) 距离向逆傅里叶变换

为了得到距离多普勒域中的信号形式，需要对 $S_{2df}(f_\tau,f_\eta)$ 进行距离向逆傅里叶变换，可得

$$S_{rd}(\tau,f_\eta) = \int_{-\infty}^{\infty} S_{2df}(f_\tau,f_\eta)\exp\{j2\pi f_\tau\tau\}df_\tau \tag{3.22}$$

对相位项 $\theta_a(f_\tau,f_\eta)$ 的根式展开成 f_τ 的幂级数，并保留至二次项，则 $\theta_a(f_\tau,f_\eta)$ 可以写为

$$\theta_a(f_\tau,f_\eta) = -\frac{4\pi R_0 f_0}{c}\left[D(f_\eta,V_r) + \frac{f_\tau}{f_0 D(f_\eta,V_r)} - \frac{f_\tau^2}{2f_0^2 D^3(f_\eta,V_r)}\frac{c^2 f_\eta^2}{4V_r^2 f_0^2}\right] - \frac{\pi f_\tau^2}{K_r} \tag{3.23}$$

则 $S_{rd}(\tau,f_\eta)$ 积分中的总相位为

$$\theta(f_\tau) = -\frac{4\pi R_0 f_0}{c}\left[D(f_\eta,V_r) + \frac{f_\tau}{f_0 D(f_\eta,V_r)} - \frac{f_\tau^2}{2f_0^2 D^3(f_\eta,V_r)}\frac{c^2 f_\eta^2}{4V_r^2 f_0^2}\right] - \frac{\pi f_\tau^2}{K_r} + 2\pi f_\tau\tau \tag{3.24}$$

采用驻定相位原理，$\theta(f_\tau)$ 对 f_τ 的导数为

$$\frac{d\theta(f_\tau)}{df_\tau} = -\frac{4\pi R_0}{cD(f_\eta,V_r)} + 2\pi Z(R_0,f_\eta)f_\tau - \frac{2\pi f_\tau}{K_r} + 2\pi\tau \tag{3.25}$$

$$Z(R_0,f_\eta) = \frac{cR_0 f_\eta^2}{2V_r^2 f_0^3 D^3(f_\eta,V_r)} \tag{3.26}$$

当 $f_\tau = \dfrac{K_r}{1-K_r Z}\left[\tau - \dfrac{2R_0}{cD(f_\eta, V_r)}\right]$ 时，$\dfrac{\mathrm{d}\theta(f_\tau)}{\mathrm{d}f_\tau} = 0$。代入 $\theta_a(f_\tau, f_\eta)$，可得到距离向逆傅里叶变换的解为

$$S_{\mathrm{rd}}(\tau, f_\eta) = A_0 A_1 A_2 A_3 \omega_r \left\{\dfrac{1}{1-K_r Z}\left[\tau - \dfrac{2R_0}{cD(f_\eta, V_r)}\right]\right\} W_a(f_\eta - f_{\eta_c})$$

$$\exp\left\{-\mathrm{j}\dfrac{4\pi R_0 D(f_\eta, V_r) f_0}{c}\right\} \exp\left\{\mathrm{j}\pi K_m \left[\tau - \dfrac{2R_0}{cD(f_\eta, V_r)}\right]^2\right\} \quad (3.27)$$

式（3.27）即为距离多普勒频谱，其中 $K_m = \dfrac{K_r}{1-K_r Z}$。

3.2.2.2 RD 域距离徙动校正

和其他经典 SAR 成像算法相比，在距离多普勒域插值实现距离徙动校正（RCMC）是 RD 算法最为显著的特点，通过基于辛格函数的插值处理可以很方便地实现。

在小斜视角下，波束指向接近零多普勒方向，如果孔径不是很大，可以将距离等式近似为抛物线，有

$$R(\eta) = \sqrt{R_0^2 + V_r^2 \eta^2} \approx R_0 + \dfrac{V_r^2 \eta^2}{2R_0} \quad (3.28)$$

根据驻定相位原理，方位向上的时频关系为 $f_\eta = -K_a \eta$，将 $\eta = -f_\eta/K_a$ 代入式（3.28）可得

$$R_{\mathrm{rd}}(f_\eta) \approx R_0 + \dfrac{V_r^2}{2R_0}\dfrac{f_\eta^2}{K_a^2} = R_0 + \dfrac{\lambda^2 R_0 f_\eta^2}{8V_r^2} \quad (3.29)$$

进而可得

$$\Delta R(f_\eta) = \dfrac{\lambda^2 R_0 f_\eta^2}{8V_r^2} \quad (3.30)$$

式（3.30）表明，目标偏移是方位频率 f_η 的函数，同样也是 R_0 的函数。通过式（3.30）可以准确地校正距离多普勒域中的距离徙动，信号变为

$$S_2(\tau, f_\eta) = A_0 p_r\left(\tau - \dfrac{2R_0}{c}\right) W_a(f_\eta - f_{\eta_c}) \exp\left\{-\mathrm{j}\dfrac{4\pi f_0 R_0}{c}\right\} \exp\left\{\mathrm{j}\pi \dfrac{f_\eta^2}{K_a}\right\} \quad (3.31)$$

3.3 CS 算法

CS 算法是对 RD 算法的改进。RD 算法利用插值运算校正距离徙动，这不

仅降低了成像的计算效率，而且引入了 SAR 图像的相位误差和幅度误差。CS 算法由两个研究小组在 1992 年同时独立提出[4,5]，分别为加拿大的 Ian Cumming、Frank Wong、Keith Raney 团队和德国的 Richard Bamler、Hartmut Runge 团队，主要思想是利用一个相位因子改变距离徙动的空间移变特性，不仅使距离徙动校正避免复杂的插值运算，还可较好保持图像的相位精度，具有很好的成像效果。

3.3.1 算法概述

与 RD 算法不同，CS 算法先进行方位向傅里叶变换，再相继在距离多普勒域、二维频域和距离多普勒域进行相位补偿，完成距离压缩、方位压缩和距离徙动校正，算法流程如图 3.7 所示。校正距离徙动时避免了插值运算，仅用傅里叶变换与复数相乘就完成了成像处理，不仅减少了运算量，还保持了相位精度，减少了图像失真。CS 算法适用于多种 SAR 精密成像处理，主要包括 Chirp Scaling 处理、距离压缩和距离徙动校正、方位压缩和相位校正三个步骤。

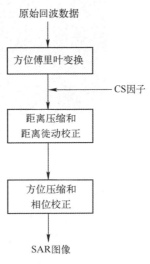

图 3.7　CS 算法流程图

1) Chirp Scaling 处理

CS 算法先通过方位向傅里叶变换将回波信号变换到方位频域，再与 CS 因子相乘，将所有距离门的距离徙动曲线校正到相同形状。如图 3.8 所示，Chirp Scaling 处理后不同距离门的距离徙动（RCM）曲线与参考距离曲线的形式一致。

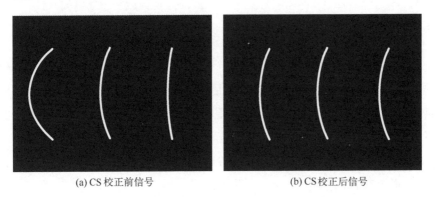

(a) CS 校正前信号　　　　　　　　(b) CS 校正后信号

图 3.8　Chirp Scaling 处理前后徙动曲线的变化

2）距离压缩和距离徙动校正

通过距离向傅里叶变换，将信号变换到二维频域，与距离补偿因子相乘，完成距离徙动校正和距离压缩，如图3.9所示。

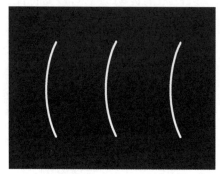 

(a) 距离压缩和距离徙动校正前信号　　(b) 距离压缩和距离徙动校正后信号

图3.9　距离压缩和距离徙动校正前后信号对比图

3）方位压缩和相位校正

利用距离向逆傅里叶变换将信号变换回距离多普勒域。由于Chirp Scaling处理时已经进行了方位向傅里叶变换，因此信号直接与方位补偿因子相乘，完成方位压缩，同时校正了Chirp Scaling变换时引入的相位误差。利用方位逆傅里叶变换到时域，得到SAR图像。

3.3.2　算法数学表达

CS算法主要包括Chirp Scaling处理、距离压缩和距离徙动校正、方位压缩和相位校正等步骤，本节详细推导这几个步骤的数学表达式[3]。

3.3.2.1　Chirp Scaling处理

以某距离 R_{ref} 处目标的距离徙动曲线为参考，通过在信号的方位向频域上乘以一个参考函数，使不同距离单元上的距离徙动曲线与该曲线一致。所得的曲线不再具有空间移变性，即不随距离 R 的变化而变化，这样就易于实现距离徙动校正。

Chirp Scaling处理分为两个步骤：回波信号的方位向傅里叶变换；与Chirp Scaling相位因子相乘。

经过方位向傅里叶变换后，信号在距离多普勒域表达式为

$$S(t,f) = \exp\left\{-j\pi K_s(f;R)\left[t - \frac{2R_f(f;R)}{C}\right]^2\right\} \cdot \exp\left\{-j\frac{4\pi}{\lambda}R\sqrt{1-\left(\frac{\lambda f}{2v}\right)^2}\right\} \quad (3.32)$$

$$R_f(f;R) = \frac{R}{\sqrt{1-\left(\frac{\lambda f}{2v}\right)^2}} = R[1+C_s(f)] \quad (3.33)$$

$$C_s(f) = \frac{1}{\sqrt{1-\left(\frac{\lambda f}{2v}\right)^2}} - 1 \quad (3.34)$$

$$K_s(f;R) = \frac{K}{1+KR\frac{2\lambda}{C^2}\frac{\left(\frac{\lambda f}{2v}\right)^2}{\left[1-\left(\frac{\lambda f}{2v}\right)^2\right]^{3/2}}} \quad (3.35)$$

式中：$R_f(f;R)$ 为雷达与点目标间的距离在距离多普勒域的表现形式；$C_s(f)$ 为徙动因子，表示信号轨迹与多普勒频率间的关系；$K_s(f;R)$ 为等效的距离向调频率，与时域的 K 相对应。

选择在距离多普勒域与 Chirp Scaling 因子相乘，目的是使所有点回波信号的距离徙动都等于参考距离的距离徙动，即：在距离信号多普勒域，所有点的距离徙动曲线具有相同的曲率。

参考距离的选取没有严格的要求，甚至可以在成像区域之外，通常选取场景中心对应的斜距为参考距离。在距离多普勒域内，参考距离处的距离曲线表达式为

$$R_{ref}(f;R_{ref}) = R_{ref}[1+C_s(f)] \quad (3.36)$$

则参考距离的相位中心为

$$t_{ref}(f) = \frac{2}{C}R_{ref}[1+C_s(f;R)] \quad (3.37)$$

设 CS 相位因子为

$$\varphi_{cs}(f,t;R_{ref}) = \exp\left\{-j\pi K_s(f;R_{ref}) \cdot C_s(f) \cdot \left[t - \frac{2R(f;R_{ref})}{C}\right]^2\right\} \quad (3.38)$$

与距离多普勒域内的信号相乘后，可得

$$S(f,t)\varphi_{cs}(f,t;R_{ref}) = \exp\{-j\pi K_s(f;R_{ref})[1+C_s(f)][t-\tau(f)]^2 + \theta\} \quad (3.39)$$

$$\tau(f) = \frac{2[R+R_{ref}C_s(f)]}{C} \quad (3.40)$$

式中：$\tau(f)$ 为信号新的相位中心。信号的距离曲线表达式为

$$R(f;R) = R + R_{\text{ref}} C_s(f) \tag{3.41}$$

3.3.2.2 距离压缩、距离徙动校正与方位压缩

对乘以 Chirp Scaling 相位因子后的信号进行距离向傅里叶变换，得到二维频域上的表达式，即

$$S(f_r, f) = \exp\left\{-j\frac{4\pi}{\lambda}R\left[1-\left(\frac{\lambda f}{2v}\right)^2\right]^{1/2} - j\theta_{\Delta}(f;R)\right\} \cdot$$

$$\exp\left\{j\pi \frac{f_r^2}{K_s(f, R_{\text{ref}})[1+C_s(f)]}\right\} \cdot$$

$$\exp\left\{-j\frac{4\pi}{C}f_r[R+R_{\text{ref}}C_s(f)]\right\} \tag{3.42}$$

$$\theta_{\Delta}(f;R) = \frac{4\pi}{c^2} K_s(f;R_{\text{ref}})[1+C_s(f)] C_s(f) (R-R_{\text{ref}})^2 \tag{3.43}$$

式（3.43）表示残余相位，将在方位压缩中得到补偿。式（3.42）中：第一个指数项表示方位向频率调制，它与距离向频率无关，这个指数项与距离压缩没有关系；第二个指数项表示距离向调制，指数是 f_r 的二次函数。它是等效的距离向线性调频项，与 $K_s(f;r)$ 相似，都与时域的 K 对应。其等效调频率满足以下关系，即

$$\frac{1}{K_s(f;R_{\text{ref}})[1+C_s(f)]} = \frac{1}{K_s[1+C_s(f)]} + \frac{\alpha(f;R_{\text{ref}})}{1+C_s(f)} R_{\text{ref}} \tag{3.44}$$

式中：右边第一项表示 Chirp Scaling 相位相乘后的调频斜率，它在整个二维频域是已知的；右边第二项表示距离相位失真，其值正比于目标距离。当有不同距离上的目标存在时，它在频域是多值的，但与调频斜率相比，其随距离的变化要小得多。因此，采用参考斜距计算得到的值即可。

将二维频域回波与相位因子相乘，可以同时完成距离压缩和距离徙动校正。相位因子可表示为

$$\varphi_2(f_r, f; R_{\text{ref}}) = \exp\left\{-j\pi \frac{f_r^2}{K_s(f, R_{\text{ref}})[1+C_s(f)]}\right\} \cdot \exp\left\{j\frac{4\pi}{C}f_r R_{\text{ref}} C_s(f)\right\} \tag{3.45}$$

式中：第一项完成包括二次距离压缩在内的距离压缩处理；第二项完成距离徙动校正。校正后的数据经距离向逆傅里叶变换后得到的表达式为

$$S(t, f) = \exp\left\{-j\frac{4\pi}{\lambda}R\left[1-\left(\frac{\lambda f}{2v}\right)^2\right]^{1/2} - j\theta_{\Delta}(f;R)\right\} \tag{3.46}$$

因此同时完成方位压缩和相位误差补偿的相位因子为

$$\varphi_3(t,f) = \exp\left\{j\frac{4\pi}{\lambda}R\left[1-\left(\frac{\lambda f}{2v}\right)^2\right]^{1/2}\right\}\exp\{j\theta_\Delta(f;R)\}\exp\left\{-j\frac{2\pi}{\lambda}ct\right\} \quad (3.47)$$

3.4 ωK 算法

ωK 算法是高分辨率 SAR 成像常用的一种算法。该算法最早源于地震信号处理；1978 年，Stolt 用"Stolt 映射"的方法得出了波方程在频域的精确解[6]；1987 年，Hellsten 和 Anderson 首次在 SAR 领域中使用了"Stolt 映射"[7]。ωK 算法直接以空间变量对回波信号进行傅里叶变换，把信号变换到波数域内进行距离徙动校正。对于速度不变的 SAR 平台，该方法没有经过任何近似，是非常精确的成像算法，其成像误差仅仅来源于频域插值引入的误差。

3.4.1 算法概述

ωK 算法的精确实现主要有二维傅里叶变换、一致压缩、补余压缩、二维逆傅里叶变换四个步骤，如图 3.10 所示。

（1）二维傅里叶变换。

通过二维傅里叶变换将 SAR 信号变换到二维频域。

（2）一致压缩。

根据选定的距离（通常为观测带中心）来计算参考函数，将二维频域信号与参考函数相乘，完成了该距离处包含距离向频率调制、距离徙动、距离方位耦合、方位向频率调制在内的各种相位补偿。经过与参考函数相乘，参考距离处目标得到了完全聚焦，但非参考距离处的目标仅得到了部分聚焦，可以认为完成的是"一致压缩"。

（3）补余压缩。

在距离频域用 Stolt 插值操作来完成其他目标的聚焦，可以认为完成了"补余压缩"。

（4）二维逆傅里叶变换。

通过二维逆傅里叶变换将信号变回到时域，即可得到 SAR 图像。

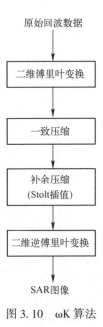

图 3.10 ωK 算法处理流程图

3.4.2 算法数学表达

ωK 算法先在二维频域完成一致压缩,再在距离频域用 Stolt 插值来完成补余压缩,本节详细推导 SAR 回波信号的一致压缩与 Stolt 插值的数学表达式[3]。

3.4.2.1 一致压缩

一致压缩在二维频域上完成。3.2.2.1 节中,对接收的信号进行距离向傅里叶变换和方位向傅里叶变换后的信号形式 $S_{2df}(f_\tau, f_\eta)$ 为二维频谱,即

$$S_{2df}(f_\tau, f_\eta) = A_0 A_1 A_2 W_r(f_\tau) W_a(f_\eta - f_{\eta c}) \exp\{j\theta_a(f_\tau, f_\eta)\} \tag{3.48}$$

式中:A_2 为常数;$W_a(f_\eta - f_{\eta c})$ 为以多普勒中心频率 $f_{\eta c}$ 为中心的方位频谱包络;$\theta_a(f_\tau, f_\eta)$ 为傅里叶变换后的相位角。常数 A_2 有一个无关紧要的 $\pm\pi/4$ 相位。包络 $W_a(f_\eta)$ 和相位角 $\theta_a(f_\tau, f_\eta)$ 的表达式为

$$W_a(f_\eta) = w_a \left(\frac{-cR_0 f_\eta}{2(f_0+f_\tau) V_r^2 \sqrt{1 - \frac{c^2 f_\eta^2}{4V_r^2 (f_0+f_\tau)^2}}} \right) \tag{3.49}$$

$$\theta_a(f_\tau, f_\eta) = -\frac{4\pi R_0 (f_0+f_\tau)}{c \sqrt{1 - \frac{c^2 f_\eta^2}{4V_r^2 (f_0+f_\tau)^2}}} + \frac{\pi c R_0 f_\eta^2}{(f_0+f_\tau) V_r^2 \sqrt{1 - \frac{c^2 f_\eta^2}{4V_r^2 (f_0+f_\tau)^2}}} - \frac{\pi f_\tau^2}{K_r}$$

$$= -\frac{4\pi R_0 (f_0+f_\tau)}{c} \sqrt{1 - \frac{c^2 f_\eta^2}{4V_r^2 (f_0+f_\tau)^2}} - \frac{\pi f_\tau^2}{K_r} \tag{3.50}$$

$$= -\frac{4\pi R_0 f_0}{c} \sqrt{D^2(f_\eta, V_r) + \frac{2f_\tau}{f_0} + \frac{f_\tau^2}{f_0^2}} - \frac{\pi f_\tau^2}{K_r}$$

$$D(f_\eta, V_r) = \sqrt{1 - \frac{c^2 f_\eta^2}{4V_r^2 f_0^2}} \tag{3.51}$$

ωK 算法在二维频域实现参考函数相乘(RFM),二维频域未压缩的基带信号形式如式(3.49)所示。对于距离 R_0 处的目标而言,式(3.49)中的相位为

$$\theta_{2df}(f_\tau, f_\eta) = -\frac{4\pi R_0}{c} \sqrt{(f_0+f_\tau)^2 - \frac{c^2 f_\eta^2}{4V_r^2}} - \frac{\pi f_\tau^2}{K_r} \tag{3.52}$$

设计 RFM 滤波器相位为

$$\theta_{\text{ref}}(f_\tau, f_\eta) = +\frac{4\pi R_{\text{ref}}}{c}\sqrt{(f_0+f_\tau)^2 - \frac{c^2 f_\eta^2}{4V_{r_{\text{ref}}}^2}} + \frac{\pi f_\tau^2}{K_r} \quad (3.53)$$

式中：R_{ref}为参考距离。该滤波器能够完全补偿参考距离处的相位，因而参考距离处的数据能够得到完全的聚焦。经过 RFM 滤波后，二维频域中的残余相位近似为

$$\theta_{\text{RFM}}(f_\tau, f_\eta) \approx -\frac{4\pi(R_0-R_{\text{ref}})}{c}\sqrt{(f_0+f_\tau)^2 - \frac{c^2 f_\eta^2}{4V_r^2}} \quad (3.54)$$

该近似是假定 V_r 不随距离变化。

3.4.2.2　STOLT 插值

在完成参考函数相乘后，需要对非参考距离处的目标数据进行聚焦，ωK 算法采用 Stolt 提出的插值因子通过距离频率轴的映射或弯曲来实现，Stolt 插值同时完成残余距离徙动、残余距离方位耦合和残余方位调制的补偿，其思想是用平移和变换后的距离频率 f_0+f_τ' 来替换式（3.54）里的根号，即建立 Stolt 映射关系，有

$$f_\tau' = \sqrt{(f_0+f_\tau)^2 - \frac{c^2 f_\eta^2}{4V_r^2}} - f_0 \quad (3.55)$$

于是式（3.54）可以写为

$$\theta_{\text{Stolt}}(f_\tau', f_\eta) \approx -\frac{4\pi(R_0-R_{\text{ref}})}{c}(f_0+f_\tau') \quad (3.56)$$

此时残余相位与 f_τ' 成线性关系，补偿后信号经过二维逆傅里叶变换，目标将被很好地聚焦。

3.5　SPECAN 算法

SPECAN 算法是一种适用于条带模式快视处理以及 ScanSAR 日常处理的算法，其最初起源于线性调频信号处理中的拉伸步进变换[8-9]，目前的 SPECAN 算法由 MacDonald Dettwiler 实验室及欧洲空间技术中心于 1979 年在一个 SAR 实时处理器项目中发展而来[10-11]。与 RD 算法相比，SPECAN 算法效率更高，所需内存较少，适用于中等分辨率下的图像处理，其核心在于通过"解斜"（deramping）后的傅里叶变换操作来完成方位压缩。

3.5.1 算法概述

SPECAN算法主要包括以下几个步骤：距离压缩、线性距离徙动校正、方位压缩、去扇贝效应、相位补偿、校直和图像拼接等。算法流程如图3.11所示。

距离压缩和RD算法的距离压缩相同，其余部分则是SPECAN算法所独有的。其核心在于其进行方位压缩的方式，它通过"解斜"后的快速傅里叶变换来完成。

SPECAN算法中，距离徙动校正仅限于线性项，某些情况下对图像质量构成了限制。成像处理后，由线性距离徙动校正引起的位置扭曲将通过"校直"操作予以校正。

天线方向图的非均匀性以及SPECAN算法对多普勒频谱的时变截取，使图像在辐射上存在周期性的扇贝起伏，称为"扇贝效应"。若多普勒中心频率、天线方向图和信噪比已知，则该效应可基本被校正。

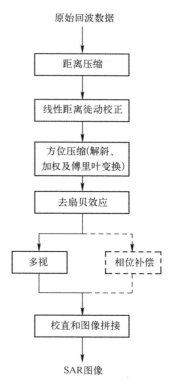

图3.11　SPECAN算法流程图

需要说明的是，为得到连续的图像输出，应对每次快速傅里叶变换的有效输出点进行拼接。

3.5.2 算法数学表达

本节详细推导SPECAN算法的数学表达[3]。首先，从时域卷积滤波的角度对SPECAN算法中的方位压缩进行推导。

令解调后的接收信号为 $s_r(\eta')$。时域卷积匹配滤波器可表示为

$$h(\eta') = \mathrm{rect}\left(\frac{\eta'}{T}\right) \exp(\mathrm{j}\pi K_a (\eta')^2) \tag{3.57}$$

压缩后的卷积信号可表示为

$$\begin{aligned} s_1(\eta') &= \int_{-T/2}^{T/2} s_r(\eta' - u) h(u) \mathrm{d}u \\ &= \int_{\eta'-T/2}^{\eta'+T/2} s_r(u) h(\eta' - u) \mathrm{d}u \end{aligned} \tag{3.58}$$

$$= \exp(j\pi K_a(\eta')^2) \int_{\eta'-T/2}^{\eta'+T/2} s_r(u) \exp(j\pi K_a u^2) \exp(-j2\pi K_a \eta' u) du$$

式（3.58）给出卷积的另一种实现方式，即通过相位相乘和一次傅里叶变换实现匹配滤波。其中，积分中第一个相位因子称为"解斜函数"或"参考函数"，相位相乘称为"解斜"操作。

以零多普勒时刻为 η'_d 的回波为例，解斜前的信号为

$$s_r(\eta') = \exp(-j\pi K_a(\eta'-\eta'_d)^2) \tag{3.59}$$

解斜函数为

$$h_{dr}(\eta') = \exp(j\pi K_a(\eta')^2) \tag{3.60}$$

将上述两式相乘并化简，得到解斜后的信号为

$$s_{dr}(\eta') = \exp(-j\pi K_a(\eta'_d)^2) \exp(+j2\pi K_a \eta'_d \eta') \tag{3.61}$$

由式（3.61）可以看出，解斜操作后，信号变为单频信号，这样经快速傅里叶变换，目标被压缩至相应的频率单元。图 3.12 展示了一组等间隔目标的解斜后的时频关系。

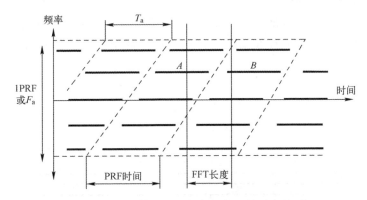

图 3.12 一组等间隔目标的解斜后的时频关系

由于混叠效应，原本应该位于 PRF 之外的频率混叠后被垂直移入脉冲重复频率间隔之内。图 3.12 中，由虚线框出的平行四边形区域为数据处理区域。在这种解斜后的目标结构中，应对以下参数进行选择：首次傅里叶变换位置；快速傅里叶变换长度；每次快速傅里叶变换后的目标输出选择；后续快速傅里叶变换位置。下面依次对四个参数的选择进行说明。

（1）首次傅里叶变换位置。首次傅里叶变换的位置是相当任意的，尽管可以将其选在某一个特定场景的起始时刻，但通常应位于数据起始位置。

（2）快速傅里叶变换长度。快速傅里叶变换的长度需要考虑以下 3 个因素：期望的方位向分辨率、避免混叠以及计算效率。给定傅里叶变换长度下

的方位分辨率为（以时间为量纲）

$$\rho_{a,t} = \left(\frac{0.886 F_a \gamma_{w,a}}{N_{fft} K_a} \right) \qquad (3.62)$$

式中：N_{fft}为傅里叶变换点数；F_a为脉冲重复频率；K_a为方位调频率；$\gamma_{w,a}$为加权引入的展宽因子。决定傅里叶变换长度的第二个因素是同一傅里叶变换输出单元内不能出现多于一个的目标能量，若傅里叶变换长度大于一个脉冲重复频率时间，则几乎每一目标都会与其他目标相混，因此脉冲重复频率时间是傅里叶变换长度的上限。此外，计算效率将对实际情况中的最大傅里叶变换长度构成更严格的限制。基于计算效率考虑的合理傅里叶变换长度上限应为照射时间的70%，其下限则由最小可接受的分辨率决定，所要求的傅里叶变换长度可能短至照射时间的5%。

（3）每次快速傅里叶变换后的目标输出选择。SPECAN算法中的部分或混叠卷积结果应该舍弃。每次快速傅里叶变换的有效输出点数可从图3.13所示的时频关系中推导出来。首次傅里叶变换中，目标A和B的能量没有填满整个变换，称为"部分照射"目标，应将其舍弃。完全照射目标C、D、E、F、G、H和I应该被保存在输出图像中。快速傅里叶变换的有效输出点数可表示为

$$N_{good} = N_{fft} \left(T_a - \frac{N_{fft}}{F_a} \right) \frac{K_a}{F_a} \qquad (3.63)$$

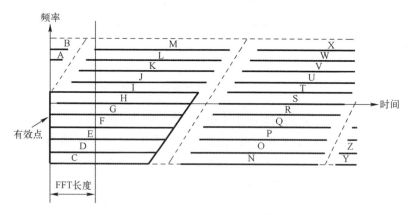

图3.13 多个目标的时频关系

为确定FFT输出中的有效输出点数N_{good}，对参考函数的多普勒中心及初始频率（或时间原点）进行考察。为了得到解斜后的目标频率f_{tar_dr}，还应附加目标中心时刻的参考函数频率，即

$$f_{\text{tar\_dr}} = f_{\eta c} + K_a (\eta'_{\text{mid}} - \eta'_{\text{ramp}_0}) \tag{3.64}$$

式中：$f_{\eta c}$ 为处理中使用的中心频率；η'_{mid} 为目标照射中心时刻；η'_{ramp_0} 为参考函数零频穿越时刻。至此，应确定第一个及最后一个完全压缩目标在傅里叶变换输出阵列中的序号。相应的目标在图 3.13 中分别为 C 和 I。例如，目标 C 的中心时刻为傅里叶变换末端时刻减去照射时间的一半。这些目标解斜后的频率可由式（3.64）计算得出。令傅里叶变换的输出点数为 N_{fft}，输出阵列的第 k（$1 \leq k \leq N_{\text{fft}}$）个元素对应的解斜后的频率为 $(k-1)F_a/N_{\text{fft}}$。因此，某一目标的输出阵列序号为

$$k = \frac{N_{\text{fft}}}{F_a} f_{\text{tar\_dr}} + 1 \tag{3.65}$$

（4）后续快速傅里叶变换位置。为保证连续输出，第二次傅里叶变换的位置选择应使目标 I 成为第一个有效输出。首次傅里叶变换和第二次傅里叶变换的起始时间间隔推导如下：在首次傅里叶变换中，N_{good} 个有效输出点占据的频宽为 $F_a N_{\text{good}}/N_{\text{fft}}$，相应的时宽为 $F_a N_{\text{good}}/(N_{\text{fft}} K_a)$。为得到第二次傅里叶变换相对于首次傅里叶变换的"延迟"，将其与 F_a 相乘，得到采样点数为

$$N_{\text{FFT\_delay}} = N_{\text{good}} \frac{F_a^2}{N_{\text{fft}} K_a} \tag{3.66}$$

RD、CS 和 ωK 算法都能以可控的精度高效地完成距离徙动校正。然而，由于 SPECAN 算法中的数据并不位于真正的方位频域，故仅能完成简化的距离徙动校正。幸运的是，SPECAN 算法只适于中等分辨率下的高效处理，因此距离徙动校正的精度限制一般是可接受的。下面对 SPECAN 算法的高效距离徙动校正形式进行分析。

单点目标的 RCM 可分解为线性分量、二次分量及较低的高阶分量。由于 SPECAN 算法中的数据处于时域，因此较难做到频域距离徙动校正中的"批量处理"效率。但是，如果只校正线性分量，则可以达到处理的批量化。这种简化的距离徙动校正可以通过与方位时间成线性变化的距离位移来实现。由于仅校正了 RCM 中的线性分量，故称其为"线性距离徙动校正"。对于零多普勒时刻为 η'_d 的目标，其线性 RCM 可表示为

$$R(\eta') = -V_r \sin\theta_{r,c} (\eta' - \eta'_d - \eta_c) \tag{3.67}$$

由于 V_r 和 $\theta_{r,c}$ 均与距离有关，故距离徙动校正是随距离变化的，但是在距离恒定区内可将其视为不随距离变化的常数位移。由此，通过时域插值或频域相位相乘实现了线性距离徙动校正。

线性距离徙动校正会导致数据的倾斜（进行线性距离徙动校正前处于同一距离门上的目标经线性距离徙动校正后被校正至不同距离门），其影响应通过方位压缩后的校直处理（deskewing）予以去除。这可以通过将每一距离线按照与线性距离徙动校正相等的值进行反向移位实现。该操作称为"校直"。

SPECAN 算法压缩后的数据相位与常规的匹配滤波器压缩结果存在差异。如果仅对幅度图像感兴趣，则无需关注相位信息。但对于注重图像相位的场合，则需进行相位补偿，以校正目标峰值处的相位。

再次考察 SPECAN 算法的操作以推导相位补偿形式。SPECAN 算法的快速傅里叶变换运算可表示为

$$s_c(\eta') = \int_0^{T_{fft}} s_{dr}(u+\eta_1') \cdot \exp(-j2\pi K_a \eta' u) du \quad (3.68)$$

式中：η_1' 为快速傅里叶变换中第一个样本的采样时间。式（3.68）积分结果为

$$\begin{aligned} s_c(\eta') = &\exp\{-j\pi K_a(\eta_d')^2\} \exp\{j2\pi K_a \eta_1' \eta_d'\} \cdot \\ & \exp\{-j\pi K_a(\eta'-\eta_d') T_{fft}\} \cdot T_{fft} \mathrm{sinc}\{K_a T_{fft}(\eta'-\eta_d')\} \end{aligned} \quad (3.69)$$

式中：η_d' 为目标零多普勒时刻。辛格函数表明目标被压至零多普勒时刻 η_d' 处。

相位补偿的目的在于使压缩目标的峰值相位等同于常规匹配滤波的压缩结果。式（3.69）中，第三项在峰值处为零，故无需补偿，但前两项会影响目标峰值相位，因此必须对此进行补偿。取前两项的共轭并用时间变量 η' 代替 η_d'，即可进行补偿。变量替换的目的在于对每一输出样本而非式中的特定目标进行补偿。

补偿后的信号为

$$\begin{aligned} s_{cm}(\eta') &= s_c(\eta') \exp\{j\pi K_a(\eta')^2\} \exp\{-j2\pi K_a \eta_1' \eta'\} \\ &= \exp\{-j\pi K_a(\eta'-\eta_d')^2\} \cdot \exp\{-j2\pi K_a(\eta_1'+T_{fft}/2-\eta_d')(\eta'-\eta_d')\} \cdot \\ &\quad T_{fft} \mathrm{sinc}\{K_a T_{fft}(\eta'-\eta_d')\} \end{aligned} \quad (3.70)$$

3.6 BP 算法

BP 算法是一种在时域直接对回波数据进行成像处理的算法[12]。只要能够确定待成像场景的距离历程，该方法理论上可以对任意模式、任意几何模型下获取的回波数据进行聚焦处理。但是，该方法需要计算每一个方位采样

时刻下所有网格的距离历程,所以运算量较大,效率较低。

3.6.1 算法概述

BP 算法的实现过程主要包括以下步骤:距离压缩、划分成像网格、计算时延并进行后向投影、相干叠加等。算法流程如图 3.14 所示。

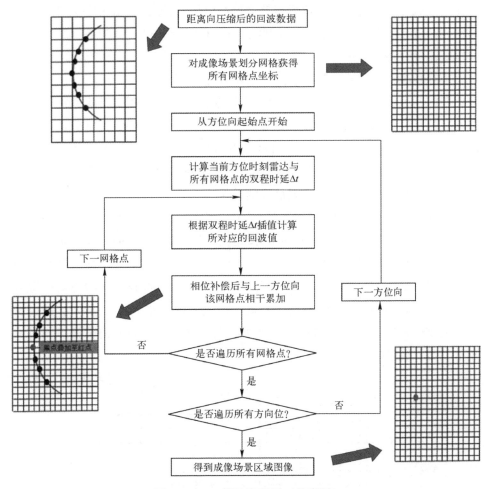

图 3.14 BP 算法流程图(见彩图)

(1)距离压缩。由于距离向的匹配滤波器是固定的,所以通常可以采用频域方法进行快速处理。

(2)划分成像网格。对成像场景划分网格,确定每一个网格点的坐标。划分网格可以在斜距平面上进行,也可以在地距平面上进行。网格大小的选取,一般与回波采样单元的尺寸相当或略小。

(3) 计算时延并进行后向投影。从第一条采样脉冲（第一个方位向采样点）开始，计算该时刻雷达与成像区域每个网格的瞬时斜距，进一步计算相应的双程时延 Δt。为了提高处理效率，可以根据波束宽度等信息计算成像区域的合成孔径时间，只计算网格有效合成孔径时间内的距离历程。

根据双程延迟 Δt，计算所有网格在该脉冲时刻的距离徙动量，以此为依据在回波域寻找相应的回波位置，并通过插值得到各网格对应的回波值。

(4) 相干叠加。对各网格点的回波值进行相位补偿，并与前一脉冲的后向投影值进行相干叠加。

重复步骤（3）和步骤（4），直至遍历所有方位时刻。

与前几种成像算法不同的是，BP 算法对于方位向的压缩是将回波在时域按照时延在每个网格点进行相干叠加来完成的。BP 算法的关键是对成像区域进行网格划分。如果某个网格点与目标点的位置相重合，那么这个网格的像素值就会因为同相位叠加而变得很大，而其他网格则因为相位不同，叠加之后会产生衰减，这样就可以实现最终的成像。

需要指出的是，对于连续信号，距离压缩后，总能在距离向时间中找到一个与辛格函数的峰值相对应的时刻。但由于在实际情况中，经过采样后信号已经离散化，所以在辛格峰值处不一定有采样值，这会使目标回波投影累加时偏离辛格峰值，造成成像质量变差。因此，为了得到正确的峰值位置处的信号，有必要对距离压缩后的信号进行插值处理。如图 3.15 所示，蓝色实心点是雷达采样点，是已知量；红色实心点是网格位置对应的采样点，是未知量，需要通过插值得到。

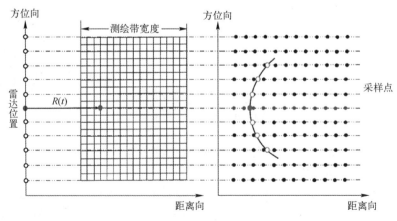

图 3.15 插值处理示意图（见彩图）

3.6.2 算法数学表达

BP 算法通过线性调频信号的脉冲压缩技术实现距离向高分辨率。通过在频域与距离向匹配滤波器相乘实现距离压缩,距离向匹配滤波器可表示为

$$H_1(f_\tau) = \exp\left\{j\pi \frac{f_\tau^2}{K_\gamma}\right\} \tag{3.71}$$

距离压缩后,信号表示为

$$S_1(\tau,\eta) = \sigma W_a(\eta-\eta_c) \cdot \text{sinc}\left\{B_\gamma\left[\tau - \frac{2R(\eta)}{c}\right]\right\} \cdot \exp\left\{-j\frac{4\pi R(\eta)}{\lambda}\right\} \tag{3.72}$$

SAR 信号旁瓣是线性调频信号固有的特性,可知同一个点目标距离向主瓣和旁瓣具有相同的多普勒调制,则距离向主瓣和旁瓣分布在相同的等多普勒线上。等多普勒线是以雷达飞行方向为轴的一系列圆锥。图 3.16 为 SAR 成像几何,Y 轴为雷达飞行方向,X 轴为地面距离向,Z 轴为高度向。黄色区域为地面成像区域,即地面网格区域。其中,p 点位场景中心点,位于场景坐标系的 $(0,0)$ 处。当 $\eta=0$ 时,雷达位于 A 点,θ_L 为雷达下视角,θ_s 为斜视观测角,雷达波束中心照射点为场景中心点 p。等多普勒线为以 AC 为旋转轴,AP 为侧边的圆锥与场景平面的相交的直线,如图 3.16 中紫色线所示。

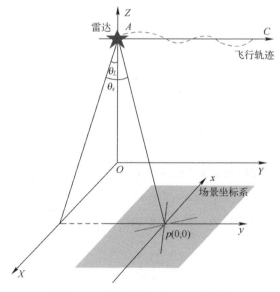

图 3.16 雷达成像几何(见彩图)

BP 算法的方位向高分辨率由信号的相干积累实现。对于地面网格中的目标点 p,可以依据雷达的位置信息 (x_s, y_s, z_s),计算目标点 p 随方位时间变化

的距离徙动 $R(\eta, r_p, t_p)$。下面以场景中心点$(0,0)$为例,分析目标的方位成像结果。场景中心点的距离徙动 $R(\eta)$ 可表示为

$$R(\eta) = \sqrt{R_o^2 + V_r^2 \eta^2} \tag{3.73}$$

场景中心点处的相干积累结果为

$$I(0,0) = \int_{-T_a/2}^{T_a/2} \sigma W_a(\eta) \cdot \exp\left\{-j\frac{4\pi R(\eta)}{\lambda}\right\} \exp\left\{+j\frac{4\pi R(\eta)}{\lambda}\right\} d\eta$$

$$= \int_{-T_a/2}^{T_a/2} \sigma W_a(\eta) d\eta \tag{3.74}$$

由上可知,对于场景中心处,目标的幅值为合成孔径时间内目标的后向散射能量 σ 的和,其能量得到聚焦。对于场景中心点的旁瓣位置$(0,\Delta y)$处,其相干积累结果为

$$I(0,\Delta y) = \int_{-T_a/2}^{T_a/2} \sigma W_a(\eta) \cdot \exp\left\{-j\frac{4\pi R_{\Delta y}(\eta)}{\lambda}\right\} \exp\left\{+j\frac{4\pi R_{\Delta y}(\eta)}{\lambda}\right\} d\eta \tag{3.75}$$

$$R_{\Delta y}(\eta) = \sqrt{R_o^2 + (V_r \eta - \Delta y)^2} \tag{3.76}$$

进而可得

$$I(0,\Delta y) = \int_{-T_a/2}^{T_a/2} \sigma W_a(\eta) \cdot \exp\left\{j\frac{4\pi\left[\sqrt{R_o^2 + (V_r \eta - \Delta y)^2} - \sqrt{R_o^2 + V_r^2 \eta^2}\right]}{\lambda}\right\} d\eta \tag{3.77}$$

结合远场近似,可将式(3.77)近似为

$$I(0,\Delta y) \approx \int_{-T_a/2}^{T_a/2} \sigma W_a(\eta) \cdot \exp\left\{-j\frac{4\pi}{\lambda} \cdot \frac{V_r \eta \Delta y}{R_0}\right\} d\eta \tag{3.78}$$

不考虑天线方向图的影响,$W_a(\eta) = \mathrm{rect}(\eta)$,则有

$$I(0,\Delta y) \approx \int_{-T_a/2}^{T_a/2} \sigma \cdot \exp\left\{-j\frac{4\pi}{\lambda} \cdot \frac{V_r \eta \Delta y}{R_0}\right\} d\eta$$

$$= T_a \mathrm{sinc}\left(\frac{2 V_r T_a}{\lambda R_o} \Delta y\right) \tag{3.79}$$

$$= T_a \mathrm{sinc}\left(\frac{\Delta y}{\rho_o}\right)$$

由此可知,经过相干积累后,信号的方位向同样聚焦为辛格函数,实现

了方位向高分辨率。目标的方位向信号具有相同斜距，即方位向主瓣和旁瓣分布在等距离线上。同样地，如图 3.16 所示，等距离线是以雷达位置为球心和雷达到目标距离为半径的球面与场景平面的交线，如图 3.16 中绿色线所示。

经过距离压缩和相干积累后，目标实现二维聚焦。目标聚焦于雷达与目标的最短斜距以及方位波束中心时刻处，其方位向旁瓣分布于等距离线上，距离向旁瓣分布于等多普勒线上。

参考文献

[1] WU C, LIU K Y, JIN M. Modeling and a correlation algorithm for spaceborne SAR signals [J]. IEEE Transactions on Aerospace and Electronic Systems, 1982, 18(5): 563-575.

[2] BENNETT J R, CUMMING I G, DEANE R A, et al. SEASAT imagery shows St. Lawrence [J]. Aviation Week and Space Technology, 1979, 2: 19.

[3] CUMMING I G, WONG F H. 合成孔径雷达成像：算法与实现 [M]. 洪文, 胡东辉, 等译. 北京：电子工业出版社, 2012.

[4] CUMMING I, WONG F, RANEY K. A SAR processing algorithm with no interpolation [C]//1992 International Geoscience and Remote Sensing Symposium, May 26-29, Houston, TX, USA: IEEE, 1992: 376-379.

[5] RUNGE H, BAMLER R. A novel high precision SAR focussing algorithm basedon chirp scaling [C]//1992 International Geoscience and Remote Sensing Symposium, May 26-29. Houston, TX, USA: IEEE, 1992: 372-375.

[6] STOLT R H. Migration by Fourier transform [J]. Geophysics, 1978, 43(1): 23-48.

[7] HELLSTEN H, ANDERSSON L E. An inverse method for the processing of synthetic aperture radar data [J]. Inverse Problems, 1987, 3(1): 111-124.

[8] SKOLNIK M L. Radar handbook [M]. 3rd ed. New York: McGraw-Hill Professional, 1990.

[9] CAPUTI W. Stretch: a time-transformation technique [J]. IEEE Transactions on Aerospace and Electronic Systems, 1971, 7(2): 269-278.

[10] CUMMING I G, LIM J. The design of a digital breadboard processor for the ESA remote sensing satellite synthetic aperture radar [R]. Richmond: MacDonald Dettwiler, 1981.

[11] OKKES W. Method of and apparatus for processing data generated by a synthetic aperture radar system: EP0048704 [P]. 1985-02-20.

[12] ULANDER L M H, HELLSTEN H, STENSTROM G. Synthetic-aperture radar processing using fast factorized back-projection [J]. IEEE Transactions on Aerospace and Electronic Systems, 2003, 39(3): 760-776.

第 4 章　SAR 卫星图像特征理解

经过成像处理后，SAR 回波数据转换为肉眼可读的图像数据。与光学图像不同，SAR 图像实质上是地物目标微波后向散射强度分布图。光学图像符合人眼视觉机理，直接描述了目标结构、色调等信息，而 SAR 图像电磁散射作用机理复杂，多次散射等典型散射机理会造成目标 SAR 图像特征与其实际结构特征具有显著差异。此外，SAR 图像特有的透视收缩、相干斑、旁瓣、方位模糊、运动散焦等现象，进一步增加了 SAR 图像应用的难度。虽然很难用一个通用的模型描述目标的 SAR 图像特征，但这些图像特征仍存在一定的规律性。掌握这些图像特征规律，对于理解目标 SAR 图像特征具有重要的意义。

本章首先介绍典型结构体及复杂目标的电磁散射特征，描述 SAR 图像区别于光学图像的一些典型现象，通过迎坡缩短等现象引导读者逐步理解 SAR 图像的特点。结合常见的船只、桥梁等典型目标，描述其 SAR 图像特征和特征形成过程，让读者能够理解如何从复杂的 SAR 图像中准确掌握目标特征。

4.1　典型散射特征

4.1.1　雷达散射截面积

雷达散射截面积（Radar Cross Section，RCS）是表征目标对照射电磁波散射能力的一个物理量。RCS 的定义为：远场条件下，单位立体角内目标朝接收方向的散射功率与入射于目标的平面波功率密度之比的 4π 倍[1]。具体而言，RCS 可表示为

$$\sigma = 4\pi \lim_{R \to \infty} R^2 \frac{\boldsymbol{E}_s \cdot \boldsymbol{E}_s^*}{\boldsymbol{E}_i \cdot \boldsymbol{E}_i^*} \tag{4.1}$$

式中：σ 为 RCS；E_s 为卫星接收天线处的目标散射场强；E_i 为目标处的入射电场强；R 为卫星与目标间的距离。R 趋于无穷大，表示雷达同目标之间的距离满足远场条件。

目标的雷达散射截面积量纲为平方米（面积单位），同雷达距离无关，与目标外形、目标表面材料反射率以及目标方向性因子等相关，与目标实际的几何横截面积有一定联系。对 SAR 卫星而言，目标在图像上存在散射强度分布，反映了后向散射系数的变化。对于均匀分布的目标，后向散射系数定义为

$$\sigma_0 = \frac{\sigma}{A} \tag{4.2}$$

式中：σ_0 为单位面积上目标的雷达截面积；A 为目标在 SAR 图像上的散射分布总面积。后向散射系数无量纲，一般单位为分贝。

4.1.2 典型结构体电磁散射模型

复杂电大目标的散射主要由高频散射贡献，主要包括以下几种：平面或曲面的镜面反射；多个平面或曲面之间的多次散射；目标几何边缘处的边缘绕射；顶点或尖顶位置出的尖顶散射；沿目标表面传播的爬行波在目标边缘或顶点处形成的爬行波散射；沿目标表面阴影区域传播的蠕动波散射。相对于镜面反射和多次散射的散射强度，爬行波与蠕动波散射的散射场非常弱，几乎可以忽略不计。除了这些常见的散射机制，一些目标的典型几何结构还会形成复杂的散射机制，例如飞机进气道或发动机尾喷口等腔体型结构会形成谐振型腔体散射[1-3]。

复杂电大目标的高频散射与目标的几何形状相关，几何形状的变化产生不同的散射特点，本节介绍几种不同类型的目标散射机制。

4.1.2.1 散射机制的几何近似表示

目标基本的几何形状主要由平面与曲面组成，雷达入射波在单个平面或曲面上会产生镜面反射机制，在多个平面或曲面组合位置会产生多次散射机制。这些散射机制可以用简单的几何散射体来近似，如图 4.1 所示，其中：第 1 行与第 3 行表示目标几何形状的变化产生的散射机制类型；第 2 行与第 4 行表示与之相对应的几何散射体近似表示。可以看出，平面、单曲面体、球面体的镜面反射分别用平板、圆柱、圆球近似，长方体与地面的二次散射用

二面角近似，两个长方体与地面三者之间的三次散射用三面角近似，曲面与地面之间的二次散射用帽顶近似。当然，还有一些散射机制可以用简单几何散射体近似，例如边缘绕射用细长圆柱或偶极子近似。由于镜面反射和多次散射构成目标主要的散射贡献，这里只考虑它们二者的几何散射体近似表示。

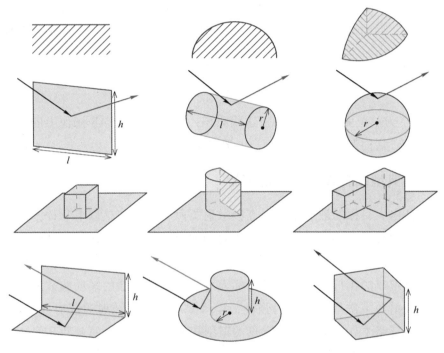

图 4.1　目标散射机制的几何散射体近似（见彩图）

4.1.2.2　典型散射体模型

简单几何散射体可采用高频渐进算法获得解析的散射模型，例如平板散射的 GTD 模型和圆球、圆柱散射的 PO 模型。帽顶、二面角与三面角散射都是多次散射机制，需要采用 GO 与 PO 组合的散射计算方法，例如帽顶散射模型、二面角散射模型、三面角散射模型。

需要注意的是，GO 与 PO 组合的散射计算只能在散射体的镜面反射区的有限角度范围内有效，在非镜面反射区需要考虑散射体的绕射贡献，采用 GTD 或 PTD 等高频绕射理论，获得非镜面反射区的散射计算。但是，相对于镜面反射区域镜面反射和多次散射的散射贡献，绕射贡献非常小，为此本书只考虑简单几何散射体的镜面反射和多次散射的计算。

设雷达入射波频率为 f，方位角为 θ，仰角为 ε，简单几何散射体采用 PO 或 GO 近似计算得到的散射模型可以统一表示为

$$S(f,\theta,\varepsilon) = A(f,\theta,\varepsilon)\exp\left[-j\phi(f,\theta,\varepsilon)\right] \tag{4.3}$$

式中：$A(f,\theta,\varepsilon)$ 为散射幅值响应；$\phi(f,\theta,\varepsilon)$ 为与散射体几何形状相关的相位变化。对于平面散射体类型，例如平面、二面角、三面角，有 $\phi(f,\theta,\varepsilon)=0$；对于曲面散射体类型，例如圆球、帽顶、圆柱，有 $\phi(f,\theta,\varepsilon)>0$。

对于简单几何散射体，散射模型的散射幅值响应与相位变化如表 4.1 所列，其中 $k=2\pi f/c$。

表 4.1 简单几何散射体的散射模型的散射幅值响应与相位变化

散射体类型	$S(f,\theta,\varepsilon)$	
	$A(f,\theta,\varepsilon)$	$\phi(f,\theta,\varepsilon)$
平板	$jk\dfrac{lh}{2\pi}\cos\varepsilon\cos\theta\,\mathrm{sinc}(kl\sin\theta\cos\varepsilon)\,\mathrm{sinc}(kh\sin\varepsilon)$	—
二面角	$jk\dfrac{lh}{\pi}\mathrm{sinc}(kl\sin\theta\cos\varepsilon)\begin{cases}\sin\varepsilon,\varepsilon\in\left[0,\dfrac{\pi}{4}\right]\\\cos\varepsilon,\varepsilon\in\left(\dfrac{\pi}{4},\dfrac{\pi}{2}\right]\end{cases},\theta\in\left[-\dfrac{\pi}{2},\dfrac{\pi}{2}\right]$	—
三面角	$jk\dfrac{\sqrt{3}h^2}{\pi}\begin{cases}-\cos\left(\theta-\dfrac{\pi}{4}\right),\theta\in\left[-\dfrac{\pi}{4},0\right]\\\sin\left(\theta-\dfrac{\pi}{4}\right),\theta\in\left(0,\dfrac{\pi}{4}\right]\end{cases}\begin{cases}\sin\left(\varepsilon+\dfrac{\pi}{4}-\arctan\dfrac{1}{\sqrt{2}}\right),\varepsilon\in\left[0,\arctan\dfrac{1}{\sqrt{2}}\right]\\\cos\left(\varepsilon+\dfrac{\pi}{4}-\arctan\dfrac{1}{\sqrt{2}}\right),\varepsilon\in\left(\arctan\dfrac{1}{\sqrt{2}},\dfrac{\pi}{2}\right)\end{cases}$	—
水平圆柱	$\sqrt{jk}\sqrt{\dfrac{l^2 r\cos\theta}{4\pi}}\mathrm{sinc}(kl\sin\theta\cos\varepsilon),\theta\in\left[-\dfrac{\pi}{2},\dfrac{\pi}{2}\right]$	$2kr\cos\theta$
垂直圆柱	$\sqrt{jk}\sqrt{\dfrac{l^2 r\cos\varepsilon}{4\pi}}\mathrm{sinc}(kl\sin\varepsilon)$	$2kr\cos\varepsilon$
帽顶	$\sqrt{jk}\sqrt{\dfrac{2r}{\pi}}h\begin{cases}\sin\varepsilon,\varepsilon\in\left[0,\dfrac{\pi}{4}\right]\\\cos\varepsilon,\varepsilon\in\left(\dfrac{\pi}{4},\dfrac{\pi}{2}\right]\end{cases}$	$2kr\cos\varepsilon$
圆球	$\dfrac{\lambda^2}{4\pi}\left\|\sum_{n=1}^{\infty}\dfrac{(-1)^n(2n+1)}{\hat{H}_n^{(2)'}(kr)\hat{H}_n^{(2)}(kr)}\right\|^2 \underset{r\to\infty}{\approx} \pi r^2$	—
细长圆柱	$\dfrac{k^2 l^3}{3[\ln(4l/r)-1]}\cos^2\theta$	—

注：平板、二面角、三面角、圆柱（水平）取向角 $\theta_o=0°$，如果它们存在取向角，则散射模型中用 $\theta-\theta_o$ 取代 θ。

通过散射体模型的数值仿真，不同散射体的散射成像结果如图4.2所示，从左到右分别表示散射体初始位置、俯仰旋转、俯仰与偏航旋转后的成像结果。可以看出，平板、圆柱和二面角具有分布式的散射中心，而圆球、帽顶和三面角具有局部式或点散射中心。当入射波方向偏离平板表面法向一个小角度时，平板的散射中心位于它的两条边上。对于平板、圆柱和二面角，当入射波方向远离它们的表面法向方向时，它们的散射特征将变得非常弱。通过散射体的成像结果可以得出，散射中心组成了散射体的基本散射特征，通过对散射中心的提取可以实现对目标散射体的提取。

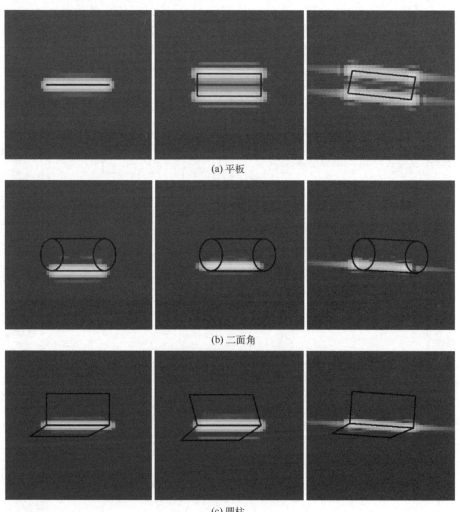

(a) 平板

(b) 二面角

(c) 圆柱

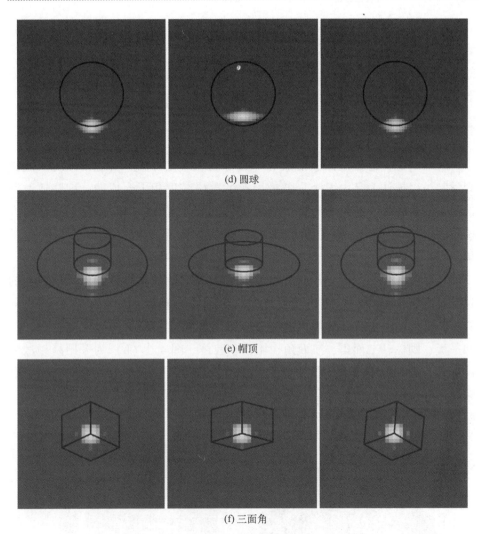

(d) 圆球

(e) 帽顶

(f) 三面角

图 4.2 简单几何体的散射成像（见彩图）

4.1.3 复杂目标的散射特性表征

SAR 成像的基本目的是获取目标的高分辨率二维图像，得到目标的位置与外形信息，实际上 SAR 图像中还包含着目标的几何结构、物理参数、材料等信息，它们从不同方面对目标相对雷达发射信号的电磁响应特性产生影响。研究目标的电磁散射特征是 SAR 图像解译的重要理论支撑。复杂电大场景中目标几何尺寸远大于雷达波长，散射主要由高频散射贡献。基于高频散射机制对雷达目标进行特征表征的研究主要集中在散射中心建模，即：将雷达回波或图像分解为若干个散射中心的组合,这对应于将复杂目标几何模型分解为若干典型几何部件。根据高频散射的局域性,可首先将一个复杂电大目标的各个局部散射分别用这些典型几何部件的散射场独立求解,然后将这些散射场进行相干累加,进而得到该复杂目标的散射特性。

4.1.3.1 目标属性散射中心表征

一般来说,电磁特征包括散射中心特征和极化特征。雷达目标的回波在光学区可以被认为是由多个局部散射源的电磁散射相干合成的,这些散射源被称为散射中心。散射中心特征表示了目标的几何特征以及回波对频率和方位角的依赖性;极化特征则反映了目标的表面粗糙度、对称性和取向等信息[5]。

目标散射中心的概念不仅来源于目标散射的数学推导,高分辨率雷达的目标观测与仿真也可以进一步验证目标散射中心理论。图4.3(a)展示的SLICY模型是一个目标散射机制测试基准,它包含了基本的散射体类型,例如平板、圆柱、二面角、三面角、帽顶和腔体。图4.3(b)为采用高频散射计算来仿真SLICY模型的散射数据。因此,理论计算和实验测量均表明,高频区目标总的电磁散射可以认为是由某些局部位置上的散射中心所组成,目标散射中心是目标在高频区散射的基本特征之一。

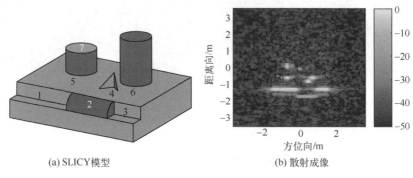

(a) SLICY模型　　　　　　(b) 散射成像

1—二面角；2—圆柱；3—二面角；4—三面角；5—帽顶；6—帽顶；7—腔体。
图4.3　目标散射中心示意（见彩图）

目标散射中心包括多种类型,例如球面或柱面的稳相点散射中心、二面角褶皱处的散射中心、三面角顶点或目标几何顶点处的散射中心等。目标散射中心理论表明,目标总的散射包含多个或多种类型的散射中心,对散射中心的建模和参数估计可以实现目标散射特征的提取与重构。当前,对目标散射中心建模较完备的是 1999 年 Gerry 等提出的基于 GTD 的散射模型。在频域中，GTD 的参数模型可以表示为

$$S(k,\phi) = A\left(j\frac{k}{k_c}\right)^{\alpha} \text{sinc}[kL\sin(\phi-\phi_o)]\exp(-k\gamma\sin\phi)\exp[j2k(x\cos\phi+y\sin\phi)]$$

(4.4)

式中：α 为几何相关频率因子；L 为散射体的长度；ϕ_o 为散射体的取向角；γ 为局部散射中心的角度相关因子；x,y 为成像斜平面中散射体相对位置；A 为散射体散射幅值，可以根据散射体的大小与类型给出解析的表达式。

在实际中，局部式散射中心（例如圆球、帽顶）散射与方位观测角不相关，而三面角散射随角度变化非常小，基本可以忽略。因此，在散射中心的提取中，本章忽略参数 γ 的估计。

参数 α 与 L 作为散射体的本征参数，它们的取值可以判别散射体的类型。不考虑目标绕射的贡献，参数 α 的取值范围为 $\alpha \in \{0, 1/2, 1\}$。表 4.2 给出了 6 种散射体参数 α 与 L 的取值，以及它们的散射幅值与散射体大小的关系，最后一列也给出了散射体散射弹跳次数，这可以用来判别散射体是奇次散射还是偶次散射，实现对二面角、帽顶的偶次散射体与其他奇次散射体的鉴别。

表 4.2 散射体类型的本征参数

散射体类型	α	L	$\lvert A \rvert$	散射次数
二面角	1	$L>0$	$k_c LH\sqrt{\dfrac{2}{\pi}}$	偶次
三面角	1	0	$k_c H^2\sqrt{\dfrac{3}{\pi}}$	奇次
圆柱	1/2	$L>0$	$L\sqrt{k_c r}$	奇次
帽顶	1/2	0	$H\sqrt{2\sqrt{2}k_c r}$	偶次
圆球	0	0	$\sqrt{\pi}r$	奇次
平板边缘	0	$L>0$	—	奇次

矩形平板散射的参数模型可以分解为在其两条边缘上的参数模型，此时边缘散射正比于 k^0，边缘长度为 L。因此，在表 4.2 中，我们用 $\alpha=0$ 与 $L>0$ 表示平板边缘散射模型，它区别于通过 GTD、PTD 等高频绕射算法推导出来的边缘绕射模型。

散射中心简洁精练地描述了雷达目标在高频区的电磁散射特征，且散射中心的分布特征与高分辨雷达图像特征高度一致，借助散射中心辅助解译雷

达图像有独特优势。

4.1.3.2 复合场景散射特征表征

目标与复杂地海环境复合电磁散射研究一直是电磁领域一大重要课题。该研究在复杂背景中的目标探测（地海上方低飞导弹、飞机、海上船只目标，地上坦克目标等）、资源勘探（浅层地下矿物质勘探）等领域发挥着巨大作用，使得该研究变得紧迫且具有实际意义。大多数的目标都处在粗糙地海背景中，当电磁波入射到目标时，由于粗糙背景的存在，电磁波会与粗糙背景发生相互作用，对回波造成影响，进一步干扰目标本身的散射。在粗糙面上飞行、运动目标及粗糙面下掩埋、半掩埋目标引起的电磁散射与其在自由空间中的散射特性是非常不同的，粗糙背景很大程度上增加了目标探测和识别的不确定性。

自20世纪90年代以来，国内外学者对实际粗糙海面与目标复合散射的理论研究有了突飞猛进的发展。综合各方面文献，粗糙面与目标的复合电磁散射求解方法主要分为三类：高频近似方法、低频数值方法和高低频混合方法。

（1）高频近似方法由于其计算机内存需求小、计算效率高的优点被广泛用于解决电大尺寸（尤其是超电大尺寸）粗糙面与目标复合散射问题。目标与复杂地海环境复合电磁散射研究时，不仅要考虑目标和地海环境各自对雷达照射波的散射场，还要考虑由于目标和地海环境之间复杂相互作用对电磁波的影响。考虑目标与粗糙面耦合的方法主要分为两类，一类是射线类，另一类为电流迭代类。

（2）低频数值方法通过直接求解特定条件下的积分方程或微分方程获得空间中的场分布，可以直接考虑目标与粗糙面之间的多重耦合作用，算法通用性较强且计算结果非常精确，但是对于大规模场景的仿真，计算资源消耗往往巨大。

（3）高低频混合方法的基本思想是采用数值方法处理具有精细结构的目标，采用高频近似方法计算粗糙面的散射信息，目标和粗糙面之间的多重耦合作用采用特殊的方式进行考虑，可以在一定程度上平衡计算精度和计算效率。

总的来说，解决目标与复杂地海环境复合电磁散射问题，需要综合运用不同的方法，根据具体情况选择合适的方法来进行研究和仿真。这是一个充满挑战和机遇的领域，对于实际应用有着重要的价值。

4.2 SAR 图像主要特性

SAR 系统通过平台和目标的相对运动获取多普勒信息,通过方位合成孔径和距离向脉冲压缩获取目标的图像。为获取有效多普勒信息,SAR 系统只有采用侧摆时可以成像,这导致 SAR 图像在几何关系上出现迎坡缩短的现象。此外,由于 SAR 成像过程存在很多假设模型,实际获取图像时一些参数的变化使得成像假设模型并不适用。例如成像模型一般假设目标是静止的,一旦目标发生运动,会导致目标产生散焦现象。本节重点介绍 SAR 图像中一些不符合一般光学图像的常见特性。

4.2.1 迎坡缩短、背坡拉伸与顶底倒置

由于侧视成像的原因,具有坡度的地形在 SAR 图像上量得的地面斜坡的长度比实际长度短,这种现象称为 SAR 图像的迎坡缩短。反之,地面斜坡的长度比实际长度长,称为背坡拉伸。这种现象称为透视收缩,以下分别介绍迎波面和背波面的成像原理。

4.2.1.1 迎坡缩短

迎波面,是指斜坡迎着雷达波束的投射方向,也称为前坡。图 4.4 和图 4.5 对迎波面的透视收缩现象作了解释,其中假设目标点 B 位于坡底,目标点 T 位于坡上任意一点,目标点 M 为两目标之间的点位。雷达波束到达目标点 B 和目标点 T 的距离分别为 R_T 和 R_B。

当 $R_B < R_T$ 时,如图 4.4 所示,雷达波束先到达目标点 B,然后到达目标点 T。目标点 T 垂直投影在平面上的成像点为正射投影点。与目标点 T 具有相同斜距的目标点在 SAR 图像中显示在同一位置。其中水平面上,与目标点 T 具有相同斜距的位置点为等效点 T'。

在水平面上,目标点 T 的实际成像位置与目标点 B 的距离为 $R_{BT'}$,目标点 T 的正射点与目标点 B 的距离为 R_{BT}。可以看出,目标点实际成像相对距离小于目标点正射距离,目标在迎坡面上的距离在图像中被压缩了。

如图 4.5 所示,雷达波束照射到坡底、坡中部和坡顶的时刻相同,因此三个点成像在同一点上。此时有

$$R_B = R_M = R_T \tag{4.5}$$

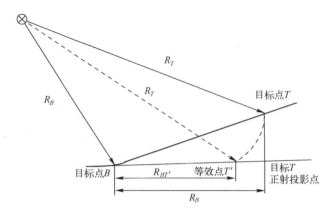

图 4.4 SAR 图像的迎坡缩短现象

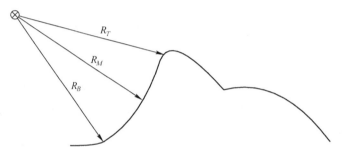

图 4.5 SAR 图像迎坡缩短的特殊现象（$R_B = R_M = R_T$）

4.2.1.2 背坡拉伸

背波面，即迎波面的对侧，是指斜坡背向雷达波束的投射方向，也称为后坡。与迎坡缩短类似，其中投影在水平面的、与目标点 T 具有相同斜距的位置点位等效点 T'。如图 4.6 所示，背坡面上的目标在 SAR 图像中的等效距离大于目标正射投影距离，在 SAR 图像中表现为背坡面上的目标被"拉长"了。

4.2.1.3 顶底倒置

当目标高出地面时，存在顶部比底部更接近雷达的情况，图 4.7 中有 $R_B > R_M > R_T$，此时顶部将先于底部成像。

山顶 T 在 SAR 图像中出现在位置 Y，山腰 M 在 SAR 图像中出现在位置 Z，山底 B 在 SAR 图像中出现在位置像不变。在 SAR 图像中表现为山顶相比山底更靠近卫星，这种现象称为顶底倒置。例如通信塔架，在 SAR 图像上表现为塔顶在前，塔基部在后，这与可见光影像正好相反。

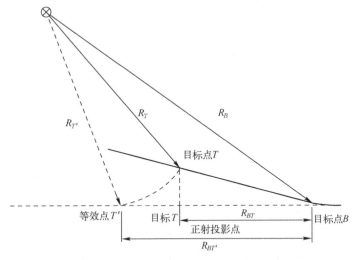

图 4.6 SAR 图像的背坡拉伸现象

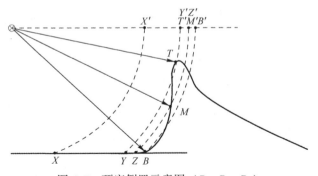

图 4.7 顶底倒置示意图（$R_B > R_M > R_T$）

当目标处于高大建筑或山体的顶底倒置区域时，其成像与周围高大目标的成像重叠在一起，导致被"掩盖"。一般无法提取处于被掩盖区域的目标。在获取类似目标时，要充分考虑雷达的入射方向，以尽量减少顶底倒置现象对目标成像的影响。

4.2.2 阴影现象

电磁波一般情况下为直线传播，当雷达波束受到山峰或建筑等高大目标阻挡时，这些目标的背波面就不能被电磁波所照射到，因此也不会有雷达回波，结果在图像的相应位置上就会出现暗区，导致 SAR 图像中出现阴影。图 4.8 对阴影现象进行了说明，其中 X–Y 为阴影区，从图中可见，阴影总是在距离向背离雷达的方向。

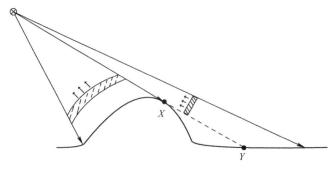

图 4.8　阴影示意图

视线在水平线以下时,在视线所在的垂直平面内,视线与水平线所成的角为俯角。雷达阴影的大小与目标在雷达波束中所处的俯角范围、背波面的坡度角以及目标的高度有关,图4.8对此进行了说明。其中,雷达波束的俯角为β,背波面的坡度角为α'。当$\alpha'<\beta$时,背波面整个部分被电磁波所照射,不产生阴影;当$\alpha'=\beta$时,电磁波的波束正好"擦着"背波面,如果背波面稍有起伏,则部分被照射,部分产生阴影;当$\alpha'>\beta$时,整个背波面在阴影中。

高度及背波面的坡度角α'相同的目标,俯角为β越小,阴影越长,如图4.9和图4.10所示。因此,在同一幅SAR图像中,远距端的阴影较为明显,这与叠掩的现象正好相反。

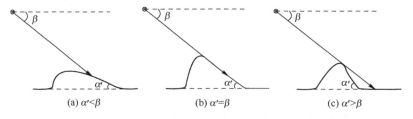

图 4.9　背波面坡度角对阴影的影响

4.2.3　方位模糊现象

根据奈奎斯特采样定理,为保证数字信号不丢失信息,复数信号的采样率应大于信号带宽。然而,由于SAR卫星数据获取过程中回波信号往往不是严格的带限信号,信号实际带宽往往大于采样频率。当信号带宽大于采样频率时,超出采样频率的信号部分会发生频谱混叠,超出部分与主信号部分在

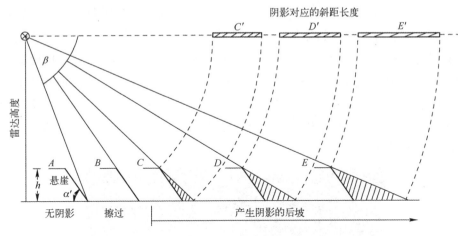

图 4.10 产生阴影的条件

频域混在一起,从而引起方位模糊,如图 4.11 所示。由于匹配滤波器是针对主信号进行设定的,无法适配混叠部分信号,处理后在主信号附近会出现虚假目标。

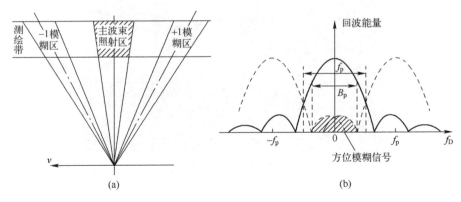

图 4.11 产生阴影的条件

方位模糊度(AASR)是评价系统方位模糊的重要指标,模糊回波的多普勒频率与主波束的多普勒频率相差脉冲重复频率的整数倍数,在方位频谱中这些信号将落在主波束的多普勒带宽内,干扰对主波束测绘区的成像。方位模糊度定义为

$$\text{AASR} = \frac{\text{方位向模糊区内回波信号的总功率}}{\text{测绘带内回波信号的总功率}} \tag{4.6}$$

方位模糊度取决于以下几个因素:天线方位向尺寸和多普勒带宽的乘积与星地等效速度的比值,决定了天线方位向方向图的形状;多普勒中心频率

偏差与多普勒带宽的比值,决定了天线方位向方向图偏离零频的程度;脉冲重复频率与多普勒带宽的比值,决定了天线方位向方向图中模糊区与非模糊区的相对位置。需要特别指出的是,方位模糊度与波长无关,即方位模糊性能与星载SAR系统采用的波段无关。一般来说,当方位向处理器带宽和卫星速度确定时,方位模糊度可以通过提高脉冲重复频率、增大方位向天线尺寸以及减小多普勒中心频率估计偏差得到改善。图4.12显示了一个集装箱存放地的方位模糊现象。

图4.12 典型方位模糊现象

4.2.4 旁瓣效应

SAR成像处理过程中方位向和距离向压缩会产生点目标冲击响应,其分布形态主要表现为辛格函数,如图4.13所示。在理想条件下,点目标的主瓣强度和第一副瓣强度比约为-13dB。在每一个SAR场景中,几乎都会出现"十字形"亮斑,小的与目标尺寸相当,大的迁延数千米,有的甚至充满整景图像,如图4.14所示。

当图像中出现了较强的"十字形"亮斑时,通过这种特殊的现象,可以对相应的目标结构进行初步的判断,例如类似二面角、三面角的结构。另外,当目标回波的旁瓣信号过强时,会对其周边的目标呈现产生不利影响,在

SAR 图像中表现为主瓣及旁瓣信号成像淹没实际场景中相应位置的目标所成的像，从而导致无法发现或者识别被淹没的目标。

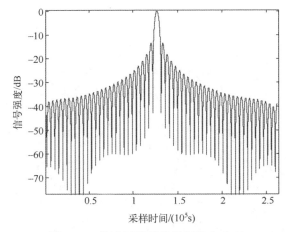

图 4.13 脉冲压缩后点目标冲击响应

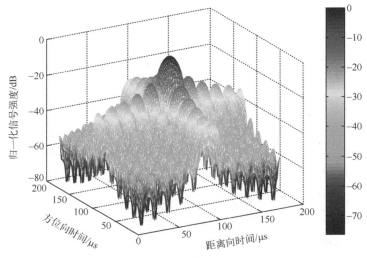

图 4.14 二维图像上的旁瓣效应（见彩图）

4.2.5 相干斑噪声

SAR 图像的分辨单元尺寸一般为其信号波长的几十倍，因此，在每一时刻，雷达脉冲照射的地表单元内部都包含了成百上千个与波长相当的散射体。这一单元的总的回波是各散射体回波的相干叠加，最终成像结果反映的是众多散射回波的矢量和。由于这些散射体与接收机之间的相对距离在几个波长到几十个波长范围内变化，导致各散射回波存在相位差。当接收机在移动中连续观测同一地表区域时,这些具有相同后向散射系数的均质区域在SAR图像中并不具有均匀灰度,呈现出颗粒状起伏,这种现象称为相干斑噪声效应,如图4.15所示。

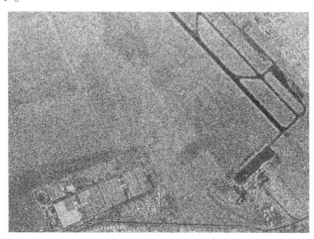

图4.15 相干斑噪声现象

相干斑噪声和热噪声具有显著差别。热噪声主要指天线噪声、处理系统噪声和接收器噪声等加性噪声,通过改进系统设计可以进行减弱。相干斑导致散射单元回波信号强弱不一致。回波信号呈现强弱的随机性,使各散射单元回波不完全由照射场景的散射系数决定,而是围绕这些散射系数值呈现出强烈的上下随机起伏,在SAR图像中呈现为随机散布的大量颗粒状的相干斑,使得SAR图像不能正确反映地物目标的散射特性,严重地影响了SAR图像理解。

相干斑噪声在SAR图像中无处不在,无论是光滑的地表,还是有风浪的海面,或者建筑目标区域,相干斑噪声都以"雪花"般的效果对SAR图像的理解产生影响。虽然可以采用噪声滤除手段对SAR图像中的相关斑噪声进行处理,以改善图像的视觉效果,但目前的噪声处理算法都以不同程度地损失分辨率为代价。

(1)影响弱目标发现。当某些目标产生的回波能量与相干斑能量相当时,这类目标被淹没在其中而无法显现。这种影响同样涉及明显目标的信息解译过程,当目标的某些散射点的强度与这种噪声相当时,便无法在图像中对这部分内容进行解译和确认。

(2)增加SAR图像分类的不确定性。相干斑噪声的存在,使SAR图像进行边缘提取、图像分割、目标识别及分类变得困难。

(3)对地表反演产生不确定性。从SAR图像中反演地表参数,特别是在定量反演中需要高精度的雷达图像，但相干斑噪声的存在使得估计雷达图像的精度变得很困难。

4.2.6 运动散焦现象

目前星载 SAR 成像系统多是以地面静止目标进行多普勒频率估计，因此场景中的运动目标会由于多普勒参数错误而不能有效地相干积累，出现目标散焦和方位错位，在 SAR 图像上表现出不同程度的散焦或位置偏移，分别如图 4.16 和图 4.17 所示。

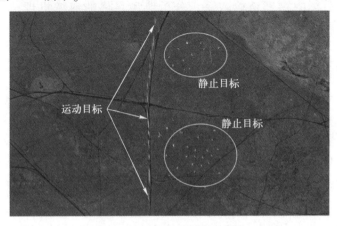

图 4.16　目标运动引起的散焦

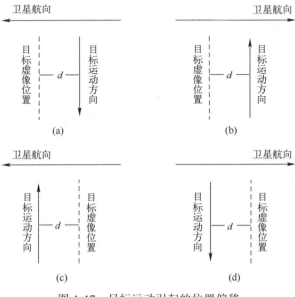

图 4.17　目标运动引起的位置偏移

4.3 典型目标 SAR 图像特征

具有复杂结构的目标电磁波反射过程十分复杂，很难得到准确的解析解。在高分辨率 SAR 图像中，大部分图像特征能量都是由电磁波几何散射形成的。因此，利用射线追踪法对电磁波散射过程进行分析是理解目标特征的有效手段。本节重点对具有典型特征的外浮顶油罐、跨河桥梁、飞机、船只进行分析，从典型目标的物理结构入手，分析典型目标的成像机理，便于读者对 SAR 图像特征的理解。

4.3.1 飞机特征

4.3.1.1 飞机结构

自从发明飞机以来，虽然飞机的结构形式不断改进，飞机类型不断增多，但到目前为止，除了极少数特殊形式的飞机之外，大多数固定翼飞机基本构造大体相同，主要可以分为机头、机身、机翼、尾翼和动力装置 5 大部分。由于合成孔径雷达对金属材料具有良好的探测性能，飞机在 SAR 图像中含有丰富的散射信息。在高分辨率 SAR 图像中，由于飞机目标子部件远大于分辨率单元，因此 SAR 图像中飞机目标的散射信息主要由目标部件散射信息组成。

4.3.1.2 主要成像机理

不同类型的飞机目标虽然有外形差异，但都是由机翼、尾翼、中央机身、机头和引擎等重要子部件组成的，也是 SAR 成像后飞机目标的主要强散射响应区域。在高频区，飞机目标散射特征是由一些孤立的散射中心组成的。每个散射中心对应于特定的电磁散射机理。散射中心的相对位置由雷达回波中的局部峰值确定，与目标的物理几何、观测姿态角有关。虽然目标的散射特性会随着传感器参数（分辨率、极化模式、电磁波波长等）以及目标姿态等参数的变化而改变，具有姿态敏感性，但这种姿态敏感性具有一定的变化规律。

1) 机头成像

如图 4.18 所示，机头是由一系列结构组成的，整体呈椭圆形，驾驶舱和地面呈二面角结构，而又和地面之间有一定距离。在机头部分，会有一次反射、二面反射和多次散射。

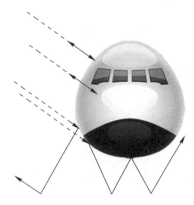

图 4.18　机头散射示意图

2) 机身成像

如图 4.19 所示，机身整体形状除去机头前部的驾驶舱之外大体一致，基本呈圆柱体，包含多种纵向和横向元件，例如大梁、桁条、隔框和蒙皮等。发动机与机翼成二面角结构，因此机身在 SAR 图像中一半呈现完整的粗亮线。

图 4.19　机身散射示意图（见彩图）

3) 尾翼成像

如图 4.20 所示，飞机尾翼有多种布局，除去最常见的 T 型布局和倒 T 型布局，还有十字型、V 型、H 型等。即使是不同的尾翼布局，也都分为垂直尾翼和水平尾翼两部分，形成二面体或三面体结构，同时也有着大量的边缘信息，尾翼部分一般会发生多次散射和边缘绕射。尾翼部分在 SAR 图像上根据入射角的不同以及本身布局的不同呈现为 T 型或者 V 型亮斑。

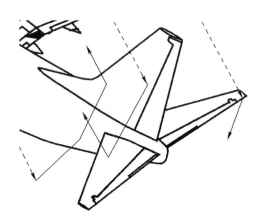

图 4.20 尾翼散射示意图

4）机翼成像

如图 4.21 所示，机翼包括副翼、襟翼和缝翼等结构，包含丰富的边缘信息。边缘绕射线与边缘的夹角，等于相应的入射线与边缘的夹角。入射线与绕射线分别在绕射点与边缘垂直的平面的两侧或同在该平面上，一条入射线激起无数条绕射线，它们都位于一个以绕射点为顶点的圆锥面上，圆锥轴为边缘在绕射点的切线，圆锥的半顶角等于入射线与边缘切线的夹角。当入射线与边缘垂直时，圆锥面就退化为与边缘垂直的平面圆盘。机翼部分在 SAR 图像上呈现为一条亮线。

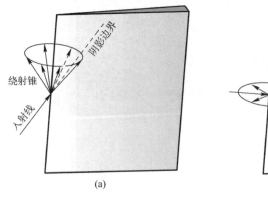 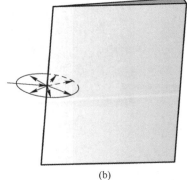

图 4.21 边缘绕射示意图

5) 发动机成像

如图 4.22 所示，发动机有典型的空腔结构，其真实结构十分复杂，含很多小零件、间隙、台阶及孔等散射源。发动机会发生非常复杂的腔体散射，在 SAR 图像上呈现为非常亮的亮斑。

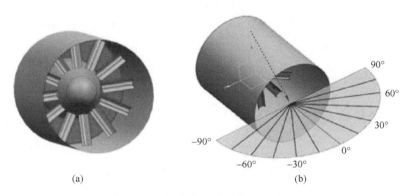

图 4.22 简化的发动机散射示意图

4.3.1.3 SAR 图像特征

飞机目标复杂的结构和散射机制使得目标特征离散，呈现为一些离散的散射中心，细节易缺失，同时，复杂的结构使其对方位角更加敏感。随着成像角度的变化，这些散射中心表现出不同的强度，即使是同一型号的飞机目标在 SAR 图像中所呈现出的视觉外观、散射中心和几何轮廓也并不完全相同，而不同型号的飞机目标却有可能具有非常相似的外观。

以高分某号卫星聚束式卫星数据中飞机目标为例，飞机主要部件及散射机制如图 4.23 所示。飞机各部件散射机理如表 4.3 所列。

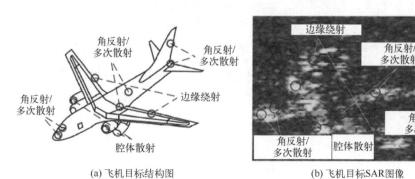

图 4.23 飞机主要部件及散射机制（见彩图）

表 4.3　飞机各部件散射机理

部件	散射机理	具 体 描 述
机头	角反射/多次散射	机头是由一系列结构组成的，驾驶舱与地面呈二面角结构
机身	角反射/多次散射	机身包含多种纵向和横向元件，如大梁、桁条、隔框和蒙皮等；发动机与机翼成二面角结构
尾翼	多次散射/边缘绕射	尾翼分为垂直尾翼和水平尾翼两部分，形成二面体或三面体结构
机翼	边缘绕射	机翼包括副翼、襟翼和缝翼等结构，包含丰富的边缘信息
动力装置	腔体散射	发动机有典型的空腔结构

4.3.2　船只特征

从 SAR 图像中提取的船只目标特征可以粗略地分为几何结构特征、电磁散射特征等。随着图像分辨率的提高和极化、极化干涉等 SAR 技术的发展，SAR 图像船只目标特征也有了不同于其他目标的变化。首先，在高分辨率 SAR 图像中，船只目标的几何尺度、区域等特征受船体区域后向散射起伏、成像旁瓣效应、相邻目标干扰等因素的影响。其次，SAR 成像技术的发展为 SAR 图像船只目标电磁散射特征提取提供了条件。我们可以将高分辨率 SAR 图像中的目标看作是一些散射单元的集合。船只目标不同结构对应不同的散射强度分布，利用局部结构散射强度分布能够有效地区分不同的船只目标。

4.3.2.1　船只结构

一般来讲，船只目标主要由主船体、上层建筑和其他各种设备组成。货船的外形如图 4.24 所示，主船体是船体结构的主要部分，从空间上可以分为船艏、船舯、船艉，是由船底、舷侧、上甲板和艏艉围成的空心结构。其内部空间又由水平布置的下甲、沿船宽方向垂直布置的横舱壁和沿船长方向垂直布置的纵舱壁分割成许多舱室。上层建筑部分有楼、桥楼、腿楼及甲板室。船只上的设备主要包括起重架、输油管集装箱等为一定功能而服务的设备。

不同的船只目标具有明显不同的结构特点，如图 4.25 所示。集装箱船一般呈狭长形，其船身的大部分用来装载集装箱，并且配备有用于固定的横向货架，其驾驶舱一般位于船艉或中后部。油船的舱口呈圆形或椭圆形，与集装箱船相比其舱口较小；船艉和船艏之间装备有输油管道，而且在中部有小吊车，用于吊起码头或其他船只上的管道与输油管道相对接。货船用于载运包装或非包装类大宗货物，船型肥胖，尺寸较小，驾驶舱位于艉部，一般设有4~6个货舱，舱口宽大。

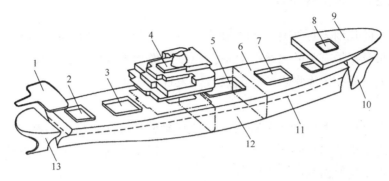

1—船甲板室；2—第五货舱；3—第四货舱；4—船舯甲板室；5—第三货舱；6—上甲板；
7—第二货舱；8—第一货舱；9—艏楼；10—船艏；11—下甲板；12—船舯；13—船艉。

图 4.24　货船的外形

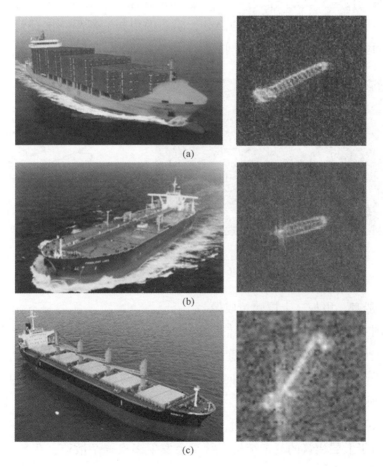

图 4.25　集装箱船、油船和货船的光学图像和 SAR 图像对比实例

4.3.2.2 主要成像机理

船只的几何特征与船只目标的尺寸大小、形状、结构构造等密切相关，是对船只目标最直观的描述。但是，SAR 图像相干成像的特点使得图像本身包含有大量的相干斑噪声，且船只目标表现为若干散射点的组合而没有清晰的边界。

船只目标一般由金属部件构成，且其船舷与海面、船与甲板、栏杆与甲板以及起重机、驾驶舱等上层建筑和设备形成角反射器，从而对雷达入射波的散射强度比海面的散射强度更大。

1）船头成像

如图 4.26 所示，船头是由一系列结构组成的，船头的甲板上一般会有艏楼等一系列设施，呈复杂散射关系，在 SAR 图像上呈明显亮斑。这里我们把船头的结构简化为甲板和船侧的部分，船头的甲板一般呈一次反射，而船艏侧与海面呈二面角，会有二次散射。

 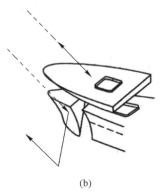

(a) (b)

图 4.26 船头的散射示意图

2）船身、甲板、上层建筑成像

如图 4.27 所示，船只的主体是由中层甲板构成的，在甲板上一般都会有一定的上层建筑，如桅杆、起重机、集装箱、甲板室等。在入射角较小时，雷达近乎从船只目标顶部垂直向下照射，甲板与建筑会发生一次反射。如图 4.28 所示，当入射角较大时，雷达相当于以较大的角度从侧面照射，此时不仅甲板和建筑会形成二次散射，面向雷达的一侧船和海面也会发生二面角散射，由于上层建筑的复杂结构，甚至会发生多次复杂散射，在 SAR 图像上呈现特别的亮斑。

第4章 SAR卫星图像特征理解

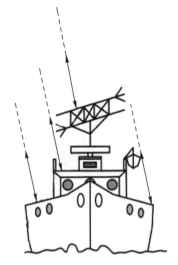

图 4.27 较小入射角时，船身、上层建筑一次反射

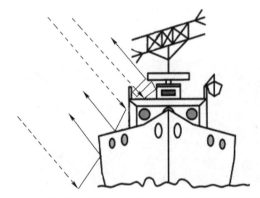

图 4.28 较大入射角时，船身、上层建筑复杂散射

如图 4.29 所示，当入射角较大时，背向雷达照射方向的一侧被船只目标上层建筑所遮挡，出现叠掩现象。特别是对于游船来讲，其船舱一般较高，如图 4.30 所示，在入射角较大的情况下，使得 SAR 图像船只目标区域的宽度明显宽于其实际宽度。对于货船等船只，即使在入射角不大的条件下，桅杆、起重机等具有一定高度的设备也会使得沿入射方向具有一定延宽成像，形成部分凸出。

3) 船只目标特殊部分成像

不同的船只目标具有不同的几何结构。集装箱船是专门载运集装箱的船舶，其全部或大部分船舱用来装载集装箱，往往在甲板或舱盖上也可堆放集装箱。集装箱船的外形狭长，驾驶舱位于艉部或中后部；甲板上的货舱开口宽大，且尺寸按要求规格化；为防止货箱移动，货舱内设有栅格式货架（箱格导轨系统），甲板上设有底座与绑扎桥。

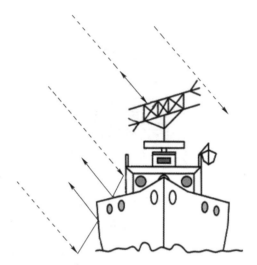

图 4.29　较大入射角时上层建筑导致延宽成像示意图

图 4.30　游船与船只上的延宽实例

油船是专门载运石油及石油产品的船舶。油船的长宽比较小，属肥胖型船，驾驶舱一般设于艉部；甲板平坦，一般铺有输油管路，无起货设备和大舱口，仅有圆形或椭圆形小舱口，在油船舯部有一个小吊车，用于将码头上的管道吊到油船上与油船的管道对接。

货船是指载运包装、袋装、箱装、桶装或粉末状、颗粒状、块状等非包装类大宗货物的运输船舶。货船的船型肥大，驾驶舱通常位于艉部；甲板上有 4~6 个货舱，舱口较宽大，横截面成菱形；有的货船舱口两头通常配备吊杆式或回转式的起重设备，有的货船没有起重设备。

在高分辨率 SAR 图像中，船只目标的散射强度分布是不均匀的，只有位于船只特殊部位的两种结构会导致强后向散射。第一种结构是桅杆、栏杆、起重设备等与船舱表面的交互作用形成的二面角；第二种结构是栏杆的拐角与船舱表面形成的三面角。

集装箱船舯装载的箱体都是由正方形的金属制成，它们中的拐角引起强反射。若集装箱放置得整齐平稳，则正对雷达的船体一侧与海面交接处组成一个大的二面角反射，为强反射区，集装箱也形成一些平行的强反射区，且间距较小；若集装箱放置得不规律，则形成大量零散的强散射点。集装箱船散射示意如图 4.31 所示。

图 4.31　集装箱船散射示意图

油船的甲板平坦，除船艉的驾驶舱外几乎没有其他耸立在甲板上的建筑物体，只有舯部有一个小吊车用于将码头上的管道吊到油船上与油船的输油管对接，所以在 SAR 图像中油船表面能形成强反射区的是船艉的驾驶舱部分、船体中轴线的输油管部分和小吊车部分。而中小型油船由于船只尺寸太小，因此船体表面的散射强度变化不大，船只内部结构不明显。此外，由海浪导致或油船本身的运动等也可以形成这种现象。油船散射示意如图 4.32 所示。

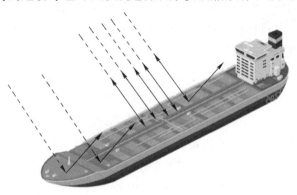

图 4.32　油船的散射示意图

如图 4.33 所示，货船通常为尾机型（驾驶舱位于船的艉部），甲板上仅有货仓。船艉的驾驶舱为强反射区；闭合舱口的边缘和甲板组成二面角，形成一些平行的强反射区，且间距较大；由于雷达波无法入射货舱间隔，且闭合舱口为镜面反射。对于有起重设备的货船来说，当雷达波入射角较大时，起重设备会遮挡住部分入射到较远距离船的雷达波，使得 SAR 图像中的船侧开口。此外，海杂波较强时，若船体散射较弱或海面信噪比较低，则也会出现这种现象。

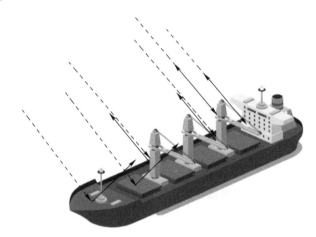

图 4.33　货船的散射示意图

4.3.2.3　SAR 图像特征

　　船只结构是指由船体、上层建筑、功能性设备等引起较强雷达后向散射的船只部件所组成的结构。不同船只目标具有不同的几何结构，特别是起重架、驾驶舱、船舷、舱口、输油管等部件在 SAR 图像上形成了强散射点。这些部件反映了船只目标中强散射结构的分布，描述了船只目标在 SAR 图像中的宏观散射特点。

　　对于集装箱船、油船、货船，它们的共同点是驾驶舱一般位于船艉，船舷和海面也会形成二面角反射，因此在船艉和船的两侧都会有较强的后向散射。如图 4.34 所示，每类船只配备有不同功能性设备，从而这些部位的强散射点分布也不相同。对于集装箱船来讲，较为明显的强散射点分布于横向货架与装载的集装箱边缘处，这些横向的强散射点与船上其他的强散射一起使得整个集装箱船的 SAR 图像呈现密集并排的"口"字，但如果集装箱船的货物摆放不整齐，则强散射点会零散分布，形成的"口"字有大小之分甚至较为模糊。对于油船来讲,除船艏和船艉外,强散射点主要分布于横亘船只的输油管道及中部的吊车,而在输油管道两侧的甲板后向散射相对较小。对于货船来讲,其驾驶舱位于艉部,甲板上有货舱,这些货舱也使得货船的 SAR 图像中出现"口"字,但没有集装箱船密集,当雷达波入射角较大时,具有起重设备的货船会由于起重设备对船舷的遮挡使得船一侧开口,不能形成完整的闭合结构。

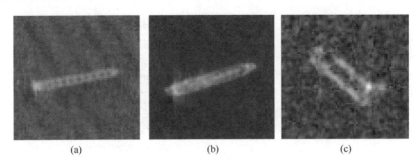

图 4.34 集装箱船、油船和货船的 SAR 图像特征

4.3.3 外浮顶油罐特征

4.3.3.1 外浮顶油罐结构

油罐按建造材料分为金属油罐和非金属油罐,金属油罐又分为立式、卧式和特殊形状,外浮顶油罐属于立式金属拱顶油罐中的一种。油罐上部敞口并不再设顶盖,浮顶直接放在油面上,随油品进出而上下浮动,在浮顶与罐体内壁的环隙间有随浮顶上下移动的密封装置,这种设计几乎消除了气体空间,故油品蒸发损耗大大减少,多用于储存大容量原油。石油战略储备基地主要由外浮顶油罐组成,如图 4.35 所示。

4.3.3.2 主要成像机理

油罐目标的雷达反射回波主要取决于雷达波的入射方向、油罐的结构和材料,以及油罐的直径大小。由于油罐各部件主要为金属材质,各部件间对入射雷达波可形成许多二面角反射或三次反射,当油罐直径较小且油罐较高时,油罐内壁会发生四次反射和五次反射。

1)油罐顶部成像

在不考虑外浮顶的情况下,油罐顶部是侧面圆柱壁的顶部。如图 4.36 所示,当雷达波束发出后,雷达波束可以到达油罐顶部所有位置,由于油罐为圆柱体形状,因此油罐顶部成像为一个圆。

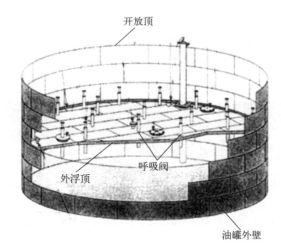

图 4.35　外浮顶油罐剖面示意图

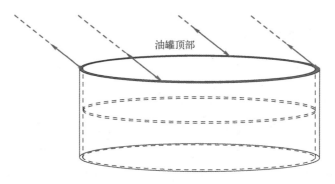

图 4.36　油罐顶部成像原理示意图(见彩图)

2) 油罐底部及外侧面成像

由于油罐外侧面与地面形成近似二面角,地面和油罐外侧面均为镜面反射,雷达波束发生二面角效应,从而形成亮度较高的点或直线。

如图 4.37 所示,由于油罐为圆柱体形状,雷达波束只能到达油罐底部近雷达方向的一半,因此成像为一个半圆。当雷达波束垂直于油罐外侧面切线时,反射回波较强,在 SAR 图像中呈现为亮度极高的点。随着雷达波束与油罐外侧面切线角度 β 的减小,反射回波方向偏离雷达方向,雷达接收回波强度随之减弱,在 SAR 图像中亮度越来越暗。

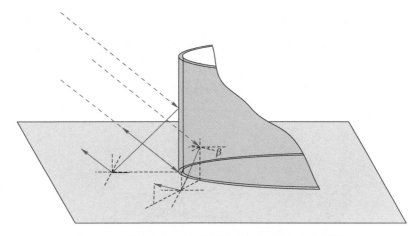

图 4.37 油罐外侧面成像原理几何示意图（见彩图）

3) 外浮顶成像

随着油罐内储油量的减少，外浮顶在油罐内的位置随之降低，雷达波束可到达外浮顶的位置为如图 4.38 所示的 A 区域，雷达接收该区域回波后在 SAR 图像中呈现为 A 区域形状。

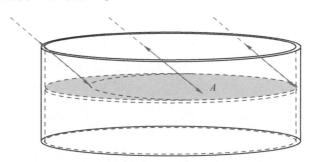

图 4.38 油罐外浮顶成像原理几何示意图（见彩图）

4) 油罐外侧环形梯及浮顶外扶梯成像

如图 4.39 所示，当雷达可以照射到油罐外侧环形梯及外浮顶 A 区域扶梯部分，成像为两条线。

5) 外浮顶及油罐内侧面二次反射成像

由于油罐内侧面与外浮顶形成近似二面角，因此油罐内侧面为镜面反射，外浮顶材质较为粗糙，发生散射。雷达波束发生二面角效应，从而形成亮度较高的点或直线，如图 4.40 所示。

6) 外浮顶及油罐内侧面三次反射成像

由于油罐内壁面较为光滑，为镜面反射，而外浮顶材质较为粗糙，发生散射，因此外浮顶与油罐内壁面形成三次散射。雷达波经 B 区照射至距雷达较远的油罐内壁，反射至外浮顶 D 区而后反射回油罐内壁，最后反射回雷达，如图 4.41 所示。三次反射的路径长于二次反射，其成像位置相比二次反射图像距离雷达更远。在 SAR 图像中呈现为月牙形状，亮度较暗。

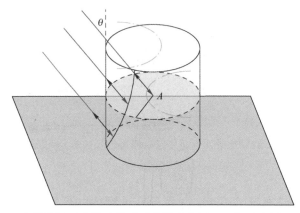

图 4.39　油罐外侧环形梯及外浮顶扶梯成像原理几何示意图（见彩图）

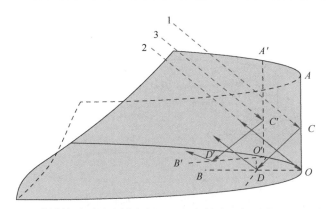

图 4.40　油罐外浮顶及油罐内侧面二面角效应几何示意图（见彩图）

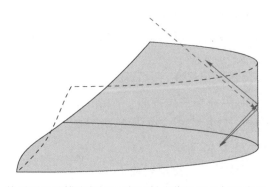

图 4.41　外浮顶及油罐内侧面三次反射成像机理几何示意图（见彩图）

7) 外浮顶及油罐内侧面四次及五次反射成像

如图 4.42 所示,当油罐口径较小且具有一定高度时,雷达波束到达油罐远雷达向的内壁,反射至油罐近雷达向的内壁,而后到达油罐外浮顶。其中:一部分波束反射回油罐远雷达向的内壁,最后返回雷达;另一部分波束再次返回油罐近雷达向的内壁,再到达油罐远雷达向的内壁,最后返回雷达。

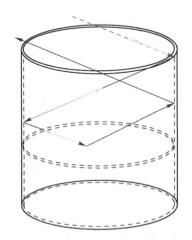

图 4.42 外浮顶及油罐内侧面多次反射成像机理几何示意图(见彩图)

4.3.3.3 SAR 图像特征

油罐雷达图像中主要表现为 4 个部分:①油罐顶部及油罐外侧扶梯所成的像,并会向雷达入射方向偏移;②油罐底部所成的一个半圆;③油罐外浮顶及外浮顶扶梯所成像,能反映外浮顶的一定结构特征;④油罐内壁与外浮顶发生二面角效应所成的一条亮线及三次反射所成的一个月牙状。这 4 个部分在雷达图像上的表现形式如图 4.43 和图 4.44 所示,从上至下(雷达波入射方向)依次为油罐顶部、油罐外侧扶梯、油罐底部、外浮顶及外浮顶扶梯、油罐内壁与外浮顶二次及三次反射成像。

4.3.4 桥梁特征

4.3.4.1 桥梁结构

按照受力体系分类,桥梁有梁、拱、索三大基本体系。以常见的梁式桥为例,其纵断面和横断面分别如图 4.45~图 4.47 所示[6-7]。

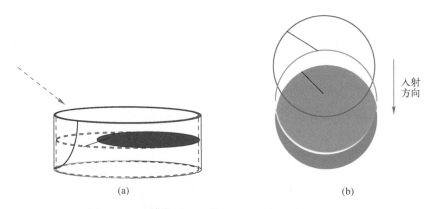

图 4.43　油罐在雷达图像上的表现形式（见彩图）

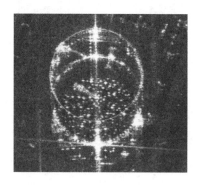

图 4.44　典型目标图像

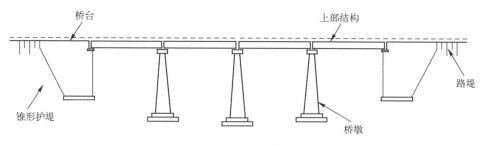

图 4.45　梁式桥纵断面示意图

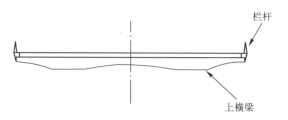

图 4.46　梁式桥横断面示意图

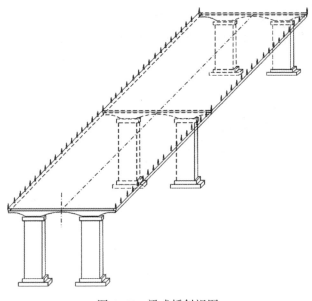

图 4.47 梁式桥斜视图

4.3.4.2 主要成像机理

桥梁目标的雷达图像主要取决于雷达波的入射方向、桥体的结构和筑桥材料。由于桥体各部件多为钢筋混凝土质或金属材质，各部件间对入射雷达波可形成二面角或三面角反射。当水面对雷达波成镜面反射时，在桥梁侧面或上部结构会发生二次或三次反射。

1) 桥面成像特征

在桥梁横断面上，对雷达波束进行散射（反射）作用的部位是桥的侧面护栏顶点（或者桥面上的最高点，如路灯等附属设施），到达波用序号 1 表示，由于其本身的二面角结构而反射的回波用序号 1a 表示，将首先到达雷达。在桥面远离雷达侧，电磁波的到达点（2）的距离要大于到达点（1）的距离，将到达（2）的波用序号 2 表示，其反射回波用序号 2a 表示，将落后于回波 1a 由雷达接收。回波 1a 和 2a 的成像位置分别为 s_1 和 s_2，如图 4.48 所示。

由于路面为平滑表面，雷达波发生镜面反射后无法被雷达所接收，因此在雷达图像上路面两侧将会具有强回波，而路面部分则回波很弱。

2) 桥梁侧面与桥墩成像特征

桥梁上部结构具有一定的厚度，其侧面所在平面（A 面）与水面将形成二面角，对雷达波形成二面角反射；桥墩外侧面（B 面）与水面同样会形成二面角。桥梁侧面与桥墩侧面成像机理如图 4.49 所示。

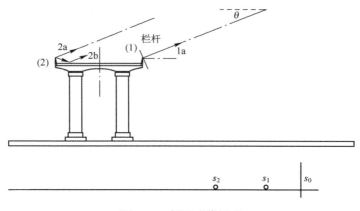

图 4.48　桥面成像机理

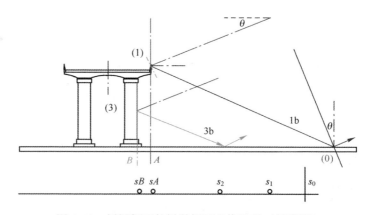

图 4.49　桥梁侧面与桥墩侧面成像机理（见彩图）

根据二面角的成像特点，桥墩与桥梁上部结构的侧面所成像会发生重叠，但是由于桥面较桥墩有向外突出的一段距离，因此它们在成像面上也会产生位置差，sA 为与桥长相应的一条直线，而 sB 为与桥墩侧面宽度相应的断续的直线。

3）桥梁底部成像特征

经水面反射的雷达波，除部分被桥梁侧面与水面形成的二面角反射外，还有一部分会被水面反射到桥梁上部结构的底面。如果底面具有一定的二面角或三面角结构，则会将这部分经水面反射的雷达波反射回水面，再经水面反射回雷达天线，如图 4.50 所示。

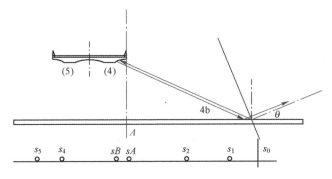

图 4.50　桥面底部结构成像机理

从图 4.50 可以看出，经水面—桥底部位（4）—水面的三次反射而形成的回波 4b，在距离上要大于回波 1b 约（4）到（0）的距离，所以其成像位置 s_4 要远于 sA。底面的另一侧（5）的成像位置较 s_4 将更远，正如图中的 s_5 所标注的一样。

4.3.4.3　SAR 图像特征

水面上的桥梁在雷达图像中主要表现为 3 个部分：①桥面首先所成的像，由于水面和桥上的路面较平滑，其在雷达图像上回波强度往往较弱，并会向雷达入射方向偏移；②侧面所成的一条直线；③上部结构底面所成像，位于侧面所成像的远侧，且能反映底面的一定结构特征。这 3 个部分在雷达图像上的表现形式如图 4.51 所示，从右至左（雷达波入射方向）依次为桥面、桥梁侧面和桥梁底面成像。

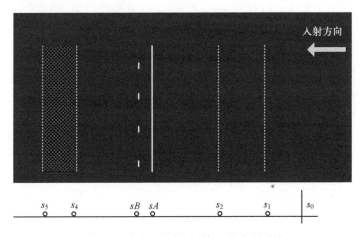

图 4.51　桥梁在雷达图像上的表现形式

参考文献

[1] 许小剑. 雷达目标散射特性测量与处理新技术 [M]. 长沙：国防工业出版社，2017.

[2] ZHANG X, XU F, JIN Y Q. Review of high-frequency scattering model of canonical geometric primitives [J]. Journal of Radars, 2022, 11 (1): 126-143.

[3] JIN J M. Theory and computation of electromagnetic fields [M]. John Wiley & Sons, 2015.

[4] 克拉特 E F. 雷达散射截面：预估. 测量和减缩 [M]. 阮颖铮，陈海，译. 北京：电子工业出版社，1988.

[5] GUO L, WEI Y, CHAI S. A review on the research of composite electromagnetic scattering from target and rough surface [J]. Chin. J. Radio Sci, 2020, 35: 69-84.

[6] 谷秀昌，等. SAR 图像判读解译基础 [M]. 北京：科学出版社，2017.

[7] 宋瑞. 铁路运输设备 [M]. 北京：中国铁道出版社，2012.

第5章 SAR 卫星图像处理

SAR 卫星回波信号经成像处理后得到的是单视复数据（Single Look Complex，SLC）[1]，仅经过成像处理得到的 SLC 图像还无法正确反映目标的散射特性，而且由于 SAR 卫星侧视、斜距成像的特点，该图像还存在几何畸变现象。此外 SAR 卫星特殊的成像原理还会导致图像出现方位模糊、"十"字旁瓣、相干斑噪声、运动散焦等现象，降低图像质量，影响图像应用效果。为了使 SAR 卫星图像能够满足后续应用需求，一般还要对成像处理得到的 SLC 数据进行辐射和几何校正处理、增强处理等操作，提升图像在后续应用中的可用性和准确性。本章对 SAR 卫星图像校正处理、增强处理以及质量评估指标的相关内容进行介绍。

5.1 图像校正处理

5.1.1 辐射校正

5.1.1.1 辐射误差分析

地物的散射回波信号经星上射频电路系统与数字电路系统接收处理后，生成星载 SAR 系统的原始数据，并通过数传链路由星上下传至地面，在地面利用 SAR 信号处理器通过成像处理得到 SLC 数据，其图像功率可表示为

$$P_I = K_S \cdot \sigma^0 \tag{5.1}$$

式中：σ^0 为地物归一化后向散射系数；K_S 为 SAR 卫星系统全链路处理增益。为满足 SAR 图像定量化应用需求，建立目标散射特性与图像数据间的对应关系，需要利用 SAR 后处理器对 SLC 图像数据进行辐射校正处理，将式（5.1）的信号重新表示为

$$\sigma^0 = \frac{P_1}{K_S} \tag{5.2}$$

式（5.2）为辐射校正方程的总体形式。SAR 图像辐射校正处理的主要问题是 K_S 的估计，因此，K_S 也称为"辐射校正系数"。

SAR 卫星图像辐射校正就是对星地全链路各种引起辐射误差的因素进行误差补偿，从而使 SAR 图像的功率值真实反映地面目标的后向散射特性。星地全链路误差一般包括发射功率变化、波传播损耗和延迟的变化、天线方向图不稳定、轨道与姿态数据不准、接收机增益不稳定、成像处理增益变化以及各类噪声等。

SAR 卫星在完成成像处理后，根据卫星定标得到的天线方向图、定标数据等，分析、解算生成定标常数，对成像数据进行辐射校正。具体步骤包括饱和度分析和校正、雷达增益控制（AGC/MGC）校正、收发通道幅相误差校正、热噪声校正、成像处理增益校正、天线方向图校正、定标常数校正等。典型的 SAR 卫星图像辐射校正处理流程如图 5.1 所示。

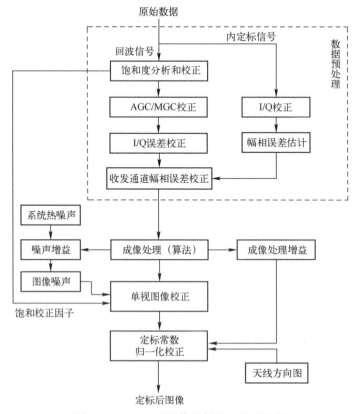

图 5.1　SAR 卫星图像辐射校正处理流程

其中，传播损耗等常量以及一些已知具有较高精度的系统参数通常通过外定标技术进行端到端的测量；发射功率与接收系统增益相关部分通常由内定标系统利用内定标复制的发射信号进行监测，并直接用于回波信号的校正；天线方向图校正可以通过将天线方向图增益取倒数后乘以雷达数据实现，通常可以通过地面微波暗室测量、外定标以及基于模型预测的方法综合进行天线方向图的监测与估计；成像处理器引入的成像处理增益，通常结合成像处理过程对其进行校正。

5.1.1.2 成像处理增益校正

成像处理增益主要依赖成像算法，应根据所采用的具体算法以及SAR工作模式进行分析和校正。下面以传统条带模式为例，对基于CS算法的SAR成像处理增益进行分析[2]。

图5.2给出了基于CS算法的SAR成像处理流程。在处理流程中，第一相位项是Chirp扰动项，用于距离徙动曲线的对齐，不产生成像处理增益；第二相位项进行距离压缩，第三相位项进行方位压缩，均会引入压缩增益和加窗增益。

因此，传统条带模式成像算法带来的成像处理增益可以表示为方位压缩功率增益、距离压缩功率增益、方位向窗函数增益和距离向窗函数增益的乘积，即

$$G_{cor} = L_{az} \cdot L_r \cdot W_{az} \cdot W_r \tag{5.3}$$

式中：L_{az}为方位压缩功率增益；L_r为距离压缩功率增益；W_{az}为方位向窗函数增益；W_r为距离向窗函数增益。

传统条带模式成像算法在距离压缩时，通常采用匹配滤波器对线性调频信号进行压缩处理。但实际中由于菲涅尔起伏，匹配滤波器在频域的幅相特性十分复杂，难以直接构造。间接的方式是利用卫星内定标信号作为参考信号对线性调频信号进行压缩，但这将增加系统复杂度，且使得距离向失去线性调频的特性，无法直接使用CS聚焦算法。

由于星载SAR系统一般都具有较大的时间带宽积，因此可利用相位均衡器代替匹配滤波器，完成线性调频信号的压缩。相位均衡器忽略了线性调频信号幅相特性中的菲涅尔起伏，其幅相特性可表示为

$$|H(j\omega)| = 1, \quad \varphi(\omega) = \frac{\omega^2}{4\pi K_r} \tag{5.4}$$

式中：K_r为调频斜率。

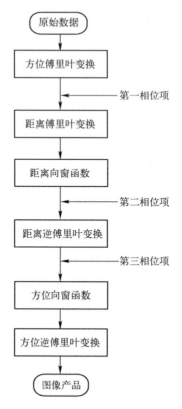

图 5.2 基于 CS 算法的 SAR 成像处理流程图

对式（5.4）作逆傅里叶变换，可以得出相位均衡网络的冲激响应 $h(t)$，即

$$
\begin{aligned}
h(t) &= \frac{1}{2\pi} \int_{-\infty}^{+\infty} H(j\omega) e^{j\omega t} d\omega \\
&= \frac{1}{2\pi} \int_{-\infty}^{+\infty} e^{j\frac{\omega^2}{4\pi K_r}} e^{j\omega t} d\omega \\
&= \sqrt{K_r} e^{-j\left(\pi K_r t^2 + \frac{\pi}{4}\right)}
\end{aligned}
\quad (5.5)
$$

幅度归一化的具有矩形包络的线性调频信号的数学表达式为

$$u(t) = \mathrm{rect}\left(\frac{t}{T}\right) e^{j\pi K_r t^2} \quad (5.6)$$

将式（5.5）与式（5.6）卷积，可以得到线性调频信号通过相位均衡器的输出信号，即

$$s_o(t) = u(t) \otimes h(t)$$

$$= \sqrt{K_r} \int_{-\frac{T}{2}}^{\frac{T}{2}} e^{j\pi K_r t^2} e^{-j\left(\pi K_r(t-\tau)^2 + \frac{\pi}{4}\right)} d\tau$$

$$= \sqrt{K_r} e^{-j\left(\pi K_r t^2 + \frac{\pi}{4}\right)} \int_{-\frac{T}{2}}^{\frac{T}{2}} e^{j2\pi K_r t\tau} d\tau \quad (5.7)$$

$$= \sqrt{K_r} e^{-j\left(\pi K_r t^2 + \frac{\pi}{4}\right)} \frac{\sin(\pi K_r t T)}{\pi K_r t}$$

进一步化简得

$$s_o(t) = \sqrt{L_r} \operatorname{Sa}(\pi K_r T t) e^{-j\left(\pi K_r t^2 + \frac{\pi}{4}\right)} \quad (5.8)$$

式中：$L_r = K_r T^2$ 为距离压缩功率增益，为线性调频信号的时间带宽积。而线性调频信号的匹配滤波输出为

$$s_o(t) = \sqrt{K_r}(T - |t|) \frac{\sin[\pi K_r t(T - |t|)]}{\pi K_r t T} e^{-j\frac{\pi}{4}} \quad (5.9)$$

两者相比，主要有以下两个差别：

（1）两者的包络有差别。如果线性调频信号时间带宽积较大，则压缩后时间带宽积只占 T 的很小部分。如果只考虑很小 t 附近的形状，即 t 远小于 T，则两者近似相等。

（2）用相位均衡网络压缩线性调频信号，将带来残留线性调频项 $e^{-j\pi K_r t^2}$。和式（5.6）相比可知，残留线性调频项的调频率和原先调频信号的调频率大小相等，符号相反。只有在时间带宽积较小时，这个效应才对压缩信号中的载波有可观测的影响。在时间带宽积较大时，由于压缩信号持续时间较窄，残留调频项的影响可以忽略不计。

由于条带模式 SAR 回波信号在方位向同样具备线性调频性质，因此与距离压缩类似，在方位压缩时同样可以采用相位均衡器替代匹配滤波器。与距离压缩功率增益类似，方位压缩功率增益可表示为

$$L_{az} = K_a T_a^2 \quad (5.10)$$

式中：K_a 为方位信号调频率；T_a 为合成孔径时间。因此，方位压缩功率增益等于方位时间带宽积。

对于距离回波信号，其频谱近似为矩形，相位均衡器的频谱也是矩形，因此距离窗函数的增益为

$$W_r = \sum_{n=-m}^{m} \operatorname{WIN}_r(m)/(2m+1) \quad (5.11)$$

式中：WIN_r 为距离向窗函数，长度为 $2m+1$。

由于方位向频谱受到天线方向图调制，频谱形状不再是矩形，因此方位向窗函数增益的计算有所不同。但如果将天线方向图调制也看成窗函数，则方位向窗函数的增益为

$$W_a = \sum_{n=-m}^{m} WIN_a(m)/(2m+1) \qquad (5.12)$$

式中：WIN_a 为方位向窗函数，长度为 $2m+1$。

5.1.1.3 饱和度分析和校正

I/Q 饱和度是指雷达系统同相（I）分路和正交（Q）分路中超出 AD 最高量化电平或最低量化电平的采样数占总采样数的百分比。AD 饱和效应不仅使量化前后的 I/Q 数据在统计特性上产生改变，更为严重的是它会给 I/Q 数据带来功率上的损失，从而影响辐射校正的精度。信号一旦饱和就很难进行恢复，只能通过统计的方法计算出饱和度，采用仿真分析确定饱和度和辐射精度损失之间的关系，进而完成饱和度校正。

5.1.1.4 AGC/MGC 校正

星载雷达接收机的雷达增益控制是获得良好雷达图像产品的重要环节。增益控制分为人工增益控制（MGC）和自动增益控制（AGC）。AGC 是很多接收机中采用的一项传统技术，它是根据接收到的信号大小，自动调节接收机的放大倍数，使接收机输出信号保持在接收机的线性动态范围之内，达到最佳的接收效果。MGC 则根据雷达系统工作模式、雷达天线波位和成像区域后向散射系数等因素设置。星载 MGC 的设置对图像的可视效果有很大的影响。一般情况下，为使接收机增益在最短时间内达到理想的增益控制值，通常采用 MGC 增益控制方法。星上发射机增益在设计阶段即已确定，卫星在轨运行时主要根据不同观测场景（如海洋、森林等）的后向散射特性，计算合适的系统增益参数并作为成像控制参数上注。其正确设置可以保证雷达接收机接收到的回波信号在接收机的最佳范围内，从而确保 SAR 图像质量，既可避免 MGC 设置过低导致图像信号饱和，也可避免 MGC 设置过高导致图像信噪比过低，从而影响弱目标探测能力。

5.1.1.5 收发通道幅相误差校正

利用雷达系统内定标数据和天线幅相误差数据库，在原始数据域对系统

收发通道的幅相误差进行校正，完成回波信号幅度的归一化处理。

5.1.1.6 热噪声校正

精确的辐射校正需要对系统热噪声进行处理，从雷达图像中减去系统噪声。热噪声可以通过系统测量得到，但补偿时必须考虑到成像处理增益引起的变化。

5.1.1.7 天线方向图校正

雷达天线方向图误差是雷达图像辐射值的主要误差源之一。雷达发射/接收天线方向图随着方位角的变化而变化，相当于对雷达发射波/回波进行了方位向加窗，而距离向天线方向图相当于进行了距离向加窗，导致整个测绘带内的天线方向图变化在几个分贝以上。有源相控阵天线还会由于元件损坏和衰老引起性能变化，由此产生的像素值失真必须在辐射校正中加以消除。因此，必须依靠外定标获得精确的天线方向图，在处理中加以补偿，使得在整个测绘带内的辐射精度达到星地一体化指标要求。

方位向天线方向图校正通常是在方位频域完成，距离向天线方向图校正通常是在距离时域完成。天线方向图校正主要包括：雷达数据与天线方向图的对准；天线方向图增益的归一化校正。天线方向图校正实际上就是将天线方向图增益取倒数后乘以雷达数据，实现方向图增益的归一化。通过方位向和距离向天线方向图校正，图像中各目标点辐射值将得到有效标定，可以有效消除图像中亮度不均的现象。

5.1.2 几何校正

SAR 成像系统和其他类型的遥感传感器不同，相比可见光传感器，具有侧视、斜距成像的特点。成像时的几何特性会造成 SAR 图像的几何畸变，其中近距离压缩变形是 SAR 图像的显著特点。为了消除该影响，SAR 卫星一般基于距离多普勒模型进行系统几何校正，但系统几何校正模型在解算过程中往往会有误差传递的影响，也无法校正叠掩和透视收缩这样的几何扭曲，因此不能满足高精度几何应用场景。这就需要在系统几何校正基础上，开展几何精细处理，一般包括几何精校正、正射校正等。

5.1.2.1 系统几何校正

系统几何校正的目的是根据星载 SAR 严密几何模型快速地确定 SAR 图像

基本几何位置。其核心在于，根据多个目标点在 SAR 图像中的像素坐标，利用严密几何模型，计算目标点的精确地理信息；联合多个目标点的地理信息，构建 SAR 图像的像素坐标与真实地理坐标之间的映射关系，反演系统几何校正参数，进而快速地实现大场景 SAR 图像几何校正。

距离多普勒（Range Doppler，RD）定位模型是最常用的星载 SAR 严密几何模型[3]，如图 5.3 所示。RD 定位模型根据星载 SAR 星地几何关系与 SAR 系统成像平面推导得到，以距离方程、多普勒方程、地球模型方程作为定位的基础。这三个方程具有明确的几何和物理意义，可以确定目标的精确地理信息。绝大多数的几何校正方法都是从这个基本点出发，从不同的角度进行修正和改进。

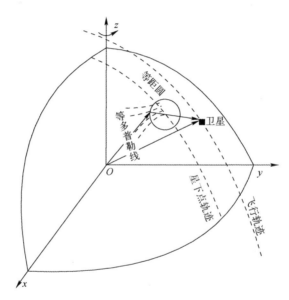

图 5.3　星载 SAR 空间几何定位关系示意图

SAR 回波数据经过聚焦处理后，目标聚焦于雷达与目标的最短斜距以及方位波束中心时刻处，RD 定位本质上是寻找地面上等距圆同等多普勒线的交点。下面在地心惯性坐标系中对 RD 定位模型进行详细介绍。

假设 SAR 图像中目标位于像素点 (i,j)，可知当前目标点与卫星的距离 $r(i,j)$ 与多普勒中心频率 $f_\mathrm{d}(i,j)$。从卫星的导航定位数据中，可以提取目标方位向位置 i 处的卫星的位置矢量 $\boldsymbol{R}_s=(x_s,y_s,z_s)$，速度矢量 $\boldsymbol{V}_s=(v_s,v_s,v_s)$。待求解的目标位置矢量表示为 $\boldsymbol{R}_t=(x_t,y_t,z_t)$，则卫星与目标之间的距离为

$$r(i,j)=|\boldsymbol{R}_s-\boldsymbol{R}_t|=r_{\min}+j\cdot\Delta r \tag{5.13}$$

式中：r_{min} 为第一个距离门对应的近距点斜距；$\Delta r = c/2f_s$ 为距离向上的采样间隔，其中 c 为光速，f_s 为距离向采样频率。多普勒中心频率 $f_d(i,j)$ 与卫星和目标之间的速度矢量差以及雷达相位中心和目标之间的位置矢量差的关系可表示为

$$f_d(i,j) = -\frac{2\boldsymbol{V}_s \cdot (\boldsymbol{R}_t - \boldsymbol{R}_s)}{\lambda r(i,j)} \quad (5.14)$$

式中：λ 为雷达工作波长。

此外，可以借助地球模型来建立第三个方程。在大地测量中，通常都使用一个规则的具有微小扁率的旋转椭球体来近似代表地球，即地球椭球模型。因此，地球表面上任一点的坐标均满足下述关系，即

$$\frac{x_t^2 + y_t^2}{a_e^2} + \frac{z_t^2}{b_p^2} = 1 \quad (5.15)$$

式中：a_e 为赤道上的地球半径；b_p 为在极地处的地球半径。地球的极地半径和赤道半径的关系为 $b_p = (1-\alpha)a_e$，其中 α 为地球椭球模型的扁率。对于不同的地球椭球模型，椭圆参数不同。

式（5.13）、式（5.14）和式（5.15）为 RD 定位方法中的距离方程、多普勒方程和地球模型方程。联合三个方程，即可求解目标的位置矢量 $\boldsymbol{R}_t$ 的三个坐标分量 (x_t, y_t, z_t)。从三个方程可知，RD 定位方法的精度取决于卫星位置矢量 $\boldsymbol{R}_s$、速度矢量 $\boldsymbol{V}_s$、多普勒 f_d、斜距 r 的测量精度。进一步地，定位精度取决于卫星定位参数、SAR 系统参数精度以及多普勒参数计算精度。这些参数的误差都将对最终的目标几何定位精度产生影响。

在 RD 定位模型下，$\boldsymbol{R}_t$ 的求解过程实际就是求解一个非线性方程组。一般采用迭代优化的方式，构造出一个近似序列值逼近真实解。可以选择牛顿迭代法求解 RD 定位模型，牛顿迭代法是一种成熟的优化迭代方法，其迭代速度较快，但其对初始值的要求较高。RD 定位模型的求解结果存在多个全局解，即在地面上存在多个等距圆和等多普勒线交点。当初始值的偏差较大时，算法可能会收敛至其他交点位置，导致几何定位失败。通过合理限定初始值，可以快速求得算法的局部最优解。RD 定位方法流程如图 5.4 所示。

待求解的像素点数量直接影响到处理时间。为实现快速处理，在 SAR 图像系统几何校正处理中，一般先计算多个控制点的准确地理位置，再采用多项式拟合的方式，构建 SAR 图像像素坐标与真实的地理坐标之间的映射关系。控制点的选择必须包含图像 4 个角点，以确定地面场景的幅宽范围。SAR 图像像素坐标与其地理坐标之间的映射关系可表示为

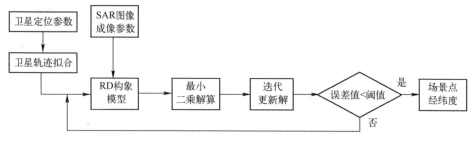

图 5.4 RD 定位方法流程图

$$\begin{cases} i = a_{00} + a_{01} \cdot \phi + a_{10} \cdot \theta + a_{11} \cdot \phi \cdot \theta + a_{12} \cdot \phi \cdot \theta^2 + a_{21} \cdot \phi^2 \cdot \theta + a_{22} \cdot \phi^2 \cdot \theta^2 + \cdots \\ j = b_{00} + b_{01} \cdot \phi + b_{10} \cdot \theta + b_{11} \cdot \phi \cdot \theta + b_{12} \cdot \phi \cdot \theta^2 + b_{21} \cdot \phi^2 \cdot \theta + b_{22} \cdot \phi^2 \cdot \theta^2 + \cdots \end{cases}$$

(5.16)

式中：(i,j) 为 SAR 图像中像素坐标；a_{mn} 和 b_{mn} 为多项式拟合系数，$m=1$, $2,\cdots,N$, $n=1,2,\cdots,N$，N 为多项式拟合阶数。多项式拟合阶数越高，所需的控制点数量越多。通过联合多个控制点的方程，可求解多项式拟合系数 a_{mn} 和 b_{mn}。接下来，依据前述得到的地面场景幅宽范围，划分地面网格，并结合多项式拟合系数，求解地面网格点处的目标点像素值，完成 SAR 图像系统几何校正。

5.1.2.2 几何精校正

受卫星参数测量误差以及多项式拟合的影响，系统几何校正的定位精度有限，一般可达几十米。采用的目标点越多，则系统几何校正定位精度越高，但是处理效率越低。其极限情况是对每个像素点进行 RD 定位模型计算，求解其准确的位置信息，这种情况定位精度最高，可达像素级。但是，对于大场景的 SAR 图像几何校正处理，逐像素处理方法的时效性无法满足当前 SAR 图像应用需求。因此，为了平衡处理效率和定位精度，一般在系统几何校正处理后，利用几何精校正处理进一步提升定位精度。

采用地面控制点数据或高精度参考影像对几何定位误差进行二次校正，即几何精校正。校正方式可采用同系统几何校正中的多项式方法，拟合几何定位误差与像素坐标之间的高阶多项式关系，并将其应用于其他像素点，计算并校正其定位误差。通过系统几何校正和几何精校正的结合，可以同时满足处理效率和定位精度上的需求，快速高效地实现 SAR 图像几何校正处理。

5.1.2.3 正射校正

SAR 图像正射校正主要是根据严密成像模型或者通用多项式有理模型等几何校正模型，利用地面控制点数据（或高精度参考影像）和数字高程模型数据（或数字地表模型数据），建立影像坐标和地面坐标之间的几何关系，并利用这种对应关系把原始图像空间中的全部元素变换到校正图像空间中，生成 SAR 正射校正图像产品。

SAR 图像正射校正利用控制点数据（或高精度参考影像）提升影像定位精度，利用数字高程模型数据（或数字地表模型数据）消除因地形效应引起的叠掩和透视收缩这样的几何扭曲。其基本原理包括同名匹配点误差纠正和地形效应纠正，其中：同名匹配点误差纠正是利用图像匹配算法或者人工选点方式寻找地面控制点数据（或高精度参考影像）与原始影像间的同名点，并借此建立平差模型或变换关系来纠正系统几何校正中的定位误差，进行几何精纠正；地形效应纠正主要是在获取到原始影像与地面控制点数据（或高精度参考影像）的同名点坐标后，将高程信息加入到平差模型的构建，对卫星定位参数进行修正，并对影像逐像素进行辅助插值和重采样，即可输出正射校正影像。

5.2 图像增强处理

SAR 特殊的成像原理导致其图像上会呈现出迎坡缩短、阴影、方位模糊、"十"字旁瓣、相干斑噪声、运动散焦等现象（详见第 4 章），降低图像质量，制约图像应用效果。其中，迎坡缩短、阴影等现象是由于 SAR 系统侧视成像导致，需要从载荷技术体制层面寻求解决方案；而方位模糊、"十"字旁瓣、相干斑噪声、运动散焦等现象则可以通过一些后处理的方法进行改善。这种改善图像质量的后处理过程一般称为增强处理，本节对几类常见的图像质量增强处理方法进行介绍。

5.2.1 方位模糊抑制

星载 SAR 沿方位向对回波数据进行采样，根据奈奎斯特采样定理，脉冲重复频率（方位向采样频率）应设置大于多普勒带宽，受限于数据量，一般取多普勒带宽的 1.1~1.2 倍[4]。但 SAR 系统实际的多普勒频谱并非带限

(天线旁瓣的存在)，因此从频域上看，高于脉冲重复频率的多普勒信号将反折到处理带宽之内，从而造成与主信号频谱的混叠，这是一种无法避免的现象。

尽管天线旁瓣的强度远远弱于主瓣，但模糊能量在 SAR 成像过程中也得到了一定程度的聚焦，因而在 SAR 图像中会出现"鬼影"，引入虚假目标，影响目标检测和图像解译等遥感应用的效果。

针对方位模糊问题，解决方法一般可分为两类。第一类是从天线方向图加权的角度出发，尽量抑制旁瓣。天线方向图加权对方位模糊比的影响与脉冲重复频率 PRF 的大小有很大关系，只有当 PRF 较大时，加权对抑制方位模糊才是有效的，另外加权还会导致主瓣宽度展宽。第二类是信号处理的方法，本节介绍一种基于回波模型的方位模糊抑制方法[5]。

点目标的回波是由主信号和一系列模糊信号组成，因为模糊信号的能量主要是第一模糊区的信号贡献的，所以回波模型可以简化为

$$h_s(n)=h_0(n)+h_1(n)+h_{-1}(n) \qquad (5.17)$$

离散时间信号在数学上被表示为序列。一个序列 h 中的第 n 个数用 $h(n)$ 表示。式 (5.17) 中：$h_0(n)$ 为主信号；$h_1(n)$、$h_{-1}(n)$ 分别为左右第一模糊区信号。三者的表达式相同，不同的是 n 的取值范围。

$h_0(n)$ 对应 n 的范围为

$$-\text{PRF}/g<n<\text{PRF}/g \qquad (5.18)$$

式中：g 为一个与天线方位向长度、脉冲波长等参数有关的常数。

$h_1(n)$ 对应 n 的范围为

$$\text{PRF}/g<n<2\text{PRF}/g \qquad (5.19)$$

$h_{-1}(n)$ 对应 n 的范围为

$$-2\text{PRF}/g<n<-\text{PRF}/g \qquad (5.20)$$

抑制方位模糊就是消除模糊信号、保留主信号的问题。因为压缩前的点目标回波信号，其主信号和模糊信号的波形是相似的，主要区别在于天线方向图加权不同，因此可以把模糊信号看成是由主信号经过平移再乘以一个相位因子和一个衰减因子得到的。

设 $y(n)$ 为点目标回波经过方位压缩后的输出信号，其中含有模糊响应，其频谱为 $Y(\omega)$，$x(n)$ 为去除模糊响应后的信号，其频谱为 $X(\omega)$。若 $y(n)$ 可以看成是 $x(n)$ 与一个函数 $d(n)$ 卷积得到的，即

$$y(n) = x(n) \otimes d(n) \tag{5.21}$$

现在已知 $y(n)$，只需要对 $y(n)$ 进行一个反卷积运算，即可得到 $x(n)$，在频域上有

$$X(\omega) = \frac{Y(\omega)}{D(\omega)} \tag{5.22}$$

这里将 $D(\omega)$ 称为模糊滤波器，抑制方位模糊的关键就是模糊滤波器的建模，这里只讨论方位向一维情况下的建模。要对 $D(\omega)$ 建模，就要分析 $y(n)$ 与 $x(n)$ 之间的关系。根据上述分析，将 $x(n)$ 分别向左右平移一个常量 n_0，再乘以各自的相位因子 ϕ_1、ϕ_2 和衰减因子 σ，最后再叠加到 $x(n)$，即可得到 $y(n)$ 为

$$y(n) = x(n) + \sigma \exp(j\phi_1) x(n-n_0) + \sigma \exp(j\phi_2) x(n+n_0) \tag{5.23}$$

对式（5.23）进行离散傅里叶变换可得

$$Y(k) = X(k)(1 + \sigma \exp(j\phi_1) W^{n_0 k} + \sigma \exp(j\phi_2) W^{-n_0 k}) \tag{5.24}$$
$$W = \exp(-j2\pi/N)$$

由此可得到 $d(n)$ 的离散傅里叶变换形式为

$$D(k) = 1 + \sigma \exp(j\phi_1) W^{n_0 k} + \sigma \exp(j\phi_2) W^{-n_0 k} \tag{5.25}$$

其中相位因子 ϕ_1、ϕ_2 和平移常量 n_0 分别为

$$\phi_1 = 2\pi [f_{\eta_0} \cdot \text{PRF}/K_a + \text{PRF}^2/(2K_a)] \tag{5.26}$$
$$\phi_2 = 2\pi [-f_{\eta_0} \cdot \text{PRF}/K_a + \text{PRF}^2/(2K_a)] \tag{5.27}$$
$$n_0 = \text{PRF}^2/K_a \tag{5.28}$$

式中：f_{η_0} 为多普勒中心频率；K_a 为多普勒调频率。

主信号与模糊信号的波形是相似的，而在方位压缩中，主信号与模糊信号对应的匹配滤波器是相同的，因此衰减因子 σ 可近似取为压缩前模糊信号与主信号各自对应的天线双程方向图加权之比，设天线方向图增益加权函数为 $W_a(f)$，则有

$$\sigma = W_a^2(\text{PRF})/W_a^2(0) \tag{5.29}$$

图 5.5 所示为经过基于回波模型的方法进行方位模糊抑制前后对比图。图 5.5（a）中，红色线圈标记的区域是黄色线圈标记的区域产生的方位向模糊。图 5.5（b）中，通过基于回波模型的方法，黄色线圈标记的区域得到保留，而红色线圈标记的区域被成功抑制。

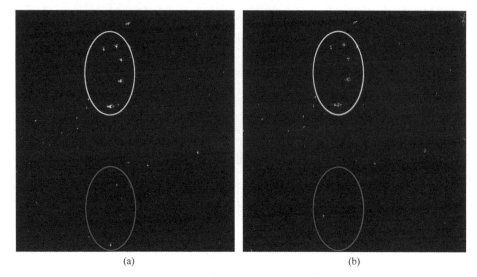

图 5.5　基于回波模型的方位模糊抑制方法效果对比图（见彩图）

5.2.2　旁瓣抑制

SAR 成像处理是利用脉冲压缩技术获得高的地面分辨率，压缩后的点目标像在距离向和方位向都呈辛格函数状，在 SAR 图像上表现为"十"字状的亮斑，形成大量拖尾旁瓣。在高分辨率 SAR 图像中，目标灰度的分布常常是不均匀的，亮度比较强的点由于后向散射系数很大，其旁瓣往往会遮盖附近弱目标。

以某 SAR 卫星为例，设计指标为空间分辨率优于 3m，峰值旁瓣比优于 −22dB，而 SAR 图像动态范围一般会在 40dB 以上，强散射目标的旁瓣强度比弱散射目标的主瓣大得多，会对 SAR 图像中弱目标的检测和识别产生直接干扰。尤其是对于一些细节信息丰富而灰度分布又极其不均匀的目标，强散射旁瓣的存在严重妨碍了对目标细节信息的获取。

SAR 图像旁瓣抑制的方法主要有两种。一种方法是线性的频域加窗方法，带来的问题是图像旁瓣被抑制的同时，主瓣将受到比较大的展宽，导致 SAR 图像分辨能力下降。不同窗函数旁瓣抑制效果和主瓣展宽程度不同，旁瓣抑制程度越深，主瓣展宽越严重，即低旁瓣和高分辨率保持能力互为矛盾。如何在保证 SAR 图像分辨率不损失的情况下，有效地抑制旁瓣是图像质量优化关键技术之一。另一种方法是非线性抑制方法，包括空间变迹（Spatially Variant Apodization，SVA，又称空变切趾）法、稀疏信号处理法等，在不损失图像分辨率的同时实现有效抑制旁瓣的目的。

5.2.2.1 线性频域加窗方法

对于具有矩形频谱的线性调频信号,采用窗函数 $W(\omega)$ 加权,以最小的主瓣展宽获得最小旁瓣电平为目标,则最理想的加权函数就是道尔夫-契比雪夫函数。这种最理想的加权函数要求有无限大的能量,在物理上不可能实现。因此,道尔夫-契比雪夫加权函数是判断加权函数接近最佳程度的一个对比标准。实际常用的加权函数有泰勒加权、海明加权、余弦平方加权等,这些函数一般都称为近似道尔夫-契比雪夫加权函数[4,6]。

1)泰勒加权函数

泰勒于 1955 年首次导出一种逼近道尔夫-契比雪夫函数的加权函数 $W_T(\omega)$,即

$$W_T(\omega) = 1 + 2\sum_{m=1}^{\bar{n}-1} F_m \cos\frac{2\pi m\omega}{\Delta\omega} \tag{5.30}$$

$$F_m = \frac{\frac{1}{2}(-1)^{m-1}}{\prod_{p=1}^{\bar{n}-1}\left(1-\frac{m^2}{p^2}\right)} \prod_{n=1}^{\bar{n}-1}\left[1 - \frac{\sigma_p^{-2} m^2}{A + \left(n - \frac{1}{2}\right)^2}\right] \tag{5.31}$$

$$\sigma_p = \frac{\text{泰勒加权 3dB 宽度}}{\text{道尔夫-契比雪夫加权 3dB 宽度}} \tag{5.32}$$

式中:$\bar{n}$ 为正整数;ω 为信号频率;$\Delta\omega$ 为信号频谱宽度;σ_p 为展宽系数。由展宽系数定义可求得 σ_p 为

$$\sigma_p = \frac{\bar{n}}{\left[A^2 + \left(\bar{n}-\frac{1}{2}\right)^2\right]^{1/2}} > 1 \tag{5.33}$$

式中:A 为旁瓣电平。

泰勒加权后线性调频信号的匹配滤波输出 $s_{oT}(t)$ 为

$$s_{oT}(t) = \frac{\Delta\omega}{\pi}\left\{\frac{\sin\frac{\Delta\omega t}{2}}{\frac{\Delta\omega t}{2}} + \sum_{m=1}^{\bar{n}-1} F_m \frac{\sin\left[\frac{\Delta\omega t}{2} + m\pi\right]}{\left[\frac{\Delta\omega t}{2} + m\pi\right]} + \sum_{m=1}^{\bar{n}-1} F_m \frac{\sin\left[\frac{\Delta\omega t}{2} - m\pi\right]}{\left[\frac{\Delta\omega t}{2} - m\pi\right]}\right\} \tag{5.34}$$

可见,它是辛格函数的加权和。它与道尔夫-契比雪夫加权结果比较如下:

主瓣宽度 $\tau_T = \sigma_p \tau_d$,其中 σ_p 为主瓣展宽系数。在旁瓣电平方面,两者有

重要差别，道尔夫-契比雪夫加权时旁瓣零值点都在 $\Delta\omega t/2\pi$ 不为整数时出现，而泰勒加权不同：当 $|\Delta\omega t/2\pi|\leqslant \bar{n}-1$ 时，其零值点不是整数值，幅度近似相等，和道尔夫-契比雪夫加权一样；当 $|\Delta\omega t/2\pi|\geqslant \bar{n}$ 时，零点出现在整数值上，幅度依次衰减，和道尔夫-契比雪夫加权的差别越来越大。

由此可见 $\bar{n}$ 的物理意义，它代表泰勒加权逼近道尔夫-契比雪夫加权的区域的大小和逼近的程度。$\bar{n}$ 越大，逼近的区域越大，逼近的程度也越深。从逼近最佳加权函数这点来看，应该选择较大的 $\bar{n}$ 值，但是 $\bar{n}$ 过大将使加权波形两端上翘，不易综合。

2）海明加权函数

对于泰勒加权函数 $W_T(\omega)$，如果只取第一项，即可得到简化的泰勒加权函数为

$$W_T(\omega) = 1+2F_1\cos\frac{2\pi\omega}{\Delta\omega} \tag{5.35}$$

要实现 -40dB 旁瓣电平，需要 $\bar{n}=6$，此时加权系数 $F_1=0.42$，代入式（5.35）可得

$$W_T(\omega) = 1+0.84\cos\frac{2\pi\omega}{\Delta\omega} \tag{5.36}$$

将 $\omega=0$ 时 $W_T(\omega)$ 幅度归一化，可得

$$W_{Tn}(\omega) = 0.088+0.912\cos^2\frac{\pi\omega}{\Delta\omega} \tag{5.37}$$

如果将式中的两个常数稍加变动，则效果将更佳。海明加权函数通常可表示为

$$W_H(\omega) = 0.08+0.92\cos^2\frac{\pi\omega}{\Delta\omega} \tag{5.38}$$

海明加权是泰勒加权的一个变种，简化泰勒加权（其中包括海明加权）的突出优点是简单，且容易实现。

3）余弦平方加权函数

通常余弦平方加权函数为 $W_c(\omega)$

$$W_c(\omega) = K+(1-K)\cos^2\frac{\pi\omega}{\Delta\omega} \tag{5.39}$$

从这一角度看，海明加权只不过是余弦平方加权函数的特例。式中，K 为小于 1 的常数。当 $K=1$ 时，加权函数恒等于 1，相当于未加权；当 $K=0.08$ 时，式（5.39）就成为海明加权函数。

余弦加幂权函数可表示为

$$W_c^n(\omega) = K + (1-K)\cos^n \frac{\pi\omega}{\Delta\omega} \qquad (5.40)$$

余弦平方加权函数是更一般的余弦加幂加权函数 $W_c^n(\omega)$ 的特例，即 $n=2$。

余弦加幂加权函数 $W_c^n(\omega)$ 加权后，匹配滤波器输出 $s_o(t)$ 为

$$s_o(t) = \frac{\Delta\omega}{\pi}\left\{K\frac{\sin\left(\frac{\Delta\omega t}{2}\right)}{\left(\frac{\Delta\omega t}{2}\right)} + \frac{1-K}{\pi}\int_0^\pi \cos^n u \cos\left(\frac{\Delta\omega}{\pi}ut\right)du\right\} \qquad (5.41)$$

5.2.2.2 非线性抑制方法

非线性抑制方法主要是为了改善频域加窗方法在抑制旁瓣的同时恶化了主瓣分辨率的问题，常用的是空间变迹法，近些年稀疏信号处理法也得到了广泛应用。本节对这两种方法进行简要介绍。

1) 空间变迹法

空间变迹算法是一种非线性自适应加权算法，其加权函数为带有可调参数的连续的升余弦函数[7]。通过数值计算和门限判决的方法，可以确定 SAR 图像中空间像素点所处的不同角色，进而确定空间像素点的最优加权参数，最大限度地减少强散射中心旁瓣对于弱散射中心的影响，达到增强 SAR 图像的目的。该方法仅针对一维信号处理，依次对 SAR 图像数据的距离向和方位向分别进行处理。

SVA 使用的余弦底座频域加权窗函数，表达式为

$$A(n) = 1 + 2w\cos(2\pi n/N) \qquad (5.42)$$

式中：当 $w=0$ 时，加权窗函数为矩形窗；当 $w=0.5$ 时，加权窗函数为汉宁窗。随着 w 值的变化，加权窗函数的形状从矩形窗变化为汉宁窗，其旁瓣抑制性能逐渐增强。

频域加权等效为时域卷积，式（5.42）所示加权窗函数的时域表达为

$$a(m) = w\delta_m(-1) + \delta_0(0) + w\delta_m(1) \qquad (5.43)$$

$$\delta_m(i) = \begin{cases} 1, m=i \\ 0, m \neq 1 \end{cases} \qquad (5.44)$$

式中：$\delta_m(i)$ 为单位冲激响应函数。

因此，在时域中，经过频域加权窗加权后的 SAR 图像可以表示为式（5.44）与 SAR 图像空间像素点的卷积，即

$$g'(m) = w(m)g(m-1) + g(m) + w(m)g(m+1) \quad (5.45)$$

使 $|g'(m)|^2$ 最小，即可计算最优的参数 $w(m)$。即令 $\dfrac{\partial |g'(m)|^2}{\partial w(m)} = 0$，可得

$$w(m) = -\dfrac{I(m)[I(m-1)+I(m+1)] + Q(m)[Q(m-1)+Q(m+1)]}{[I(m-1)+I(m+1)]^2 + [Q(m-1)+Q(m+1)]^2} \quad (5.46)$$

通过比值 $w(m)$ 将空间像素点分为以下三类：

(1) $w(m) < 0$，该像素点位于某一散射中心的主瓣内，此时采用矩形窗保持主瓣。

(2) $0 \leq w(m) \leq 0.5$，该像素点位于某一散射中心的旁瓣内，此时可以通过汉宁窗加权抑制旁瓣。

(3) $w(m) > 0.5$，该像素点位于受旁瓣干扰的主瓣内，此时利用加权来抑制旁瓣。

由此，可得旁瓣抑制后的结果为

$$g'(m) = \begin{cases} g(m), & w(m) < 0 \\ g(m) + w(m)[g(m-1)+g(m+1)], & 0 \leq w(m) \leq 0.5 \\ g(m) + 0.5[g(m-1)+g(m+1)], & w(m) > 0.5 \end{cases} \quad (5.47)$$

算法的具体实现步骤如下：

输入：待处理的 SAR 图像 $\boldsymbol{x}$。

(1) 对于图像 $\boldsymbol{x}$ 中的空间像素点 $g(m,n)$，利用式 (5.46) 计算沿方位向的最优加权系数 $w_a(m)$。

(2) 根据 $w_a(m)$ 的值，判断当前像素点的类型，并利用式 (5.47) 计算方位向旁瓣抑制结果 $g_1(m,n)$。

(3) 重复步骤 (1) 和步骤 (2) 计算距离向旁瓣抑制结果 $g_2(m,n)$。

输出：取最小值，即 $\min(g_1(m,n), g_2(m,n))$，作为最终的二维旁瓣抑制结果。

2) 稀疏信号处理法

稀疏信号处理法可在 SAR 复图像域有效抑制旁瓣，显著提升图像质量[8]。匹配滤波算法与稀疏 SAR 成像方法在重构 SAR 图像之间的关系表示为

$$X_{MF} = X_{SP} + N \quad (5.48)$$

式中：X_{MF} 为已知的基于匹配滤波算法重构的 SAR 复图像数据；X_{SP} 为基于 l_q 正则化技术重构的 SAR 图像；N 为基于匹配滤波算法重构 SAR 图像与正则化技术重构的 SAR 图像之间的差别，其中包含了噪声、杂波、旁瓣等。

式（5.48）为基于匹配滤波重构 SAR 复图像数据的成像模型。根据该模型，可以通过解决下面的 $l_q(0<q\leq 1)$ 正则化问题实现对匹配滤波重构 SAR 图像的增强，即

$$\hat{X}_{SP} = \min_{X_{SP}} \{ \|X_{MF} - X_{SP}\|_F^2 + \lambda \|X_{SP}\|_q^q \} \tag{5.49}$$

式中：$\hat{X}_{SP}$ 为基于 l_q 正则化技术重构的稀疏 SAR 图像；λ 为正则化参数。

利用 l_q 正则化技术实现 SAR 图像增强，可以通过阈值迭代算法进行求解。本节将以 $q=1$ 为例，介绍阈值迭代算法的实现过程，式（5.49）的阈值迭代解序列为

$$X_{SP}^{(i+1)} = H_{\lambda,\mu,q}(X_{SP}^{(i)} + \mu(X_{MF} - X_{SP}^{(i)})) \tag{5.50}$$

式中：$H_{\lambda,\mu,q}$ 为阈值操作算子。

算法的具体实现步骤如下：

输入：基于匹配滤波算法重构的 SAR 图像 X_{MF}，正则化参数 λ，迭代参数 μ，误差参数 ε。

初始化：基于 $l_q(q=1)$ 正则化技术重构的图像 $X_{SP}^{(0)} = \mathbf{0}$。

在第 i 步迭代中：

（1）计算匹配滤波算法重构的 SAR 图像数据与第 i 步迭代估计的场景稀疏解之间的差 $\Delta X_{SP}^{(i)}$ 为

$$\Delta X_{SP}^{(i)} = X_{MF} - X_{SP}^{(i)} \tag{5.51}$$

（2）通过阈值收缩，计算第 $i+1$ 步迭代的场景的稀疏估计值 $X_{SP}^{(i+1)}$ 为

$$X_{SP}^{(i+1)} = \text{sgn}(X_{SP}^{(i)} + \mu \Delta X_{SP}^{(i)}) \max(|X_{SP}^{(i)} + \mu \Delta X_{SP}^{(i)}|, \mu\lambda) \tag{5.52}$$

（3）计算残差为

$$\text{Residual} = \|X_{SP}^{(i+1)} - X_{SP}^{(i)}\|_F \tag{5.53}$$

输出：当迭代步数 i 小于最大迭代次数 I_{max}，且 Residual$>\varepsilon$ 时，令 $i=i+1$，继续执行迭代运算。否则，输出场景的 $l_q(q=1)$ 正则化重构的解 $\hat{X}_{SP}$ 为

$$\hat{X}_{SP} = X_{SP}^{(i+1)} \tag{5.54}$$

5.2.3 相干斑噪声抑制

SAR 作为一种相干成像系统，通过发射相干电磁波，接收观测目标反射的回波进行成像。SAR 的波长一般为厘米级，而观测目标尺寸一般比波长大得多，因此对于 SAR 图像而言，每个观测目标都可以看作由许多尺寸与波长相近的散射体组成，其反射回波就是由这些散射体回波相干叠加构成。

每个散射目标回波的相位和它们与传感器的距离及散射物质特性相关。接收信号的强度并不完全由地物目标的散射系数决定，而是围绕着散射系数值有很大的随机起伏，称为信号衰落。这使得具有均匀散射系数的区域，其 SAR 图像并不具有均匀的灰度，而呈现出很强的噪声表现，这种效应称为相干斑噪声（也称为斑点噪声）效应。

根据 SAR 系统的成像模型[9-11]可知，对于分辨单元中的单个散射单元 t，其总回波信号可表示为

$$E_t = Re^{j\theta} = \sum_{i=1}^{m} E_i e^{j\varphi_i} \tag{5.55}$$

式中：R 为回波信号 E_i 的幅度；m 为分辨单元内的散射点总数目；E_i 为第 i 个物理散射单元形成的第 i 个回波信号。单视 SAR 图像服从指数分布，即

$$P(I) = \frac{1}{2\sigma^2} e^{-\frac{I}{2\sigma^2}} \tag{5.56}$$

式中：I 为图像像素强度，即该点的回波功率；σ^2 为复信号正交分量的方差。

n 视 SAR 图像的分布函数则可以用 n 个指数分布的卷积表示，服从伽马分布，即

$$P(I) = \frac{I^{n-1} \alpha^{-n} \exp\left(\frac{-I}{\alpha}\right)}{(n-1)!} \tag{5.57}$$

$$\alpha = \bar{I}/n$$

式中：$\bar{I}$ 为 I 的均值。

假设场景为均匀区域，即雷达散射截面 RCS 为恒定值，由上推导可以得到噪声的乘性模型，即

$$I(x,y) = R(x,y) \times F(x,y) \tag{5.58}$$

式中：(x,y) 为方位向和距离向的坐标；$I(x,y)$ 为观察到的图像强度（被相干斑噪声污染的）；$R(x,y)$ 为地面目标的雷达散射特性（未被相干斑噪声污染的）；$F(x,y)$ 为相干斑噪声，是一个均值为 1，具有伽马分布的平稳随机过程，其方差与等效视数成反比。在这种情况下，雷达图像强度 $I(x,y)$ 的分布与 $F(x,y)$ 相同，也为伽马分布。

相干斑噪声使 SAR 图像在灰度分辨率上有所降低，并会影响图像的细节纹理结构，降低图像质量，需要建立合适的统计分布模型来加以分析滤除。但是在抑制相干斑噪声的同时，可能会破坏图像的一些结构特征（例如边缘、强散射点和图像的纹理等），因此相干斑噪声的抑制方法往往要在这些影响之

间折中平衡。

5.2.3.1 多视处理方法

多视处理是最常见的用于平滑 SAR 图像中相干斑噪声的方法,因此在实际应用中,人们接触到的 SAR 图像既有单视的,也有经过多视处理的。多视处理的基本原理是将多普勒带宽分成若干个部分,分别对这些部分进行聚焦,这样做可以保持成像区域的大小不变,但会降低每个部分的多普勒带宽,从而降低场景的方位分辨率。经过对每个部分的聚焦处理,可以得到一系列方位子视图图像,将它们非相干叠加,可以有效地抑制相干斑噪声[12]。在多视处理中,视数的选择需要同时考虑几何分辨率和辐射分辨率。随着视数的增加,几何分辨率会降低,同时强度图像的相干斑噪声统计将服从伽马分布,其标准偏差会随着视数量的平方根而减小,从而降低相干斑噪声的影响。

总的来说,多视处理是一种有效的方法,可以根据特定的应用需求灵活选择视数,以达到最佳的处理效果。其表达式为

$$I_L = (1/N) \sum_{i=1}^{N} I_i \qquad (5.59)$$

式中:N 为视数;I_i 为第 i 个子图像的值。

经多视处理后,图像的均值变为

$$E\{I_N\} = E\{I_i\} = I_0 \qquad (5.60)$$

处理后的图像方差为

$$\mathrm{Var}\{I_N\} = E\{(I_N - I_0)^2\} = \left(\frac{I}{N}\right)^2 E\left(\sum_{i=1}^{N}(I_i - I_0)^2\right) = \left(\frac{I}{N}\right)^2 \sum_{i=1}^{N} \sigma_0^2 = \frac{\sigma_0}{N} \qquad (5.61)$$

从式(5.61)中可以明显看出,SAR 图像经过多视处理后,图像均值并没有变化,而图像方差却降到原图像的 $1/N$。

5.2.3.2 空域滤波方法

1)均值和中值滤波

均值是一种简单的非统计空间域滤波方法,其基本原理是选定合适的邻域窗口,对每个像素邻域窗口内的像素求取均值,代替该点像素值。对于均值为 0,方差为 σ^2 的噪声,在均值滤波后,噪声均值不变,方差下降为

σ^2/N,但是图像则由 $f(m,n)$ 变为 $\dfrac{1}{N}\sum\limits_{(i,j)\in S} f(i,j)$,这个变化引起失真,具体表现在图像中目标的轮廓或细节变得模糊。整体来说,均值滤波易于实现,效果明显,能够有效地平滑相干斑噪声,但同时也会严重模糊图像的边缘。

与均值滤波类似,中值滤波器的基本原理为:滤波窗口通常选择为使得窗口内的滤波点数为奇数,对滤波窗口内的所有观测值按其数值大小排序,中间位置观测值作为中值滤波器的输出。对 SAR 图像而言,中值滤波器能有效地滤除孤立点噪声,然而会使边缘变模糊,使线条、物体边缘等信息损失掉,从而使得图像的空间分辨率降低。

2) Lee 滤波

Lee 滤波是利用图像局部统计特性进行 SAR 图像相干斑噪声抑制的典型代表之一[13-14],它的基本思路是利用图像的局部统计特性控制滤波器的输出,使滤波器自适应于图像的变化。Lee 滤波方法是基于乘性噪声模型,即

$$I = x \cdot v \tag{5.62}$$

式中:x 为未受相干斑污染的图像信号;v 为相干斑噪声。由于 SAR 图像的相干斑是由回波信号中均值为 0 的随机相位干扰产生的,因此 v 的均值为 1,方差 σ_v^2 与图像的等效视数有关。

对 x 进行线性估计,形式为

$$\hat{x} = a \cdot \bar{I} + b \cdot I \tag{5.63}$$

式中:a 和 b 为待定系数,其值需使均方误差项 $J = E[(x-\hat{x})^2]$ 最小。

因为 x 和 v 不相关,所以有

$$\begin{aligned}
J &= E[(x-\hat{x})^2] \\
&= E[(x - a \cdot \bar{I} - b \cdot I)^2] \\
&= E(x^2) + (a \cdot \bar{I})^2 + b^2 \cdot E(I^2) + 2ab \cdot \bar{I}^2 - 2a\bar{x} \cdot \bar{I} - 2bE(x \cdot I) \\
&= E(x^2) + (a \cdot \bar{I})^2 + b^2 \cdot E(x^2) \cdot E(v^2) + 2ab \cdot \bar{I}^2 - 2a\bar{x} \cdot \bar{I} - 2bE(x^2) \cdot \bar{v} \\
&= E(x^2) + (a \cdot \bar{I})^2 + b^2 \cdot E(x^2) \cdot E(v^2) + 2a(b-1)\bar{I}^2 - 2bE(x^2)
\end{aligned} \tag{5.64}$$

要使 J 最小,a 和 b 应满足条件为

$$\begin{cases} \dfrac{\partial J}{\partial a} = 2a\bar{I}^2 + 2(b-1)\bar{I}^2 = 0 \\ \dfrac{\partial J}{\partial b} = 2bE(x^2)E(v^2) + 2a\bar{I}^2 - 2E(x^2) = 0 \end{cases} \tag{5.65}$$

解得

$$\begin{cases} a = 1 - \dfrac{\text{var}(x)}{\text{var}(I)} \\ b = \dfrac{\text{var}(x)}{\text{var}(I)} \end{cases} \qquad (5.66)$$

进而可得

$$\hat{x} = \bar{I} + \dfrac{\text{var}(x)}{\text{var}(I)} \cdot (I - \bar{I}) \qquad (5.67)$$

又由于 x 和 v 是相互独立的，因此有

$$\begin{aligned} \text{var}(I) &= \text{var}(x \cdot v) \\ &= \text{var}(x) \cdot \text{var}(v) + \text{var}(x) \cdot E^2(v) + \text{var}(v) \cdot E^2(x) \\ &= \text{var}(x) \cdot \text{var}(v) + \text{var}(x) + \text{var}(v) \cdot \bar{I}^2 \\ &= \text{var}(x) \cdot (\text{var}(v) + 1) + \text{var}(v) \cdot \bar{I}^2 \end{aligned} \qquad (5.68)$$

求得

$$\text{var}(x) = \dfrac{\text{var}(I) - \text{var}(v) \cdot \bar{I}^2}{\text{var}(v) + 1} \qquad (5.69)$$

式中：$\text{var}(v)$ 可以通过给定的图像视数得到，最终可以求得未受相干斑污染的图像信号估计值 $\hat{x}$。

5.2.3.3 变换域方法

空域抑制相干斑噪声方法在去相干斑方面表现良好，但当同时希望保留 SAR 图像的细节时，会遇到一些问题。基于变换域的相干斑噪声抑制方法一定程度上能解决这个问题，其基本思想是：①将输入的 SAR 图像进行多分辨率分解，将图像分解成不同尺度的子图像；②在每个分辨率层上，应用不同的非线性自适应滤波器，在去相干斑和保留图像细节之间取得平衡。

小波变换是一种在 SAR 图像斑噪抑制中得到广泛应用的变换域方法[15-16]，Donoho 和 Johnstone 基于小波变换并利用小波阈值对相干斑噪声进行抑制[17]，其基本思想是利用小波变换将图像分解为由相干斑引起的不同的小尺度成分，通过去掉小尺度成分，重建图像从而去除相干斑，这样噪声在一定程度上被抑制，图像边缘信息很少丢失，且无伪边缘产生。小波变换分析是傅里叶变换分析思想方法的发展与延拓，在时域和频域同时具有良好的局部化性质。

利用小波变换抑制 SAR 图像相干斑噪声的基本步骤如下：

（1）将待处理图像取对数变换，从而将相干斑乘性噪声模型转化为加性

噪声模型。

（2）选定合适的小波基函数和分解层次，分解对数图像，获得小波系数。

（3）在小波域选择小波系数处理方法修改小波系数，处理方法主要有软阈值和硬阈值两种。

硬阈值法是假设绝对值小于阈值 T 的系数表示噪声，然后将这些系数设置为零来去除噪声。硬阈值的表达式为

$$\hat{\lambda}_{\text{hard}} = \begin{cases} \lambda, & |\lambda| > T \\ 0, & |\lambda| \leq T \end{cases} \tag{5.70}$$

式中：$\hat{\lambda}_{\text{hard}}$ 为应用收缩后的小波系数；$T = \sigma\sqrt{2\log N}$ 为阈值，其中 N 表示采样数，σ 为噪声标准差。

软阈值法是在绝对值 λ 小于阈值 T 时去除小波系数，在绝对值 λ 大于阈值 T 的情况下将系数减小 λ。具体而言，软阈值的表达式为

$$\hat{\lambda}_{\text{soft}} = \begin{cases} \text{sgn}(\lambda)(|\lambda| - T), & |\lambda| > T \\ 0, & |\lambda| \leq T \end{cases} \tag{5.71}$$

式中：$\text{sgn}(\cdot)$ 为符号函数；$\hat{\lambda}_{\text{soft}}$ 为应用收缩后的小波系数。

（4）进行逆小波变换，由修改后的小波系数重构图像。

（5）对重构图像进行指数变换，得到去噪后图像。

小波变换不仅可用来抑制加性噪声，也能有效抑制乘性噪声，但是在用小波变换的方法进行去噪处理时，需要考虑小波基的选择、分解层数和阈值的选择，这些因素都会影响相干斑噪声的抑制效果。

5.2.4 运动目标精细处理

目标运动会导致其 SAR 图像散焦。对于飞机这类高速运动的目标，会散焦至在 SAR 图像上不可见。对于车辆这类在陆上运动的目标，散焦后的信号一般也会淹没在陆地回波中，难以进行精细处理。相对而言，海面上运动的船只速度较慢，且海面散射弱，具备精细处理的可行性。因此，最常见的星载 SAR 图像运动目标精细处理应用主要是运动船只精细处理，下面讨论的运动目标均是指海上运动船只。

船只运动会导致图像散焦，尤其是高分辨率模式下，SAR 合成孔径时间长，散焦效应更明显，以 C 或 X 波段 1m 分辨率 SAR 图像为例，运动船只散焦后等效分辨率可以降至几十米，导致船只尺寸、长宽比等特征参数难以提取。同时，船只运动会导致其在 SAR 图像上的定位误差，对于星载 SAR 来说

偏差可达数千米以上。为保证运动目标 SAR 图像质量，需要针对其进行重聚焦和重定位等精细处理。

5.2.4.1 运动目标重聚焦

在星载 SAR 运动目标成像中，主要存在两个方面的问题：一是目标的运动改变了雷达平台与目标之间的多普勒参数，导致多普勒调频率改变，从而影响方位聚焦的匹配过程，导致散焦；二是目标是具有 6 个运动自由度的刚体，如图 5.6 所示，其中纵移（surge）、横摆（sway）和起伏（heave）为平移分量，滚动（roll）、俯仰（pitch）和偏航（yaw）为转动分量，这些相对于 SAR 系统的运动分量都会使得 SAR 成像产生散焦效应。其中，第二个问题较为复杂，与海面风场、海浪高度、船只的姿态与运动状态都有关系，需要详细建模研究。本书介绍的自聚焦方法主要是解决第一个问题带来的图像散焦。

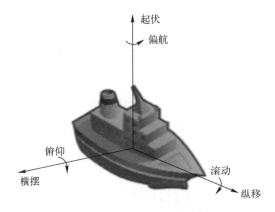

图 5.6 船只几何坐标系

自聚焦算法是基于数据的误差估计方法，它能有效去除方位向上的相位误差，通过自聚焦方法可以改善 SAR 图像的质量。自聚焦算法一般可以分为两类[6]：第一类是基于相位误差函数的自聚焦方法，包括子视图相关（Map Drift，MD）算法、相位梯度自聚焦（Phase Gradient Autofocus，PGA）算法等，这些算法都是从相位误差函数出发，得到对相位误差的准确估计；第二类是基于雷达成像质量的自聚焦方法，包括对比度最优算法、最大峰值能量法和最小点目标宽度法等，这类方法利用多普勒调频率的每一个可能值，对部分回波信号进行成像，并根据各种图像评估函数对所成图像质量进行评估，从而找到聚焦程度最好的多普勒调频率作为方位压缩的参数对全部回波信号进行成像处理。

1) 基于相位误差函数的自聚焦方法

MD 算法基于有限阶的相位误差模型，只能适用于二阶相位误差的估计。PGA 算法没有采用相位误差模型，而是直接对回波中的误差进行估计，理论上可以补偿任意阶的相位误差。下面对 PGA 算法进行分析[6]。

PGA 算法的基本思想是从经过距离向压缩的数据中，构造一个方位向的点目标，点目标的响应完全由数据的方位向相位误差所决定。因此，可以通过对点目标的相位进行检测，求出方位向相位误差。然而在实际中，方位向的数据并没有孤立的点目标，这些点目标之间相互作用，影响着相位误差估计的精度。在实际操作中，首先在 SAR 图像域数据中选出一些能量大的距离单元（一般选出距离单元数的 5%左右），然后对这些数据依次进行循环移位、加窗、相位误差估计以及迭代校正等步骤。下面对这些步骤进行阐述。

（1）循环移位。对选取的数据进行方位向傅里叶变换，通过循环移位将每个距离门中的最强散射点移动到的中心位置处（零频位置）。这样有利于构造一个强散射的点目标。移动后的数据和移动前的数据相比，所包含的相位误差除了一次相位误差以外没有任何差别。

（2）加窗。在进行循环移位后，数据中的强散射点都在中心位置处，这些强散射点包含着方位向相位误差的信息。然而这些散射点周围的一些弱目标会影响对相位误差的估计。因此，在估计相位误差之前，必须去除这些弱目标的影响，采用的方法就是加窗。

加窗是 PGA 算法中非常关键的步骤，是指提取每个距离门中对相位误差贡献较大的点，而去除那些对相位误差估计作用较小的点。这些对相位误差估计影响较小的点可以理解为噪声，因此加窗可以提高输入信号的信噪比，使得相位估计在很高的信噪比下进行。

加窗的关键在于确定窗的宽度。为了自动确定窗的宽度，可以利用相位误差在距离向是冗余的这一性质，将循环移位的数据在距离向做平均，进而确定窗的宽度。加窗在数学上可以表示为

$$S(u) = \sum_n f_n(u) \tag{5.72}$$

式中：$f_n(u)$ 为经过循环移位后的第 n 个距离门的方位向数据。

$S(u)$ 在 $u=0$ 处取得最大值，在 $u=0$ 处的两侧一定范围内迅速减小，因此我们可以将 $S(u)$ 下降到 $S(0)$ 的 10%时的宽度记为 W_t，再将这个宽度向两

边扩展 50%，就可以得到窗宽 W。经过加窗后，我们相当于从数据中提取了一些具有高信噪比的点目标，这些点目标包含着相位误差的信息。

（3）相位误差估计。对经过循环移位和加窗后的数据进行方位向逆傅里叶变换，此时的方位向数据可以写为

$$s_n(\eta) = \text{IFFT}(f_n(u)) = |s_n(\eta)|\exp\{j[\varphi_n(\eta)+\theta_n(\eta)]\} \quad (5.73)$$

式中：n 为距离门；η 为方位向时间；θ 为相位信息；φ 为相位误差。此时的数据有很高的信噪比，并且没有一次相位的影响，可以看成完全是由于二次以上相位误差作用的结果。于是利用相位梯度的方位估计相位误差，设选取的距离单元数量个数为 N，则相位梯度的线性无偏最小方差估计（LUMV）为

$$\hat{\varphi}_{\text{LUMV}} = \frac{\sum_{n=1}^{N} \text{Im}\{s_n^*(\eta)s_n(\eta)\}}{\sum_{n=1}^{N} |s_n(\eta)|^2} \quad (5.74)$$

（4）迭代校正。PGA 算法的最后一步是对数据进行相位补偿，即将数据与相位项 $\exp\{-j\hat{\varphi}_{\text{LUMV}}\}$ 相乘，得到新的图像，用于下一次迭代，如此重复上述步骤，直到 $\hat{\varphi}_{\text{LUMV}}$ 小于一个设定的阈值，可以认为图像已经聚焦。

2）基于雷达成像质量的自聚焦方法

常用的基于雷达成像质量的自聚焦方法有对比度最优算法、最大峰值能量法和最小点目标宽度法等，不同方法之间的本质区别是采用不同的评估图像质量方法。其中，对比度定义为 SAR 图像方差与均值的比率，峰值定义为 SAR 图像功率谱峰值，点目标宽度定义为 SAR 图像中点目标在方位向上的宽度。该类方法在一定的范围内选取一个可能的多普勒调频率值，对部分回波信号进行成像，采用以上指标来评估图像聚焦质量，从而找到聚焦程度最好的多普勒调频率作为方位压缩的参数对全部回波信号进行成像处理。本节不再赘述其具体过程。

5.2.4.2 运动目标重定位

运动船只目标重定位技术一般有三种方法。

（1）借助辅助信息实现定位。

自动识别系统（Automatic Identification System，AIS）等基于通信和导航的船只运动辅助信息中包含的船只目标位置，在能正确匹配 AIS 和 SAR 图像船只目标的情况下，可以实现较高的定位精度，但在船只不发送 AIS 信息或者没有同步的天基或者岸基 AIS 数据情况下无法实施。

（2）基于船只尾迹实现高精度定位。

船只尾迹在 SAR 图像上不会产生定位偏移，因此通过检测船只尾迹就可以实现船只的高精度定位。SAR 图像上出现船只尾迹，需要合适的船只航速、SAR 入射角、风速、风向等条件，据统计有近 50% 的船只 SAR 图像没有尾迹或尾迹特征不明显，因此这种方法普适性不强。

（3）从 SAR 回波信号中估算径向速度。

船只定位偏差取决于船只的径向速度，因此从 SAR 回波信号中估计出径向速度就可以实现船只定位误差校正。运动目标会导致 SAR 回波信号的多普勒频偏效应，通过估计 SAR 回波信号的多普勒频偏，可以实现对目标径向速度的高精度估计。这是一种稳健且无需借助外部信息的定位方法。本书主要介绍这类方法[18-19]。

SAR 正侧视情况下的空间几何关系如图 5.7 所示。

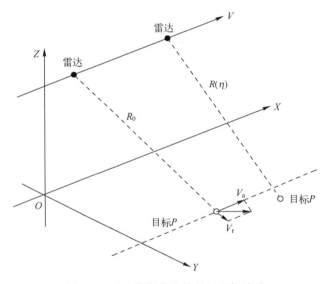

图 5.7　雷达数据获取的空间几何关系

设初始时刻，雷达在 X 轴位置为 0，最短斜距为 R_0。那么卫星接收到的运动目标原始回波为

$$s(\eta,\tau)=\sigma \cdot \mathrm{rect}\left(\frac{\tau-2R(\eta)/c}{T_\mathrm{p}}\right)\exp\left(\mathrm{j}\pi K_\mathrm{r}\left(\tau-2R(\eta)/c\right)^2\right) \cdot \mathrm{rect}\left(\frac{\eta}{T_\mathrm{s}}\right)\exp\left(-\frac{4\mathrm{j}\pi R_0}{\lambda}\right)$$

(5.75)

$$R(\eta)=\sqrt{(R_0+V_\mathrm{r}\eta)^2+((V-V_\mathrm{a})\eta)^2}\approx R_0+V_\mathrm{r}\eta+\frac{(V-V_\mathrm{a})^2\eta^2}{2R_0} \quad (5.76)$$

式中：η 为方位时间；c 为光速；τ 为距离时间；T_p 为脉冲宽度；K_r 为距离调频率；T_s 为合成孔径时间；λ 为波长。

动目标回波中的方位向多普勒频率同时包含了卫星平台和运动目标自身产生的分量。多普勒中心频率及调频率分别为

$$f_\text{dc} = \frac{2V_\text{r}}{\lambda R_0} \tag{5.77}$$

$$f_\text{dr} = -\frac{2((V-V_\text{a})^2+V_\text{r}^2)}{\lambda R_0} \tag{5.78}$$

由式（5.77）可知，在正侧视 SAR 的工作模式下，静止目标的多普勒中心频率为 0，而运动目标的多普勒中心频率与目标的径向速度有关。

经过上述推导分析，目标的回波信号在方位向上是一个线性调频信号，目标的运动参数影响到多普勒参数，从而影响方位向的匹配过程。目标运动造成目标成像结果在方位向上的偏移，可以表示为

$$\Delta x = \frac{R_0 V_\text{r}}{V} \tag{5.79}$$

通过上面的分析可知，船只的位置偏移主要受到船只径向速度 V_r 的影响，如果可以精准地估计出船只的径向速度，就可以实现运动船只的重定位，而船只的速度与信号的多普勒频偏是直接相关的，有

$$V_\text{r} = \frac{f_\text{d} \lambda}{2} \tag{5.80}$$

星载 SAR 运动速度很快，导致信号的多普勒带宽很宽，高分辨率 SAR 通常达到 4000Hz 量级，中等分辨率 SAR 也要达到 2000Hz 量级。如果要达到 100m 的定位精度，对 C 和 X 波段来说多普勒频偏估计精度要达到 20~30Hz，只有带宽的 1%左右，给多普勒频偏估计带来了较大的挑战。

将船只目标成像数据变换到距离多普勒域，可以得到多普勒谱。在多普勒中心频率估计之前，需要对 SAR 数据进行足够的空间平均，降低 SAR 图像中相干斑噪声等随机信号对多普勒中心频率估计结果的影响。SAR 回波信号的多普勒频谱主要由系统噪声、方位模糊以及不同方向图位置的后向散射系数决定，假设 SAR 系统的方位天线图为辛格模型，SAR 多普勒功率谱及其各种能量成分示意如图 5.8 所示。

图 5.8 清晰地展示了 SAR 多普勒功率谱的各能量成分，包括标准化雷达散射截面（NRCS）、方位模糊和系统噪声。当 SAR 图像中的强度值分布较均

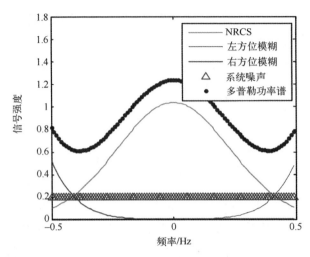

图 5.8　SAR 多普勒功率谱及其各种能量成分示意图（见彩图）

匀时，SAR 多普勒功率谱主要受到系统噪声的影响。当在观测目标区域周边存在散射率较强的目标时，方位模糊信号则成为影响 SAR 多普勒功率谱的重要因素。实际上每个多普勒频谱都是服从指数分布的随机数，第 i 个多普勒频点的概率密度函数可以表示为

$$p[S(i\Delta f)] = \frac{1}{\sigma_0 A_s(i\Delta f - f_d) + \sigma_L A_s(i\Delta f - f_d - F_r) + \sigma_R A_s(i\Delta f - f_d + F_r) + A_n} \times$$

$$\exp\left(-\frac{S(i\Delta f)}{\sigma_0 A_s(i\Delta f - f_d) + \sigma_L A_s(i\Delta f - f_d - F_r) + \sigma_R A_s(i\Delta f - f_d + F_r) + A_n}\right)$$

(5.81)

式中：$S(i\Delta f)$ 为多普勒频谱；σ_0 为本地目标散射强度；σ_L 为左侧模糊目标散射强度；σ_R 为右侧模糊目标散射强度；$A_s(f)$ 为天线方向图；F_r 为系统脉冲重复频率；A_n 为噪底。

假设局部多普勒谱中心的先验概率密度服从高斯分布，即

$$p[f_d] = \frac{1}{\sqrt{2\pi}\sigma_v} \exp\left[-\frac{(f_d - f_0)^2}{2\sigma_v^2}\right] \quad (5.82)$$

式中：σ_v 为多普勒中心的方差。关于多普勒中心频率的贝叶斯函数为

$$\lambda = \ln[p(f_d)] + \sum_{i=1}^{N} \ln\{p[S(i\Delta f)]\}$$

$$= -\sum_{i=1}^{N} \ln[\sigma_0 A_s(i\Delta f - f_d) + \sigma_L A_s(i\Delta f - f_d - F_r) + \sigma_R A_s(i\Delta f - f_d + F_r) + A_n] -$$

$$\sum_{i=1}^{N}\frac{S(i\Delta f)}{\sigma_0 A_s(i\Delta f-f_d)+\sigma_L A_s(i\Delta f-f_d-F_r)+\sigma_R A_s(i\Delta f-f_d+F_r)+A_n}-$$
$$\frac{(f_d-f_0)^2}{2\sigma_v^2}-\ln(\sqrt{2\pi}\sigma_v) \tag{5.83}$$

对式（5.83）进行贝叶斯函数求解，即可得到运动船只导致的频偏 f_d。将估计速度代入到式（5.79）中可以得到运动船只相对于静止目标的偏移量，实现船只的重定位。SAR 运动船只重定位方法流程如图 5.9 所示。

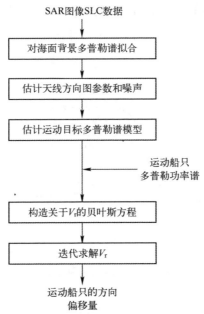

图 5.9　SAR 运动船只重定位方法流程

5.3　图像质量评估指标

SAR 卫星数据经过成像处理、图像校正处理和增强处理后得到可供特定应用的高质量 SAR 卫星图像。SAR 卫星图像质量的评估指标一般包括地面分辨率、旁瓣比、模糊度、几何精度、辐射精度等，本节对这些指标的概念和内涵进行介绍。

5.3.1　地面分辨率

地面分辨率是 SAR 图像中能区分的两个相邻点目标对应的地面最小距离。

它反映了SAR系统区分相邻目标和探测目标细部特征的能力，是SAR图像判读的基础，是衡量系统性能的重要指标。分辨率检测通常借助定标场布设的角反射器完成。

脉冲雷达的地面分辨率由点目标的脉冲响应宽度决定，因此可用雷达系统的冲激响应评估雷达系统的地面分辨率。一般将点目标冲激响应半功率主瓣宽度对应的分辨率定义为名义分辨率。地面分辨率分为距离向地面分辨率和方位向地面分辨率，SAR图像中点目标冲激响应沿距离向半功率点（3dB）的主瓣宽度所对应的空间长度定义为斜距分辨率，投影到地面所对应的地面长度定义为距离向地面分辨率，沿方位向半功率点（3dB）的主瓣宽度所对应的空间长度定义为方位向地面分辨率。冲激响应和分辨率如图5.10所示。

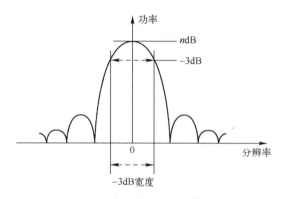

图5.10 冲激响应和分辨率

5.3.2 旁瓣比

5.2.2节介绍了SAR成像处理后的点目标像在距离向和方位向都呈辛格函数状，在SAR图像上表现为在亮点上形成"十"字状的亮斑。除了有用的主瓣外，还存在大量旁瓣，严重妨碍了对目标细节信息的获取。为了评价这种旁瓣对SAR图像质量的影响，一般采用峰值旁瓣比和积分旁瓣比进行定量评估。

峰值旁瓣比（Peak Side Lobe Ratio，PSLR）定义为点目标冲激响应的最高旁瓣峰值功率与主瓣峰值功率的比值，分为方位向峰值旁瓣比和距离向峰值旁瓣比，其大小决定了强目标回波旁瓣对弱目标的"掩盖"影响程度。

积分旁瓣比（Integral Side Lobe Ratio，ISLR）定义为点目标冲激响应旁瓣能量与主瓣能量的比值，是表征成像质量的重要指标之一，分为方位向积分旁瓣比和距离向积分旁瓣比，它定量地描述了一个局部较暗的区域被来自周围的明亮区域的旁瓣能量所"淹没"的程度。

点目标冲激响应的峰值旁瓣比和积分旁瓣比可表示为

$$\mathrm{PSLR} = 10\log\frac{P_{s\,\max}}{P_\mathrm{m}} \tag{5.84}$$

$$\mathrm{ISLR} = 10\log\frac{\int_{-\infty}^{a}|h(r)|^2\mathrm{d}r + \int_{b}^{+\infty}|h(r)|^2\mathrm{d}r}{\int_{a}^{b}|h(r)|^2\mathrm{d}r} \tag{5.85}$$

式中：$P_{s\,\max}$ 为点目标冲激响应的最高旁瓣峰值功率；P_m 为点目标冲激响应的主瓣最高峰值功率；$h(r)$ 为点目标冲激响应函数，积分域 (a, b) 以内为主瓣区域，以外为旁瓣区域。一般 a、b 取主瓣半功率宽度的 2~2.3 倍作为主瓣和旁瓣交点位置。

5.3.3 模糊度

5.2.1 节介绍了由于高于脉冲重复频率的多普勒信号经过采样后折叠到方位频谱中心部分的处理带宽内，从而造成与主信号频谱的混叠，带来方位向模糊现象，如图 5.11 所示。同样的，因距离向（斜距）时域混叠引入模糊信号的现象称为距离向模糊，如图 5.12 所示。

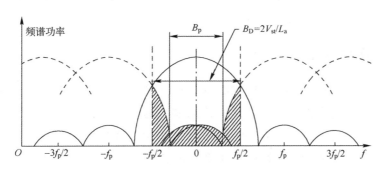

图 5.11 $f_\mathrm{p} = B_\mathrm{D}$ 的 SAR 方位模糊图示

模糊主要影响对目标判读的准确率及目标细节的描述能力，一般用模糊度（Ambiguity-to-Signal Ratio，ASR）来表征，模糊度义分为方位向模糊度（Azimuth Ambiguity-to-Signal Ratio，AASR）和距离向模糊度（Range Ambiguity-to-Signal Ratio，RASR），其定义为观测带宽度（成像带宽度）内各分辨单元方位向频域混叠或距离向（斜距）时域混叠所引入的模糊图像强

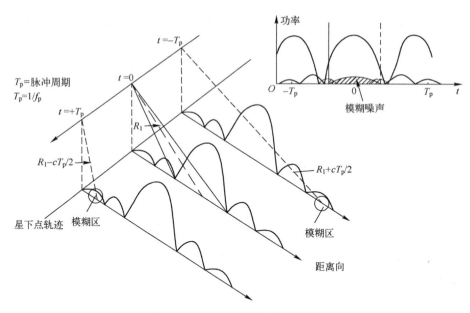

图 5.12 SAR 卫星距离模糊图示

度（功率）与相应观测单元内图像强度（功率）之比。

模糊信号对图像的污染程度一方面与模糊区的积分能量相关，另一方面与模糊信号的聚焦程度有关。通过分析，距离向模糊信号不易聚焦；方位向模糊信号的聚焦程度与分辨率和波长关系密切，波长越短，分辨率越低，模糊信号越容易聚焦，从而形成方位向虚假目标。

5.3.4 辐射精度

5.1.1 节介绍了发射功率变化、波传播损耗和延迟的变化、天线方向图不稳定、轨道与姿态数据不准、接收机增益不稳定、成像处理增益变化以及各类噪声等星地全链路误差均会引起 SAR 图像上的辐射误差，辐射校正旨在校正这些误差。一般用辐射精度来评价 SAR 图像的辐射质量，包括绝对辐射精度和相对辐射精度。

相对辐射精度反映图像内辐射质量的稳定度，主要受 SAR 系统性能的稳定性以及内定标校正精度影响，定义为相同雷达截面积目标在图像内不同位置重复测量值的偏差，即

$$\Delta = \sqrt{\frac{\sum_{i=1}^{N}(\hat{\sigma}_i - \hat{\sigma}_c)^2}{N}} \tag{5.86}$$

式中：N 为目标的数量；$\hat{\sigma}_i$ 为第 i 个目标雷达截面积测量值；$\hat{\sigma}_c$ 为所有目标雷达截面积平均值。

绝对辐射精度用来评估 SAR 图像真实反映地面目标后向散射特性的准确程度，一般用前一次测得的定标常数检验本次定标任务中的有源定标器的雷达截面积，并与其真值进行比较，进而得到绝对辐射精度。

5.3.5 几何精度

5.1.2 节介绍了 SAR 卫星一般基于 RD 模型进行系统级几何校正和地图投影，为了进一步降低误差、校正叠掩和透视收缩这样的几何扭曲，通常还开展几何精校正、正射校正等处理。根据斜距多普勒模型，受 SAR 天线相位中心位置速度误差、SAR 系统时间误差、大气传播延迟误差、成像处理引入误差以及地面相对高程误差的影响，系统几何校正后 SAR 图像还存在一定程度的几何误差；此外受地面控制点数据（或高精度参考影像）误差、数字高程模型数据（或数字地表模型数据）误差以及校正处理引入误差的影响，SAR 几何精校正和正射校正产品也会存在一定程度的几何误差。一般采用几何精度来评价 SAR 图像的几何误差。通俗地说，几何精度就是图像产品上点位和真实位置的差别，包括绝对几何精度和相对几何精度。

所谓绝对几何精度，包括沿着轨道方向的误差、垂直轨道方向的误差、轨道面的误差、误差的方向等，误差大小定义为

$$\Delta_{\text{abs}}(\boldsymbol{u}) = \sqrt{E[\|(\boldsymbol{p}_i - \boldsymbol{q}_i) \times \boldsymbol{u}\|^2]} \tag{5.87}$$

式中：$\boldsymbol{p}_i$ 为图像产品上每个检测点的坐标；$\boldsymbol{q}_i$ 为地形图上精确量测的检测点坐标；$\Delta_{\text{abs}}(\boldsymbol{u})$ 为沿单位矢量 $\boldsymbol{u}$ 方向的绝对几何精度；$\boldsymbol{a} \times \boldsymbol{b}$ 为矢量 $\boldsymbol{a}$ 和矢量 $\boldsymbol{b}$ 的点乘；$\|\boldsymbol{a}\|$ 为矢量 $\boldsymbol{a}$ 的范数；$E[\cdot]$ 为对统计量求数学期望。通常，将 $\Delta_{\text{abs}}(\boldsymbol{u})$ 表示为沿轨道方向的 $\Delta_{\text{abs}}(\boldsymbol{y})$、沿垂直于轨道方向的 $\Delta_{\text{abs}}(\boldsymbol{x})$ 和轨道面 $\Delta_{\text{abs}}(\boldsymbol{xy})$。

误差方向是指影像产品上点位和真实位置之间差别与沿着轨道方向的差别，定义为

$$\theta = \sqrt{E\left[\arctan^2\left(\frac{(\boldsymbol{p}_i - \boldsymbol{q}_i) \times \boldsymbol{x}}{(\boldsymbol{p}_i - \boldsymbol{q}_i) \times \boldsymbol{y}}\right)\right]} \tag{5.88}$$

所谓相对几何精度，包括图像产品上两点与真实位置两点之间的距离差和角度差，距离差指标定义为

$$\Delta_{\text{rel}}(\boldsymbol{u}) = \sqrt{\frac{1}{2}E[\|(\boldsymbol{p}_{ij} - \boldsymbol{q}_{ij}) \times \boldsymbol{u}\|^2]} \tag{5.89}$$

式中：p_{ij} 为图像上从检测点 i 到 j 的位置矢量；q_{ij} 为地形图上对应点的位置矢量；$\Delta_{rel}(u)$ 为沿单位矢量 u 方向的相对几何精度；它与 $\Delta_{abs}(u)$ 类似，也用 $\Delta_{rel}(x)$、$\Delta_{rel}(y)$ 和 $\Delta_{rel}(xy)$ 表示。

角度差指标是影像产品上两点之间的方向和真实位置两点之间的方向的差别，反映了图像的内部畸变，定义为

$$\Delta_{rel}(\theta) = \sqrt{\frac{1}{2}E[\|(\theta_{p_{ij}} - \theta_{q_{ij}})\|^2]} \tag{5.90}$$

式中：$\theta_{p_{ij}}$ 为图像上从检测点 i 到 j 的方向；$\theta_{q_{ij}}$ 为地形图上对应点的方向。

参考文献

[1] MAÎTRE H. 合成孔径雷达图像处理 [M]. 孙洪，译. 北京：电子工业出版社，2005.

[2] 彭江萍，丁赤飙，彭海良. 星载 SAR 辐射定标误差分析及成像处理器增益计算 [J]. 电子科学学刊，2000，22（3）：379-384.

[3] 周金萍，唐伶俐，李传荣. 星载 SAR 图像的两种实用化 R-D 定位模型及其精度比较 [J]. 遥感学报，2001，5（3）：191-197.

[4] 李春升，于泽，陈杰，等. 高分辨率星载 SAR 成像与图像质量提升技术 [M]. 北京：国防工业出版社，2021.

[5] 姜国安. 关于合成孔径雷达方位模糊抑制的研究 [D]. 北京：中国科学院研究生院（电子学研究所），2008.

[6] 皮亦鸣，杨建宇，付毓生，等. 合成孔径雷达成像原理 [M]. 成都：电子科技大学出版社，2007.

[7] STANKWITZ H C, DALLAIRE R J, FIENUP J R. Nonlinear apodization for sidelobe control in SAR imagery [J]. IEEE Transactions on Aerospace and Electronic Systems, 1995, 31 (1)：267-279.

[8] 张冰尘，洪文，吴一戎. 稀疏微波成像应用 [M]. 北京：科学出版社，2019.

[9] TUR M, CHIN K C, GOODMAN J W. When is speckle noise multiplicative? [J]. Applied Optics, 1982, 21 (7)：1157-1159.

[10] SEKINE M, MAO Y H. Weibull radar clutter [M]. London：Peter Peregrinus, 1990.

[11] FRERY A C, MULLER H J, YANASSE C C F, et al. A model for extremely heterogeneous clutter [J]. IEEE Transactions on Geoscience and Remote Sensing, 1997, 35 (3)：648-659.

[12] LI F K, CROFT C, HELD D N. Comparison of several techniques to obtain multiple-look

SAR imagery [J]. IEEE Transactions on Geoscience and Remote Sensing, 1983, GE-21 (3): 370-375.

[13] LEE J S. Digital image enhancement and noise filtering by use of local statistics [J]. IEEE Transactions on Pattern Analysis and Machine Intelligence, 1980, PAMI-2 (2): 165-168.

[14] BENES R, RIHA K. Medical image denoising by improved Kuan filter [J]. Advances in Electrical and Electronic Engineering, 2012, 10 (1): 43-49.

[15] ACHIM A, TSAKALIDES P, BEZERIANOS A. SAR image denoising via Bayesian wavelet shrinkage nased on heavy-tailed modeling [J]. IEEE Transactions on Geoscience and Remote Sensing, 2003, 41 (8): 1773-1784.

[16] CANDÈS E, DEMANET L, DONOHO D, et al. Fast discrete curvelet transforms [J]. Multiscale Modeling & Simulation, 2006, 5 (3): 861-899.

[17] FROST V S, STILES J A, SHANMUGAN K S, et al. A model for radar images and its application to adaptive digital filtering of multiplicative noise [J]. IEEE Transactions on Pattern Analysisand Machine Intelligence, 1982, (2): 157-166.

[18] MENG H, WANG X, CHONG J, et al. Doppler spectrum-based NRCS estimation method for low-scattering areas in ocean SAR images [J]. Remote Sensing, 2017, 9 (3): 219.

[19] MENG H, WANG X, CHONG J. An azimuth antenna pattern estimation method based on Doppler spectrum in SAR ocean images [J]. Sensors, 2018, 18 (4): 1081.

第6章 目标检测识别技术

目标检测识别是 SAR 图像解译应用的基础性关键技术之一。通过对 SAR 图像中的目标进行检测识别，可以获取区域内目标的数量、位置、类型等信息，为海洋渔业监视、减灾救灾、交通管理等应用提供有力的信息支持。自 20 世纪 90 年代以来，世界各国研究机构对单/多极化 SAR 图像目标检测识别开展了广泛而深入的研究[1]。在目标检测识别应用中，较高的检测率与识别率、较低的虚警率以及数据处理速度是衡量目标检测识别性能的重要指标，其中处理速度有赖于硬件环境和工程实现技术，而检测率、识别率和虚警率则与检测识别算法的设计密切相关。然而，目前基于有限的基准数据测试结果表明，不同的算法在不同的应用场景条件下性能有高有低，还没有一种算法完全适用于所有的检测识别任务。

6.1 目标检测

从广义概念上讲，人们期望从遥感图像中所发现的区域或物体都可以称为目标，如车辆、船只、桥梁、油罐、建筑物等。从 20 世纪 90 年代以来，SAR 图像目标检测算法研究蓬勃发展。限于 SAR 卫星系统成像能力，高分辨率和多极化难以兼得，而分辨率对目标检测识别性能影响尤为明显，因此大多数算法是基于单极化 SAR 卫星数据开展的。例如，在单极化 SAR 图像中，灰度差异是区分目标与背景杂波最直观和应用最为广泛的特性，恒虚警率检测（Constant False Alarm Rate，CFAR）和似然比检测是利用背景杂波和目标灰度统计特性推导而来的两类重要检测方法。背景杂波和目标在多分辨率空间内的差异能够将二者进行有效区分，由此性质启发的基于小波变换的检测算法是 SAR 图像目标检测的重要流派之一。SAR 成像方位向分辨率依赖于

SAR 平台与成像区域间的相对运动，并对多个孔径内的雷达回波进行相干积累，背景杂波和目标在不同孔径内的相关性不尽相同，基于子孔径相关的检测算法也是一类重要的检测算法。此外，借鉴生物视觉注意机制、模糊决策等知识的检测方法也在单极化 SAR 图像目标检测中取得了一定的成果[2]。

6.1.1 目标检测基本流程及影响因素

6.1.1.1 SAR 图像目标检测基本流程

SAR 图像目标检测是利用目标与周围背景环境的特性差异，从 SAR 数据中获取目标的数量、位置等分布信息。在目标检测应用领域，人们期望发现的船只、车辆、建筑物等目标具有特定的人造结构特点，这些目标对雷达入射波的后向散射与周围地物环境的后向散射有一定的差异，如灰度差异、结构分布差异、多通道相干性差异等，从而使其具有可检测性。

经典的 SAR 图像目标检测基本流程如图 6.1 所示，包含数据输入、预处理、阈值检测、虚警鉴别、结果输出等步骤。

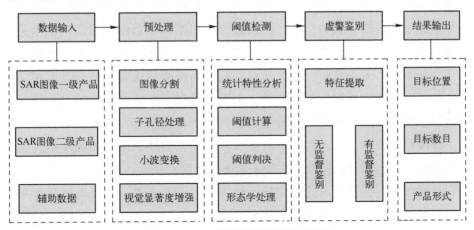

图 6.1 SAR 图像目标检测基本流程

输入数据，包括 SAR 图像一级产品（复数据）、SAR 图像二级产品和辅助数据等；预处理包括图像分割、子孔径处理、小波变换、视觉显著度增强等，目的是对输入的 SAR 数据进行初步的处理，将目标检测背景区域范围缩小或增强目标与背景环境的对比度；阈值检测部分，根据阈值作用的范围可分为全局阈值和局部阈值，全局阈值是指整幅图像采用同一个阈值，局部阈值是指对整幅图像分为不同的区域并分别采用不同的阈值，全局或局部阈值选取最常用的方法是 CFAR 方法，一般包括统计特性分析、滑动窗口阈值计算、阈值判决、形态学处理等；虚警鉴别是目标检测过程中的一个重要步骤，在目标具有一定的尺寸而不再表现为点目标条件下或复杂背景环境条件下，检测结果中虚警数目急剧增加，严重影响目标检测的性能，在虚警鉴别的过程中一般会有特征提取，并可分为有监督鉴别和无监督鉴别两种方法；结果输出是指输出图像中的目标数目、目标位置等信息，并根据应用需求按照一定的规则组织产品形式。

6.1.1.2 影响SAR图像目标检测的因素

SAR成像原理与光学、红外、高光谱等遥感手段具有显著不同。目标图像特性是成像参数、目标参数、环境参数的综合作用的结果，对于特定的目标检测任务来讲，这些参数对SAR图像目标检测算法的设计和性能具有重要影响。

成像参数包括雷达波段、成像模式、入射角、入射方向等，这几项因素相互关联，在SAR图像上最直观的体现是图像分辨率。图像分辨率由SAR卫星系统设计性能决定，分辨率越高，目标在图像上占有的像素越多，在图像中越容易检测；反之，则目标检测越困难。分辨率的提高对检测性能的提升并不是简单的线性正相关，一方面在低分辨率图像中目标像素之间基本是连通的，但在高分辨率图像中可能是离散的，检测算法不能完全确定哪些像素属于目标本身；另一方面，图像分辨率的提高使得目标背景的复杂性相应提高，从而也会影响检测性能。此外，由于地物和目标后向散射特性差异，不同入射角情况下图像信杂比差异很大，例如海面上的船只检测问题，低入射角下海面回波较强、高入射角下海面回波较弱，但船只的回波强度随入射角变化不大，这也给目标检测算法带来了很大难度。

目标参数包括目标尺寸、结构、材质、运动状态等。在同等分辨率条件下，目标尺寸越大，在图像中占有的像素越多，目标越容易被检测，但同时也会带来目标SAR图像特征离散的问题。目标的结构和材质对雷达后向散射回波的强度有重要影响，强反射越多，则目标与周围背景环境的对比度越强，越容易检测；反之，如果目标自身结构和材质设计特点具有"隐身"功能，目标在SAR图像上较弱，从而会降低检测性能。目标的运动状态也会影响其检测性能，由于SAR具有一定的合成孔径时间，运动目标在SAR图像上呈现散焦特性，不再具有原有的形态，使检测更为困难。另外，目标运动一般伴有其他图像特征（如运动尾迹等），为SAR图像目标检测提供了额外的信息。

环境参数主要是指目标所处周围环境背景条件。对于船只目标检测来讲，背景环境主要是指海洋风场条件、航行密度、人造设施、岛礁等，复杂的背景环境一方面降低了目标与环境背景的信杂比，另一方面也为目标检测引入了大量虚警。对于飞机目标检测来讲，飞机停驻区域的材质、冰雪覆盖等背景环境主要影响目标的散射效应和阴影形成，水泥材质背景下飞机目标的多次散射效应更为明显；沥青材质或停驻区域有积雪覆盖背景下飞机目标的多次散射效应减弱，且飞机目标的阴影特征更为明显。对于车辆目标检测来讲，目标集散地和运动路线上的植被、地形等背景影响其图像信杂比，平原或草地等弱散射背景环境中目标更易检测，山地或林地等强散射背景环境中目标检测则相对困难。

6.1.2 CFAR 检测方法

CFAR 方法广泛应用于一维雷达信号检测，主要根据参考单元杂波的统计特性和设定的虚警率确定检测阈值。在一维雷达回波信号检测中，当杂波均匀时，该方法确定的检测阈值只与虚警率和杂波参考单元个数有关，而与杂波功率水平无关，因此称为恒虚警率检测。

当 CFAR 方法应用于 SAR 图像目标检测时，给定背景杂波的统计分布模型 $f_b(x)$，虚警率 P_{fa} 和检测阈值 T 的关系可近似为

$$P_{fa} = \int_T^\infty f_b(x) \, dx \tag{6.1}$$

双参数 CFAR 是最经典的一类 CFAR 检测方法，它采用高斯分布作为背景杂波的统计分布模型，其虚警率和检测阈值之间关系为

$$P_{fa} = 1 - \Phi\left(\frac{T-u}{\sigma}\right) \tag{6.2}$$

式中：$\Phi(\cdot)$ 为正态分布的累积积分函数；u 和 σ 分别为杂波的均值和标准差。检测阈值也可以用 P_{fa} 表示为

$$T = u + \Phi^{-1}(1-P_{fa}) \cdot \sigma \tag{6.3}$$

式中：$\Phi^{-1}(\cdot)$ 为正态分布累积积分函数的反函数；$\Phi^{-1}(1-P_{fa})$ 可以看作是根据虚警率设定的检测系数。在给定期望的理论虚警率条件下，杂波统计分布函数和杂波分布参数共同决定了检测阈值。

在二维 SAR 图像目标检测中，杂波统计分布函数和分布参数主要与选取的杂波分布模型和检测器设计相关。在杂波分布模型选择方面，高斯分布是最常用的一类分布模型，对数正态分布[3]、韦布尔分布[4]、K 分布[5]、Alpha-

Stable 分布[6]、G^0 分布[7]等统计模型都已应用于 SAR 图像目标检测中，并在各自的统计分布模型条件下存在相应的检测阈值计算方法。图 6.2 给出了 K 分布和 G^0 分布对部分海域海洋杂波的拟合情况。

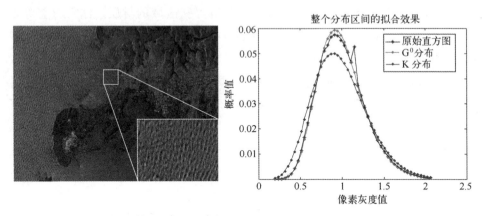

图 6.2　部分海域杂波统计特性分布（见彩图）

在检测器设计方面，一般选用如图 6.3 所示的二维三层滑动窗口，根据杂波估计分布参数形成了不同的检测器。CA（Cell Averaging）、GO（Greatest Of）、SO（Smallest Of）等均值类 CFAR，OS（Order Statistic）、TM（Trimmed Mean）等有序统计量 CFAR，以及 VI（Variable Index）等智能 CFAR，分别根据不同的背景杂波环境选取不同的背景杂波估计分布参数并计算检测阈值，尽可能地保证了在不同的杂波环境中 CFAR 方法的恒虚警率特性。

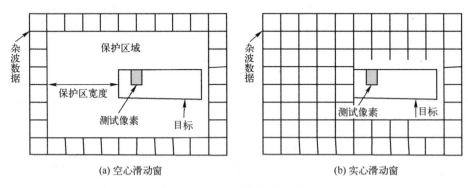

图 6.3　CFAR 检测的滑动窗口

当采用如图 6.3 所示的三层滑动窗口进行 SAR 图像目标检测时，滑动窗口的大小对目标检测性能有较大影响。SAR 图像目标检测滑动窗口尺寸选取与图像分辨率和待检测目标的大小有关。一般来讲，为了防止目标像素泄漏到背景窗中，保护窗的大小取待检测目标最大尺寸的两倍，而背景窗的大小则需要保证窗口内包含足够用以估计模型参数的像素。

6.1.3 似然比检测方法

从理论上讲，CFAR 是一种次优的检测方法，它只利用了杂波背景的统计信息，而没有利用目标的统计信息。当目标的统计信息也可以获取时，则可以根据 Neyman-Pearson 准则推导出似然比检测（Likelyhood Ratio Test, LRT）方法。

在二元检验假设条件下，若目标和杂波背景满足

$$\frac{p(x|T)}{p(x|B)} > \lambda \tag{6.4}$$

则判定待检测数据 x 为目标，其中：$p(x|T)$ 为该待检测数据为目标条件下 x 的概率；$p(x|B)$ 为该待检测数据为杂波背景条件下的概率；λ 为满足一定虚警率条件的固定阈值。

在实际的目标检测中，目标和背景杂波条件下的概率密度函数 $p(x|T)$ 和 $p(x|B)$ 是未知的。此时，需要给出概率密度函数的参数化模型，并估计模型参数向量。假定 θ_T 和 θ_B 分别是参数化模型 $p(x|T,\theta_T)$ 和 $p(x|B,\theta_B)$ 的参数向量，当采用最大似然估计方法对它们进行估计时，式（6.4）可演化为广义的似然比检测器（Generalized Likelyhood Ratio Test, GLRT），即满足式（6.5）时，x 判定为目标。

$$\frac{\max_{\theta_T} p(x|T,\theta_T)}{\max_{\theta_B} p(x|B,\theta_B)} > \lambda \tag{6.5}$$

SAR 图像中的目标具有多种大小、形状、方位角等参数，难以建立精确的目标统计模型。为了解决这个问题，Brizi 等给出了一个简单实用的目标统计模型[8]，Sciotti 等进一步设计了与之相应的 GLRT 检测器[9]，并将其应用在 SAR 图像目标检测中。

针对 SLC 图像，Brizi 等[8]将包含有 N 个像素的目标窗内的复像素值排列为一个列向量 $\boldsymbol{X} = [x_1, \cdots, x_N]'$。当窗口中心像素为目标时，$\boldsymbol{X}$ 由目标、杂波和热噪声组成；当窗口中心像素非目标时，$\boldsymbol{X}$ 仅由杂波和热噪声组成。在 SLC SAR 图像中，假设目标、杂波和热噪声分别为独立同分布的零均值高斯随机变量，方差分别为 s_t^2、s_c^2、s_n^2。进一步，利用 K 组不含目标的 N 维杂波数据组成矩阵 $\boldsymbol{Y} = [\boldsymbol{Y}_1, \cdots, \boldsymbol{Y}_K]$，则式（6.5）的似然比可以表示为

$$\frac{\max_{s_t^2,s_c^2,s_n^2} p(X,Y \mid T, s_t^2, s_c^2, s_n^2)}{\max_{s_c^2,s_n^2} p(X,Y \mid B, s_c^2, s_n^2)} = \frac{\max_{s_t^2,s_c^2,s_n^2} \{p(X \mid T, s_t^2, s_n^2) \times p(Y \mid T, s_c^2, s_n^2)\}}{\max_{s_c^2,s_n^2} \{p(X \mid B, s_c^2, s_n^2) \times p(Y \mid B, s_c^2, s_n^2)\}} \quad (6.6)$$

代入概率密度函数并最大化，则 X 包含目标的判决条件为

$$\left(\sum_{k=1}^{K}\sum_{n=1}^{N}|y_{k,n}|^2 + \sum_{n=1}^{N}|x_n|^2\right)^{K+1} \Big/ \left(\sum_{k=1}^{K}\sum_{n=1}^{N}|y_{k,n}|^2\right)^{K}\left(\sum_{n=1}^{N}|x_n|^2\right) > \lambda \quad (6.7)$$

Brizi 将之称为广义高斯似然比检测器（G-GLRT），Lombardo 等[10]进一步引入 CFAR 的滑动窗口将其应用于 SAR 图像目标检测。设定三层滑动窗口的大小分别为 5×5、11×11 和 15×15，则 Y 由环形背景窗内的数据组成。此时，判决条件为

$$\frac{(N_b u_b + N_t u_t)^{N_b + N_t}}{u_b^{N_b} u_t^{N_t}} > \lambda \quad (6.8)$$

式中：u_t 和 u_b 分别为目标窗和背景窗内像素的均值；N_t 和 N_b 分别为目标窗和背景窗内的像素个数。

6.1.4 小波变换检测方法

在 SAR 图像中，目标和背景杂波除了具有灰度差异外，二者对电磁波的散射特性差异还有其他表现形式。研究表明，船只、车辆等人造物体目标在低分辨率的条件下对雷达入射波的后向散射相比自然地物更为持久。基于不同分辨率中的表现差异，加拿大洛克马丁实验室[11]提出了一种基于小波变换的多分辨率 SAR 图像目标检测算法，实验结果表明该算法的速度较快，达到了算法复杂度和低虚警率之间的良好折中。西班牙研究机构在欧盟 DECLIMS 项目[12]的支持下，将基于小波变换的方法作为他们开发的 SIMONS SAR 图像船只目标检测系统的主要算法，在大量实测的 SAR 图像中取得了满意的效果。

如图 6.4 所示，基于小波变换的 SAR 图像目标检测算法主要包括如下几个步骤[13]。

1) 离散小波变换

使用正交离散小波变换（Discrete Wavelet Transform，DWT）方法对 SAR 图像进行变换，如果进行二层小波变换，变换之后的两层小波变换子带示意

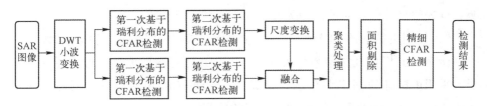

图 6.4　基于小波变换的 SAR 图像目标检测流程

如图 6.5 所示。小波变换在每个分辨率层级上都有 4 个子带——LL、LH、HL 和 HH，其中 L 和 H 分别表示低通和高通滤波。一般情况下，低通滤波保留了原图像中的低频分量，对应于主体场景；而高频滤波保留了高频分量，对应于丰富的细节信息。

2）提取相关变换域子带形成低分辨率 SAR 幅度图像

将不同小波变换层次上得到的垂直方向上的高频分量和水平方向上的高频分量进行求模运算，得到两幅分辨率不同的图像 A 和 B，计算公式为

$$\begin{cases} A = \sqrt{LH_1^2 + HL_1^2} \\ B = \sqrt{LH_2^2 + HL_2^2} \end{cases} \quad (6.9)$$

式中：LH_i、HL_i 表示第 i 层小波变换中的 LH 分量和 HL 分量。

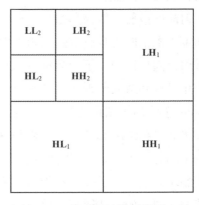

图 6.5　两层小波变换子带示意图

3）对分辨率不同的两幅图像 A 和 B 分别进行基于瑞利分布的 CFAR 检测

在每一幅图像的检测过程中，分别进行两次基于瑞利分布的 CFAR 检测，其中：第一次采用一个高虚警率得到一个较低的阈值，保证把图像中所有的感兴趣区域都检测出来；第二次采用一个低虚警率得到一个较高的阈值，对感兴趣区域邻近像素进行检测，确保所有目标点都能够检测出来。图像 A 和 B 经过两次 CFAR 检测后得到两幅感兴趣区域（Region of Interest，ROI）图像。

4）将两幅 ROI 图像变换到相同尺度后进行融合

在融合过程中，由于人造目标在低分辨率条件下的散射更为持久，需要对低分辨率 ROI 赋以较大的权重。融合后，可利用一系列图像聚类处理方法去掉检测结果中的孤立像素点和图像中的"断裂""空心"现象；聚类处理后，图像中可能包含由地物杂波引起的远远大于目标的区域，可以根据待检

测目标先验尺寸信息对图像中的较大面积区域进行剔除。

5）使用更精确的 CFAR 方法对原始图像中的 ROI 区域进行精细检测

所有 ROI 图像经过聚类和融合后，将 ROI 图像对照原始图像进行 ROI 定界，采用更精确的基于韦布尔分布或 K 分布的 CFAR 检测方法对图像中的 ROI 区域进行精细检测，进而得到最终的检测结果。

6.1.5 子孔径相干检测方法

SAR 通过卫星平台与目标间的相对运动形成合成孔径，对合成孔径内的雷达回波进行相干积累处理，进而得到较高的方位向分辨率。实际上，不同的合成孔径内蕴含了目标与杂波的散射差异。由于船只、车辆等目标对雷达入射波的散射一般为角散射或体散射，具有一定的确定性，且在很大的观测角度失配范围内具有较强的相干性；而背景杂波（如海洋杂波）一般为 Bragg 散射，随机性强，不同角度的观测结果之间相干性较小。子孔径相干检测是利用目标和杂波分别在不同 SAR 子孔径内的相干性强弱对二者进行区分。Arnaud 等对 ERS 图像进行了目标检测实验，Ouchi 等[14]对 Radarsat-1 不同子孔径内的数据计算二维交叉相关函数（Two Dimensional Cross Correlation Function，2D-CCF），进而寻找具有较大相关性的像素点，将其判定为目标。实验结果表明，子孔径相干检测方法对较小尺寸的船只目标具有更强的检测能力。原始的子孔径相干检测方法要求提供多视子孔径数据，这限制了其在 SAR 图像目标检测中的推广应用。后续研究者根据成像原理提出了子孔径图像生成方法，先利用全孔径图像生成若干子孔径图像，再利用子孔径相干的方法对图像中的目标进行检测。

基于子孔径相干原理的检测算法主要包括子孔径图像生成、相干系数图生成和目标判别等步骤[15]。

1）子孔径图像生成

在 SAR 图像合成的过程中，图像中的每一像素的获取都是经历了相当长的一段时间（合成孔径时间）。在合成孔径成像过程中，同一目标的许多低分辨率的回波响应被合成，从而形成全分辨率的图像，这些分辨率的回波分别对应着不同的多普勒频段。从另一角度来讲，通过多普勒频段的分解可以将合成后的全分辨率图像分解为一系列低分辨率图像，对原图像进行子孔径分解。主要步骤包括：①将图像在方位向通过傅里叶变换得到距离多普勒域数据，在该域数据中对距离向幅度值进行平均得到权重函数；②计算权重函数的逆函数并进行归一化得到校正函数；③将校正函数作用于图像的距离多普勒域消除天线权重的影响，按照子图像个数需求分割频段得到子孔径数据；④对子孔径数据乘以权重函数消除点目标脉冲响应旁瓣的影响，进行逆傅里叶变换将距离多普勒域子孔径数据变换到空间域，即可得到子孔径图像。

2) 相干系数图生成

设有 N 幅子孔径图像 $S_1, S_2, \cdots, S_N$，将每一对在空间上相邻的子孔径图像形成干涉像对，得到 $N-1$ 幅相干系数图，取 $N-1$ 幅相干系数图中相应的像素的最大值得到最终相干系数图。计算公式为

$$\gamma = \max\{\gamma_{1,2}, \gamma_{2,3}, \cdots, \gamma_{N-1,N}\} \\ = \max_{i=1}^{N-1}\{\gamma_{i,i+1}\} \tag{6.10}$$

$$\gamma_{i,i+1} = |\langle s_i \cdot s_{i+1}^* \rangle| \tag{6.11}$$

3) 目标判别

分别计算相干系数图的均值 u 和 σ，用于目标检测的阈值的经验值为 $T = \sqrt{u\sigma}$，相干系数大于阈值 T 的像素判定为目标点，否则判定为背景杂波。

6.1.6 不同方法对比

除了上述几种方法，各国研究者还提出了其他的 SAR 图像目标检测方法。Benelli 等[16]和 Argenti 等[17]针对占有多个像素的目标基于区域生长技术进行检测，并利用模糊决策理论进一步剔除虚警；Askari 等[18]针对高分辨率 SAR 图像（Radarsat-1 标准波束 S6 模式图像），提出了神经网络-Dempster-Shafer 方法和 MM 方法；Osman 等[19]以神经聚类方法为基础，提出了 PWTA（Probabilistic Winner-Take-All）的分类方法，对 SAR 图像目标进行检测；Mehdi Amoon 等[19]采用离散余弦变换模拟人类视觉注意机制，提出了基于视觉注意机制的 SAR 图像目标检测方法。

前面介绍的各种 SAR 图像目标检测方法具有不同的应用背景和适用范围，有的方法适用于幅度或强度数据，如 CFAR 方法、似然比方法、小波变换方法等；有的方法适用于单视图像复数据，如子孔径相干检测方法；有的方法对分辨率有特定的要求，如似然比方法和小波变换方法；有的方法重点关注虚警鉴别步骤，如基于模糊决策和分类方法。在实际的检测应用中，根据应用场景不同可能会联合采用多种方法设计完整的检测算法。不同检测方法的

对比分析如表 6.1 所列。

表 6.1 不同检测方法对比分析

方　法	图像分辨率	适用数据类型	灵　活　性	侧　重　点
CFAR	无	图像数据	好	阈值检测
似然比检测	中高	图像数据	差	阈值检测
小波变换	中高	图像数据	一般	预处理、阈值检测
子孔径相干	无	单视复数据	差	预处理、阈值检测
视觉注意机制	无	图像数据	一般	预处理、阈值检测
聚类和分类	高	图像数据	差	虚警鉴别

6.1.7 目标检测示例

根据应用场景的不同，SAR 图像目标检测可以分为海上船只目标检测、车辆目标检测和机场飞机目标检测等，实现 SAR 图像目标自动/半自动检测，将在很大程度上减轻从业人员的工作量。

6.1.7.1 船只目标检测

船只目标是 SAR 图像目标检测的重要应用方向，在海洋渔业管理、非法移民管控等方面能够发挥重要作用。根据任务需求不同，船只目标检测主要分为港口区域、大范围海域、岛礁区域三种应用场景。三种应用场景具有不同的特点，其中：港口区域由于背景复杂、船只密集、港口设施以及停泊状态的影响，检测率和虚警率性能相对较低；大范围海域 SAR 图像船只检测易受复杂海况、船只运动等因素的影响，检测虚警率较高；岛礁区域出现的船只具有尺寸小、类型多的特点，容易发生漏检现象。图 6.6 给出了部分海域 SAR 图像船只目标检测结果[1]。

6.1.7.2 车辆目标检测

在复杂的地物环境中，车辆目标检测面临的主要难题在于：①目标所处的地面环境具有一定的复杂性，环境中的建筑、树木、人工设施等可能与车辆具有相似的 SAR 图像表现形式，从而产生一定的虚警；②车辆目标在复杂地物场景中容易受地物的遮挡，如道路两侧的树木、城市中的建筑等，造成车辆目标 SAR 图像表现形式发生变化，从而造成一定的漏检；③车辆目标在

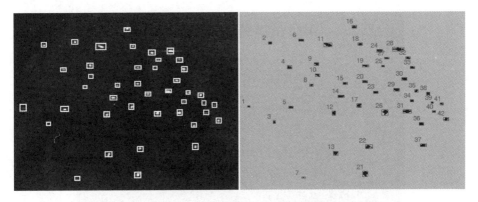

图 6.6　部分海域 SAR 图像船只目标检测结果（见彩图）

运动过程中或某些部件设施的运动，使得其 SAR 图像发生散焦或位置偏移，也会对检测性能造成一定的影响。图 6.7 给出了大范围场景车辆目标检测结果。

图 6.7　大范围场景车辆目标检测结果

6.1.7.3　飞机目标检测

与海上船只目标和车辆目标不同，飞机目标在机场中一般具有固定的停机坪或停机位，在 SAR 图像中检测飞机目标一般只需要在机场区域进行。机场飞机目标的检测性能依赖于机场跑道或停机坪的分割精度，而且要尽量减少机场其他设施的干扰。特别是在高分辨率 SAR 图像中，在大部分方位角条件下飞机目标呈现为离散的散射中心，为飞机目标检测带来了新的挑战。图 6.8 给出了 1m 分辨率 SAR 图像中飞机目标检测结果。

图 6.8　SAR 图像机场飞机目标检测结果

6.2　目标特征提取

SAR 图像目标特征提取是 SAR 图像解译应用的另一重要步骤，是实现虚警鉴别和目标识别的基础。SAR 图像目标检测主要基于图像灰度进行，某些周围环境地物或人工设施在灰度上与目标有所相似，造成检测结果中包含大量虚警，此时需要对目标进行特征提取，寻找能够将真实目标与虚警进行区分的特征空间，从而进行虚警鉴别处理。在目标识别应用中，一方面目标特征提取可以降低数据维度，另一方面提取的有效特征将极大提高目标识别的精度。

6.2.1　特征提取基本概念

从 20 世纪 80 年代，随着 SAR 图像目标虚警鉴别的深入研究，目标特征提取受到广泛关注。在世界著名的 SAR 图像目标自动识别系统中，如美国林肯实验室 SAIP 系统、AN/APG-76 自动目标识别系统和陆军实验室 ATR 系统，加拿大的 SAR ATR Workbench 系统，英国的 InfoPack 系统，比利时的 SAHARA 系统，德国的 ACOVis 系统等，均包含了特征提取模块[1]。特别是在 SAIP 系统的研制过程中，针对 MSTAR 车辆目标数据不断提出新的目标特征，有效改善了虚警鉴别和目标识别的性能。

从功能上讲，SAR 图像目标特征可以分别用于目标检测、鉴别和识别，相应的特征也可以称为检测特征、鉴别特征和识别特征。检测特征是随着成像机制的发展而在近年被提出的，如目标与背景杂波的灰度对比度被用来对目标进行检测。但在一般的概念中，目标特征一般是指鉴别特征或识别特征。鉴别特征是指能够将真实目标与背景杂波、人工设施或其他地物相区分的特征，如船只目标长宽比、面积等。识别特征是指能够将不同类型目标进行细粒度区分的特征，如不同目标强散射中心的分布、飞机目标发动机之间的间距等，随着图像分辨率的提升，识别特征的种类将更为丰富。需要指出的是，部分鉴别特征和识别特征互为可用，但也互有侧重，在不同的应用中需合适选择。

在实际应用中，单一的特征难以很好地实现虚警鉴别或目标识别任务，一般需要采用多个特征的联合，才能成为特征集。特征集的选取面临以下几个需要解决的问题。

（1）特征集的冗余问题。特征集中包含的多个特征并不是正交的，相互之间存在一定的相关性。在这种情况下，如果新增的特征与原有特征是相关的，则特征数量的增加并没有引入更多的有用信息，原有有效的特征所占的比重降低，从而降低特征集的性能。

（2）特征集的过适应问题。由于图像噪声或特征提取误差的影响，过多的特征对鉴别或识别中的训练样本可能产生过适应情况，从而使其失去了概括能力。

（3）特征集的优化选取问题。在整个特征空间中，通常存在某些特征对目标虚警鉴别或识别的效果特别显著，而另外一些特征则效果一般。如果能够优化选取有效的特征集，则可以降低特征集的维数，从而在保证鉴别或识别性能的条件下减少计算量。

从提取原理和方法上讲，SAR 图像目标特征可以分为几何尺度特征、灰度统计特征、电磁散射特征、变换域特征、子孔径特征、极化特征、活动规律特征等。几何尺度特征是指目标的长、宽、长宽比、周长、面积、形状复杂度、质心位置、转动惯量等物理量，它们与目标的尺寸大小、形状、结构构造等密切相关，是对目标最直观的描述。灰度统计特征是指目标区域图像的灰度变化统计特性，如最大灰度值、最小灰度值、质量、均值、方差系数等。电磁散射特征反映了目标不同结构部位对雷达电磁波的后向散射特性，典型电磁散射特征是属性散射中心。变换域特征是对目标图像数据进行一定数学变换后提取的特征量,如小波变换域特征、Radon变换特征、主成分分析特征等。此外,目标子孔径特征、极化特征和活动规律特征也是重要的目标特征(表6.2)。

表6.2 SAR图像目标特征应用范围

形成方式		解译阶段		
		检测	鉴别	分类
基于物理性质	视觉特征(几何尺度、灰度统计等)	灰度、边缘、阴影、纹理	峰值、目标尺寸、面积、平均亮度、转动惯量、分形维数、主导边界等	峰值、纹理、姿态角、地形学、阴影
	电磁散射特征	极化	极化	属性散射中心、HRR、极化
基于数学变换	变换域特征	Hough、Radon	—	DFT、WT、PCA、KPCA、ICA、SVD、Hu不变矩

6.2.2 几何尺度特征

几何尺度特征与目标的尺寸大小、形状、结构构造等密切相关,是对目标最直观的描述。常用的目标几何尺度特征[20]包括长宽比、周长、面积、质心位置、转动惯量等。

在目标检测得到SAR图像中目标切片后,进一步对切片图像进行图像分割、外接矩形拟合、边缘提取等处理,即可得到目标的几何尺度特征。假设包含有目标和背景杂波的原始SAR图像目标切片为$I(m,n)$,目标区域二值图像为$B(m,n)$,则仅含有目标区域的图像为

$$T(m,n) = I(m,n) \otimes B(m,n) \quad (6.12)$$

式中:$\otimes$表示矩阵对应元素相乘。

目标典型几何尺度特征的定义如下:

(1) 目标的长宽比R定义为最小外接矩形的长边L与短边W之比,即

$$R = \frac{L}{W} \quad (6.13)$$

(2) 目标的周长定义为围绕目标区域的边缘像素的数目,即

$$P = \sum_m \sum_n \text{edge}(B(m,n)) \quad (6.14)$$

(3) 面积定义为二值图像中目标区域的像素个数,即

$$S = \sum_m \sum_n B(m,n) \qquad (6.15)$$

（4）形状复杂度用来描述目标的边缘结构复杂性，定义为目标周长的平方与区域面积比值的 $1/4\pi$ 倍，即

$$C = \frac{P^2}{4\pi S} \qquad (6.16)$$

（5）目标区域的质心位置表示目标的质心点的坐标，可以用目标区域图像的一阶矩 m_{10}、m_{01} 和零阶矩 m_{00} 表示，即

$$x = \frac{m_{10}}{m_{00}}, \quad y = \frac{m_{01}}{m_{00}} \qquad (6.17)$$

$$m_{pq} = \sum_m \sum_n T(m,n) m^p n^q \qquad (6.18)$$

式中：$p,q \in \{0,1\}$；$T(m,n)$ 表示 (m,n) 处的像素值。

（6）转动惯量描述了目标后向散射强度在目标区域中的分布（目标质量相对于质心的空间扩展程度），即

$$F = \sum_m \sum_n T(m,n) r^2 \qquad (6.19)$$

式中：$r = \sqrt{(m-x)^2 (n-y)^2}$ 表示像素点 (m,n) 到质心 (x,y) 的距离。

1）图像分割

二值分割是图像分割中最为简单的情况，可以通过设置一个全局阈值来实现。但对 SAR 图像来讲，由于相干斑噪声的影响，即使是同一区域内的地物，其灰度和纹理等图像特征仍会发生不同程度的波动变化，单一的固定阈值难以达到较好的分割结果。常用的区域分割方法有最大类间方差法（Otsu，又称为大津法）、基于马尔可夫随机场（Markov Random Field，MRF）模型的方法、基于多尺度模型的方法和基于图分割模型的方法等[21]。

Otsu 方法是一种最常用的图像分割方法，在图像质量较好的情况下能够取得较好的效果。当图像的噪声较强时，该方法仅仅考虑了像素自身灰度，而没有考虑周围像素，即没有充分利用像素间的相关性和统计信息，特别是在 SAR 图像中，相干斑乘性噪声会极大地影响分割效果。图 6.9 所示为原始的二维 Otsu 算法示意。

设一幅灰度级为 L 的图像，在像素点 (x_0,y_0) 处的灰度值为 $f(x_0,y_0)$，该点周围 $N \times N$ 邻域的平均灰度值为 $g(x_0,y_0)$。设满足 $f=i$ 和 $g=j$ 的像素个数为 $h(i,j)$，并将 $h(i,j)$ 归一化到灰度值表示范围内，由此得到二维直方图图像 $H(f,g)$，如图 6.9（a）所示。

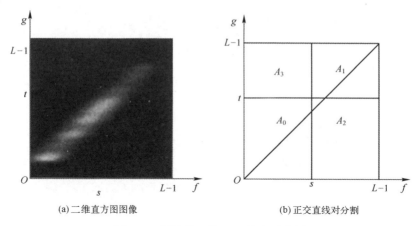

(a) 二维直方图图像　　　　　　　(b) 正交直线对分割

图 6.9　原始的二维 Otsu 算法示意图

若图像像素总数为 M，则点 (i,j) 处的二维联合概率密度为

$$p_{ij} = p(i,j) = \frac{h(i,j)}{M} \tag{6.20}$$

$$\sum_{i=0}^{L-1}\sum_{j=0}^{L-1} h(i,j) = M, \quad \sum_{i=0}^{L-1}\sum_{j=0}^{L-1} p_{ij} = 1$$

二维直方图的均值向量为

$$\boldsymbol{\mu} = [\mu_i, \mu_j] = \Big[\sum_{i=0}^{L-1}\sum_{j=0}^{L-1} ip_{ij}, \sum_{i=0}^{L-1}\sum_{j=0}^{L-1} jp_{ij}\Big] \tag{6.21}$$

给定二维阈值向量 $[s,t]$，用正交直线对 $f=s$，$g=t$ 即可将二维直方图分割成4个部分，对角线附近的区域 A_0 和区域 A_1 分别对应于背景和目标（或目标和背景），远离对角线的区域 A_2 和 A_3 对应于边缘和噪声，如图 6.9（b）所示。

区域 A_0 和 A_1 的出现概率 $\omega_{0,1}$ 及均值向量 $\boldsymbol{\mu}_{0,1}$ 分别为

$$\begin{cases} \omega_0 = \sum_{A_0} p_{ij} = \sum_{i=0}^{s-1}\sum_{j=0}^{t-1} p_{ij} \\ \omega_1 = \sum_{A_1} p_{ij} = \sum_{i=s}^{L-1}\sum_{j=t}^{L-1} p_{ij} \end{cases} \tag{6.22}$$

$$\begin{cases} \boldsymbol{\mu}_0 = [\mu_{0i}, \mu_{0j}] = \Big[\sum_{A_0} ip_{ij}/\omega_0, \sum_{A_0} jp_{ij}/\omega_0\Big] \\ \boldsymbol{\mu}_1 = [\mu_{1i}, \mu_{1j}] = \Big[\sum_{A_1} ip_{ij}/\omega_1, \sum_{A_1} jp_{ij}/\omega_1\Big] \end{cases} \tag{6.23}$$

原始的二维 Otsu 法假设图 6.9（b）中区域 A_2 和 A_3 上所有概率都忽略不

计，即满足 $\omega_0+\omega_1\approx 1$，将类间方差（Between Class Variation，BCV）定义为

$$\text{BCV}=\omega_0(\boldsymbol{\mu}_0-\boldsymbol{\mu})(\boldsymbol{\mu}_0-\boldsymbol{\mu})^{\text{T}}+\omega_1(\boldsymbol{\mu}_1-\boldsymbol{\mu})(\boldsymbol{\mu}_1-\boldsymbol{\mu})^{\text{T}} \tag{6.24}$$

最佳阈值是 BCV 取最大值时所对应的二维阈值向量，即

$$[s_0,t_0]=\arg\max_{\substack{1\leqslant s\leqslant L-1\\ 1\leqslant t\leqslant L-1}}\{\text{BCV}\} \tag{6.25}$$

上述方法获取分割阈值过程中，假设了区域 A_2、A_3 内的概率都为 0，但对于实际的图像二维直方图中，在靠近对角线的区域内仍有不少 $p_{ij}\neq 0$ 的亮点，这将造成分割结果中存在误差。由图 6.9（a）可以看出，二维直方图中的亮点集中在靠近对角线附近的条带内，基于这种条带分布特点提出了一维阈值选取准则：先确定一条等宽条带，再用一直线作为阈值向量对条带进行分割，分割后的两部分区域 A_0 和 A_1 分别对应背景和目标。图 6.10 给出了基于这种思想的一维阈值分割方法，其中图 6.10（a）对应 $f=s$，图 6.10（b）对应 $f=(s+t)-g$ 的 $-45°$ 直线分割。

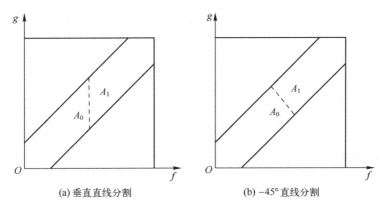

图 6.10 阈值分割方法

当图像没有任何噪声干扰时，在目标和背景内部的像素之间相关性很强，邻域均值和像素灰度应该满足 $g\approx f$，即 $p_{ij}\neq 0$ 的亮点几乎都分布在二维直方图图像 $H(f,g)$ 对角线附近的一个等宽条带 $g\leqslant f+c$ 和 $g\geqslant f-c$ 内（$c\geqslant 0$），图 6.11（a）给出了 Lena 图（图像处理中的标准测试图）的二维直方图图像。邻域尺寸 N 越大，亮点分布越散，条带越宽，c 越大；反之，亮点分布越密，c 越小。当 $N=1$ 时，$g=f$，亮点都分布在对角线上（此时 $c=0$）。图 6.11（a）中邻域尺寸取 $N=5$。

当图像叠加乘性噪声（均值为 1，方差为 σ^2）后，由统计理论可知，正态分布下 $[-3\sigma,+3\sigma]$ 的范围内已覆盖足够多（99%）数据，f 的波动范围可

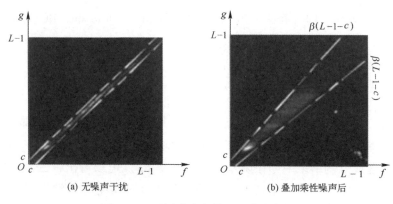

图 6.11 不同噪声条件下二维直方图

认为是 $(1\pm3\sigma)f$，则对角线条带相应地扩大为

$$g\leq(1+3\sigma)f+c \quad 或 \quad g\leq(1-3\sigma)f-c \tag{6.26}$$

令 $\alpha=1+3\sigma>1$，$\beta=1-3\sigma<1$，则有 $\alpha<1/\beta$。为方便对角线对称计算，做如下变换，即

$$\begin{cases} g\leq\alpha f+c\leq\dfrac{f}{\beta}+c \\ g\geq\beta f-c\approx\beta(f-c) \end{cases} \tag{6.27}$$

条带扩大为一个开口前小后大的非等宽条带，如图 6.11（b）所示。再由邻域均值的方差变化特点和观察图 6.11（b）可知，条带内的亮点分布具有水平方向的纹理，从而可以用水平直线 $g=t$ 实现一维阈值的分割，如图 6.12 所示。

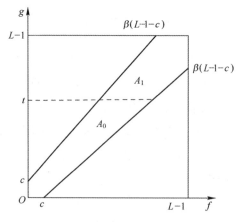

图 6.12 水平直线分割二维直方图

2) 外接矩形拟合

外接矩形拟合是获取目标几何参数的重要步骤，如图 6.13 所示。其具体做法是：①根据目标的二值图像画出一个矩形，使得该矩形的各条边与目标二值区域的边界相切；②以步长 $\Delta\theta$ 角度顺时针旋转拟合矩形，一直重复该过程直到覆盖整个角度区间 $\theta \in [0°,180°]$；③对应于某个判决准则条件下矩形即为最小外接矩形。常用的判决准则有 TBR（Target-to-Background Ratio）准则、P（Perimeter）准则、EPC（Edge Pixel-Count）准则等。最小外接矩形的长边的大小定义为目标的长，短边的大小定义为目标的宽，最小外接矩形所对应的旋转角度为目标的方位角。由于 SAR 成像几何的影响，目标 SAR 图像本身可能存在阴影、遮挡、顶底倒置等几何畸变，因此上述长、宽会有一定的误差。此外，上述方法得到的方位角具有 180°模糊，需要根据目标的其他特征（如强首尾强散射点）的分布情况作进一步的判断。

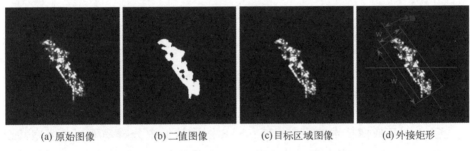

(a) 原始图像　　(b) 二值图像　　(c) 目标区域图像　　(d) 外接矩形

图 6.13　SAR 图像船只外接矩形拟合示意图

6.2.3　灰度统计特征

由于目标各个部位对雷达电磁波的后向散射强度不同，目标区域的 SAR 图像像素灰度值具有一定的起伏。SAR 图像中目标区域的灰度统计特征在一定程度上反映了目标的结构特点。常用的灰度统计特征包括亮度特征、纹理特征、不变矩特征等。

灰度统计特征[20]包括最大灰度值、最小灰度值、质量、均值、方差系数等。其中，方差系数反映了目标区域灰度变化的动态范围，可以用均方差与均值的比值来表示，即

$$V = \frac{\sqrt{\sum_m \sum_n (T(m,n) - \mu)^2}}{\mu} \quad (6.28)$$

式中：μ 为目标区域的灰度均值。

纹理特征反映了目标区域灰度起伏的规律性和结构性信息，分形维数和加权填充比是常用的两种纹理特征。

（1）分形维数反映了目标区域内较强散射点的空间分布，定义为最亮的 N_i 个点空间分布的 Hausdorff 距离，即

$$H = \frac{\log_{10} N_1 - \log_{10} N_2}{\log_{10} d_1 - \log_{10} d_2} \tag{6.29}$$

分形维数的计算方法是：①选取目标区域中 K（一般 $K=50$）个最亮的点形成二值图 $B_2(m,n)$；②用一个 $d_1 \times d_1$ 的窗口在二值图中滑动，记录包含有亮点的窗口总数 N_1；③用一个 $d_2 \times d_2$ 的窗口在上述二值图中滑动，记录包含有亮点的窗口总数 N_2；③根据式（6.29）计算分形维数。

（2）加权填充比定义为目标区域内 k 个最亮点的能量占目标区域总能量的百分比，即

$$\eta = \frac{\sum_m \sum_n T(m,n) \times B_2(m,n)}{\sum_m \sum_n T(m,n)} \tag{6.30}$$

6.2.4 灰度纹理特征

随着 SAR 成像技术的快速发展，SAR 图像从低中分辨率朝高分辨率甚至超高分辨率发展。与传统低中分辨率 SAR 图像相比，高分辨率 SAR 图像具有结构信息丰富、场景信息复杂和数据量大等显著特点。纹理反映了图像中某种局部结构的视觉特征，它不是基于单个像素点的描述，而是对包含多个像素点的区域进行统计的特征，用于度量图像中存在的规则性、平滑程度和方向性等特性[22]。典型的纹理特征有灰度共生矩阵（Gray Level Co-occurrence Matrix，GLCM）、Gabor 变换、多级局部模式直方图（Multilevel Local Pattern Histogram，MLPH）等[23]。其中，GLCM 统计图像中相距某距离的两个像素之间的灰度空间相关特性，主要包括能量、熵、对比度、逆差矩和自相关等；Gabor 变换通过提取图像多尺度、多方向的纹理来反映 SAR 图像的后向系数散射特征；MLPH 通过获取 SAR 图像局部和全局结构信息，不仅表征了不同对比度下移动滑窗内明、暗以及同质区域的分布情况，而且对 SAR 图像相干斑具有一定抑制作用。

1）灰度差分统计纹理特征

灰度差分纹理可以统计局部范围内像素灰度差值出现的概率，从而反映

出不同像素之间的相关性。设图像中某点为(m,n)，则它与点$(m+\Delta m, n+\Delta n)$的灰度差值为

$$g_\Delta = g(m,n) - g(m+\Delta m, n+\Delta n) \qquad (6.31)$$

式中：$g_\Delta(m,n)$为灰度差分。令点(m,n)在整幅图像上进行遍历，获得各点的灰度差分，把灰度差分值划分为k个等级，通过统计各个等级出现的频数并绘制直方图，由直方图可获取各值对应的概率$P_\Delta(i)$，其中$i \in [1,2,\cdots,k]$。该特征可借助以下几种统计量进行描述。

（1）对比度可表示为

$$\text{CON} = \sum_i i^2 P_\Delta(i) \qquad (6.32)$$

（2）能量可表示为

$$\text{ASM} = \frac{1}{k} \sum_i i P_\Delta(i) \qquad (6.33)$$

（3）熵可表示为

$$\text{Entropy} = -\sum_i P_\Delta(i) \log P_\Delta(i) \qquad (6.34)$$

2）Gabor 变换纹理特征

Gabor 变换是图像在频域进行分析的重要工具，其可以获取图像在不同尺度、不同方向上的相关特征，并广泛用于图像处理、模式识别等领域。二维 Gabor 核是一个高斯核与正弦波调制的结果，其具体公式为

$$G(m_0, n_0, \theta, \omega) = \frac{1}{2\pi\sigma^2} \exp\left(-\frac{m_0^2 + n_0^2}{2\sigma^2}\right) \left[\exp(j\omega m_0) - \exp\left(-\frac{\omega^2 \sigma^2}{2}\right)\right] \qquad (6.35)$$

$$m_0 = m\cos\theta + n\sin\theta, \quad n_0 = -m\sin\theta + n\cos\theta$$

式中：m和n代表像素点的位置；ω和θ分别代表 Gabor 滤波器的中心频率和方向；σ表示高斯核的标准差；$\exp(j\omega m_0)$和$\exp(-\omega^2\sigma^2/2)$分别表示交流分量和直流分量。对于给定一组参数$\theta$、$\sigma$和$\omega$，将 Gabor 核与图像做卷积可以获得不同尺度、不同方向的特征，其公式为

$$o(m,n) = f(m,n) * G(m_0, n_0, \theta, \omega) \qquad (6.36)$$

式中：$*$表示卷积操作。

3）灰度共生矩阵纹理特征

灰度共生矩阵纹理特征（GLCM）统计图像中相距某距离的两个像素之间的灰度空间相关特性，它是分析图像局部模式的常用特征[2]。该纹理特征基于 GLCM 计算能量、熵、对比度、逆差矩和自相关等相关统计量。

设图像中点(m,n)与点$(m+\Delta m, n+\Delta n)$构成点对,两点间距离为d,两点连线与x轴的方向夹角为θ,两点灰度级别分别表示为i和j,则共生矩阵可表示为$[P(i,j,d,\theta)]$。其中,点(i,j)的数值表示满足相应条件的数目,θ取值一般为$0°$、$45°$、$90°$、$135°$。给定一组参数值d和θ,并将矩阵内各个元素归一化得到 GLCM,记为$P(i,j)$。

GLCM 可以提取相关统计量进行描述,其具体计算方法如下:

(1) 对比度可表示为

$$\text{CON} = \sum_n n^2 \left\{ \sum_{|i-j|=n} P(i,j) \right\} \tag{6.37}$$

(2) 能量可表示为

$$\text{ASM} = \sum_i \sum_j P^2(i,j) \tag{6.38}$$

(3) 熵可表示为

$$\text{ENT} = -\sum_i \sum_j P(i,j) \log P(i,j) \tag{6.39}$$

(4) 自相关可表示为

$$\text{COR} = \frac{1}{\sigma_x \sigma_y} \cdot \left[\sum_i \sum_j ij P(i,j) - \bar{x} \cdot \bar{y} \right] \tag{6.40}$$

$$\bar{x} = \sum_i \sum_j i P(i,j) \tag{6.41}$$

$$\bar{y} = \sum_i \sum_j j P(i,j) \tag{6.42}$$

$$\sigma_x^2 = \sum_i \sum_j (i - \bar{x}) P(i,j) \tag{6.43}$$

$$\sigma_y^2 = \sum_i \sum_j (j - \bar{y}) P(i,j) \tag{6.44}$$

(5) 逆差矩可表示为

$$\text{IDM} = \sum_i \sum_j \frac{P(i,j)}{1 + (i-j)^2} \tag{6.45}$$

4) 多阈值局部模式直方图特征

多阈值局部模式直方图(MLPH)是针对 SAR 图像所具有的特定属性信息设计的特征描述子[24-25],它表征了在不同对比度下移动滑窗内明、暗及同质区域的分布情况,在理论方面和计算方面都较为简单,并在 SAR 图像特征提取方面得到了广泛的应用。

在 SAR 散射中地球表面的粗糙度是主要影响因素之一,局部模式的显著特征是存在大量的亮点和暗点区域。例如:对于建筑区,局部模式存在大量的亮点;对于水域区,局部模式是以匀质的暗区域为特点;对于田地,局部模式介于上述两种类型之间。局部模式的尺寸和对比级数足以作为 SAR 图像不同地物类型的特征，MLPH 是基于这两个显著特点提出的。

（1）局部模式直方图提取方法。

LPH 是基于局部区域内像素点幅度信息提取的特征，其提取过程可分为图像量化、模式矩阵分裂和直方图计算与合并三个步骤。

① 图像量化。设 g_c 表示移动滑窗内中心像素点的幅度值，t 表示设定的阈值，将移动滑窗内的各个像素点值分别与中心像素值 g_c 作比较。若移动滑窗内像素点的幅度值位于 $[g_c-t, g_c+t]$ 之间，则将其对应位置的像素值设置为 0，若大于 g_c+t，则设置为 1，否则设置为-1，其数学计算公式为

$$s(i) = \begin{cases} +1, & g_i > g_c + t \\ +1, & |g_i - g_c| \leq t; \quad i \in [1, \cdots, h^2] \\ -1, & g_i < g_c - t \end{cases} \quad (6.46)$$

式中：g_i 为移动滑窗内第 i 个像素点的幅度值，移动滑窗是一个大小为 $h \times h$ 的方阵。为了便于描述，将量化后的图像 $[s(i)]_{h \times h}$ 称为模式矩阵。

② 模式矩阵分裂。将量化得到的模式矩阵拆分成三个相同大小的子矩阵，分别记为正矩阵（Positive Matrix，PM）、相等矩阵（Equal Matrix，EM）和负矩阵（Negative Matrix，NM），其分裂规则为

$$PM(i) = \begin{cases} 1, & s(i) > 0 \\ 0, & 其他 \end{cases}; \quad i \in [1, \cdots, h^2] \quad (6.47)$$

$$EM(i) = \begin{cases} 1, & s(i) = 0 \\ 0, & 其他 \end{cases}; \quad i \in [1, \cdots, h^2] \quad (6.48)$$

$$NM(i) = \begin{cases} 1, & s(i) < 0 \\ 0, & 其他 \end{cases}; \quad i \in [1, \cdots, h^2] \quad (6.49)$$

式中：$s(i)$ 为模式矩阵的第 i 个元素的值；$PM(i)$、$EM(i)$、$NM(i)$ 分别为模式矩阵分裂后三个子矩阵对应的第 i 个元素的值。

三个子矩阵在表征图像方面扮演重要角色。其中，正矩阵可以捕获比滑窗中心像素值亮的点或区域模式；负矩阵可以获取暗区域模式；相等矩阵可以获得匀质区域模式。三个子矩阵看似冗余，但在直方图计算起着至关重要的作用。

③ 直方图计算与合并。在每个子矩阵中，像素值 1 视为前景，而像素值 0 为背景。在 LPH 中，局部模式表现为连续的前景区域。将分裂后的三个子矩阵利用式（6.50）和式（6.51）计算其各自对应的子直方图，并将三个子

直方图级联得到 LPH 特征。

$$\text{bins}(k) = \sum_{n=1}^{N} \delta[\text{num}(n) = k] \quad (6.50)$$

$$\delta[x] = \begin{cases} 1, & x = \text{true} \\ 0, & x = \text{false} \end{cases} \quad (6.51)$$

式中：$\text{bins}(k)$ 为联通区域为 k 个像素点的数目；N 为局部模式数目；$\text{num}(n)$ 为第 n 个局部模式像素点的数目；k 的取值范围为 $[1, \cdots, h^2]$；$\delta[\cdot]$ 为指示函数。

理论上，每个子矩阵利用上述方式计算获得的直方图包含 h^2 个 bin。为了使特征表示更简洁、紧凑，将其进行合并得到 K 个 bin，合并规则用公式表示为

$$\begin{cases} \text{vol}(k) = B \times \text{vol}(k-1), & k \in [2, \cdots, K] \\ \text{s.t.} \sum_{l=1}^{K-1} \text{vol}(l) < h^2 \leq \sum_{l=1}^{K} \text{vol}(l) \end{cases} \quad (6.52)$$

式中：$\text{vol}(k)$ 为第 k 次进行合并操作时局部模式的数目；B 为控制 $\text{vol}(k)$ 增长率的一个参数，其取值是位于 $[1, +\infty)$ 的一个整数。B 取值越大，越能够有效地控制 $\text{vol}(k)$ 的分布。

通过上述方式，将三个子矩阵各自对应的子直方图进行级联即可得到 LPH。SAR 图像 LPH 特征提取过程示意如图 6.14 所示。

（2）MLPH 特征提取方法。

上述 LPH 特征仅用了一个阈值 t，事实上单个阈值很难准确地反映 SAR 图像不同的地物类型。为了描述 SAR 图像复杂的局部纹理特征和提取更加有效的特征描述子，实际中常选用多个阈值。由于多个阈值的图像量化能够捕获滑窗内中心像素点邻域内细微的幅度变化，并且对噪声有一定的抗干扰能力，因此基于多个阈值比单个阈值的图像量化在图像特征提取方面效果更好。MLPH 可以通过级联不同阈值 t 对应的 LPH 特征得到。

邻域内像素点的幅度值具有一定的相似性，因此，阈值间隔应随着 t 的增加而增加，有

$$\begin{cases} t_m = T \times t_{m-1}, & m \in [2, \cdots, M] \\ \text{s.t.} \quad t_m < C \leq t_{M+1} \end{cases} \quad (6.53)$$

式中：t_m 为第 m 个阈值；M 为阈值个数；T 为控制 t_m 增长速度的一个参数，其取值为 $[1, +\infty)$；C 为图像像素值最大值与最小值的差。最终，MLPH 特征总的维度为 $M \times 3 \times K$。

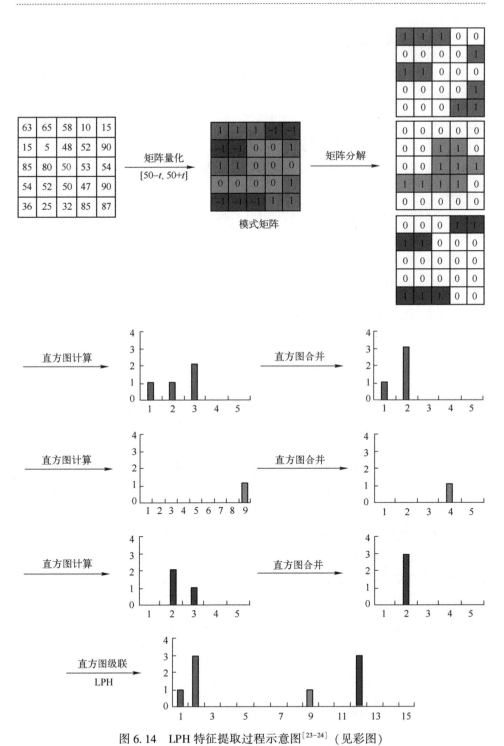

图 6.14 LPH 特征提取过程示意图[23-24]（见彩图）

6.2.5 电磁散射特征

电磁散射特征是 SAR 图像中物体的最本质特征，反映了目标不同结构、材质对雷达入射波的散射特性。随着分辨率的提高，单个分辨单元包含的散射中心减少，甚至每个分辨单元或多个分辨单元都只包含一个基本散射结构。目标的不同部位具有不同的散射机理，因此可以通过对高分辨 SAR 图像中的目标进行电磁散射特征提取，进而分析目标结构组成等特点，并对其进行分类识别。

属性散射中心（Attribute Scattering Center）[26]模型是基于几何绕射理论和规则目标的物理光学理论界而提出的目标二维散射中心模型，其参数模型包含了散射中心丰富的物理属性和几何属性，是一类重要的电磁散射特征。属性散射中心模型的具体形式为

$$\widetilde{E}_i(f,\phi;\theta_i) = A_i \left(\frac{\mathrm{j}f}{f_c}\right)^{\alpha_i} \cdot \exp\left\{\frac{-\mathrm{j}4\pi f}{c}(x_i\cos\phi + y_i\sin\phi)\right\} \cdot \\ \mathrm{sinc}\left[\frac{2\pi f}{c}L_i\sin(\phi-\phi_i')\right] \cdot \exp(-2\pi f\gamma_i\sin\phi) \tag{6.54}$$

式中：f 为频率；ϕ 为方位角；f_c 为中心频率；c 为光速。属性散射中心特征提取其实是一个参数估计过程，根据分辨单元的复数据估计式（6.54）中描述属性散射中心的参数集 $\theta_i = \{x_i, y_i, \alpha_i, \gamma_i, \phi_i', L_i, A_i\}$，其中：$A_i$ 为散射中心的幅度；x_i、y_i 分别为其距离向和方位向位置；α_i 为散射中心的频率依赖性；ϕ_i' 为散射中心方位角；L_i 为散射中心方位向物理长度。若 $L_i = \phi_i' = 0$，则散射中心为局部散射中心，γ_i 为散射中心对方位角的依赖关系，若 $\gamma_i = 0$，则该散射中心为分布散射中心，其对方位角的依赖关系由中心方位向的物理长度 L_i 和方位角 ϕ_i' 表示。属性散射中心模型将高分辨 SAR 数据中的强散射点看作基本散射体，其参数集共同描述了基本散射体的类型。表 6.3 给出了属性散射中心模型参数 L 和 α 与基本散射体的对应关系。

表 6.3 不同 L 和 α 所对应的基本散射体结构示例

L	$\alpha = 1$	$\alpha = 1/2$	$\alpha = 0$
$L = 0$	三面角反射	帽顶反射	双曲面反射

续表

L	$\alpha=1$	$\alpha=1/2$	$\alpha=0$
$L>0$	二面角反射	圆柱反射	直边反射

根据属性散射中心理论，SAR 图像目标的回波可以看作多个散射中心的回波的叠加，可以使用分水岭算法提取散射中心的坐标，并使用最大似然估计（Approximate Maximum Likelihood，AML）法估计剩余的参数。使用估计的属性散射中心参数集，作为 SAR 图像目标提取的特征，并使用重构 SAR 图像验证属性散射中心特征提取的正确性[27]。

属性散射中心提取的目的主要是通过对输入的目标对象 I，确定 p 个属性散射中心的相关参数 $[x_k, y_k, \alpha_k, \gamma_k, \phi_k, L_k, A_k]$。

（1）对输入的一景 SAR 图像目标数据 I 进行利用分水岭算法，提取一组高能量的区域，生成初始的属性散射中心个数 p，散射中心初始位置参数 $[x_k, y_k]$，初始时选取各个区域的质量中心作为初始坐标位置，并得到对应位置的幅度信息 A_k。

（2）利用图像域的结构选择方法，选择大于 -3db 的数据拟合多项式，并计算与 $ax^2+bx+c=10^{-3/20}$ 之间的距离 W，设定阈值长度 Len；若 $W>\text{Len}$，则认为散射为分布散射中心，进入步骤（4）。否则，认为散射中心为局部散射中心，进入步骤（5）。

（3）设置参数初始值。

（4）对包含最大能量的区域进行参数估计，在初始参数的基础上，进行最大似然估计，更新参数。对于分布散射中心，有 $\gamma_k=0$；根据 α_k 的值，查找表格，确定散射中心的类型。对于局部散射中心，有 $L_k=\phi_k=0$，根据 α_k 的值，查找表格，确定散射中心的类型。

（5）判断是否迭代结束。若结束，保存参数。否则，清除已提取的散射中心区域，进入步骤（2），直至满足迭代的条件。

基于最大似然估计的属性散射中心参数估计方法流程如表 6.4 所列和图 6.15 所示。

表 6.4 基于最大似然估计的属性散射中心参数估计方法流程

输入：SAR 图像 I、最大迭代次数 K、残差门限 T_r、初始化参数 θ_0。
输出：属性散射参数 $\hat{\theta}$。

续表

(1) 初始化 $I_e = I$；迭代次数 $N = 1$。
(2) 采用分水岭算法从原始图像 I 分割具有最高能量的区域 R，确定其位置、幅度参数。
(3) 初始化 R 的参数为 θ_0。
(4) 采用牛顿迭代法估计 R 的其他参数。
(5) 若 $N \geqslant K$ 或 $\text{sum}(I_r^2) < T_r$，则迭代终止，输出参数 $\hat{\theta}$；否则转至步骤 (6)。
(6) 更新 $I_e = I_r$，$N = N+1$；重复步骤 (2)~步骤 (6)。

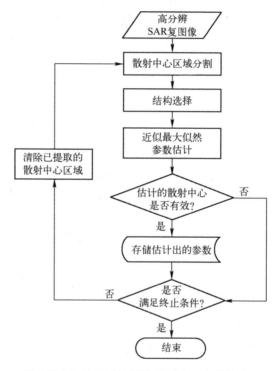

图 6.15 基于最大似然估计的属性散射中心参数估计方法流程图

6.2.6 变换域特征

从信号处理的角度，通过一定的数学变换将图像数据映射到变换域，从而降低数据的维数寻找数据中更为紧凑、核心的信息，也是一种特征提取方法。与几何尺度特征、灰度统计特征、灰度纹理特征和电磁散射特征等不同，变换域特征不存在明确的物理意义，但具有通用性强、计算量小等优点。

在 SAR 图像目标虚警鉴别和识别应用中，常用的变换域特征有傅里叶变换、小波变换（Wavelet Transform，WT）[28]、主成分分析（Principle Component

Analysis，PCA）[29]、独立成分分析（Independent Component Analysis，ICA）[30]。其中，小波变换将原始图像变换到不同的尺度空间，在大尺度空间中保留有数据的主要信息，而在小尺度空间中则主要体现数据的细节以及噪声等信息；主成分分析和独立成分分析属于正交变换方法，通过寻求原始图像数据在互相正交的子空间内的投影，进而获取目标图像的内在信息。除上述变换外，还有部分学者利用信息论框架、Hu 不变矩等变换提取特征，进行目标识别，均取得了一定的效果。

1）傅里叶变换

二维离散傅里叶变换（2D DFT）给出一幅图像的频率响应，能提供良好的频域分辨率。由于 DFT 分量为复数，在实际应用中，通常采用其幅值而忽略相位信息。通过计算归一化幅度图像的 DFT，选择若干个能量最高且稳定性最优的变换系数作为输入，训练分类器后可对 SAR 图像中的目标进行分类。

2）小波变换

小波变换依据基函数之和表述原图像，其基函数为小波基的尺度函数。使用小波变换提取系数特征的关键在于小波基的选择。常用的小波基函数有双正交样条、Coiflets、Daubechies、Meyer 离散估计、Haar、逆双正交小波对等。依据类内方差最小和类间方差最大的原则，对这 6 种不同小波基的比较，得出了如下结论：逆双正交小波对的性能最优，二维小波变换的分类性能与二维傅里叶变换特征大体相当。

3）PCA 及 KPCA

PCA 也称为 Karhunen-Loeve 变换，简称为 K-L 变换，用于计算 n 个 d 维模式产生的 $d \times d$ 阶协方差矩阵的 m 个最大特征向量。该变换定义为

$$Y = XH \qquad (6.55)$$

式中：x 为给定的 $n \times d$ 阶模式矩阵；y 为得到的 $n \times m$ 阶模式矩阵；H 为 $d \times m$ 阶线性变换矩阵，其中的列为特征向量。PCA 具有许多优良的性质：使变换后产生的新分量正交或不相关；以部分新分量表示原矢量均方误差最小；使变换矢量更趋稳定、能量更趋集中等。这些性质使得它在特征提取方面有着极为重要的应用。

PCA 是一种非监督的线性特征提取算法，当特征空间不满足线性时，提取的特征性能将不尽如人意，这时需要使用非线性特征提取技术。其中有一种技术直接与 PCA 关联，称为 KPCA。其基本思想是：①通过一个典型的非

线性函数 Φ 将输入数据映射到某个新特征空间 F；②在映射空间中执行一个线性的 PCA。已有一些文献提取 PCA 或 KPCA 特征，用于 SAR 图像目标识别。

6.2.7 特征提取示例

SAR 图像目标特征提取主要应用于目标虚警鉴别和识别，特征提取的有效性验证一般有两种方法：①对比提取结果与真实值之间的差异，适用于目标的物理特征特别是尺度特征如目标的长、宽等；②通过考察特征提取用于虚警鉴别或识别的精度。

6.2.7.1 物理几何特征提取结果

本节采用第一种方法给出车辆目标部分物理几何特征提取的示例。需要指出的是，由于 SAR 成像自身特点和目标的状态不同，目标图像中的强散射点旁瓣效应、顶底倒置以及目标运动等将为 SAR 图像目标特征提取带来部分固有的误差。图 6.16 给出了不同车辆目标的长度和周长提取结果，从图中可以看出，目标几何尺寸特征提取结果与目标姿态角具有直接的关系，总体上围绕目标几何尺寸真值上下波动。

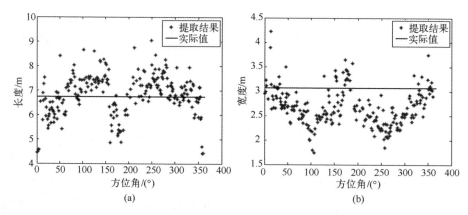

图 6.16 不同车辆目标的长度和周长提取结果

6.2.7.2 电磁散射特征提取结果

本节以车辆目标为例，提取目标属性散射中心特征。首先对图像区域进行分割；其次对目标区域内的散射中心进行参数估计，将目标图像分解为若干个属性散射中心；再次利用各属性散射中心的参数重构目标图像，并计算重构图像与原始图像之间的残差。图 6.17 给出了目标属性散射中心提取的部分结果，表 6.5 给出了 20 个属性散射中心的参数信息[27]。

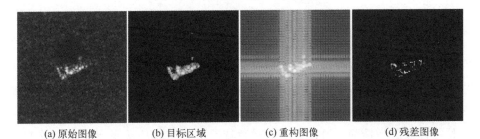

(a) 原始图像　　(b) 目标区域　　(c) 重构图像　　(d) 残差图像

图 6.17　车辆目标属性散射中心提取结果

表 6.5　目标属性散射中心参数估计结果

序号	A_i	α_i	x_i	y_i	γ_i	L_i	ϕ_i'
1	10.2903	1	0.8695	8.8043	0	0	0
2	11.5953	0	5.5576	-1.4839	1.6842	0	0
3	9.5491	0	3.2185	-6.4868	0.6119	0	0
4	13.0855	0	-0.4291	8.2896	0	6.1996	0
5	6.2746	1	1.0703	-16.8870	0	0	0
6	4.9497	1	-0.4233	-6.2680	0.0017	0	0
7	6.5078	0	10.8238	-10.6578	0	0	0
8	9.5990	0	2.8506	4.1015	0	4.3251	-0.0828
9	3.7104	1	-1.6336	16.1733	0	0	0
10	3.6847	0	4.0390	-15.6418	0	0	0
11	2.1718	0	10.3453	-6.5751	0	0	0
12	3.8665	0	6.9704	-13.5068	0	2.4343	-0.2448
13	1.7262	1	2.4647	-3.6429	-0.2148	0	0
14	2.1339	1	8.8040	-14.0607	0	0	0
15	1.8827	1	5.5212	2.9035	0	0	0
16	2.1439	0	-3.5360	9.3528	1.2955	0	0
17	1.3014	1	-10.3352	9.1406	0	0	0
18	0.7516	1	2.8914	9.4176	1.0081	0	0
19	0.9452	1	-1.7458	0.5666	0	0	0
20	2.0880	0	1.7751	-6.1492	0	6.1346	-0.0696

6.3 目标分类识别

通过对图像中的目标进行分类识别，可以更有效地完成目标属性的确认。在低分辨率条件下，目标在图像中所占的像素个数较少，难以提取有效的识别特征，而且由于一个分辨单元内包含许多散射结构的后向散射效应，限制了对目标结构的精确分析。随着 SAR 卫星数据的分辨率不断提高，目标的识别特征提取更为精确，目标的结构散射特性更为明显，从而为 SAR 图像目标分类识别奠定了先决条件。然而，除了图像分辨率之外，SAR 图像目标分类识别的性能还受多方面其他因素的影响。目标在 SAR 图像中的表现与成像参数、目标状态、周围环境等密切相关。同一目标在不同的成像条件下具有不同的表现，而不同的目标反而可能具有相近的表现。受限于 SAR 卫星成像能力、目标种类繁多和成像条件多变，建立完整的目标 SAR 图像数据库几乎难以实现，严重限制了分类识别的性能。在这种条件下，研究具有更优分类性能和鲁棒性的分类识别算法尤为可贵。

6.3.1 目标识别基本流程

研究者对 SAR 图像中目标分类识别的研究已得出了大量有益的结果，同时也总结了 SAR 自动目标识别（Automatic Target Recognition，ATR）所面临的难点。研究表明，SAR ATR 问题是系统成本、操作条件和系统性能等 3 个方面因素的函数。对于一个特定和确定的 SAR ATR 任务来讲，操作条件是影响 SAR ATR 性能的主要因素，主要包括目标、环境和成像参数等[31-32]。

在目标方面，主要包括目标的数目、类型和变化特性。所要识别的目标可以分为若干类，每一类又具有不同的型号，而每一型号又存在不同的版本变体，主要包括结构配置的变体和功能性的变体。目标的变体还包括目标损坏、运动（如船只目标的航行、俯仰、翻转）等。这些变体将引起目标图像或图像特征的变化。

在环境方面，主要是指目标和传感器周围的地理、电磁、气候等因素。广义的环境效应主要包括 6 个自由度的姿态、遮挡、层叠、邻接、背景、天气、伪装、隐蔽、欺骗、电磁干扰以及电子对抗等[32]。

在成像参数方面，SAR 成像几何、SAR 系统参数、SAR 成像性能等都会对目标分类识别的性能产生影响。这些参数主要包括俯仰角、斜视角、入射

角、入射电磁波的频率、带宽、脉冲重复频率、极化方式、处理视数、分辨率、噪声水平、传感器的异常、运动补偿和聚焦性能以及成像模式等。

根据采用的数据和样本的储存形式，SAR 图像目标分类识别系统可以分为如下 4 种：①利用图像基于模板的系统；②利用特征基于模板的系统；③利用图像基于模型的系统；④利用特征基于模型的系统。在 SAR 图像目标分类识别研究中，根据获取的数据和实验条件，可以灵活设计不同的分类系统。在这几类方法中，基于模型的方法试图利用 SAR 电磁仿真解决目标、环境、成像参数等操作条件对 SAR ATR 带来的不利影响，其框架如图 6.18 所示。

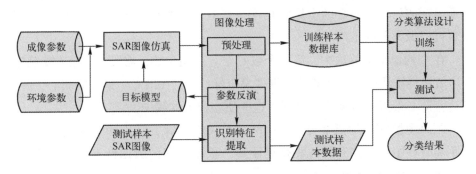

图 6.18　基于模型的 SAR 图像目标分类识别框架

基于模型的 SAR 图像目标分类识别典型框架主要包括 SAR 图像仿真、图像处理、分类算法设计等三部分。其中，样本数据库的生成主要是根据成像参数、目标参数等因素，对不同类别的目标进行电磁计算和 SAR 图像仿真，生成训练样本数据库。图像处理主要是对目标 SAR 图像切片进行滤波、分割等预处理，开展参数反演、识别特征提取等操作，一方面获取 SAR 成像时目标的姿态、运动等自身参数，另一方面提取有效的特征用于目标分类识别。分类算法设计集中于面向 SAR 图像目标识别问题，借鉴信号处理和模式识别的先进理论与方法，设计合理、高效的分类识别算法。

常用的分类识别算法有 C 均值聚类、模板匹配、K 近邻（K-NN）、支持向量机（Support Vector Machine，SVM）、贝叶斯（Bayes）分类、稀疏表示分类（Sparse Representation Classification，SRC）、深度学习（Deep Learning，DL）等。其中，C 均值聚类方法是一种非监督方法，分类性能依赖于初始聚类中心的选择；另外几种算法属于有监督方法，以 SVM 的应用最为广泛，而 SRC 和 DL 是近年来新兴的目标分类识别方法，在 SAR 图像目标自动识别中具有较好的推广应用前景。本节重点对 C 均值聚类、SVM 和 SRC 方法的原理进行介绍。DL 方法在后面章节专门介绍。

6.3.2 C 均值聚类方法

C 均值聚类[20]是一种无监督分类方法，通过样本间的相似性对数据集进行聚类，使类内差距最小化、类间距离最大化。C 均值聚类方法可以看作是将一组 N 个样本的特征矩阵划分为 C 个无交集的簇，直观上看簇是一组聚集在一起的数据，在一个簇中的数据就认为是同一类。簇中所有数据的均值通常被认为这个簇的"质心"。在一个二维平面中，质心横坐标就是这一簇数据点横坐标的均值，质心纵坐标就是这一簇数据点纵坐标的均值。在高维空间中也可以做类似的推广。

在 C 均值聚类算法中，簇的个数 C 是一个超参数，需要人为输入来确定。C 均值聚类算法的核心任务就是根据设定好的 C，找出 C 个最优的质心，并将离这些质心最近的数据分别分配到这些质心代表的簇中去。

距离度量是 C 均值聚类方法中的一个关键步骤，常用的距离度量包括欧式距离、曼哈顿距离和预先相似度距离。根据不同的数据特点，采用的距离度量也不尽相同。

对任意两个样本 $\boldsymbol{x}=\begin{bmatrix} x_1 & x_2 & \cdots & x_n \end{bmatrix}^\mathrm{T}$，$\boldsymbol{y}=\begin{bmatrix} y_1 & y_2 & \cdots & y_n \end{bmatrix}^\mathrm{T}$，欧式距离计算公式为

$$\begin{aligned} d(\boldsymbol{x},\boldsymbol{y}) &= \sqrt{(x_1-y_1)^2 + (x_2-y_2)^2 + \cdots + (x_n-y_n)^2} \\ &= \sqrt{\sum_{i=1}^{n}(x_i-y_i)^2} \end{aligned} \quad (6.56)$$

曼哈顿距离计算公式为

$$d(\boldsymbol{x},\boldsymbol{y}) = \sum_{i=1}^{n}|x_i-y_i| \quad (6.57)$$

余弦相似度计算公式为

$$d(\boldsymbol{x},\boldsymbol{y}) = \frac{\boldsymbol{x} \cdot \boldsymbol{y}}{\|\boldsymbol{x}\| * \|\boldsymbol{y}\|} \quad (6.58)$$

式中：分子为两个样本特征向量的点乘；分母为两个向量 L2 范数（每个分量平方值相加后开方）的乘积。

算法基本流程如下：

(1) 随机选取样本中心的 C 个点作为聚类中心。

(2) 分别计算样本集中其他样本距离这 C 个聚类中心的距离，并把这些

样本分别作为自己最近的那个聚类中心的类别。

（3）对上述分类完的样本再进行每个类别求平均值，求解新的聚类质心。

（4）与前一次计算得到的 C 个聚类质心比较，如果聚类质心发生变化则转向步骤（2），否则转到步骤（5）。

（5）当质心不发生变化时，算法停止，并输出聚类结果。

6.3.3 支持向量机分类方法

SVM[20]是一种应用十分广泛的机器学习方法，能够实现分类和回归等功能。SVM 具有与人工神经网络类似的结构，但它采用结构风险最小化代替经验最小化原则，从而获得更好的泛化能力，并在小样本条件下具有最优的性能。

SVM 从线性可分的两类分类问题发展而来，其基本思想是寻找待分类样本的最优分类面，得到两类样本的最大分类间隔。二元线性可分情况下的最优分类界面及支持向量示意如图 6.19 所示。图 6.19 中，圆点和方点分别代表两类样本，H 为分类线，H_1 和 H_2 分别为各类中离分类线最近的样本组成的平行于 H 的直线，分类间隔为它们之间的距离。能够将两类正确分开并使得分类间隔最大的分类线称为最优分类线。

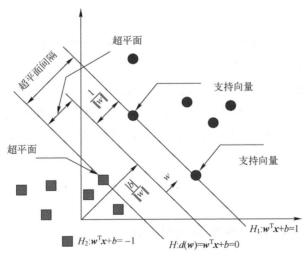

图 6.19 二元线性可分情况下最优分类界面及支持向量示意图

设训练样本集表示为 $\{\boldsymbol{x}_i, y_i\}$，其中 $\{\boldsymbol{x}_i \mid i=1,2,\cdots,l\}$ 为样本值，$y_i \in \{1, -1\}$ 表示类别标签。令可将两类样本完全分开的超平面为

$$wx+b=0 \tag{6.59}$$

式中：w 为超平面的法向量。$b/\|w\|$ 表示从超平面到原点沿法向量 w 的位移。离分类线最近的样本组成的平行于 H 的直线 H_1 和 H_2 分别表示为

$$wx_i+b=1, \quad x_i \text{ 属于第一类} \tag{6.60}$$

$$wx_i+b=-1, \quad x_i \text{ 属于第二类} \tag{6.61}$$

为了寻找使分类间隔最大的最优分类面，需要求解二次规划问题，即

$$\{\min\|w\|^2/2, \quad \text{s.t.} \quad y_i(wx_i+b)-1\geqslant 0 \tag{6.62}$$

当训练样本集非线性可分时，需引入非负松弛变量 ζ_i，求解最优分类面问题转化为

$$\begin{cases} \min\|w\|^2/2 + C\sum_{i=1}^{l}\zeta_i \\ \text{s.t.} \quad y_i(wx_i+b) \geqslant 1-\zeta_i \end{cases} \tag{6.63}$$

式中：C 代表对错误分类的惩罚，成为惩罚参数。利用拉格朗日乘子法求解上述优化问题，则可得最优决策函数为

$$f(x) = \text{sgn}\left[\sum_{i=1}^{l} y_i\alpha_i(x \cdot x_i) + b\right] \tag{6.64}$$

式中：α 为拉格朗日系数。对输入的测试样本 x 进行测试时，由式（6.64）确定 x 所述的类别。K-T 条件要求上述优化问题的解必须满足

$$\alpha_i(y_i(wx+b)-1) = 0 \tag{6.65}$$

对于多数样本，α_i 将取为 0；而取值不为 0 的 α_i 所对应的样本即为支撑向量，通常它们只是全体样本中的很少一部分。

当样本集非线性时，可通过把样本 x 映射到某个高维空间，并在高维空间中使用线性分类器。根据 Mercer 条件，采用不同核函数 $K(x_i,x_j)$ 即可实现非线性样本的线性分类，$K(x_i,x_j)$ 为内积函数，此时式（6.64）的最优决策函数变为

$$f(x) = \text{sgn}\left[\sum_{i=1}^{l} y_i\alpha_i K(x,x_i) + b\right] \tag{6.66}$$

6.3.4 基于稀疏表示的分类识别方法

本节从信号稀疏表示、稀疏系数向量求解和分类规则三个方面介绍稀疏表示分类的基本原理。

1) 信号稀疏表示

若空间 S 可由 N 个线性无关的基向量 $\Psi=\{\varphi_i\}$（$i=1,2,\cdots,N$）张成，则空

间中的任一矢量 s 都可以通过这组基的线性组合进行唯一展开,即

$$s = \sum_{i=1}^{N} \alpha_i \varphi_i = \sum_{i=1}^{N} \langle s, \varphi_i \rangle \varphi_i \tag{6.67}$$

式中:$\alpha_i = \langle s, \varphi_i \rangle$ 是 s 在基矢量 φ_i 上的展开系数。如果 $\varphi_i \perp \varphi_j$,$i \neq j$,则 Ψ 为空间 S 的一组正交基。将式(6.67)写为矩阵形式,有

$$s = \Phi \alpha \tag{6.68}$$

式中:Φ 为基向量组成的矩阵;α 为系数向量。当 $M < N$ 时,则 M 维空间 S 中的每个矢量用 φ_i 组合展开的形式有无穷多种,即 α 不是唯一的,称基集合 $\{\varphi_i\}$ 为超完备。

为了更灵活地对信号进行表示,采用超完备的冗余基函数代替传统的完备正交基函数是稀疏表示问题的前提条件。在 K 类物体的分类问题中,设每一类都有 n_i 个已知标签的训练样本,则可将所有训练样本集合为矩阵 Φ,即

$$\Phi = [\Phi_1, \Phi_2, \cdots, \Phi_K] \tag{6.69}$$

式中:$\Phi_i = [\phi_{i,1}, \phi_{i,2}, \cdots, \phi_{i,n_i}]$ 为第 i 类训练样本组成的集合,其中 $\phi_{i,j}$ 为第 i 类目标的第 j 个样本;$N = \sum_{i=1}^{K} n_i$ 为训练样本总个数。

如果第 i 类目标包含充足的训练样本且观测样本 y 属于该类,则可近似地将 y 表示为第 i 类训练样本的线性组合,即

$$y = \sum_{j=1}^{n_i} c_{i,j} \phi_{i,j} \tag{6.70}$$

式中:$c_{i,j}$ 为第 i 类目标中第 j 个样本在重建观测样本 y 过程中的权重。

一般情况下,待观测样本 y 的类别信息是未知的,此时可将整个训练样本集 Φ 作为一组基,从而可以将观测样本 y 用所有样本线性地表示为

$$y = \Phi x \tag{6.71}$$

式中:$x = [0, \cdots, 0, c_{i,1}, \cdots, c_{i,n_i}, 0, \cdots 0]^T$ 为理论条件下的系数向量,且该向量是稀疏的。

2) 稀疏系数求解

当样本数据维数 M 大于样本数 N 时,式(6.71)是一个超定方程组,具有唯一解。但在大多数实际应用中,式(6.71)一般是病态或不定方程组,即 Φ 为超完备基。式(6.71)的求解需要加入正则化的限制条件,如一种最小化 l_2 范数条件下的问题转化为

$$\min_{x} \|x\|_2, \quad \text{s.t.} \quad y = \Phi x \tag{6.72}$$

此时,满足最小化 l_2 范数的解通过 Φ 的伪逆矩阵求取,即 $\hat{x}_2 = (\Phi^T \Phi)^{-1} \Phi^T y$。

但是，最小化 l_2 范数下的解 $\hat{x}_2$ 一般包含很多非零项，即 $\hat{x}_2$ 是稠密的，不能通过它来选择与观测样本相关性较大的训练样本。

对于来自于某一类别的观测样本 y，理论上可以用该类别的训练样本对其进行表示。当训练样本的数目充足时，系数向量 x 仅包含少量的非零项，即 x 是稀疏的。当采用稀疏性作为正则化条件时，可将式（6.72）转化为

$$\min_{x} \|x\|_0, \quad \text{s.t.} \quad y = \Phi x \tag{6.73}$$

式中：$\|x\|_0$ 为 x 的 l_0 范数，其值为向量中非零项的个数。最小化 l_0 范数条件下不定方程的求解问题是一个 NP 难题，研究者开发了一系列的贪婪算法对其进行求解。

虽然贪婪算法能够求解上述问题，但它的数值解并不稳定。稀疏表示和压缩感知理论的研究成果表明，当 x 足够稀疏时，稀疏解的求取可以等价为最小化 l_1 范数条件下的问题

$$\min_{x} \|x\|_1, \quad \text{s.t.} \quad y = \Phi x \tag{6.74}$$

l_1 范数表示向量 x 非零系数绝对值之和。式（6.74）中的等式可以通过引入较小的噪声量 ε 进行松弛，从而可以通过求解凸优化的方法求得稀疏系数向量在最小化 l_1 范数条件下的一个近似解，即

$$\min_{x} \|x\|_1, \quad \text{s.t.} \quad \|y - \Phi x\| \leq \varepsilon \tag{6.75}$$

目前，求解式（6.75）的方法有线性规划（Linear Programs，LP）和二阶锥形规划（Second-Order Cone Programs，SOCP）算法等。

3) 稀疏表示分类规则

给定属于第 i 类的观测样本 y，通过式（6.73）或式（6.75）可求得其稀疏表示向量 x。从理论上来讲，x 中只有对应于第 i 类的系数才是非零的，从而可以很容易地将 y 识别为第 i 类。但在实际情况中，由于噪声和求解过程的误差，x 中的非零项并不仅仅对应单一的类别。此时，需要根据稀疏表示向量 x 中非零项的分布来确定 y 的类别信息。Wright 等在人脸识别应用中设计了一种基于最小重构误差的分类策略，充分利用了稀疏表示向量的线性结构信息，本书将其借鉴应用于 SAR 图像目标分类。

对每一类别 i，定义其特征函数 $\delta_i : \mathbb{R}^n \to \mathbb{R}^n$。给定一个稀疏表示向量 $x \in i^n$，则 $\delta_i(x) \in i^n$ 中的非零项只对应于第 i 类，而其他类别对应的系数均为零。使用第 i 类训练样本对观测样本 y 进行重构可借助于 $\delta_i(x)$ 来实现，即 $\hat{y}_i = \Phi \delta_i(x)$。$y$ 的类别可以通过寻找最小的重构误差来获得，即

$$\min_{i} r_i(y) B \|y - \Phi \delta_i(x)\|_2 \tag{6.76}$$

式中：$r_i(y)$ 为第 i 类训练样本对观测样本 y 的重构误差。

4) 稀疏表示分类流程

稀疏表示分类方法是从大量训练样本构造的超完备字典中求取测试样本的稀疏表示系数，进而确定测试样本的类别。构造超完备字典的元素既可以是直接的图像像素，也可以是变换后的特征数据。如果直接采用图像像素，由于图像像素较多，因此一般对其进行高斯随机投影下采样。然而，由于成像机理的差异，SAR 图像目标分类与人脸识别等光学图像分类问题存在一定的差异。一方面，SAR 图像中非目标区域包含有大量噪声；另一方面，目标本身对雷达入射波的散射也有较大的起伏，且受相干斑噪声影响。如果直接采用 SAR 目标图像进行分类，则将会影响识别性能。在分类识别之前，通过图像分割将目标区域分割出来，将非目标区域设为 0 值并裁剪分割后的目标切片，然后对裁剪后的目标区域进行 PCA 变换提取 PCA 特征，从而减轻相干斑噪声对算法性能的影响。SAR 图像目标稀疏表示分类流程如图 6.20 所示。

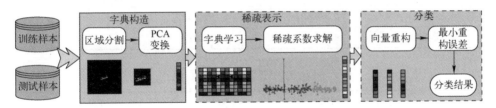

图 6.20　SAR 图像目标稀疏表示分类流程（见彩图）

6.3.5　目标分类示例

本节采用 MSTAR 数据集给出不同算法的分类结果示例。首先给出了 MSTAR 目标的 SRC 示例；其次对比分析了不同 PCA 特征维数条件下 1-NN、LinearSVM、RbfSVM、SRC 算法对 MSTAR 三类目标的分类性能；再次对比分析了上述几种算法在不同训练样本集尺度下的分类性能；最后分析了 SRC 方法在目标类型存在变异条件下的分类结果。

6.3.5.1　MSTAR 数据集及 SRC 分类示例

MSTAR 是美国空军研究实验室（AFRL）和国防高级研究计划局（DARPA）联合开展的一个 SAR ATR 系统研究项目。该项目利用桑迪亚国家实验室的 X 波段（9.6GHz）HH 极化 STARLOS 传感器，分别于 1995 年 9 月、1996 年 11 月和 1997 年 5 月在亨茨维尔的红石（Redstone）兵工厂采集了标准操作条件（SOC）和扩展操作条件（EOC）下的 10 类车辆目标的 SAR 图像。MSTAR 数据库包括 BMP2、BTR70、T72 三类地面静止目标（及其变体）和 SLICY 目标的 SAR 图像切片数据，每类目标包含 15°和 17°两个不同的俯仰角以及间隔为 1°的 0°~360°的方位角下的所有 SAR 图像，但部分方位角存在缺失。MSTAR 数据成像参数如表 6.6 所列。本书采用 MSTAR 数据库的一个子集对算法性能进行验证，实验数据由 BMP2、BTR70、T72 三类目标的 SAR 图像组成，如表 6.7 所列，其中 BMP2 和 T72 由于型号或结构的不同而存在相应的变体。每一类目标分别在 15°和 17°雷达俯仰角下进行成像，并包含有 200~300 幅 0°~360°目标姿态角下的图像数据。在未指明的情况下，17°俯仰角下的部分数据用来训练，15°俯仰角下的数据用来测试。

表 6.6 MSTAR 成像参数

参　数	参　数　值	参　数	参　数　值
中心频率	9.6GHz	PRF	—
带宽	600MHz	极化方式	HH
分辨率	0.3m×0.3m	成像模式	聚束

表 6.7 MSTAR 数据子集

俯仰角	BMP2			BTR70	T72		
	SN_9563	SN_9566	SN_C21	SN_C71	SN_132	SN_812	SN_S7
17°(训练)①	233	[232]	[233]	233	232	[231]	[228]
15°(实验)	195	196	196	196	196	195	191

注：①在未指明的情况下，方括号中的数据表示不参与训练和测试。

图 6.21 给出了稀疏表示分类对 MSTAR 数据中三类不同车辆目标的稀疏表示及重构误差结果。对于第一行的三类不同车辆目标，第二行的稀疏表示系数向量具有不同的表现，分别在对应的类别中具有较大的稀疏表示系数，对应于第三行中的重构误差也较小，从而实现了正确的分类。

6.3.5.2 不同 PCA 特征维数下的分类性能

本节对比分析 1-NN、LinearSVM、RbfSVM、SRC 算法随特征维数变化时的分类性能。17°俯仰角下的三类目标 BMP2(SN_C21)、BTR70、T72(SN_132)的所有图像数据被作为训练样本，15°俯仰角下相应型号的目标图像作为测试样本。首先对 MSTAR 图像进行目标分割，并以目标为中心将图像裁剪为

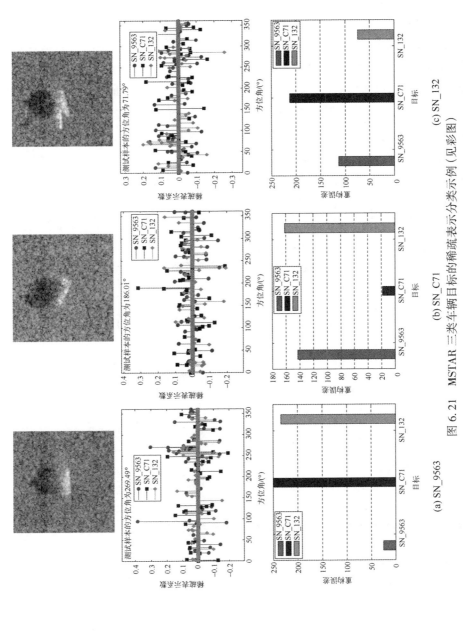

图 6.21 MSTAR 三类车辆目标的稀疏表示分类示例（见彩图）

（从上到下分别为测试样本图像、稀疏表示系数向量、重构误差。每类目标用不同的颜色和图标表示，红色圆圈为 SN_9563；蓝色方框为 SN_C71；绿色菱形为 SN_132）

64×64 像素大小，然后计算 PCA 特征。其中，RbfSVM 的径向基半径设置为经验值 $\sigma=4$，采用 LIBSVM 算法库进行分类实验；而 SRC 算法的误差因子设为 $\varepsilon=0.05$，以一定维数的 PCA 特征组成字典采用最小化 l_1 范数的 SOCP 方法求解稀疏表示向量。

图 6.22 给出了各分类算法在不同 PCA 特征维数下的性能曲线。PCA 是一种线性变换，变换后各主成分分量间相互正交。原始图像中的目标信息一般可由前若干个主成分分量来表示，通过选取一定的特征维数可以降低图像中噪声的影响。实验结果表明，随着 PCA 特征维数的增加，PCA 特征对原始数据的表征越来越充分，各分类器的性能呈现上升并可达到顶峰；但随着 PCA 特征维数的继续增加，图像中噪声逐渐混入目标信号中，分类性能反而出现下降趋势。SRC 算法达到最佳性能时所需的 PCA 特征维数最少，并且分类性能优于其他几种分类器。

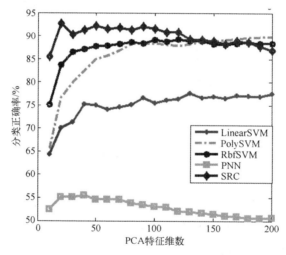

图 6.22 各分类器分类性能随 PCA 特征维数的变化曲线（见彩图）

6.3.5.3 部分姿态角训练样本缺失时的分类性能

稀疏表示是指从大量训练样本中进行学习，得到由少量样本对观测样本表示的稀疏向量。训练样本数目越丰富，关于目标的可利用信息越多，期望得到的分类性能越好。特别是对于 MSTAR 数据库，每一训练样本都代表目标在不同姿态方位角下的成像结果。如果只采用部分姿态角条件下的样本进行训练，则意味着在某些姿态角的测试样本所对应的训练样本有所缺失。每次以 17°俯仰角下的部分目标 SAR 图像作为训练样本，15°俯仰角下三类目标

(不包含变异目标)为测试样本,取 PCA 特征维数为 100,其他实验条件如前所述,各分类器分类性能随着训练样本百分比的变化趋势如图 6.23 所示。

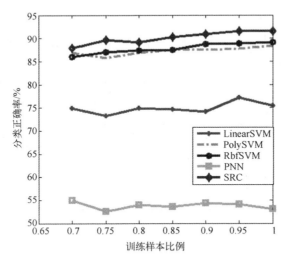

图 6.23　各分类器性能随训练样本百分比的变化趋势（见彩图）

从图 6.23 可以看出,每种分类器的性能都随着训练样本百分比的增加而上升。在训练样本目标姿态角缺失的条件下,SRC 算法仍能保持较好的分类性能。对比图 6.22 和图 6.23,每种分类器的正确分类率受训练样本数目的影响并不大,即在样本数目充足时,部分姿态角下目标样本的缺失对分类器性能影响较小。

6.3.5.4　存在目标变异体时的分类性能

由于目标型号不同和上层结构的改装,MSTAR 中部分车辆目标存在变异体。例如,BMP2 包含有 SN_C21、SN_9563 和 SN_9566 三个型号;T72 存在 SN_132、SN_812 和 SN_S7 三种变异体。当目标结构发生变化时,其对雷达入射波的散射将与原目标有所不同,从而在 SAR 图像上出现较大差异。本节分析了当训练样本和测试样本所对应的目标型号存在差异时分类算法的性能。分别采用 17°俯仰角下 BMP2 的 SN_9563、BTR70 和 T72 的 SN_132 作为训练样本,将 15°俯仰角下 BMP2 的 SN_9566、BTR70 和 T72 的 SN_812 作为测试样本,SRC 算法和 RbfSVM 算法的分类结果如表 6.8 所列。

从表 6.8 可以看出,BTR70 目标的训练和测试采用同一类型目标样本,SRC 和 RbfSVM 算法分类能力相当;而对于 BMP2 和 T72,由于训练和测试采用的是同一目标的不同型号变异体,两种算法对其分类都存在较大的误分率。

算法的错误分类主要存在于：将 BMP2 错分为 BTR70 和 T72；将 T72 错分为 BMP2。总体来讲，SRC 算法平均的分类率更高，在存在目标变异体条件下鲁棒性更好。

表 6.8　存在目标变异体时 SRC 和 RbfSVM 算法分类正确率

单位：%

算法	SRC			RbfSVM		
分类性能	BMP2	BTR70	T72	BMP2	BTR70	T72
BMP2	78.0612	13.6253	8.6735	60.2041	18.3673	21.4286
BTR70	4.5918	94.8980	0.5102	4.5918	94.8980	0.5102
T72	27.6923	6.1538	66.1538	47.6923	0	52.3077
平均正确率	79.7043			69.1366		

参考文献

[1] 邢相薇. 星载 HRWS SAR 图像舰船目标监视关键技术研究 [D]. 长沙：国防科技大学，2014.

[2] 匡纲要，高贵，蒋咏梅，等. 合成孔径雷达目标检测理论、算法及应用 [M]. 长沙：国防科技大学出版社，2007.

[3] FARINA A, RUSSO A, STUDER F A, et al. Reply: on a coherent model for log-normal clutter [J]. IEE Procedings F (Communications, Radar and Signal Proceedings)，1987，134 (2)：200-201.

[4] RAVID R, LEVANON N. Maximum-likelihood CFAR for weibull background [J]. IEEE Proceedings on Radar and Signal Processing，1992，139 (3)：256-264.

[5] MARIA T R, DROSOPOULOS A, PETROVIC D. A search procedure for ships in radarsat imagery [R]. Otawa (Canada)：Defence Research Establishment Ottawa，1996.

[6] WANG C C, LIAO M S, LI X F. Ship detection in SAR image based on the alpha-stable distribution [J]. Sensors，2008，8 (8)：4948-4960.

[7] FRERY A C. A model for extremely heterogeneous clutter [J]. IEEE Transaction on Geoscience and Remote Sensing，1996，35 (3)：648-659.

[8] BRIZI M, LOMBARDO P, PASTINA D. Exploiting the shadow information to increase the target detection performance in SAR images [C]//International Conference on Radar Systems，1999.

[9] SCIOTTI M, PASTINA D, Lombardo P. Exploiting the polarimetric information for the detection of ship Targets in non-homogeneous SAR images [C]//IEEE 2002 International Geoscience and Remote Sensing Symposium (IGARSS' 02), 2002: 1911-1913.

[10] LOMBARDO P, SCIOTTI M, KAPLAN L M. SAR prescreening using both target and shadow information [C]//IEEE National Radar Conference-Proceedings, 2001: 147-152.

[11] GAGNON L, OPPENHEIM H, VALIN P. R&D activities in airborne SAR image processing/analysis at Lockheed Martin Canada [C]//Proceeding of SPIE, 1998: 998-1003.

[12] TELLO M, LOPEZ-MARTINEZ C, MALLORQUI J J, et al. Automatic detection of spots and extraction of frontiers in SAR images by means of the wavelet transform: application to ship and coastline detection [C]//IEEE Geoscience and remote sensing symposium, 2006: 383-386.

[13] 侯卫, 李勇. 基于SAR影像数据的多分辨率CFAR目标检测算法及精度分析 [J]. 北京测绘, 2023, 37 (1): 104-109.

[14] HWANG S I, OUCHI K. On a novel approach using MLCC and CFAR for the improvement of ship detection by synthetic aperture radar [J]. IEEE Geoscience and Rmote Sensing Letters, 2010, 7 (2): 391-395.

[15] 张露, 郭华东, 韩春明, 等. 基于子孔径分解的SAR动目标检测方法 [J]. 电子学报, 2008, 36 (6): 1210-1213.

[16] BENELLI G, GARZELLI A, MECOCCI A. Complete processing system that uses fuzzy logic for ship detection in SAR images [J]. IEE Proceedings: Radar, Sonar & Navigation, 1994, 141 (4): 181-186.

[17] ARGENTI F, BENELLI G, GARZELLI A, et al. Automatic ship detection in SAR images [C]//IEE International Conference Radar, 1992: 465-468.

[18] ASKARI F, ZERR B. Automatic approach to ship detection in spaceborne synthetic aperture radar imagery: an assessment of ship detection capability using RADARSAT [R]. La Spezia (Italy): Saclant Undersea Research Center, 2000.

[19] OSMAN H, BLOSTEIN S D. Probabilistic winner-take-all segmentation of images with application to ship detection [J]. IEEE Transactions on Systems, Man, & Cybernetics, Part B: Cybernetics, 2000, 30 (3): 485-490.

[20] AMOON M, BOZORGI A, REZAI-RAD G. New method for ship detection in synthetic aperture radar imagery based on the human visual attention system [J]. Journal of Applied Remote Sensing, 2013, 7: 071599, 071591, 071517.

[21] 孙即祥. 图像分析 [M]. 北京: 科学出版社, 2005.

[22] 朱俊, 王世晞, 计科峰, 等. 一种适用于SAR图像的二维Ostu改进算法 [J]. 中国图象图形学报, 2009, 14 (1): 14-18.

［23］秦庆喜. 基于深度网络的 SAR 图像地物分类算法研究［D］. 西安：西安电子科技大学，2019.

［24］GENG J, FAN J, WANG H, et al. High-resolution SAR image classification via deep convolutional autoencoders［J］. IEEE Geoscience and Remote Sensing Letters, 2015, 12 (11)：2351-2355.

［25］DAI D, YANG W, SUN H. Multilevel local pattern histogram for SAR image classification［J］. IEEE Geoscience and Remote Sensing Letters, 2011, 8 (2)：225-229.

［26］POTTER L C, MOSES R L. Attributed scattering centers for SAR ATR［J］. IEEE Transaction on Image Processing, 1997, 6 (1)：79-91.

［27］张爱兵. 高分辨率 SAR 图像复杂目标属性散射中心特征提取［D］. 长沙：国防科学技术大学，2009.

［28］MAGLI E, OLMO G, PRESTI L. Pattern recognition by means of the radon transform and the continuous wavelet transform［J］. Signal Processing, 1999, 73：277-289.

［29］GOUAILLIER V, GAGNON L. Ship silhouette recognition using principal components analysis［C］//SPIE Conference on Applications of Digital Image Processing. San Diego, USA, 1997.

［30］HUANG C W, LEE K C. Application of ICA technique to PCA based radar target recognition［J］. Progress in Electromagnetics Research, 2010, 105：157-170.

［31］ROSS T D, BRADLEY J J, HUDSON L J, et al. SAR ATR-so what's the problem?: an MSTAR perspective［C］//SPIE Conference on Algorithms for Synthetic Aperture Radar Imagery VI. Orlando, Florida, 1999：662-672.

［32］匡纲要，计科峰，粟毅，等. SAR 图像自动目标识别研究［J］. 中国图象图形学报，2003, 8 (A) (10)：1115-1120.

［33］WRIGHT J, YANG A Y, GANESH A, et al. Robust face recognition via sparse representation［J］. IEEE Transation on Pattern Analysis and Machine Intelligence, 2009, 31 (2)：1-18.

第 7 章 极化 SAR 地物分类方法

SAR 图像地物分类是 SAR 图像解译与分析的关键技术之一，在城市规划、地理测绘等方面有着广泛的应用。SAR 图像地物分类的任务是给图像中每个像素点一个标记，并分辨出其所属的地物类别。例如，可以对 SAR 图像提取图像特征，并依据特征将其划分为河流、居民区、森林、农作物和道路等不同地物类别。目前在区域乃至全球的地表地物分类中，采用 SAR 图像进行地物分类表现出巨大的应用前景和潜力[1-2]。

极化 SAR 不仅具有常规 SAR 的所有优点，而且还具有与自然介质的物理性质和后向散射直接相关的测量信息机制。一方面，可以通过分析极化 SAR 数据后向散射系数的多极化来识别不同的地物类别；另一方面，可以从极化 SAR 数据中提取出大量的 SAR 参数，提高空间中类的可分析性。因此，极化 SAR 数据处理已经在从植被到海冰、从自然地形到人造基础设施的遥感应用方面得到越来越多的关注。本书重点介绍极化 SAR 基本原理及其在地物分类中的应用。

本章首先介绍极化 SAR 基础理论，然后分别从基于像素和基于区域两种思路介绍典型的极化 SAR 地物分类方法[1]。

7.1 极化 SAR 基础理论

在微波遥感应用中，不同地物对入射电磁波具有不同的极化响应，即具有不同的极化散射特性。极化对微波遥感应用具有重要的意义，具体表现在：①通过对极化信息的开发和利用，可以丰富目标的特征参数，提高识别与分类能力；②通过研究目标的变极化行为（电磁波与目标相互作用后极化状态发生变化），可以获得目标材料特性（如材料属性及其粗糙度等)以及目标几何图形信息(如目标取向和对称性等);③利用目标及其环境各自不同的极化散射特性,可以提高雷达对弱目标的探测能力。极化SAR通过获取目标地物在HH,HV,VH,VV四种组合方式下的散射回波来获得目标不同角度的多种极化信息,而极化SAR图像地物分类是通过分类方法提取这些目标散射信息的本质特征,从而对目标完成分类,获得其地物标签。

7.1.1 极化SAR数据描述

对极化SAR数据的描述一般包括极化散射矩阵、极化协方差矩阵和极化相干矩阵。地物极化SAR特征提取可以基于上述3类矩阵进行分解得到。

1)极化散射矩阵

在选定散射空间坐标系和相应的极化基条件下,雷达入射波和目标散射回波的各极化分量间存在线性变换关系,因此目标的变极化效应可以用一个复二维矩阵来表示,称为极化散射矩阵,即Sinclair矩阵 S。雷达入射波和目标散射回波之间的关系用极化散射矩阵可以表示为

$$E^{re} = SE^{tr} = \begin{bmatrix} E_H^{re} \\ E_V^{re} \end{bmatrix} = \frac{e^{ikr}}{r} \begin{bmatrix} S_{HH} & S_{HV} \\ S_{VH} & S_{VV} \end{bmatrix} \begin{bmatrix} E_H^{tr} \\ E_V^{tr} \end{bmatrix} \quad (7.1)$$

式中:上标 tr 和 re 分别为入射电磁波和目标散射回波;r 为散射目标与接收天线之间的距离;k 为电磁波的波数。

散射矩阵 S 包含了散射体的变极化信息,不仅取决于目标本身的尺寸、形状、结构、材料等物理因素,也与目标和雷达系统之间的相对姿态取向、位置几何关系及雷达工作频率等有关。在单基系统中,根据天线互易定理,散射矩阵中交叉极化分量是相等的,即 $S_{HV} = S_{VH} = S_x$,因此 S 可以表示为

$$S = \begin{bmatrix} S_{HH} & S_{HV} \\ S_{VH} & S_{VV} \end{bmatrix} = e^{i\phi_0} \begin{bmatrix} |S_{HH}| & |S_x|e^{i(\phi_x-\phi_0)} \\ |S_x|e^{i(\phi_x-\phi_0)} & |S_{VV}|e^{i(\phi_{vv}-\phi_0)} \end{bmatrix} \quad (7.2)$$

散射矩阵可以矢量化为散射矢量,即

$$k = V(S) = \frac{1}{2}\text{Trace}(S\Psi) = [k_0, k_1, k_2, k_3]^T \quad (7.3)$$

式中:$V(\cdot)$ 为矢量化算子;$\text{Trace}(\cdot)$ 为矩阵的迹;Ψ 为正交单位矩阵;T 为矩阵的转置。

为了矢量化散射矩阵,可以采用不同的单位正交矩阵。主要有两种单位

正交矩阵：一种是 Lexicographic 基，记为 $\boldsymbol{\Psi}_L$；另一种是 Pauli 基，记为 $\boldsymbol{\Psi}_P$。Lexicographic 基和 Pauli 基分别表示为

$$\boldsymbol{\Psi}_L := \left\{ \begin{bmatrix} 2 & 0 \\ 0 & 0 \end{bmatrix}, \begin{bmatrix} 0 & 2 \\ 0 & 0 \end{bmatrix}, \begin{bmatrix} 0 & 0 \\ 2 & 0 \end{bmatrix}, \begin{bmatrix} 0 & 0 \\ 0 & 2 \end{bmatrix} \right\} \tag{7.4}$$

$$\boldsymbol{\Psi}_P := \left\{ \sqrt{2}\begin{bmatrix} 1 & 0 \\ 0 & 0 \end{bmatrix}, \sqrt{2}\begin{bmatrix} 1 & 0 \\ 0 & -1 \end{bmatrix}, \sqrt{2}\begin{bmatrix} 0 & 1 \\ 1 & 0 \end{bmatrix}, \sqrt{2}\begin{bmatrix} 0 & -i \\ i & 0 \end{bmatrix} \right\} \tag{7.5}$$

相应的散射矢量也分别记为 $\boldsymbol{k}_L$ 和 $\boldsymbol{k}_P$，可表示为

$$\boldsymbol{k}_{4L} = [S_{HH}, S_{HV}, S_{VH}, S_{VV}]^T \tag{7.6}$$

$$\boldsymbol{k}_{4P} = \frac{1}{\sqrt{2}}[S_{HH}+S_{VV}, S_{HH}-S_{VV}, S_{HV}+S_{VH}, i(S_{HV}-S_{VH})]^T \tag{7.7}$$

在互易条件下，上述散射矢量可简化为

$$\boldsymbol{k}_{3L} = [S_{HH}, \sqrt{2}S_{HV}, S_{VV}]^T \tag{7.8}$$

$$\boldsymbol{k}_{3P} = \frac{1}{\sqrt{2}}[S_{HH}+S_{VV}, S_{HH}-S_{VV}, 2S_{HV}]^T \tag{7.9}$$

两种散射矢量之间的转换关系为

$$\boldsymbol{k}_{4P} = \boldsymbol{D}_4 \boldsymbol{k}_{4L} = \frac{1}{\sqrt{2}} \begin{bmatrix} 1 & 0 & 0 & 1 \\ 1 & 0 & 0 & -1 \\ 0 & 1 & 1 & 0 \\ 0 & i & -i & 0 \end{bmatrix} \boldsymbol{k}_{4L} \tag{7.10}$$

$$\boldsymbol{k}_{4L} = \boldsymbol{D}_4^{-1} \boldsymbol{k}_{4P} = \frac{1}{\sqrt{2}} \begin{bmatrix} 1 & 1 & 0 & 0 \\ 0 & 0 & 1 & -i \\ 0 & 0 & 1 & i \\ 1 & -1 & 0 & 0 \end{bmatrix} \boldsymbol{k}_{4P} \tag{7.11}$$

2）极化协方差矩阵和相干矩阵

SAR 成像的分辨单元大于入射波的波长，即在单个像元内包含多个散射中心，每一个散射中心的散射都可以用一个散射矩阵 $\boldsymbol{S}_i$ 来表示。因此，一个分辨单元的测量值 $\boldsymbol{S}$ 是分辨单元内多个散射中心散射响应 $\boldsymbol{S}_i$ 的相干叠加。为了处理分辨单元内的统计散射效应和分析局部散射体，引入极化协方差矩阵和相干矩阵。

极化协方差矩阵定义为 Lexicographic 基下的散射矢量 $\boldsymbol{k}_L$ 与其共轭转置 $\boldsymbol{k}_L^\dagger$ 的外积，即

$$C_{4\times 4}=\langle k_{\mathrm{L}}k_{\mathrm{L}}^{\dagger}\rangle=\begin{bmatrix} \langle |S_{\mathrm{HH}}|^2\rangle & \langle S_{\mathrm{HH}}S_{\mathrm{HV}}^*\rangle & \langle S_{\mathrm{HH}}S_{\mathrm{VH}}^*\rangle & \langle S_{\mathrm{HH}}S_{\mathrm{VV}}^*\rangle \\ \langle S_{\mathrm{HV}}S_{\mathrm{HH}}^*\rangle & \langle |S_{\mathrm{HV}}|^2\rangle & \langle S_{\mathrm{HV}}S_{\mathrm{VH}}^*\rangle & \langle S_{\mathrm{HV}}S_{\mathrm{VV}}^*\rangle \\ \langle S_{\mathrm{VH}}S_{\mathrm{HH}}^*\rangle & \langle S_{\mathrm{VH}}S_{\mathrm{HV}}^*\rangle & \langle |S_{\mathrm{VH}}|^2\rangle & \langle S_{\mathrm{VH}}S_{\mathrm{VV}}^*\rangle \\ \langle S_{\mathrm{VV}}S_{\mathrm{HH}}^*\rangle & \langle S_{\mathrm{VV}}S_{\mathrm{HV}}^*\rangle & \langle S_{\mathrm{VV}}S_{\mathrm{VH}}^*\rangle & \langle |S_{\mathrm{VV}}|^2\rangle \end{bmatrix} \quad (7.12)$$

式中：$\langle\cdot\rangle$ 表示在假设随机散射介质各向同性下的空间统计平均。

类似地，极化相干矩阵定义为 Pauli 基下的散射矢量 k_{P} 与其共轭转置 $k_{\mathrm{P}}^{\dagger}$ 的外积，即

$$T_{4\times 4}=\langle k_{\mathrm{P}}k_{\mathrm{P}}^{\dagger}\rangle \quad (7.13)$$

根据天线的互易性，$S_{\mathrm{HV}}=S_{\mathrm{VH}}=S_x$，因此极化相干矩阵可以简化为 3×3 的相干矩阵，即

$$T_{3\times 3}=\langle k_{3\mathrm{P}}k_{3\mathrm{P}}^{\dagger}\rangle=\frac{1}{2}\begin{bmatrix} \langle |A|^2\rangle & \langle AB^*\rangle & \langle AC^*\rangle \\ \langle BA^*\rangle & \langle |B|^2\rangle & \langle BC^*\rangle \\ \langle CA^*\rangle & \langle CB^*\rangle & \langle |C|^2\rangle \end{bmatrix} \quad (7.14)$$

$$\begin{cases} A=S_{\mathrm{HH}}+S_{\mathrm{HV}} \\ B=S_{\mathrm{HH}}-S_{\mathrm{HV}} \\ C=2S_x \end{cases} \quad (7.15)$$

极化协方差矩阵和极化相干矩阵都是 Hermit 半正定矩阵，具有相同的非负实特征值，二者具有线性变换关系，即

$$T_{3\times 3}=QC_{3\times 3}Q^{\mathrm{T}} \quad (7.16)$$

式中：实变换矩阵 Q 为

$$Q=\frac{1}{\sqrt{2}}\begin{bmatrix} 1 & 0 & 1 \\ 1 & 0 & -1 \\ 0 & \sqrt{2} & 0 \end{bmatrix} \quad (7.17)$$

7.1.2 极化相干分解

所谓极化 SAR 目标分解（解析），是基于极化测量数据，提取具有物理意义的目标参数来解译目标的散射机制，从而进行目标的分类、检测等应用。Huynen 首次明确阐述了目标分解理论，诸多学者在此领域进行了大量研究，相继提出了多个分解方法。这些理论主要分为确定性目标分解和非确定性目标分解两大类：第一类主要针对散射矩阵；第二类针对 Mueller 矩阵、协方差矩阵或相干矩阵。

1) Pauli 分解

极化散射矩阵可分解为若干个基本散射矩阵之和,而这些基本散射矩阵可以与某种确定的散射机理联系起来。Pauli 分解选择 Pauli 基作为基本散射矩阵,Pauli 基写成基本散射矩阵形式为

$$S_a = \sqrt{2}\begin{bmatrix} 1 & 0 \\ 0 & 1 \end{bmatrix} \tag{7.18}$$

$$S_b = \sqrt{2}\begin{bmatrix} 1 & 0 \\ 0 & -1 \end{bmatrix} \tag{7.19}$$

$$S_c = \sqrt{2}\begin{bmatrix} 0 & 1 \\ 1 & 0 \end{bmatrix} \tag{7.20}$$

$$S_d = \sqrt{2}\begin{bmatrix} 0 & -i \\ i & 0 \end{bmatrix} \tag{7.21}$$

极化散射矩阵表示为基本散射矩阵之和,即

$$S = \begin{bmatrix} S_{HH} & S_{HV} \\ S_{VH} & S_{VV} \end{bmatrix} = \alpha S_a + \beta S_b + \gamma S_c + \delta S_d \tag{7.22}$$

式中:α、β、γ、δ 都是复数,表示各基本散射矩阵分量的大小,可以写成向量 K 的形式,有

$$K = \frac{1}{\sqrt{2}}[S_{HH}+S_{VV}, S_{HH}-S_{VV}, S_{HV}+S_{VH}, i(S_{HV}-S_{VH})]^T \tag{7.23}$$

当介质满足互易性条件时,有

$$K = \frac{1}{\sqrt{2}}[S_{HH}+S_{VV}, S_{HH}-S_{VV}, S_{HV}+S_{VH}]^T \tag{7.24}$$

Pauli 分解各基本散射矩阵的物理解释如表 7.1 所列。

表 7.1 Pauli 分解中各基本散射矩阵的物理解释

基本散射矩阵	散射类型	物理解释
$\begin{bmatrix} 1 & 0 \\ 0 & 1 \end{bmatrix}$	奇次散射	面,球,角反射器
$\begin{bmatrix} 1 & 0 \\ 0 & -1 \end{bmatrix}$	偶次散射	二面角
$\begin{bmatrix} 0 & 1 \\ 1 & 0 \end{bmatrix}$	$\pi/4$ 偶次散射	倾斜 $\pi/4$ 的二面角
$\begin{bmatrix} 0 & -i \\ i & 0 \end{bmatrix}$	交叉极化	不存在相应的散射机制

2) Cameron 分解

1996 年，Cameron 根据雷达目标的对称性和互易性，提出了一种新的相干目标分解方法。其基本思想是，首先将极化散射矩阵分为互易性和非互易性部分，然后提取互易性部分中的最大对称分量，最后将对称分量对称化，从而根据散射体的形状将散射体分为 11 类。

将 Pauli 矩阵分解写成向量形式为

$$S = \alpha S_a + \beta S_b + \gamma S_c + \delta S_d \tag{7.25}$$

在单基 SAR 系统中，接收天线和发射天线被固定在同一位置，在这种情况下满足天线互易假设，即散射矩阵的对角元素相等。但由于传播效应、物体材料（与电磁场的作用非线性或绝缘体）、后向散射强度等因素的影响，互易原理并不能完全得到满足。假设满足互易原理的散射矩阵位于子空间 $W_{rec} \subset C^4$，C^4 表示四维复空间，定义互易子空间下的投影算子为 P_{rec}，有

$$P_{rec} = \frac{1}{2} \begin{bmatrix} 2 & 0 & 0 & 0 \\ 0 & 1 & 1 & 0 \\ 0 & 1 & 1 & 0 \\ 0 & 0 & 0 & 2 \end{bmatrix} \tag{7.26}$$

任意散射矩阵都可以分解为复数域内正交的两部分：S_{rec} 和 $S_\perp$，其中 $S_{rec} \subset W_{rec}$，$S_\perp \subset W_{rec}^\perp$（$W_{rec}^\perp$ 是 C^4 中与 W_{rec} 正交的子空间）。因此，散射矩阵的分解可以表示为

$$\begin{cases} S = S_{rec} + S_\perp \\ S_{rec} = P_{rec} S \\ S_\perp = (I - P_{rec}) S \end{cases} \tag{7.27}$$

式中：I 为 C^4 空间的单位矩阵。散射矩阵服从互易原理的程度可以用散射矩阵和互易子空间之间的夹角 θ_{rec} 表示为

$$\theta_{rec} = \arccos \|P_{rec} S\|, \quad 0 \leq \theta_{rec} \leq \pi/2 \tag{7.28}$$

当 $\theta_{rec} = 0$ 时，散射矩阵为严格遵守互易原理的散射体；当 $\theta_{rec} = \pi/2$ 时，散射矩阵位于互易空间的正交空间，不符合互易原理。

目标的对称性是指目标在与雷达视线（Line of Sight，LOS）垂直的平面内具有对称轴。当满足对称性时，目标的散射矩阵可以通过严格的旋转变换生成对角阵。对称散射体的散射矩阵不能构成一个子空间，因此只能将互易散射矩阵进一步分解为最大对称分量 S_{sym}^{max} 和最小对称分量 S_{sym}^{min}。由于目标散射矩阵满足互易性原理，因此有

$$S = \alpha S_a + \beta S_b + \gamma S_c \tag{7.29}$$

当 $S \in W_{sym}$ 时，存在一个旋转角 ψ 使得散射矩阵在 S_c 方向上的投影为 0，即 $\beta\sin(2\psi)+\gamma\cos(2\psi)=0$，相应对称散射体的散射矩阵 S_{sym} 可以分解为

$$S_{sym}=\alpha S_a+\varepsilon[\cos\theta \cdot S_b+\sin\theta \cdot S_c] \tag{7.30}$$

最大对称散射部分 S_{sym}^{max} 可以表示为

$$S_{sym}^{max}=DS_{rec}=(S_{rec},S_a)S_a+(S_{rec},S')S' \tag{7.31}$$

$$S'=\cos(\theta)S_b+\sin(\theta)S_c$$

当满足 $\beta \neq \gamma$ 时，能够从 S_{rec} 中提取的最大对称分量为

$$S_{sym}^{max}=\alpha S_a+\varepsilon S_b \tag{7.32}$$

$$\varepsilon=\beta\cos\theta+\gamma\sin\theta$$

S_{rec} 的对称度可以由角度 τ 来描述，有

$$\tau=\arccos\left|\frac{(S_{rec},DS_{rec})}{\|S_{rec}\| \cdot \|DS_{rec}\|}\right|, \quad 0 \leqslant \tau \leqslant \frac{\pi}{4} \tag{7.33}$$

当 $\tau=0$ 时，S_{rec} 对应于对称散射体；随着 τ 的增大，S_{rec} 的散射特性越来越不对称；当 $\tau=\pi/4$ 时，S_{rec} 对应的散射体表示为左旋或右旋螺旋体。

如前所述，任一对称散射体都可以通过一个旋转角变换为对角矩阵，即可表示为

$$S_{sym}=a\mathrm{e}^{i\varphi}R(\psi)\hat{A}(z);\ a \in \mathrm{IR}^+;\rho,\psi \in (-\pi,\pi] \tag{7.34}$$

式中：IR^+ 表示正实数；a 是散射矩阵的幅度；ρ 是剩余相位；ψ 是散射方位角，其与旋转角的关系为 $\psi=-\psi_d$。归一化向量 $\hat{A}(z)$ 为

$$\hat{A}(z)=\frac{1}{\sqrt{1+|z|^2}}\begin{bmatrix}1\\0\\0\\z\end{bmatrix} \tag{7.35}$$

式中：复参量 z 可以用来表示不同的对称散射体。用 z 表示的基本散射体类型如表 7.2 所列。

表 7.2 基本散射体的 z 值

散射体名称	z	散射体名称	z
三面角 (trihedral)	1	圆柱体 (cylinder)	1/2
二面角 (dihedral)	−1	窄二面角 (narrow dihedral)	−1/2
1/4 波 (quarter wave device)	i	偶极子（dipole）	0

目标散射特性与基本散射体之间的相似度可以由对称散射矩阵距离描述，有

$$d(z, z_{\text{ref}}) = \frac{|1+z^* z_{\text{ref}}|}{\sqrt{1+|z|^2}\sqrt{1+|z_{\text{ref}}|^2}} \tag{7.36}$$

可以根据最短距离 $d(z, z_{\text{ref}})$ 对散射体 z 进行分类。图 7.1 给出了基于 Cameron 分解的散射体分类方案，分别将目标划分为二面角、窄二面角、偶极子、圆柱体、三面角、1/4 波以及左（右）旋螺旋体和不对称体。

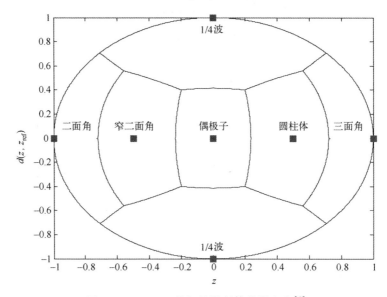

图 7.1　Cameron 分解的散射体分类方案[5]

7.1.3　基于散射模型的极化分解

基于散射模型的分解方法是以物理散射模型为基础，按照散射机制进行建模，它不需要使用任何地面测量数据。

如前所述，散射矩阵只能描述相干或纯散射体（coherence or pure scatterers），而不能描述分布散射体（distributed scatterer）。为了描述分布散射体以及消除相干斑噪声的影响，一般采用二阶极化描述子（协方差矩阵或相干矩阵）来对其进行分析。然而，直接通过分析协方差矩阵或相干矩阵来研究特定散射体的物理特性，这是较为困难的。非相干目标分解理论的目的就是将协方差矩阵或相干矩阵分解为若干简单的二阶描述子的组合，并给出相对较为容易的物理解释。

Cloude 分解是一种基于相干矩阵特征矢量分析的目标分解理论，它能够包含所有的散射机理，并且在不同极化基的条件下保持特征值不变。由于相干矩阵 T 是半正定的哈密特矩阵，因此可以对其进行特征值分解，即

$$T = U\Lambda U^{\dagger} = \sum_{i=1}^{3} \lambda_i (e_i \cdot e_i^{\dagger}) \tag{7.37}$$

式中：$\dagger$ 表示复共轭转置；对角矩阵 Λ 包含相干矩阵的三个实特征值，且 $\lambda_1 \geqslant \lambda_2 \geqslant \lambda_3 \geqslant 0$；对角化矩阵 U 由相干矩阵 T 的特征向量 e_i 组成，且

$$U = [e_1, e_2, e_3] \tag{7.38}$$

$$e_i = e^{i\phi_i}[\cos\alpha_i \quad \sin\alpha_i\cos\beta_i e^{i\delta_i} \quad \sin\alpha_i\sin\beta_i e^{i\gamma_i}]^T \tag{7.39}$$

式中：T 表示转置。

特征向量中的角度 α 与散射机理之间具有相关性，不同的 α 值对应着从奇次散射（或表面散射，$\alpha=0°$）到偶极子散射（或体散射，$\alpha=45°$）再到偶次散射（或二面角散射，$\alpha=90°$）的变化。

由相干矩阵的 Cloude 分解可以定义极化熵，用以表示目标散射随机性，即

$$H = -\sum_{i=1}^{3} P_i \log_3 P_i \tag{7.40}$$

$$P_i = \frac{\lambda_i}{\sum_{i=1}^{3} \lambda_i} \tag{7.41}$$

极化熵（$0 \leqslant H \leqslant 1$）表示散射介质从各向同性散射（$H=0$）到完全随机散射（$H=1$）的随机性。如果 H 较低，则表明最大特征值所占的比重较大，可以忽略其他特征值，目标对雷达波的去极化效应较弱；如果 H 较高，则表明散射区域中不只包含一种散射机制，目标的去极化效应较强。$H=1$ 时，表明目标散射是一个完全随机噪声过程。

类似地，定义极化平均散射角和平均方位角，即

$$\bar{\alpha} = P_1\alpha_1 + P_2\alpha_2 + P_3\alpha_3 \tag{7.42}$$

$$\bar{\beta} = P_1\beta_1 + P_2\beta_2 + P_3\beta_3 \tag{7.43}$$

H 和 α 共同刻画了介质的散射特征，二值组成的特征空间可以划分为 8 个有效区域，每个区域对应着某种类型的散射机制，如图 7.2 所示。

此外，在低熵或中等熵情况下，极化熵不能提供较小的两个特征值 λ_2 和 λ_3 之间的关系。因此，可以进一步定义反熵 A 为

$$A = \frac{\lambda_2 - \lambda_3}{\lambda_2 + \lambda_3} \tag{7.44}$$

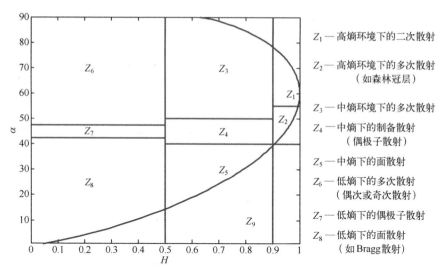

图 7.2 Cloude 分解 H-α 平面内散射机理示意图[5]

7.1.4 极化 SAR 数据统计特性

极化 SAR 数据的统计特性包含内容广泛、研究成果丰富，本节只给出一些主要的具有代表性的研究成果和结论，具体包括散射矢量、协方差矩阵及其相位差和幅度积的统计模型。其中，协方差矩阵的 Wishart 分布模型是 7.2 节的统计学基础。简洁起见，以下分析以全极化 SAR 数据为例，其结果同样适用于双极化。

7.1.4.1 散射矢量

单站雷达成像满足互易定理，此时 $S_{HV} = S_{VH}$，散射矢量为

$$\boldsymbol{x} = \begin{bmatrix} S_{HH} \\ \sqrt{2} S_{HV} \\ S_{VV} \end{bmatrix} = \begin{bmatrix} S_1 \\ S_2 \\ S_3 \end{bmatrix} = \begin{bmatrix} x_1 + jy_1 \\ x_2 + jy_2 \\ x_3 + jy_3 \end{bmatrix} \quad (7.45)$$

由于单极化时散射数据的实部和虚部服从零均值和等方差的高斯分布，因此单极化的复散射数据服从零均值复高斯分布。进而可得知，散射矢量服从零均值多变量复高斯分布，概率密度函数为[3]

$$p(\boldsymbol{x}) = \frac{1}{\pi^3 |V_C|} \exp\{-\boldsymbol{x}^H V_C^{-1} \boldsymbol{x}\} \quad (7.46)$$

式中：V_C 为协方差矩阵的统计平均；$|\cdot|$ 为矩阵行列式。

7.1.4.2 协方差矩阵

由于协方差矩阵 C 和相干矩阵 T 线性相关,因此本节仅讨论 C 的统计模型,其结果同样适用于 T。

1) Wishart 分布

Wishart 分布具有简洁、易于计算等优点,是处理实际问题时最为常用的描述极化 SAR 数据协方差矩阵的统计模型。

将 L 个单视协方差矩阵非相干平均,可得到 L 视协方差矩阵为

$$C = \frac{1}{L}\sum_{i=1}^{L} x_i x_i^H \tag{7.47}$$

为表示方便,式(7.47)省略了表示多视处理的符号$\langle \cdot \rangle$。

若散射矢量 x 中任意两个复元素 $S_a = x_a + \mathrm{j} y_a$ 和 $S_b = x_b + \mathrm{j} y_b$ 满足

$$\begin{cases} E[x_a] = E[y_a] = 0 \\ E[x_a^2] = E[y_a^2] \\ E[x_a y_a] = 0 \\ E[x_a x_b] = E[y_a y_b] \\ E[y_a x_b] = -E[x_a y_b] \end{cases} \tag{7.48}$$

则矩阵 $A = LC$ 满足复 Wishart 分布,即

$$p^{(L)}(A) = \frac{|A|^{L-q}\exp\{-\mathrm{Tr}(V_C^{-1}A)\}}{R(L,q)|V_C|^L} \tag{7.49}$$

式中:$\mathrm{Tr}(\cdot)$ 为矩阵的迹;$\Gamma(\cdot)$ 为伽马函数。

$$R(L,q) = \pi^{\frac{1}{2}q(q-1)}\Gamma(L)\cdots\Gamma(L-q+1) \tag{7.50}$$

由此,可得到 L 视协方差矩阵 C 的概率密度函数[180]为

$$p^{(L)}(C) = \frac{L^{qL}|C|^{L-q}\exp\{-L\mathrm{Tr}(V_C^{-1}C)\}}{R(L,q)|V_C|^L} \tag{7.51}$$

2) K 分布

Wishart 分布适用于匀质区。对于纹理(一般指图像像素值的规律性变化)区域,K 分布能更好地描述极化数据的统计特性[4-5]。

假定极化数据协方差矩阵 C 满足相干斑乘积模型,即

$$C = t \cdot Z \tag{7.52}$$

式中:Z 为服从 Wishart 分布的相干斑协方差矩阵;t 为纹理变量。t 服从伽马分布,即

$$p(t) = \frac{1}{t\Gamma(\alpha)}(\alpha t)^{\alpha-1}\exp\{-\alpha t\} \tag{7.53}$$

$$E(t) = 1, \quad \text{var}(t) = \frac{1}{\alpha}$$

式中：α 为伽马分布的阶数，反映了场景纹理的非均匀性，其值越大，方差越小，表明均匀性越好。

由式（7.52）可知，C 只是服从条件的 Wishart 分布，即

$$p(C|t) = \frac{L^{qL}|C|^{L-q}\exp\{-L\text{Tr}(V_C^{-1}C)t^{-1}\}}{R(L,q)|V_C|^L t^{-qL}} \tag{7.54}$$

经推导可得，C 服从 K 分布[181]，即

$$p(C) = \int_0^\infty p(C|t)p(t)\,dt$$

$$= \frac{2(L\alpha)^{\frac{1}{2}(\alpha+qL)}|C|^{L-q}K_{\alpha-qL}(2\sqrt{L\alpha\text{Tr}(V_Z^{-1}C)})}{R(L,q)|V_Z|^L\Gamma(\alpha)(\text{Tr}(V_Z^{-1}C))^{-\frac{\alpha-qL}{2}}} \tag{7.55}$$

式中：V_Z 为相干斑协方差矩阵的统计平均；$K_{\alpha-qL}(\cdot)$ 为第二类修正 Bessel 函数。

3) G0 分布

Frery 等人的研究表明，G0 分布适用于极度异质区域[6,7]。

仍假定协方差矩阵 C 满足式（7.52）所示的乘积模型，且相干斑协方差矩阵 Z 服从 Wishart 分布。假定纹理变量 t 服从广义逆高斯分布（generalized inverse Gaussian distribution），有

$$p(t) = \frac{r_{\alpha,\omega}^\alpha}{2K_\alpha(\omega)}t^{\alpha-1}\exp\left\{-\frac{\omega}{2}\left(\frac{1}{r_{\alpha,\omega}t}+r_{\alpha,\omega}t\right)\right\} \tag{7.56}$$

式中：α 和 ω 为分布参数。

经推导可得，C 服从 G 分布[77]，即

$$p(C) = \int_0^\infty p(C|t)p(t)\,dt$$

$$= \frac{L^{qL}|C|^{L-q}r_{\alpha,\omega}^\alpha K_{\alpha-qL}\left(\sqrt{\omega r_{\alpha,\omega}\left(2L\text{Tr}(V_C^{-1}C)+\frac{\omega}{r_{\alpha,\omega}}\right)}\right)}{R(L,q)|V_C|^L K_\alpha(\omega)\left(\frac{2L\text{Tr}(V_C^{-1}C)+\frac{\omega}{r_{\alpha,\omega}}}{\omega r_{\alpha,\omega}}\right)^{-\frac{\alpha-qL}{2}}} \tag{7.57}$$

令 $\omega \to 0$,且 $\alpha<-1$,即可得到描述极度异质区域的 G0 分布,即

$$p(\boldsymbol{C}) = \frac{L^{qL}|\boldsymbol{C}|^{L-q}\Gamma(qL-\alpha)}{R(L,q)|\boldsymbol{V}_C|^L\Gamma(-\alpha)(-\alpha-1)^\alpha}(L\mathrm{Tr}(\boldsymbol{V}_C^{-1}\boldsymbol{C})+(-\alpha-1)^{\alpha-qL}) \quad (7.58)$$

7.1.4.3 相位差

单视全极化 SAR 任意两个极化通道之间的相位差可表示为

$$\phi_{(1)} = \varphi(S_a S_b^*) \quad (7.59)$$

式中:$\varphi(\cdot)$ 为取复数的幅角。L 视数据的相位差为

$$\phi_{(L)} = \varphi\left(\frac{1}{L}\sum_{k=1}^{L} S_a(k) S_b^*(k)\right) \quad (7.60)$$

为表示方便,省略 $\phi_{(L)}$ 的下标 (L)。由于分析 ϕ 的分布时只涉及两个极化通道的复元素,因此可将矩阵 $\boldsymbol{A}$ 和 $\boldsymbol{C}$ 简化为

$$\boldsymbol{A} = \begin{bmatrix} A_{11} & \alpha \mathrm{e}^{\mathrm{j}\phi} \\ \alpha \mathrm{e}^{-\mathrm{j}\phi} & A_{22} \end{bmatrix} \quad (7.61)$$

$$\boldsymbol{C} = \begin{bmatrix} C_{11} & \sqrt{C_{11}C_{22}}|\rho|\mathrm{e}^{\mathrm{j}\theta} \\ \sqrt{C_{11}C_{22}}|\rho|\mathrm{e}^{-\mathrm{j}\theta} & C_{22} \end{bmatrix} \quad (7.62)$$

$$C_{ii} = E[|S_a|^2]$$

$$\rho = \frac{E[S_a S_b^*]}{\sqrt{E[|S_a|^2]E[|S_b|^2]}} = |\rho|\mathrm{e}^{\mathrm{j}\theta} \quad (7.63)$$

式中:ρ 为极化通道间的相关系数。

令 $B_1 = \dfrac{A_{11}}{C_{11}}$,$B_2 = \dfrac{A_{22}}{C_{22}}$,$\eta = \dfrac{\alpha}{\sqrt{C_{11}C_{22}}}$,将归一化后的 $\boldsymbol{A}$ 代入式(7.49),可得

$$p(B_1, B_2, \eta, \phi) = \frac{(B_1 B_2 - \eta^2)^{L-2}\eta}{\pi(1-|\rho|^2)^L \Gamma(L)\Gamma(L-1)} \exp\left\{-\frac{B_1+B_2-2\eta|\rho|\cos(\phi-\theta)}{1-|\rho|^2}\right\}$$

(7.64)

对 B_1、B_2 和 η 积分,并令 $B_1 B_2 - \eta^2 > 0$,可得到相位差 ϕ 的概率密度函数[180]为

$$p^{(L)}(\phi) = \frac{\Gamma\left(L+\dfrac{1}{2}\right)(1-|\rho|^2)^L \beta}{2\sqrt{\pi}\Gamma(L)(1-\beta^2)^{L+\frac{1}{2}}} + \frac{(1-|\rho|^2)^L}{2\pi} F\left(L,1;\dfrac{1}{2};\beta^2\right),\ -\pi<\phi\leqslant\pi$$

(7.65)

式中：$\beta = |\rho|\cos(\phi-\theta)$；$F(L, 1; \frac{1}{2}; \beta^2)$ 为高斯超几何函数，其值可由数学手册查得。

7.1.4.4 幅度积

S_a 和 S_b 乘积的模 $|S_a S_b^*|$ 是全极化 SAR 测量中的重要物理量。对 L 视数据，定义

$$\xi = \frac{\left|\frac{1}{L}\sum_{k=1}^{L}S_a(k)S_b^*(k)\right|}{\sqrt{E[|S_a|^2]E[|S_b|^2]}} = \frac{g}{h} \quad (7.66)$$

式中：$g = |S_a S_b^*|$ 为多视数据幅度积。

通过对式（7.64）中 B_1、B_2 和 ϕ 积分，可得到 ξ 的概率密度函数为

$$p^{(L)}(\xi) = \frac{4L^{L+1}\xi^L}{\Gamma(L)(1-|\rho|^2)}I_0\left(\frac{2|\rho|L\xi}{1-|\rho|^2}\right)K_{L-1}\left(\frac{2L\xi}{1-|\rho|^2}\right) \quad (7.67)$$

式中：$I_0(\cdot)$ 和 $K_{L-1}(\cdot)$ 分别为第一类和第二类修正 Bessel 函数。

由式（7.67）即可得到 L 视幅度积 g 的概率密度函数[180]为

$$p^{(L)}(g) = \frac{4L^{L+1}g^L}{\Gamma(L)(1-|\rho|^2)h^{L+1}}I_0\left(\frac{2|\rho|Lg}{(1-|\rho|^2)h}\right)K_{L-1}\left(\frac{2Lg}{(1-|\rho|^2)h}\right) \quad (7.68)$$

7.2 基于像素的地物分类

在现有的极化 SAR 图像分类算法中，大多数算法以像素作为基本分类单元，例如利用极化目标分解技术的方法、统计方法，利用 SVM、神经网络等新技术的方法。这类方法的优点是其结果能较为精细地保持地物细节。

Cloude 和 Pottier 提出的 H–α 方法[8]能有效地揭示地物散射机理，在应用中无需知道数据的先验知识，不需利用类别已知的数据进行训练，具有与数据无关的优点。然而，由于散射机理和地物之间并非一一对应的关系，而且对 H–α 平面的划分较为简单，因此这会不可避免地导致分类图中地物类别模糊。针对这一问题，可以将 H–α 方法与经典的 C 均值聚类方法进行联合，先利用 H–α 方法对极化 SAR 图像进行基于散射机理的分类，再将其结果作为 C 均值算法的初始类别划分，从而实现地物分类。

7.2.1 H-α-CM 分类算法

7.2.1.1 算法思路

H-α 方法的分类结果反映的是地物散射机理的类别归属，而非地物本身的类别划分，其分类图存在地物分类模糊的现象。如第 6 章所述，C 均值算法是一种常用的动态聚类算法。它以误差平方和准则为基础，采用欧氏距离衡量样本之间的相似性，其聚类结果反映了待分地物在特征空间中的分布情况。该算法迭代聚类的效果很大程度上依赖于初始类别的划分方式，不恰当的划分有可能导致较差的迭代结果。

基于 H-α 的 C 均值法（H-α-CM）将 H-α 方法分类结果作为初始类别划分，再用 C 均值算法进行进一步调整，能够使最终分类图更好地符合地物的真实分布，从而实现散射机理分类到地物分类的转化，因此是一种同时保留 H-α 方法和 C 均值法优点的非监督分类算法。

7.2.1.2 迭代终止准则

迭代终止准则是 C 均值算法的一个重要问题。经典 C 均值算法在样本与其均值之间的误差平方和 J_e 达到最小值时终止迭代[9]，即

$$J_e = \sum_{i=1}^{C} \sum_{j=1}^{N_i} \| \boldsymbol{y}_{ij} - \boldsymbol{m}_i \|^2 \quad (7.69)$$

式中：C 为类别数；N_i 为第 i 类 χ_i 中的样本数目；$\boldsymbol{y}_{ij}$ 为第 i 类的第 j 个样本；$\boldsymbol{m}_i$ 为 χ_i 中样本的均值。

$$\boldsymbol{m}_i = \frac{1}{N_i} \sum_{j=1}^{N_i} \boldsymbol{y}_{ij} \quad (7.70)$$

J_e 度量了用 C 个聚类中心 $\boldsymbol{m}_1, \boldsymbol{m}_2, \cdots, \boldsymbol{m}_C$ 代表 C 个样本子集 $\chi_1, \chi_2, \cdots, \chi_C$ 时所产生的总的误差平方，称为误差平方和或类内距离总和。使 J_e 达到极小值的聚类是误差平方和准则下的最优结果。然而，误差平方和最小并不能保证分类结果与地物实际分布相符，这可能导致在某一迭代次数时分类结果最佳、进一步迭代反而使结果变差的情况出现。有鉴于此，H-α-CM 方法利用图像熵定义了一种新的迭代终止准则。

熵是图像统计特性的一种表现，反映了图像所含信息量的大小。熵值越大，表明图像中信息量越大，反之，信息量越小。为了得到合适的迭代次数，使 H-α 方法和 C 均值算法对分类结果的影响达到较为均衡的状态，定义分类

图像熵 H_{img} 为

$$H_{\text{img}} = \sum_{i=1}^{M} (-P_i \log_M P_i) \quad (7.71)$$

$$P_i = \frac{\lambda_i}{\sum_{j=1}^{M} \lambda_j} \quad (7.72)$$

$$M = \max\{M_{\text{row}}, N_{\text{col}}\}$$

式中：M_{row} 和 N_{col} 分别为分类图的行数和列数；$\lambda_i(i=1,2,\cdots,M)$ 为分类图的特征值。对于宽高不等的图像，首先对其补零，使之行列数相等，然后计算特征值。

迭代终止次数 n_{opt} 为

$$n_{\text{opt}} = \arg\max_n H_{\text{img}}(n) \quad (7.73)$$

在实际应用中，先选取较大的迭代次数，计算 H-α 方法分类结果的熵值以及每次迭代之后图像的熵，熵的极大值对应的迭代次数 n 即为使分类图信息量最大的迭代次数。

利用真实全极化 SAR 数据的实验表明，分类图像熵能从宏观的角度描述分类图中的信息量。图 7.3 给出了分类图像熵 H_{img} 随迭代次数 n 变化的曲线。实验中，$n_{\max} = 64$。

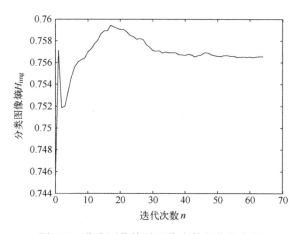

图 7.3　分类图像熵随迭代次数变化的曲线

由图 7.3 可知，分类图像熵的极大值对应的迭代次数 $n_{\text{opt}} = 17$，此时分类图所含信息量最大。由于每一次迭代都有多个像素点调整类别，因此曲线并不是光滑地单调上升然后单调下降，而是有所起伏。例如在第 1 次迭代之后，图像熵达到一个较高的值,但第 2 次迭代后图像熵却有所下降。当 H_{img} 达到极大值之后,其值随着 n 的增大而减小并趋于一个稳定值,曲线收敛。

7.2.1.3 算法流程

图 7.4 给出了 H-α-CM 算法的简要处理流程[1]。

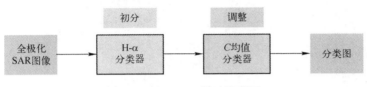

图 7.4　H-α-CM 算法流程图

其具体步骤如下:

(1) 利用 Pauli 基构造全极化 SAR 图像的散射矢量,并计算相干矩阵。

(2) 对相干矩阵进行特征值分解,计算参数 H 和 α。

(3) 根据图 7.2 所示划分方式,在 H-α 平面内将全极化 SAR 图像分为 8 类。

(4) 在 H 和 α 构成的特征空间中,利用式 (7-70) 计算各类均值 $m_i(i=1,2,\cdots,8)$。

(5) 计算每个样本到所有类中心的欧氏距离,即

$$d_{ij} = \|\boldsymbol{y}_i - \boldsymbol{m}_j\|^2, \quad i=1,2,\cdots,N; j=1,2,\cdots,8 \tag{7.74}$$

(6) 根据最小距离准则确定所有像素的类别,即对于所有 $j \neq k$,若 $d_{ik} < d_{ij}$,则把 $\boldsymbol{y}_i$ 移入 χ_k 中。

(7) 判定是否满足迭代终止条件。若不满足,令迭代次数 $n=n+1$,返回步骤 (4);若满足,则迭代结束。

需要说明的是,由于 C 均值算法对特征量的方差敏感,只有不同类别的数据在特征空间中的分布呈球形或接近于球形时,才有较好的分类效果。因此,为尽量减小 H 与 α 的方差分布对 C 均值算法的影响,在步骤 (3) 之后需对 α 归一化。

7.2.1.4 实验结果及分析

下面给出 H-α-CM 算法的分类结果[1]。所用数据是 NASA/JPL 的 AIRSAR 系统获取的 L 波段旧金山 4 视全极化数据的一部分,图像大小为 600×500pixel,估计相干矩阵的矩形滑动窗大小为 3×3pixel。该数据极化总功率图

和真实地物分布示意图如图7.5所示，其中，总功率图经3×3矩形窗滤波以获得更好的视觉效果。该地区主要包括海洋、森林和城市三类地物。图7.5（a）上部接近垂直方向的浅色线状地物是跨越海峡的金门大桥，图像下部森林区域中深色斜长方形地物为金门公园中的马球场。

(a) 极化总功率图　　　　(b) 真实地物分布示意图

图7.5　L波段旧金山4视全极化数据（600×500pixel）（见彩图）

图7.6为该数据在H-α平面上的分布图。

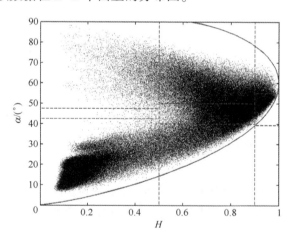

图7.6　旧金山全极化数据H-α平面分布图

该地区目标散射极化熵H和角度α的图像如图7.7所示。对照图7.7和图7.5（b）可以看出，海面的散射包括低熵和中熵的表面散射，后者主要出现在靠近海岸的地区。森林的散射包括中熵的偶极子和多次散射、高熵的偶极子和多次散射4种散射类型，偶极子散射主要由树冠造成，多次散射主要由森林中树干和地面构成的二面角以及粗壮树枝和树干之间构成的二面角引起。城市的散射主要是中熵多次散射，主要由城市中建筑物与地面以及建筑物本身的二面角所引起。

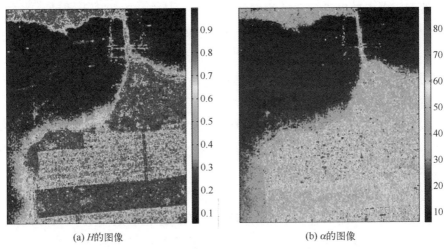

(a) H 的图像　　　　　(b) α 的图像

图 7.7　旧金山全极化数据的 H 和 α 图像（见彩图）

利用图 7.2 所示的划分方式将 H-α 平面分成 9 部分，图像分为 8 类，分类结果如图 7.8（a）所示。图 7.8（b）给出了 H-α 平面上有效分类区内各个区域的颜色设置。

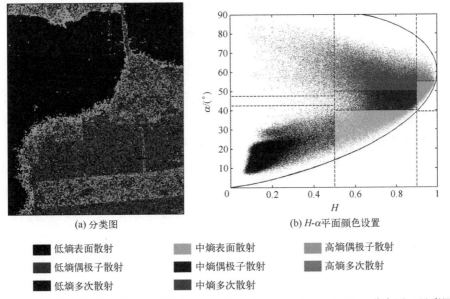

(a) 分类图　　　　　(b) H-α 平面颜色设置

■ 低熵表面散射　　■ 中熵表面散射　　■ 高熵偶极子散射
■ 低熵偶极子散射　　■ 中熵偶极子散射　　■ 高熵多次散射
■ 低熵多次散射　　　■ 中熵多次散射

图 7.8　旧金山全极化数据 H-α 方法分类图（600×500pixel，8 类）和 H-α 分布图（见彩图）

从图 7.8（a）可以看出，由于海面只包含低熵和中熵表面散射，其中绝大多数像素属于低熵表面散射，与森林和城市的散射交叠极少，因此 H-α 方法能较好地将其与森林和城市分开。

然而，由于散射机理和地物之间并非一一对应，因此该方法的分类结果存在地物分类模糊问题，主要体现在以下方面：

（1）无法分辨具有相同散射机理的不同地物。例如，森林和城市都包含中熵的偶次散射和多次散射，因此在分类图上这两类地物无法正确区分，像素混淆严重。

（2）将具有多种散射机理的一种地物分入多个类别而导致图像模糊不清。例如，森林地区由于包含 4 种散射类型，被分入 4 个类别，因而图 7.8（a）中森林地区显得非常模糊。

为解决上述两个问题，本节利用 C 均值算法对 H-α 方法的初步分类结果再进行迭代调整。图 7.9（a）~（c）给出了不同迭代次数时 H-α-CM 得到的分类结果，图 7.9（d）~（f）给出了不同迭代次数时各类地物在 H-α 平面上的分布图，图中每种颜色代表一类地物。迭代过程中保持类别数为 8。

比较图 7.9（a）、图 7.9（c）和图 7.9（e）与图 7.8（a）可以看出，H-α-CM 的分类性能优于 H-α 方法，迭代后的分类图上各类地物得到了更好的区分，森林地区明显变得更清晰。图 7.9（b）、图 7.9（d）和图 7.9（f）显示，经过迭代后，具有同样散射机理的像素被分入两个或多个类别。例如，经过 17 次迭代后，中熵多次散射像素主要被分为第 6 类、第 7 类和第 8 类地物。对照图 7.5（b）可知，第 6 类地物对应于城市地区，第 7 类地物对应于森林地区，这使得城市和森林得到了有效区分。由图 7.9（d）可以看出，中熵偶极子散射和多次散射的一部分以及高熵偶极子散射和多次散射在迭代后被合并到第 7 类，这种合并使得原先在 H-α 方法中分为 4 种散射机理类别的地物在迭代后分入同一个地物类别，因此森林地区的图像变得更为清晰，城市和森林之间的分界线也更明显。对比图 7.9（d）和图 7.9（b）可知，第 7 类地物位于森林区域，且合并到该类的 4 种散射确实是 L 波段森林散射的主要组成部分。可见，H-α-CM 在保留地物散射机理的同时，可实现有效的地物分类。

比较图 7.9 中不同迭代次数时的分类结果可以看出，第 17 次迭代之后的结果比迭代次数更少或更多的结果更为清晰。图 7.9（c）中标示出的马球场虽然在图 7.9（a）中也能显示出来，但后者的其他部分显得不够清晰，而经

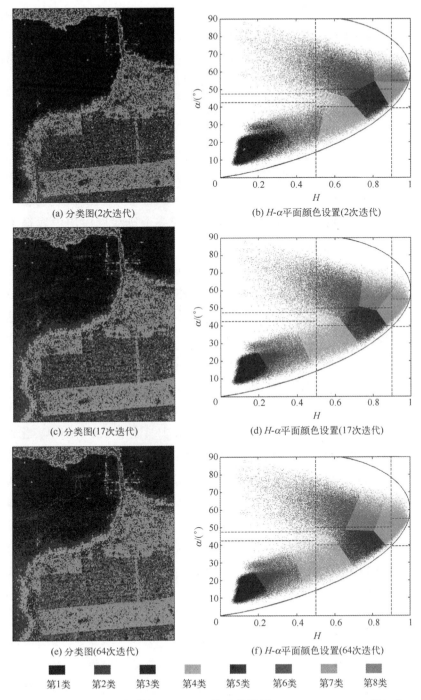

图 7.9 旧金山全极化数据 H-α-CM 算法分类图（600×500pixel，8 类）和 H-α 分布图（见彩图）

过更多次的迭代之后，这个马球场也变得更加模糊，这验证了利用分类图像熵确定迭代次数的方法的有效性。从图像信息量的角度而言，17次迭代后的分类图中信息量达到最大，因此地物得以较为清晰地显示，过少或过多的迭代次数都会导致信息量的损失，分类结果也更模糊。

7.2.2 NSSVM特征选择与分类算法

基于统计学习理论的SVM[10-12]自1992年提出以来，受到了广泛关注。在20世纪90年代中后期得到了全面深入的发展，现已成为机器学习领域的标准工具。SVM融入了最大间隔超平面、Mercer核、凸二次规划、稀疏解和松弛变量等多项技术，在手写字体识别等多个挑战性应用中取得了较好的性能。

基于传统统计学理论的最大似然法（Maximum Likelihood，ML）是一种常用的分类器。由于传统统计学研究的是样本数目趋于无穷大时的渐进理论，ML也基于此假设，但在实际问题中训练样本数目是有限的，因此ML达不到理论上的最佳性能。与之相比，SVM更适用于小样本情况（SVM的基本原理详见第6章）。它利用结构风险最小化（Structural Risk Minimization，SRM）原则，在固定经验风险的同时得到VC维（Vapnik–Chervonenkis Dimension）最小的最优分类面，既能避免过学习问题，又具有良好的可推广性（泛化性能）。另外，SVM利用非线性变换将输入空间中线性不可分的问题转化到高维空间中，根据间隔最大化准则构造最优分类超平面。由于最优分类面的求解过程和最终的判决函数都只用到内积运算，因此只需要知道非线性变换后高维空间的内积运算，而不必知道变换的表达式，从而避免了高维空间显式运算带来的维数灾难。

本节重点介绍一种利用SVM进行特征选择与分类的算法（NSSVM），该算法将SVM应用于极化SAR图像分类中的特征选择，并将特征选择作为分类预处理步骤[1,13]。

7.2.2.1 特征选择

与单极化SAR相比，全极化SAR完整地记录了地物在HH、HV、VH和VV四种极化状态的散射回波，能提供更丰富的地物信息和更多的分类特征。然而，特征数量的增加并不会导致分类精度的提高，有时反而会损害分类性能，同时还会增加计算时间和复杂度[14-15]。如何从原始特征集中选取有效的分类特征,是特征选择(Feature Selection,FS)需要解决的主要问题之一。

在将 SVM 应用于极化 SAR 图像分类时,一般依据经验选择输入特征。这不仅会降低系统的自适应水平,而且会直接影响分类精度的提高。同时,虽然 SVM 将原始特征空间数据映射到高维空间,能获得较好的分类性能,但原始特征集的选取仍对分类结果有很大影响。针对该问题,研究人员提出一种以支持向量个数作为评估指标的特征选择算法。为便于叙述,本书将该算法称为基于支持向量个数的前向选择法(Number of Support Vectors based Forward Selection,NSVFS)。

根据评估准则是否与分类器相关,特征选择算法可分为滤波器法(Filter)[16-17]、包装机法(Wrapper)[18-20]和混合法[21-23]。其中,滤波器法直接利用数据特性判别特征的优劣,作为分类的预处理步骤,它与分类算法无关;包装机法将分类器性能指标作为评价特征的标准;混合法则在不同的特征搜索阶段使用不同的评估准则,以充分利用前两类算法的优点。NSVFS 以 SVM 分类所需支持向量的个数作为评估指标,属于包装机法。

需要特别注意的是,特征选择与特征提取的内涵是不同的[9]。特征提取是指通过映射或变换由原始特征集获得新的特征集,新特征与原始特征是不同的。特征选择是指按某种准则从 k 个原始特征中选出 $d(<k)$ 个特征构成结果特征集,结果特征集中并没有与原始特征不同的新特征产生。

1)特征提取

本节选用全极化 SAR 图像分类时常用的 15 个特征构成输入 SVM 分类器的原始特征集,即

$$F = \{H, \alpha, \lambda_1, \lambda_2, \lambda_3, \text{span}, C_{11}, C_{22}, C_{33}, |C_{12}|, |C_{13}|, |C_{23}|, \varphi(C_{12}), \varphi(C_{13}), \varphi(C_{23})\}$$

(7.75)

式中:C_{ij} 为全极化协方差矩阵 $\langle C \rangle$ 中第 i 行第 j 列的元素;$|\cdot|$ 为取复数的模;$\varphi(\cdot)$ 为取复数的幅角。

易知,由这 15 个特征能构成 $\sum_{i=1}^{15} C_{15}^i = 2^{15} - 1$ 个不同的特征子集,特征选择的目的之一就是从中选出最优分类特征子集。一般而言,搜索最优子集需要很大的计算量,可选择次优子集作为分类性能和计算代价的折中。

2)评估准则

虽然 SVM 被当作分类器和回归估计算法提出,但其中隐含着特征选择所需的评估指标。

由式（6.35）可以看出，去除一个非支持向量的样本后，利用训练集的剩余样本仍可对该样本正确分类，其泛化误差可用留一法估计。留一法（leave-one-out）估计过程为：假设某类的训练样本数为 l，每次从训练样本中取出一个作为待分样本，然后用剩余的 $l-1$ 个样本训练分类器，并用训练好的分类器对该样本分类，将这一过程重复 l 次之后，总的错分样本个数与 l 的比值即为该分类器错分率的期望值。

应用留一法，可推知训练集误分概率 P_e 的数学期望满足

$$E[P_e] \leq \frac{N_{SV}}{l} \tag{7.76}$$

式中：N_{SV} 为支持向量个数。

由式（7.76）可知，支持向量个数越少，SVM 的泛化能力越强，分类精度越高。对于参数确定的 SVM，各类样本的支持向量个数越少，表明数据可分性越好，因而能得到更高的分类精度。也就是说，对好的特征（或特征集）而言，各类样本之间的可分性更好，具有更少的支持向量个数。

图 7.10 为样本可分性与 N_{SV} 关系的示意图。容易看出，对于分类性能好的特征（或特征集），各类样本之间的可分性好，因此 SVM 构造分类超平面时，所需的支持向量较少，如图 7.10（a）所示。而对于分类性能差的特征（或特征集），各类样本在交界处分布情况复杂，此时 SVM 需要较多的支持向量才能构造分类超平面，如图 7.10（b）所示。

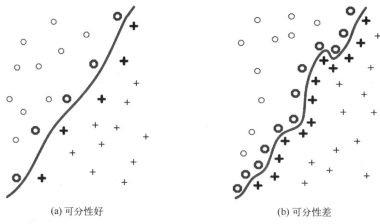

(a) 可分性好　　　　　　　　　　(b) 可分性差

图 7.10　样本可分性与支持向量个数关系示意图（加粗的"+"和"o"为支持向量）

由此，本节提出利用支持向量个数 N_{SV} 作为评估特征优劣的指标，即

$$J(F_{out}) = \text{NSV}(F_{out}) = \min_{A \subseteq F_{in}} J(A) = \min_{A \subseteq F_{in}} \text{NSV}(A) \tag{7.77}$$

式中：F_{out} 为输出的 d 维特征集；F_{in} 为输入的 k 维特征集；A 为 F_{in} 的子集；NSV($\cdot$) 为求特征（或特征集）中各类样本的平均支持向量个数 N_{SV}。

3）搜索策略

对于式（7.75）所示包含 15 个特征的原始特征集，穷举法需要比较 $2^{15}-1$ 个特征子集，计算量极大而难以实现。另外，由于支持向量个数 N_{SV} 并不随特征集单调变化，即对于 $F_1 \subset F_2$，不能保证 $J(F_1) \geq J(F_2)$，因此也无法应用分支定界法（Branch and Bound，B&B）得到最优子集。

顺序前进法（Sequential Forward Selection，SFS）是一种常用的搜索策略，它不仅能极大地减少搜索计算量，也能保证搜索结果具有较好的分类性能，从而达到分类性能与计算代价较为合理的折中。有鉴于此，NSVFS 算法采用 SFS 作为搜索策略。

4）算法流程

NSVFS 算法利用式（7.77）作为特征评估准则，以 SFS 为搜索策略。首先，按照原始特征集中每个特征平均支持向量个数 $\overline{N}_{SV}^{(i)}(i=1,2,\cdots,k)$ 的升幂对特征排序，并取 $\min_{i=1,2,\cdots,k} \overline{N}_{SV}^{(i)}$ 对应的特征作为结果特征集中第一个选定特征。然后，利用 SFS 按支持向量个数的升幂将各个待选特征依次加入结果特征集，若加入的待选特征使得结果特征集支持向量个数减少，则保留该待选特征，否则从结果特征集中剔除该特征。其流程如图 7.11 所示。

其具体步骤如下：

（1）输入包含 k 个特征的原始特征集 $F=\{f_i(i=1,2,\cdots,k)\}$。

（2）根据先验知识选取各类的训练数据，利用 SVM 计算各特征 $f_i(i=1,2,\cdots,k)$ 的平均支持向量个数 $\overline{N}_{SV}^{(i)} = \text{NSV}(f_i)$。

（3）按照 $\overline{N}_{SV}^{(i)}$ 的升幂对原始特征集中的所有特征排序，得到 $F'=\{f_i',(i=1,2,\cdots,k)\}$，其中 $\text{NSV}(f_i') \leq \text{NSV}(f_j'),(i<j)$，$F'$ 称为排序特征集。

（4）从排序特征集 F' 中选出具有最少支持向量个数的特征 f_1'，确定为结果特征集 F'' 中的第一个选定特征 f_1''。

（5）按支持向量个数的升幂逐个选择 F' 中的特征 $f_i'(i=2,3,\cdots,k)$，将其作为待选特征。

（6）对于第 n 个待选特征 f_n'，设 F'' 中包含 m 个已选特征，若 $\text{NSV}(F'' \cup f_n') < \text{NSV}(F'')$，则令 $f_{m+1}'' = f_n'$，即将 f_n' 确定为 F'' 中第 $m+1$ 个已选特征，否则抛弃 f_n'。

（7）令计数器 $n=n+1$，若 $n \leq k$，则返回步骤（6）；否则，特征选择结

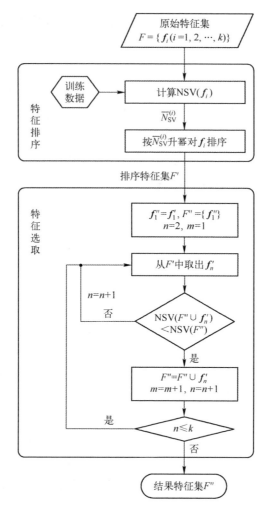

图 7.11 NSVFS 算法流程图

束,得到包含 d 个已选特征的结果特征集 $F''=\{f''_i, i=1,2,\cdots,d\}$。

7.2.2.2 NSSVM 算法流程

完成特征选择后即可将结果特征集 F'' 输入 SVM 进行分类。本节将 NSVFS 用作预处理,构造了一种利用 SVM 的分类算法。为便于叙述,本节将该算法称为基于支持向量个数特征选择的 SVM(Number-of-support-vectors forward-Selection based SVM,NSSVM)。图 7.12 给出了 NSSVM 算法的简要流程[1]。

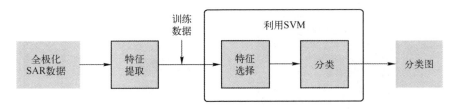

图 7.12　NSSVM 算法流程图

7.2.2.3　实验结果及分析

为验证 NSSVM 算法的有效性，利用真实数据进行了实验[1,13]。所用数据是 NASA/JPL 的 AIRSAR 系统于 1989 年 8 月 16 日获取的 L 波段荷兰中部 Flevoland 地区 4 视全极化数据的一部分，图像大小为 400×300pixel。图像完整场景大小为 750×1024pixel，场景编号为 Flevoland-056-1。图像上方为近雷达端，下方为远雷达端。像素的距离向（垂直方向）分辨率为 7.7m，方位向（水平方向）分辨率为 12.1m。

在截取的图像中包含 8 类地物，除一块裸地外，其余地区覆盖的地物为大麦、苜蓿、豌豆等 7 种农作物。在成像同期由 JPL 组织对这一地区进行了详尽的勘察，得到了真实的地物分布参考图，为评估分类正确率提供了依据。

图 7.13 给出了 Flevoland 数据的总功率图、真实地物分布、训练数据的选取方式以及各类地物的颜色标定，其中总功率图经 3×3 的矩形窗滤波。每一类训练数据均为 20×17pixel 的矩形区域。为获得可靠的训练数据和准确评估分类精度，图 7.13（b）中去除了地物边界和类别模糊的区域，并将这些像素以白色表示。

为验证式（7.77）用作特征评估准则的合理性，图 7.14 给出了利用径向基核 SVM 得到的不同特征个数时 Flevoland 数据分类精度与支持向量个数的关系，其中 SVM 形状参数 $\sigma=1$，惩罚因子 $C=100$。原始特征集 F 如式（7-75）所示，从 F 中随机选取 d(取值为 1,3,5,7,9,11,13,15) 个特征构成分类所用的特征集（除 $d=15$ 时只有一种组合外，对于 d 的其余值均取 10 种不同的特征组合，共 71 个不同的分类特征集），得到如图 7.14（a）所示的分类精度-支持向量个数散点图，其左上角的局部放大图如图 7.14（b）所示。

从图 7.14 中可以看出，分类精度随支持向量个数的减少而提高的整体趋势非常明显，也就是说，特征（或特征集）的支持向量个数越少，则其中不同类别样本的可分性就越好，从而能获得更高的分类精度。改变 SVM 参数，

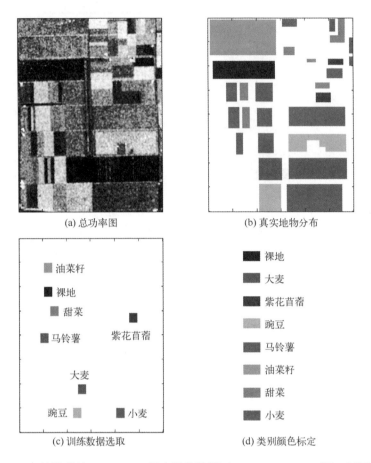

图 7.13 L 波段荷兰 Flevoland 4 视全极化数据（400×300pixel，8 类）（见彩图）

能得到与图 7.14 类似的结果，此处不再详述。这说明本节利用式（7.77）作为特征选择的评估准则是合理的。

图 7.15 给出了 NSSVM 在径向基核 SVM 的形状参数 $\sigma = 0.1, 0.3, 0.5$，$0.75, 1$ 时，分类精度随惩罚因子 C 变化的一组曲线。实验所用包含 15 个特征的原始特征集 F（经 3×3 的矩形窗滤波以进一步减弱相干斑的影响）如式（7.75）所示。

作为对比，图 7.15 同时给出了以 SVM 为分类器，对原始特征集 F 和 RELIEF-F 的特征选择结果进行分类所得到的分类精度。图例中，参数 w_{th} 为 RELIEF-F 算法中预先设定的门限值，实验中取 $w_{th} = 0.015, 0.019$。为便于表示，图 7.15 的图例中以原始特征集和特征选择算法名称对上述算法进行区分。

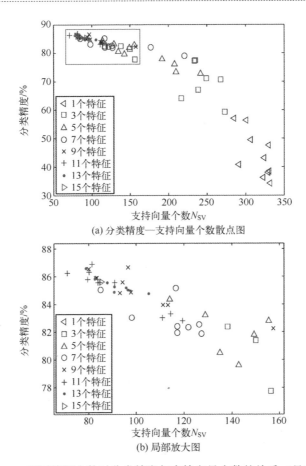

图 7.14 不同特征个数时分类精度与支持向量个数的关系（见彩图）

表 7.3 比较了不同参数时 NSVFS 算法和 RELIEF-F 算法所得到的结果特征集中的特征个数。

表 7.3 不同参数时 NSVFS 算法和 RELIEF-F 算法的结果特征集中的特征个数比较

算 法		结果特征集中的特征个数				
		$C=1$	$C=10$	$C=10^2$	$C=10^3$	$C=10^4$
NSVFS	$\sigma=0.1$	12	9	9	8	7
	$\sigma=0.3$	12	12	12	12	9
	$\sigma=0.5$	12	12	10	12	9
	$\sigma=0.75$	11	12	12	12	11
	$\sigma=1$	12	12	12	12	12
RELIEF-F	$w_{th}=0.015$	12				
	$w_{th}=0.019$	11				

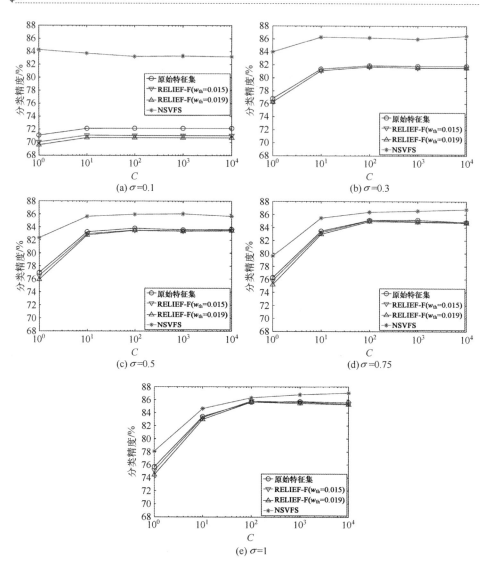

图 7.15　不同参数时 NSSVM 算法和其他算法的分类精度（见彩图）

结合图 7.15 和表 7.3 可以看出，NSVFS 结果特征集中的特征个数少于 RELIEF-F 或与之相当，所能获得的分类精度却明显高于 RELIEF-F 和原始特征集；而 RELIEF-F 虽然能在一定程度上减少特征个数，但其分类精度与原始特征集相比却略有下降。当 $\sigma=0.1$ 时，RELIEF-F 和原始特征集与 NSVFS 的分类精度相差最大，其中：前两者的精度低于 72.2%；NSVFS 仍能得到较高的分类精度，比 RELIEF-F 高 12% 以上，比原始特征集高 11% 以上。虽然随着 σ 的增大，RELIEF-F 和原始特征集的分类精度均有所提高，但仍低于

NSVFS 的精度。

由图 7.15 可知，当 SVM 形状参数 σ 变化时，RELIEF-F 和原始特征集的分类精度变化大于 NSVFS。其中，RELIEF-F 的最大变化幅度高达 14.7% 以上（$C=100$ 时）；原始特征集最大变化幅度超过 13.5%（$C=1000$ 时）；而 NSVFS 则能始终保持较高的分类精度，其最大变化幅度约为 7.2%（$C=1$ 时）。

令 $C_i=1,10,10^2,10^3,10^4(i=1,\cdots,5)$，式（7-75）所示原始特征集 F 为全集。给定 σ，则 NSVFS 的结果特征集可表示为 F''_{C_i}。表 7.4 给出了 C 取不同值时，$F''_{C_i}(i=1,\cdots,5)$ 都选中与都未选中的特征，即 $\bigcap_{i=1}^{5}F''_{C_i}$ 与 $\bigcap_{i=1}^{5}\overline{F''_{C_i}}$。作为对比，表 7.4 同时列出了 RELIEF-F 选中与未选中的特征。

表 7.4 $C=1,10,10^2,10^3,10^4$ 时，NSVFS 与 RELIEF-F 的结果特征集中选中和未选中特征列表

特征选择算法		选中特征 $\left(\bigcap_{i=1}^{5}F_{C_i}\right)$	未选中特征 $\left(\bigcap_{i=1}^{5}\overline{F_{C_i}}\right)$
NSVFS	$\sigma=0.1$	$H,\lambda_2,\lambda_3,C_{22},C_{33},|C_{13}|$	$\varphi(C_{12}),\varphi(C_{13}),\varphi(C_{23})$
	$\sigma=0.3$	$H,\alpha,\lambda_2,\lambda_3,\text{span},C_{11},C_{22},C_{33},|C_{13}|$	$\varphi(C_{12}),\varphi(C_{13}),\varphi(C_{23})$
	$\sigma=0.5$	$H,\alpha,\lambda_2,\lambda_3,C_{11},C_{22},C_{33},|C_{12}|,|C_{23}|$	$\varphi(C_{12}),\varphi(C_{13}),\varphi(C_{23})$
	$\sigma=0.75$	$H,\alpha,\lambda_1,\lambda_2,\lambda_3,\text{span},C_{11},C_{22},C_{33}$	$\varphi(C_{12}),\varphi(C_{23})$
	$\sigma=1$	$H,\alpha,\lambda_1,\lambda_2,\lambda_3,\text{span},C_{11},C_{22},C_{33},|C_{12}|,|C_{13}|,|C_{23}|$	$\varphi(C_{12}),\varphi(C_{13}),\varphi(C_{23})$
RELIEF-F	$w_{\text{th}}=0.015$	$H,\alpha,\lambda_1,\lambda_2,\lambda_3,\text{span},C_{11},C_{33},|C_{13}|,\varphi(C_{12}),\varphi(C_{13}),\varphi(C_{23})$	$C_{22},|C_{12}|,|C_{23}|$
	$w_{\text{th}}=0.019$	$H,\alpha,\lambda_1,\lambda_2,\lambda_3,\text{span},C_{11},C_{33},\varphi(C_{12}),\varphi(C_{13}),\varphi(C_{23})$	$C_{22},|C_{12}|,|C_{13}|,|C_{23}|$

表 7.4 中，H、λ_2、λ_3 和 C_{33} 被 NSVFS 和 RELIEF-F 都选中，表明了这 4 个特征在农作物分类中的重要性。$\varphi(C_{12})$ 和 $\varphi(C_{23})$ 均不被 NSVFS 选中但是均被 RELIEF-F 选中，C_{22} 均被 NSVFS 选中但是均不被 RELIEF-F 选中，而利用 NSVFS 的结果特征集得到的分类精度始终高于利用 RELIEF-F 的结果，说明 $\varphi(C_{12})$ 和 $\varphi(C_{23})$ 不适合用于作物的精细分类，C_{22} 为 HV 极化功率，由于各种

农作物的去极化能力各不相同，使得 C_{22} 能较好地区分各类地物。

上述实验结果表明，利用 NSVFS 进行特征选择后，SVM 能在更广泛的参数取值范围内获得良好的分类性能。也就是说，NSSVM 对 SVM 参数的敏感性较低，具有较强的自适应性。

7.3 基于区域的地物分类

基于像素的分类方法是指根据单个像素的散射测量值或特征，对图像中的所有像素逐一指定类别。这类方法在确定当前像素类别时，不考虑周围像素的影响，其优点是分类图能较好地保留地物细节。虽然这类方法可以通过采用合适的分类策略和精细地调整分类器参数等途径而获得较好的分类性能，但由于 SAR 图像中相干斑的存在，单个像素的散射测量值不可避免地会受其影响而产生起伏，因此限制了这类方法性能的进一步提高。

基于区域的分类方法则不同，每个像素的类别标号都由该像素与周围的像素共同确定，从而充分利用了像素的空间相关性。基于区域的分类方法可细分为两类[24]：一类是利用当前像素的相邻像素，逐个确定每个像素的类别标号；另一类是先将图像分割为多个子区域，再确定各子区域的类别标号。由于单个像素的标号不再仅由该像素决定，因此基于区域的方法能有效减弱相干斑的影响，提高分类性能。

7.3.1 MRF 基础

7.3.1.1 邻域

一幅图像可视作一个二维网格，即

$$S=\{s_{ij}, 1\leqslant i\leqslant M, 1\leqslant j\leqslant N\} \tag{7.78}$$

式中：s_{ij} 为坐标 (i,j)；M 和 N 分别为图像的行数和列数。

对于 $s,t \in S$ 和子集 $\eta_s, \eta_t \subseteq S$，若存在

(1) $s \notin \eta_s$

(2) $s \in \eta_t \Leftrightarrow t \in \eta_s$

则称 η_s 为 s 在 S 上的邻域[25]。

条件（1）表明一个像素不属于自己的邻域；条件（2）表明邻域具有相互性，即：若 t 属于 s 的邻域，则 s 也属于 t 的邻域，反之亦然。

S 上所有邻域的集合可表示为

$$\eta = \{\eta_s, s \in S\} \tag{7.79}$$

式 (7.79) 称为 S 上的邻域系。

对于 s 的邻域 $\eta_s = \{(k,l) \mid (k,l) \in S, 0 < (k-m)^2 + (l-n)^2 \leq c\}$，有以下定义。

(1) 当 $c = 1$ 时，有

$$\eta_s^{(1)} = \{(m-1,n),(m+1,n),(m,n-1),(m,n+1)\} \tag{7.80}$$

式 (7.80) 为 s 的 4-邻域，也称为一阶邻域。

(2) 当 $c = 2$ 时，有

$$\begin{aligned}\eta_s^{(2)} = \{&(m-1,n-1),(m,n-1),(m+1,n-1),(m-1,n),\\&(m+1,n),(m-1,n+1),(m,n+1),(m+1,n+1)\}\end{aligned} \tag{7.81}$$

式 (7.81) 为 s 的 8-邻域，也称为二阶邻域。

7.3.1.2 马尔可夫随机场

设 η 为二维网格 S 上的邻域系，$\forall s \in S$ 和 S 上的随机场 $X = \{x_s, s \in S\}$，当且仅当

(1) $p(x_s) > 0$

(2) $p(x_s \mid x_{S \setminus s}) = p(x_s \mid x_{\eta_s})$

则随机场 X 是网格 S 上关于邻域系 η 的马尔可夫随机场（Markov Random Field，MRF）。条件（2）中，$S \setminus s$ 表示 S 中除 s 外所有元素的集合。条件（1）表明随机变量 x_s 的出现概率为正值。条件（2）表明 x_s 只受其邻域的影响，而与网格上的其他点无关。

图 7.16 给出了二维网格及其一、二阶邻域示意图[25]。

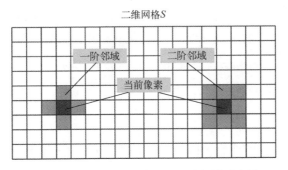

图 7.16　二维网格及其一、二阶邻域示意图

7.3.1.3 子团

子团（clique）是吉布斯随机场（Gibbs Random Field，GRF）的重要概念，表明了GRF可能的拓扑结构。

若 $C \subset S$ 满足

(1) C 为单个像素坐标

(2) 对于 $s, t \in C$ 和 $\eta_t \subseteq S$，有 $s \in \eta_t$

只要满足两个条件之一，则称 C 是 S 上的一个子团。

图 7.17 给出了一阶和二阶邻域系及其子团。

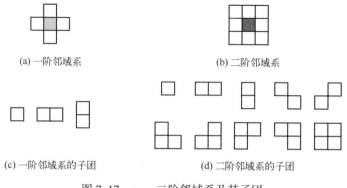

图 7.17　一、二阶邻域系及其子团

7.3.1.4 吉布斯随机场

当且仅当 S 上的随机场 $X = \{x_s, s \in S\}$ 的联合分布为

$$P(x) = \frac{1}{Z} \exp\left\{-\frac{U(x)}{T}\right\} \quad (7.82)$$

则称 X 为 GRF，亦称 X 服从吉布斯分布。式中，T 表示温度，用于控制 $P(x)$ 的形状，其值越大，分布越平坦。实际应用中可认为 T 为常数，从而在 $P(x)$ 的表达式中省略这一项。$Z = \sum_x \exp\{-U(x)/T\}$ 为归一化系数。$U(x)$ 为能量函数，即

$$U(x) = \sum_{C \in \xi} V_C(x) \quad (7.83)$$

式中：ξ 为邻域系 η 的所有子团；$V_C(x)$ 为势函数，只与子团 C 有关。

7.3.1.5 GRF 与 MRF 的等效性

由 MRF 定义可以看出,MRF 用图像的局部特性即条件概率来描述当前像素。在实际应用中,这些局部特性很难表达,甚至不能写成显式形式,因此应用起来十分困难。

所幸的是,Hammersley-Clifford 定理[25]表明了 MRF 与 GRF 的等价性:给定随机场 $X=\{x_s, s \in S\}$,并用 ξ 表示邻域系 η 的所有子团,当且仅当 X 的联合分布 $P(x)$ 是 ξ 上的吉布斯分布时,X 是关于 η 的 MRF。

该定理表明,MRF 总是满足吉布斯分布,因此可将 MRF 的条件概率密度转化为吉布斯分布的能量函数 $U(x)$,使得 MRF 的应用成为可能。

7.3.2 MAP 准则和 ICM 算法

7.3.2.1 MAP 准则

分类可视为已知观测图像时像素类别标号的估计问题。令 $Y=\{y_s, s \in S\}$ 为观测图像,$X=\{x_s, s \in S\}$ 为图像中像素的类别标号。根据 MAP 准则和贝叶斯公式,x_s 的取值应使后验概率

$$P(x_x|y_s) = \frac{p(y_s|x_x)P(x_s)}{P(y_s)} \quad (7.84)$$

达到最大值,即

$$\begin{aligned}\hat{x}_s &= \arg\max_{x_s \in \{1,2,\cdots,K\}} \{P(x_s|y_s)\} \\ &= \arg\max_{x_s \in \{1,2,\cdots,K\}} \{p(y_s|x_s)P(x_s)\}\end{aligned} \quad (7.85)$$

式中:K 为类别数;$P(x_x|y_s)$ 为在给定观测数据时类别标号的后验概率;$p(y_s|x_s)$ 为在给定类别标号时观测数据的条件概率密度;$P(x_s)$ 为类别标号出现的先验概率。由于 $P(y_s)$ 与 x_s 无关,在最大化过程中可以忽略,因此式(7.85)中第 2 个等号成立。

7.3.2.2 ICM 算法

在整幅图像内求式(7.85)的全局最优解需要极大的计算量,本章采用迭代条件模型法(Iterated Conditional Modes,ICM)求取局部最优解代替全局最优解。ICM 算法基于 MRF 和 MAP 决策准则,其目的是将观测图像的像素 y_s 归入 K 类中的某一类。在已有的基于 MRF 的分类算法中,ICM 最有效且鲁棒

性最好。ICM 是一种迭代算法，在迭代过程中，每一个像素都利用 MAP 准则进行分类，然后利用已获得的像素类别，重新估计每一类的概率密度函数的参数。在满足一定条件时，迭代结束。实际上，一般迭代次数在 10 次之内就可以收敛[26]。由于这些优点，ICM 成为最常用的基于 MAP 准则的 MRF 实现算法。

ICM 利用坐标为 s 的像素的观测值 y_s 和邻域标号 x_{η_s} 确定该像素的标号，因此式（7.85）可改写为

$$\hat{x}_s = \arg \max_{x_s \in \{1,2,\cdots,K\}} \{p(y_s|x_s)P\{x_s|x_{\eta_s}\}\} \tag{7.86}$$

根据 MRF 的定义，易知 X 为 MRF，可用吉布斯分布描述为

$$P(x_s|x_{\eta_s}) = \frac{\exp\{-U(x_s)\}}{\sum_{x_s=1}^{K}\exp\{-U(x_s)\}} = \frac{\exp\{\beta u(x_s)\}}{\sum_{x_s=1}^{K}\exp\{\beta u(x_s)\}} \tag{7.87}$$

式中：$u(x_s) = \sum_{t \in \eta_s} \delta(x_s - x_t)$，其值等于 s 的邻域 η_s 内与 s 同类的像素个数。本章所有实验选用二阶邻域，即 s 的邻域 η_s 取为以 s 为中心的 3×3 窗口内除 s 外的所有像素组成的区域。$\beta > 0$ 为空间平滑参数，其值越大，分类结果越平滑。在实际应用中，β 的取值一般由大量实验确定[27]，本章中取 $\beta = 1.4$。大量实验证实，利用该值能获得较为平滑的分类图，同时又不至于损失感兴趣的细节信息。

7.3.3　WMICM 分类算法

Wishart 分布是一种很好的描述极化 SAR 图像协方差矩阵的统计模型。方便起见，可将其重写为

$$p^{(L)}(\boldsymbol{C}) = \frac{L^{qL}|\boldsymbol{C}|^{L-q}\exp\{-L\mathrm{Tr}(\boldsymbol{\Sigma}^{-1}\boldsymbol{C})\}}{R(L,q)|\boldsymbol{\Sigma}|^{L}} \tag{7.88}$$

式中：$\boldsymbol{\Sigma} = E\{\boldsymbol{C}\}$ 为协方差矩阵的空间统计平均。

直接利用该分布进行分类，有利于充分利用极化 SAR 数据的统计先验知识，并可避免拆分协方差矩阵导致的信息损失，从而更完整地利用极化信息。然而，由于极化 SAR 图像中不可避免地存在相干斑，因此仅利用数据的极化信息和统计先验知识，无法得到令人满意的分类结果。

MRF 将图像视为二维随机过程，通过邻域的概念将局部范围内的像素联系起来，能有效地减弱相干斑对分类结果的影响。有鉴于此，本节采用一种联合利用 Wishart 分布和 MRF 模型的分类算法。该算法利用 MAP 准则估计像

素类别标号，并利用 ICM 算法[26,28-29]求解 MAP 估计问题。由于 ICM 算法的分类结果受初始条件影响较大，因此该算法利用基于 Wishart 分布的 ML 获得 ICM 的初始分类，以更充分地利用协方差矩阵中的统计先验知识。为便于叙述，本书将该算法称为基于 Wishart 和 MRF 的 ICM（Wishart and MRF based ICM，WMICM）。

7.3.3.1 初始分类

利用 ICM 获得像素类别标号的 MAP 估计具有收敛快、鲁棒性强等优点，但由于它只能收敛于局部最优解，因此初始分类非常重要。

从已发表的文献来看[27,30-32]，一般由协方差矩阵 C 提取部分元素或构造新特征以获得特征矢量，再应用 ISODATA、C 均值、模糊 C 均值或 ML 等算法进行初始分类。这些算法的缺点是没有完全利用协方差矩阵 C 所提供的极化信息和统计先验知识。

为解决此问题，本节直接利用协方差矩阵 C 进行初始分类，其算法是基于 Wishart 分布的 ML。

对于监督分类，ML 根据数据的统计模型和训练数据的分布参数确定分类基本单元的类别标号。当式（7.86）中的 $P(x_s|x_{\eta_s})$ 未知或对于每一类设定为相同的常数时，式（7.86）成为 ML，将协方差矩阵 C 的 Wishart 分布代入式（7.88），可得

$$\begin{aligned}\hat{x}_s &= \arg\max_{x_S \in \{1,2,\cdots,K\}}\{p(y_s|x_s)\}\\ &= \arg\max_{x_S \in \{1,2,\cdots,K\}}\{p(\boldsymbol{C}_s|x_s)\}\\ &= \arg\max_{x_S \in \{1,2,\cdots,K\}}\left\{\frac{L^{qL}|\boldsymbol{C}_s|^{L-q}\exp\{-L\mathrm{Tr}(\boldsymbol{\Sigma}_l^{-1}\boldsymbol{C}_s)\}}{R(L,q)|\boldsymbol{\Sigma}_l|^L}\right\}\end{aligned} \quad (7.89)$$

式中：$\boldsymbol{\Sigma}_l$ 为标号为第 l 类地物训练数据的平均协方差矩阵，其中 $l=1,2,\cdots,K$。

文献[33]表明，迭代能改善 ML 的分类效果。参照该文献，初始分类的指定迭代次数设为 $N_{\mathrm{ini}}=4$。在每一次迭代中，式（7.89）中的 $\boldsymbol{\Sigma}_l$ 为上一次估计得到的标号为 l 的地物的平均协方差矩阵。

7.3.3.2 算法流程

利用 ML 经 4 次迭代后，即可获得初始分类，再应用 ICM 求解 MAP 准则下

的次优解,就可以得到 WMICM 算法最终的分类结果。坐标为 s 的像素的标号为

$$\begin{aligned}\hat{x}_s &= \arg\max_{x_s \in \{1,2,\cdots,K\}} \{p(y_s|x_s)P(x_s|x_{\eta_s})\} \\ &= \arg\max_{x_s \in \{1,2,\cdots,K\}} \{p(\boldsymbol{C}_s|x_s)P(x_s|x_{\eta_s})\} \\ &= \arg\max_{x_s \in \{1,2,\cdots,K\}} \left\{\frac{L^{qL}|\boldsymbol{C}_s|^{L-q}\exp\{-L\mathrm{Tr}(\boldsymbol{\Sigma}_l^{-1}\boldsymbol{C}_s)\}}{R(L,q)|\boldsymbol{\Sigma}_l|^L} \cdot \frac{\exp\{\beta u(x_s)\}}{\sum_{x_s=1}^K \exp\{\beta u(x_s)\}}\right\}\end{aligned}$$

(7.90)

由于 ICM 具有较快的收敛速度,因此其迭代次数设为 $N_{\mathrm{ICM}} = 10$。真实数据的实验结果说明 N_{ini} 和 N_{ICM} 的设置是合理的。

WMICM 算法的流程如图 7.18 所示[1]。

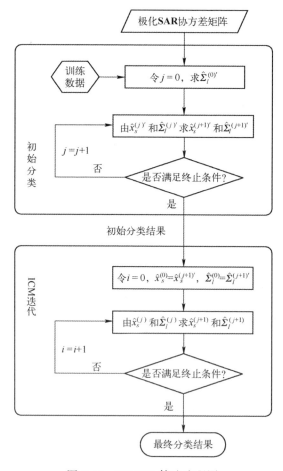

图 7.18 WMICM 算法流程图

其具体步骤如下：

（1）选择各类训练数据，令初始迭代变量 $j=0$，利用训练数据求得分布参数 $\hat{\boldsymbol{\Sigma}}_l^{(0)'} = \frac{1}{N_l}\sum_{n=1}^{N_l} \boldsymbol{C}_{l,n}$，其中：$\boldsymbol{C}_{l,n}$ 为第 l 类第 n 个像素的协方差矩阵；N_l 为第 l 类像素个数，$l=1,2,\cdots,K$。

（2）利用 $\hat{\boldsymbol{\Sigma}}_l^{(0)'}$ 和式（7-88），得到 $\hat{x}_s^{(1)'} = \arg\max\limits_{x_s \in \{1,2,\cdots,K\}} \{p(\boldsymbol{C}_s)\}$ 和 $\hat{\boldsymbol{\Sigma}}_l^{(1)'}$，其中 $s \in S$。

（3）由 $\hat{x}_s^{(j)'}$ 和 $\hat{\boldsymbol{\Sigma}}_l^{(j)'}$，求得 $\hat{x}_s^{(j+1)'} = \arg\max\limits_{x_s \in \{1,2,\cdots,K\}} \{p(\boldsymbol{C}_s | x_s^{(j)'})\}$ 和 $\hat{\boldsymbol{\Sigma}}_l^{(j+1)'}$。

（4）判断是否满足初始分类迭代终止条件。若不满足，令 $j=j+1$，返回步骤（3）；若满足，令 ICM 迭代变量 $i=0$，$\hat{x}_s^{(0)} = \hat{x}_s^{(j+1)'}$，$\hat{\boldsymbol{\Sigma}}_l^{(0)} = \hat{\boldsymbol{\Sigma}}_l^{(j+1)'}$，获得 ICM 所需的初始分类。

（5）由 $\hat{x}_s^{(i)}$ 和 $\hat{\boldsymbol{\Sigma}}_l^{(i)}$，利用式（7.87）和式（7.88）求 $\hat{x}_s^{(i+1)} = \arg\max\limits_{x_s \in \{1,2,\cdots,K\}} \{p(\boldsymbol{C}_s | x_s^{(i)}|) P(x_s^{(i)} | \hat{x}_{\eta_s}^{(i)})\}$ 和 $\hat{\boldsymbol{\Sigma}}_l^{(i+1)}$。

（6）判断是否满足 ICM 迭代终止条件。若不满足，则令 $i=i+1$，返回步骤（5）；若满足，则迭代结束，得到最终分类结果。

7.3.3.3 实验结果及分析

为验证 WMICM 算法的有效性，利用真实数据进行了实验[1]。所用数据与上节相同，即 NASA/JPL 的 AIRSAR 系统于 1989 年 8 月 16 日获取的 L 波段荷兰中部 Flevoland 地区 4 视全极化数据的一部分，图像大小为 400×300pixel。每一类训练数据均为 20×17pixel 的矩形区域，具体选取方式也与 7.2.2.3 节相同。

为便于观察，图 7.19 重新给出了该数据的总功率图、真实地物分布、训练数据的选取方式以及各类地物的颜色标定，其中总功率图经 3×3 的矩形窗滤波。

图 7.20 给出了两种不同迭代终止准则下 WMICM 和其他几种算法的分类结果，对应的分类精度如表 7.5 所列。

在图 7.20 和表 7.5 中，符号 A 表示采用其他算法进行初始分类，而在 ICM 中仍采用本节算法；符号 B 则表示完全利用其他算法进行分类。

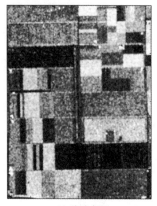
(a) 总功率图

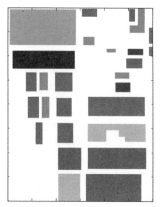
(b) 真实地物分布

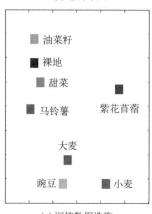
(c) 训练数据选取

(d) 类别颜色标定

图 7.19　L 波段荷兰 Flevoland 4 视全极化数据（400×300pixel，8 类）（见彩图）

表 7.5　两种不同迭代终止准则时 WMICM 算法和其他算法对荷兰 Flevoland 全极化数据的分类精度（%）

迭代终止准则	WMICM	A1	A2	B1	B2	B3
准则 1	95.55	94.21	89.20	88.95	89.07	78.09
准则 2	95.66	94.47	90.30	88.65	89.02	77.95

A1：特征矢量为

$$x_{A1} = [10\lg C_{11}, 10\lg C_{22}, 10\lg C_{33}, \text{Re}(C_{12}),$$
$$\text{Re}(C_{13}), \text{Re}(C_{23}), \text{Im}(C_{12}), \text{Im}(C_{13}), \text{Im}(C_{23})]^{\text{T}} \quad (7.91)$$

并假定 x_{A1} 服从多变量高斯分布，利用 ML 进行初始分类。

A2：由 Rignot 等提出，取特征矢量为

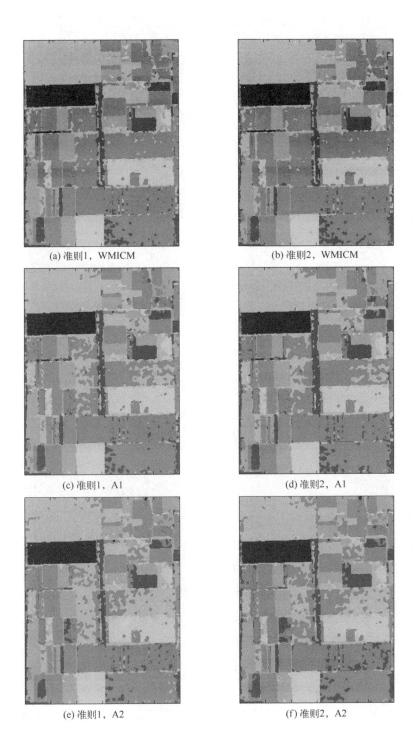

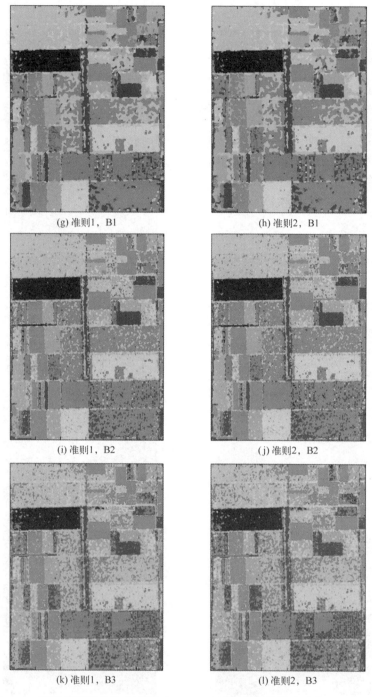

(g) 准则1，B1 (h) 准则2，B1

(i) 准则1，B2 (j) 准则2，B2

(k) 准则1，B3 (l) 准则2，B3

图 7.20　两种不同迭代终止准则时 WMICM 算法和其他算法对荷兰 Flevoland 全极化数据的分类图（400×300pixel，8 类）（见彩图）

$$x_{A2} = \left[10\lg C_{11}, 10\lg C_{22}, 10\lg C_{33}, 10\lg |C_{13}|, 10\frac{\varphi(C_{13})}{\ln 10} \right]^T \quad (7.92)$$

并利用 C 均值法初始分类，其中 $\varphi(\cdot)$ 为取复数的幅角。

B1：初始分类同 A1，但在随后的 ICM 中仍利用 x_{A1} 作为分类特征，并将多变量高斯分布与 MRF 相结合，得到最终分类结果。

B2：输入特征为 C，并假定 C 服从 Wishart 分布，分类算法为 ML。

B3：特征矢量为 x_{A2}，分类算法为 C 均值法。

准则 1 为 7.3.2 节的迭代终止准则，对于 B2 和 B3，迭代次数设为 4。准则 2 表示当类别标号发生变化的像素个数少于阈值 $N_{th1} = 1000$ 或迭代次数超过阈值 $N_{thi} = 50$ 时终止迭代，对于 A1、A2 和 B1，其初始分类和随后 ICM 的迭代终止准则都如此。在准则 2 中，引入第二个迭代终止条件，可避免程序运行时间过长或陷入死循环。

从图 7.20 和表 7.5 可以看出，与其他算法相比，由于充分利用了协方差矩阵 C 中的信息，并考虑了像素的空间相关性，WMICM 能得到最高的精度，且其分类图平滑清晰，孤立像素和小区域较少，同类地物的连通性好。

A1 的初始分类虽然用到了 C 中的所有 9 个独立元素，但统计模型与实际数据的拟合误差导致分类精度有所下降。比较图 7.20（c）、图 7.20（d）与图 7.20（a）、图 7.20（b）可知，A1 的分类结果中有更多的属于小麦的像素误分为油菜籽。A2 的精度比 WMICM 约低 6%，大麦、小麦和油菜籽的误分像素更多，如图 7.20（e）和图 7.20（f）所示，其主要原因是拆分协方差矩阵 C 导致信息损失以及 C 均值法未利用数据的统计信息。

由表 7.5 比较 B1 与 WMICM 可以看出，虽然 Hoekman 等研究表明 x_{A1} 中完全包含了协方差矩阵 C 中的信息，但由于多变量高斯模型难以精确地描述 x_{A1} 的统计特性，因此 B1 的分类精度比 WMICM 低 7% 左右。而比较 A1 与 B1 可知，与多变量高斯分布与 MRF 结合的算法相比，将 Wishart 分布与 MRF 相结合可使得 ICM 分类精度提高 5% 以上。相应地，图 7.20（c）、图 7.20（d）比图 7.20（g）、图 7.20（h）更加清晰，同类地物的连通性更好。虽然 Wishart 分布可以准确地描述协方差矩阵 C，但由于没有利用像素的空间相关性，因此 B2 的分类结果明显差于 WMICM，其分类精度比 WMICM 低 7.5% 左右，分类图的连通性较差，孤立像素和小区域更多，如图 7.20（i）和图 7.20（j）所示。B3 为利用 x_{A2} 的 C 均值法，由于完全没有利用数据的统计先验知识，且未考虑相邻像素的空间相关性，其分类精度约比 WMICM 低 18%，分类图中不仅误分像素多，而且孤立像素和小区域也较多，如图 7.20（k）和图 7.20（l）所示。

另外，比较准则 1 和准则 2 时 WMICM 的分类精度可知，由于 WMICM 的初始分类和 ICM 收敛较快，因此两种准则下的精度相当。这说明本节采用准则 1 作为迭代终止准则是合理的。

7.3.4 MOS-ML 分类算法

在基于区域的分类方法中，第二类方法是先将图像分割为多个子区域，然后以子区域为基本单元进行分类。其分割的主要目的是利用像素的空间相关性构造分类的基本单元——子区域。原理上，以子区域作为基本分类单元隐含了对极化 SAR 图像的多视处理，因而这类方法能有效抑制相干斑，改善分类结果。根据这一思路，本节介绍一种基于 MRF 过分割的分类算法[1,35]。该算法先利用 MRF 过分割得到符合地物分布的子区域，再利用基于 Wishart 的 ML 对这些子区域直接分类。为便于描述，本书中将该算法称为基于 MRF 过分割的 ML（MRF Over-Segmentation based ML，MOS-ML）。

7.3.4.1 基于 MRF 的初始过分割

一般而言，分类图中的每一类都不是连通区域，但这并不意味着每一类都由零散的单个像素构成。由于相邻像素的空间相关性，在局部范围内可能形成连通的子区域。而在分类过程中，构造符合地物真实分布的连通子区域，并以子区域为基本分类单元，对每一子区域中的所有像素赋予相同的类别标号，可以有效抑制相干斑的影响，提高分类精度，并在分类图中减少孤立像素，增强分类图的连通性，使其更易于理解。事实上，这正是本节基于 MRF 过分割的 MOS-ML 分类算法的思路。

为获得连通子区域，MOS-ML 算法采用 MRF 进行初始分割，包括矩形区域划分和调整两个步骤。

1）矩形区域划分

按照从左往右、从上往下的顺序，将图像划分为 K 个互不重叠的大小为 $m \times m$ 的子区域，并按划分顺序对所有子区域由 1 到 K 进行标号。需要注意的是，若图像的行列数不是 m 的整数倍，则划分结果中最右边一列与最下边一行子区域的大小不是 $m \times m$。MOS-ML 算法对此不做特殊处理，保留这种尺寸的子区域即可。

m 的取值根据图像细节的尺寸确定,但不宜过小,否则窗口内像素散射测量值的统计平均结果不够准确。显然,这样得到的子区域大小和形状都需进一步调整,才能与地物实际分布相符。

2) 调整

Wishart 分布可很好地描述极化 SAR 图像协方差矩阵 C 的统计特性。MOS-ML 算法在分割过程中将该分布与 MRF 结合,应用 MAP 准则和 ICM 算法对矩形区域划分结果进行迭代调整,从而充分利用协方差矩阵的统计先验信息与相邻像素的空间相关性,使得调整后的过分割结果能更好地符合地物的实际分布。

坐标为 s 的像素的标号为

$$\begin{aligned}\hat{x}_s &= \arg\max_{x_s \in \{1,2,\cdots,K\}} \{p(y_s|x_s)P(x_s|x_{\eta_s})\} \\ &= \arg\max_{x_s \in \{1,2,\cdots,K\}} \{p(C_s|x_s)P(x_s|x_{\eta_s})\} \\ &= \arg\max_{x_s \in \{1,2,\cdots,K\}} \left\{ \frac{L^{qL}|C_s|^{L-q}\exp\{-L\text{Tr}(\Sigma_l^{-1}C_s)\}}{R(L,q)|\Sigma_l|^L} \cdot \frac{\exp\{\beta u(x_s)\}}{\sum_{x_s=1}^{K}\exp\{\beta u(x_s)\}} \right\} \end{aligned}$$

(7.93)

由于 ICM 的收敛速度快,因此实验中将其迭代次数设为 $N_{\text{ICM}}=10$。

7.3.4.2 以子区域为分类单元的 ML

以调整后的子区域为基本分类单元,利用训练数据计算协方差矩阵 C 的 Wishart 分布参数,即可获得各子区域的类别标号估计值,即

$$\begin{aligned}\hat{x}_a &= \arg\max_{x_a \in \{1,2,\cdots,C\}} \{p(y_a|x_a)\} \\ &= \arg\max_{x_a \in \{1,2,\cdots,C\}} \{p(C_a|x_a)\} \\ &= \arg\max_{x_a \in \{1,2,\cdots,C\}} \left\{ \frac{L^{qL}|C_a|^{L-q}\exp\{-L\text{Tr}(\Sigma_{x_a}^{-1}C_a)\}}{R(L,p)|\Sigma_{x_a}|^L} \right\} \end{aligned}$$

(7.94)

式中:$\hat{x}_a$ 为第 a 个子区域类别标号的估计值;C 为类别数;C_a 为第 a 个子区域的平均协方差矩阵;Σ_{x_a} 为标号 x_a 的地物训练数据的平均协方差矩阵。

MOS-ML 算法利用迭代改善 ML 的分类性能,实验中取 ML 的迭代次数 $N_{\text{ML}}=10$。在每一次迭代中,式 (7.94) 中 Σ_{x_a} 为上一次估计得到的标号 x_a 的地物的平均协方差矩阵。

7.3.4.3 算法流程

MOS-ML 算法流程如下：首先将图像分割为大量互不重叠的矩形子区域；然后将 MRF 与描述协方差矩阵的 Wishart 分布结合起来，利用 MAP 准则和 ICM 算法调整子区域形状和大小，从而充分利用极化 SAR 数据的统计先验知识和相邻像素的空间相关性，使过分割结果较好地符合地物分布情况；最后以调整后的子区域为基本单元，应用基于 Wishart 分布的 ML 迭代分类，得到最终分类结果。

MOS-ML 算法的流程如图 7.21 所示[1]。

其具体步骤如下：

（1）令初始过分割迭代变量 $j=0$，将大小为 $M \times N$ 的图像划分为 $K = \lceil M/m \rceil \cdot \lceil N/m \rceil$ 个互不重叠的矩形子区域，$\lceil \cdot \rceil$ 表示向上取整，子区域标号为 $X = \{x_a, a = 1, 2, \cdots, K\}$，并设 $\hat{x}_s^{(j)}$ 为图像第 s 个像素的标号。当 M 和 N 不是 m 的整数倍时，位于图像右边缘的一列子区域大小为 $m \times (N - m \cdot \lfloor N/m \rfloor)$，位于图像下边缘的一行子区域大小为 $(M - m \cdot \lfloor M/m \rfloor) \times m$，而图像右下角的子区域大小为 $(M - m \cdot \lfloor M/m \rfloor) \times (N - m \cdot \lfloor N/m \rfloor)$，其余子区域大小均为 $m \times m$，$\lfloor \cdot \rfloor$ 表示向下取整。

（2）求 $\hat{\boldsymbol{\Sigma}}_a^{(j)} = \dfrac{1}{N_a} \sum_{n=1}^{N_a} \boldsymbol{C}_{a,n}$，式中：$N_a$ 为第 a 个子区域包含的像素个数；$\boldsymbol{C}_{a,n}$ 表示第 a 个子区域中第 n 个像素的协方差矩阵。

（3）由 $\hat{x}_s^{(j)}$ 和 $\hat{\boldsymbol{\Sigma}}_a^{(j)}$，利用式（7.87）和式（7.88）得到 $\hat{x}_s^{(j+1)} = \arg \max\limits_{x_s \in \{1,2,\cdots,K\}} \{p(\boldsymbol{C}_s | x_s^{(j)}) P(x_s^{(j)} | \hat{x}_{\eta_s}^{(j)})\}$。

（4）判断是否满足迭代终止条件。若不满足，令 $j=j+1$，返回步骤（2）；若满足，迭代结束，得到初始过分割结果。

（5）令分类迭代变量 $i=0$，选择各类训练数据，计算分布参数 $\hat{\boldsymbol{\Sigma}}_{x_a}^{(i)} = \dfrac{1}{N_{x_a}} \sum_{n=1}^{N_{x_a}} \boldsymbol{C}_{x_a,n}$，其中：$N_{x_a}$ 为标号为 x_a 的训练数据像素个数；$\boldsymbol{C}_{x_a,n}$ 为该类训练数据中第 n 个像素的协方差矩阵；$x_a = 1, 2, \cdots, C$，C 为类别数。

（6）以过分割得到的子区域为基本单元，由 $\hat{\boldsymbol{\Sigma}}_{x_a}^{(i)}$ 和式（7.94）求 $\hat{x}_a^{(i)}$。

（7）判断是否满足迭代终止条件。若不满足，利用 $\hat{x}_a^{(i)}$ 更新各类的分布

第7章 极化 SAR 地物分类方法

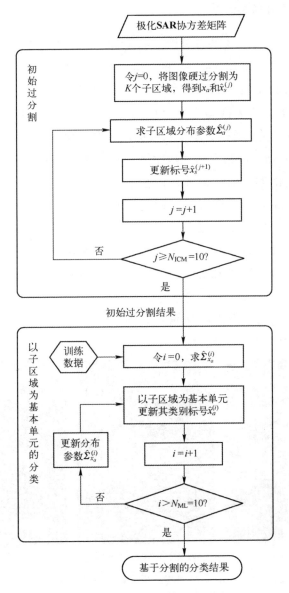

图 7.21　MOS-ML 算法流程图

参数 $\hat{\boldsymbol{\Sigma}}_{x_a}^{(i)} = \dfrac{1}{N_{\hat{x}_a^{(i)}}} \sum\limits_{n=1}^{N_{\hat{x}_a^{(i)}}} \boldsymbol{C}_{\hat{x}_a^{(i)},n}$，并令 $i=i+1$，返回步骤（6）；若满足，迭代结束，得到基于过分割的分类结果。

7.3.4.4 实验结果及分析

为验证 MOS-ML 算法的有效性，利用真实数据进行了实验[1]。所用数据与 7.3.3.3 节相同，即 NASA/JPL 的 AIRSAR 系统于 1989 年 8 月 16 日获取的 L 波段荷兰中部 Flevoland 地区 4 视全极化数据的一部分，图像大小为 400× 300pixel。每一类训练数据均为 20×17pixel 的矩形区域，具体选取方式也与 7.3.3.3 节相同。在初始过分割中，根据该数据的细节尺寸，取矩形区域划分时的窗口尺寸 $m=5$。该数据的总功率图、真实地物分布、训练数据的选取方式以及各类地物的颜色标定如图 7.19 所示。

分水岭（watershed）算法是一种数学形态学分割算法，常被应用于图像的过分割。作为对比，图 7.22 给出了 MOS-ML、基于 watershed 分割的分类算法以及常用的以像素为基本分类单元的基于 Wishart 分布的 ML 分类结果。实验中，第二种算法首先利用 watershed 算法对经 3×3 矩形窗滤波的总功率图进行过分割，然后以子区域为基本分类单元利用基于 Wishart 分布的 ML 进行分类，其具体步骤与参数设置和 MOS-ML 的第二步分类过程相同。第三种算法的迭代次数与 MOS-ML 中 ML 的迭代次数相同。

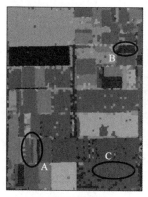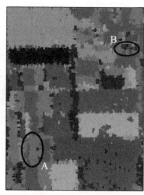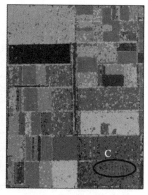

(a) MOS-ML算法　　　(b) 基于watershed的算法　　　(c) 基于像素的ML算法

图 7.22　MOS-ML 算法和其他两种算法对荷兰 Flevoland 全极化数据的分类图（400×300pixel，8 类）（见彩图）

表 7.6 给出了三种算法得到的各类地物分类精度和总精度。

由图 7.21 和表 7.6 可以看出，MOS-ML 具有更好的分类性能，能有效区分各类地物，其分类图清晰平滑、孤立像素和小区域少，同类地物的相邻像素之间连通性好，地物边缘光滑且定位准确。其总精度高于 95%，比基于

watershed 的算法和基于像素的 ML 的精度分别提高了 5% 和 6% 以上。

表 7.6 MOS-ML 算法和其他两种算法对荷兰 Flevoland
全极化数据的分类精度（%）

地物类别	MOS-ML 算法	基于 watershed 分割的分类算法	基于像素的 ML 算法
裸地	99.77	90.77	98.61
大麦	90.15	92.09	84.04
紫花苜蓿	100.00	73.26	92.76
豌豆	98.43	97.93	93.54
马铃薯	99.95	98.02	98.94
油菜籽	99.19	98.93	90.53
甜菜	85.26	79.77	77.65
小麦	90.49	91.25	75.53
总精度	95.40	90.13	88.83

比较图 7.21（b）与图 7.21（a）可知，基于 watershed 分割的分类算法的结果图虽然也具有较好的连通性，但由于 watershed 算法以灰度图像的局部峰脊作为分割边界，因此对实际地物边界的定位不够准确。这种定位误差导致图 7.21（b）中的地物边缘产生锯齿效应，不仅会降低分类精度，同时也损害了分类图中地物的结构和边缘信息。

以裸地和紫花苜蓿为例，对于前者，MOS-ML 的精度接近 100%，而基于 watershed 分割的分类算法的精度降低了约 10%；对于后者，MOS-ML 精度达到 100%，而由于锯齿效应的影响，基于 watershed 分割的算法的分类精度仅略高于 73%。

对于图 7.21（a）和 7.21（b）中标示的区域 A 和 B，与图 7.19（a）和 7.19（b）对照可以看出，区域 A 中包含强弱相间的 4 个地物条带，区域 B 主要包含一块水平条带状的紫花苜蓿。在图 7.21（a）中，区域 A 和 B 内的地物均得以清晰显示，且同类地物像素之间的连通性好；而在图 7.21（b）中，区域 A 中只显示出 2 个条带，区域 B 中则有多个子区域误分为大麦、油菜籽和小麦，图像的结构信息完全被破坏。

比较图 7.21（c）和图 7.21（a）可知，由于在分类过程中完全未用到相邻像素的空间相关性，基于像素的 ML 的分类结果中孤立像素和小区域较多，空间相邻的同类像素之间的连通性较差。

对于图 7.21（c）中标示的区域 C，参照图 7.19（a）和 7.19（b）可知，其中地物为小麦。在图 7.21（a）中，区域 C 中的像素全部正确地标为小麦；而在图 7.21（c）中，区域 C 中有许多像素误分为紫花苜蓿。由表 7.7 可知，MOS-ML 对小麦的分类精度高于 90%，而基于像素的 ML 的精度低于 76%。

对于图 7.19（b）所示的图像左上角的一片油菜籽区域，在 MOS-ML 的分类图中只有极少数误分像素，分类精度接近 100%；而在基于像素的 ML 的分类结果中，相干斑对单个像素测量值的影响导致部分像素误分为豌豆、甜菜和小麦等类别，其分类精度比 MOS-ML 下降 8% 以上。

比较表 7.6 和表 7.5 可以看出，MOS-ML 和 WMICM 的分类精度相当。由图 7.21（a）和图 7.19（a）、图 7.19（b）可知，两者的分类图清晰平滑、地物边缘光滑且定位准确。

参考文献

[1] 吴永辉. 极化 SAR 图像分类技术研究 [D]. 长沙：国防科技大学，2007.

[2] 王超，等. 全极化合成孔径雷达图像处理 [M]. 北京：科学出版社，2008.

[3] LEE J S, HOPPEL K W, MANGO S A, et al. Intensity and phase statistics of multilook polarimetric and interferometric SAR imagery [J]. IEEE Trans. on Geoscience and Remote Sensing, 1994, 32（5）：1017-1028.

[4] LEE J S, SCHULER D L, LANG R H, et al. K-distribution for multi-look processed polarimetric SAR imagery [C]//Proc. International Geoscience and Remote Sensing Symposium, Pasadena, California, USA, August, 1994.

[5] JOUGHIN I R, WINEBRENNER D P, PERCIVAL D B. Probability density functions for multilook polarimetric signatures [J]. IEEE Trans. on Geoscience and Remote Sensing, 1994, 32（3）：562-574.

[6] FRERY A C, CORREIA A H, FREITAS C C. Multifrequency full polarimetric SAR classification with multiple sources of statistical evidence [C]//Proc. International Geoscience and Remote Sensing Symposium, Denver, Colorado, USA, July, 2006.

[7] FREITAS C C, FRERY A C, CORREIA A H. The polarimetric G distribution for SAR data analysis [J]. Environmetrics, 2005, 16（1）：13-31.

[8] 刘永坦. 雷达成像技术 [M]. 哈尔滨：哈尔滨工业大学出版社，1999.

[9] 边肇祺，张学工，等. 模式识别 [M]. 北京：清华大学出版社，2000.

[10] VAPNIK V N. 统计学习理论 [M]. 许建华, 张学工, 译. 北京: 电子工业出版社, 2004.

[11] VAPNIK V N. 统计学习理论的本质 [M]. 张学工, 译. 北京: 清华大学出版社, 2000.

[12] CRISTIANINI N, SHAWE-TAYLOR J. 支持向量机导论 [M]. 李国正, 等译. 北京: 电子工业出版社, 2005.

[13] 吴永辉, 计科峰, 李禹, 等. 利用 SVM 的极化 SAR 图像特征选择与分类 [J]. 电子与信息学报, 2018, 10: 2347-2351.

[14] JAIN A, ZONGKER D. Feature selection: evaluation, application, and small sample performance [J]. IEEE Trans. on Pattern Analysis and Machine Intelligence, 1997, 19 (2): 153-158.

[15] LIU H, YU L. Toward integrating feature selection algorithms for classification and clustering [J]. IEEE Trans. on Knowledge and Data Engineering, 2005, 17 (4): 491-502.

[16] HALL M A. Correlation-based feature selection for discrete and numeric class machine learning [C]//Proc. International Conference on Machine Learning, San Francisco, USA, June, 2000.

[17] MITRA P, MURTHY C A, PAL S K. Unsupervised feature selection using feature similarity [J]. IEEE Trans. on Pattern Analysis and Machine Intelligence, 2002, 24 (3): 301-312.

[18] CARUANA R, FREITAG D. Greedy attribute selection [C]//Proc. International Conference on Machine Learning, San Francisco, USA, July, 1994.

[19] DY J G, BRODLEY C E. Feature subset selection and order identification for unsupervised learning [C]//Proc. International Conference on Machine Learning, San Francisco, USA, June, 2000.

[20] SINDHWANI V, RAKSHIT S, DEODHARE D, et al. Feature selection in MLPs and SVMs based on maximum output information [J]. IEEE Trans. on Geoscience and Remote Sensing, 2004, 15 (4): 937-948.

[21] NG A Y. On feature selection: learning with exponentially many irrelevant features as training examples [C]//Proc. International Conference on Machine Learning, Wisconsin, USA, July, 1998.

[22] XING E, JORDAN M, KARP R. Feature selection for high-dimensional genomic microarray data [C]//Proc. International Conference on Machine Learning, Massachusetts, USA, June, 2001.

[23] DAS S. Filters, wrappers and a boosting-based hybrid for feature selection [C]//Proc.

International Conference on Machine Learning, Massachusetts, USA, June, 2001.

[24] Lee J S, Grunes M R, Pottier E, et al. Segmentation of polarimetric SAR images [C]// Proc. International Geoscience and Remote Sensing Symposium, Sydney, Australia, July, 2001.

[25] GEMAN S, GEMAN D. Stochastic relaxation, Gibbs distribution and the Bayesian restoration of images [J]. IEEE Trans. on Pattern Analysis and Machine Intelligence, 1984, PAMI-6 (6): 721-741.

[26] KOTTKE D P, FIORE P D, BROWN K L, et al. A design for HMM-based SAR ATR [C]//Proc. SPIE Conference on Algorithms for Synthetic Aperture Radar Imagery V, Orlando, Florida, USA, April, 1998.

[27] RIGNOT E, CHELLAPPA R. Segmentation of polarimetric synthetic aperture radar data [J]. IEEE Trans. on Image Processing, 1992, 1 (3): 281-300.

[28] BESAG J. On the statistical analysis of dirty pictures [J]. Journal of the Royal Statistical Society, 1986, B48 (3): 259-302.

[29] FWU J K, DJURIC P M. Unsupervised vector image segmentation by a tree structure-ICM algorithm [J]. IEEE Trans. on Medical Imaging, 1996, 15 (6): 871-880.

[30] DU L J, GRUNES M R. Unsupervised segmentation of multi-polarization SAR images based on amplitude and texture characteristics [C]//Proc. International Geoscience and Remote Sensing Symposium, Honolulu, Hawaii, USA, July, 2000.

[31] RIGNOT E, CHELLAPPA R, DUBOIS P. Unsupervised segmentation of polarimetric SAR data using the covariance matrix [J]. IEEE Trans. on Geoscience and Remote Sensing, 1992, 30 (4): 697-705.

[32] ANDREADIS A, BENELLI B, GARZELLI A. Detail-preserving segmentation of polarimetric SAR imagery [C]//Proc. International Geoscience and Remote Sensing Symposium, Lincoln, Nebraska, USA, May, 1996.

[33] LEE J S, GRUNES M R, AINSWORTH T L, et al. Unsupervised classification using polarimetric decomposition and the complex Wishart classifier [J]. IEEE Trans. on Geoscience and Remote Sensing, 1999, 37 (5): 2249-2258.

第 8 章 变化检测技术

变化检测是基于不同时间获取的同一地理位置遥感数据,识别目标状态差异或分析识别地物变化的技术[1]。经过多年发展,变化检测技术在理论方面和应用方面都取得了长足进步,检测方法日益成熟,并吸收了人工智能等许多新兴技术。同时,随着 Radarsat、Sentinel-1、TerraSAR-X、高分三号、ICEYE、海丝一号等 SAR 卫星在轨运行和数据发布,国内外学者基于星载 SAR 数据变化检测研究取得了大量成果。

SAR 图像变化检测技术可以分为传统方法和智能方法两大类,其中智能方法在第 9 章进行阐述,本章主要介绍传统的 SAR 图像变化检测方法。传统变化检测方法主要依据像素级统计思想,将像素作为基本检测单元,在精准几何配准的基础上,对两幅图像开展逐像素比较运算生成差异影像,再对差异影像分析灰度(辐射)差异来提取变化信息[2]。传统方法一般分为图像预处理、差异影像构造、差异影像处理三个步骤,下面就从这三个方面对传统变化检测方法进行介绍。

8.1 变化检测预处理

SAR 变化检测数据源是同一地理位置区域不同时间获取的遥感图像,由于数据获取时成像视角、接收时间、传感器性能差异等因素影响,不同时相的图像在几何上一般未完全对准,在辐射上存在一定差异。在变化检测分析处理前,需进行预处理,通过几何配准使同一地物的空间位置能够完全重叠,通过辐射校正来降低视角变化、大气状况等引起的辐射失真。辐射校正相关内容已在本书前面章节进行了介绍,本节重点对变化检测预处理中的几何预处理(图像配准)进行阐述,从基于图像灰度、基于图像特征两个方面,对典型常用的配准方法展开介绍。

8.1.1 基于图像灰度的典型配准方法

基于图像灰度的配准方法，是指在以图像特定点为中心的窗口（或区域）内，以图像灰度分布为匹配基础，建立图像间相对几何关系的配准方法[3]。典型方法包括时域处理的相关系数法、最小二乘法，以及频域处理的相位相关法等。

8.1.1.1 相关系数法

相关系数是标准化的协方差函数，是协方差函数除以两图像灰度函数的方差。相关系数法是基于图像灰度相似度度量的匹配算法，对于同一地物辐射表征接近的两景图像，该方法能达到较理想的配准效果。

该方法的基本思想是：利用两图像灰度函数的相关系数评价它们的相似性，从而确定图像同名像点。首先取出以待定点为中心的小窗口（区域）图像灰度数据，并取出在另一待匹配图像中对应区域的灰度数据；然后计算两者的相关系数，以相关系数最大值对应的窗口中心点作为匹配同名点。

相关系数的计算公式为

$$\mathrm{NCC}(x,y) = \frac{\sum_{i=1}^{M}\sum_{j=1}^{N}[I(x+i,y+j) - \overline{I(x,y)}][T(i,j) - \overline{T}]}{\sqrt{\sum_{i=1}^{M}\sum_{j=1}^{N}[I(x+i,y+j) - \overline{I(x,y)}]^2}\sqrt{\sum_{i=1}^{M}\sum_{j=1}^{N}[T(i,j) - \overline{T}]^2}}$$

(8.1)

式中：I 为目标图像；T 为匹配窗口图像，窗口大小为 $M×N$。

具体步骤如下：

（1）读入待匹配图像，计算待匹配图像的灰度值，并将其归一化。

（2）在待匹配图像中进行滑动窗口操作，将其分解为若干个小的局部区域。

（3）在每个小窗口区域内，计算其灰度值之间的相关系数，并寻找与指定区域图像灰度分布最相似的局部区域。

（4）标记相似度最高的局部区域中心位置，作为得到的匹配点。

（5）基于多对匹配同名点，估计两景图像之间的映射关系，映射模型视精度要求可选择仿射变换、多项式模型等。

8.1.1.2 最小二乘法

20世纪80年代,最小二乘法在图像匹配中开始得到应用。最小二乘图像配准方法可充分利用图像窗口内的信息进行平差,实现子像素等级的匹配精度,因此被称为高精度图像匹配方法,在数字地面模型、正射影像图生产中得到广泛应用。

最小二乘法的基本原理是依据"两景图像对应窗口区域灰度差的平方和最小"原则,在解算模型中综合考虑辐射畸变、几何畸变等变形参数,求解最小二乘原则下的最优配准参数[4]。

该方法具体步骤如下:

(1) 几何变形改正。根据几何变形改正参数 a_1,b_1,c_1,a_2,b_2,c_2,将左图像窗口区域像坐标映射至右图像,有

$$x_2 = a_1 + b_1 x_1 + c_1 y_1 \tag{8.2}$$

$$y_2 = a_2 + b_2 x_1 + c_2 y_1 \tag{8.3}$$

(2) 重采样。由于映射计算后的坐标 x_2,y_2 可能不是右图像的整数行列坐标,故需要进行重采样操作,通常采用双线性内插方法。

(3) 辐射畸变校正。利用由最小二乘法求解出的辐射畸变改正参数 h_1,h_2,对重采样结果进行辐射校正 $h_1 + h_2 * g_2(x_2, y_2)$。

(4) 计算相关系数。计算左图像窗口灰度函数 $g_1(x_2, y_2)$ 与经过几何、辐射改正后的右图像窗口灰度函数 $h_1 + h_2 * g_2(x_2, y_2)$ 之间的相关系数,并判断是否继续迭代。通常判断迭代结束的条件为相关系数小于上一次迭代后的相关系数,或几何变形参数小于设定的阈值。

(5) 计算变形参数。利用最小二乘法求解变形参数改正值,并更新几何、辐射变形参数。

(6) 计算匹配最优点位。由最小二乘精度理论可知,配准精度取决于图像灰度的梯度 $\dot{g}_x^2$,$\dot{g}_y^2$。以梯度的平方为权重,在左图像窗口内加权平均计算目标点坐标,有

$$x_1 = \sum x \cdot \frac{\dot{g}_x^2}{\sum \dot{g}_x^2} \tag{8.4}$$

$$y_1 = \sum y \cdot \frac{\dot{g}_y^2}{\sum \dot{g}_y^2} \tag{8.5}$$

则该点的同名点坐标可由几何变换参数计算得到,即

$$x_r = a_1 + b_1 x_1 + c_1 y_1 \tag{8.6}$$

$$y_r = a_2 + b_2 x_1 + c_2 y_1 \tag{8.7}$$

由上述过程可知，最小二乘法可同时得到同名点对和两图像之间的映射参数，实现高精度的图像配准。

8.1.1.3 相位相关法

相位相关法是利用傅里叶变换，在频域进行相位匹配，从而实现图像配准。使用频域方法的好处是计算简单、速度快，这使其成为图像配准中常用的方法之一。

相位相关法的基本原理是空间域平移不影响傅里叶变换的幅值，对应的幅值谱和原图像是一样的，在时域中信号的平移运动可以通过在频域中相位的变化表现出来，故可以由频域的相位变化信息，通过逆傅里叶变换得到图像间的平移量。

假设两幅待配准图像的灰度函数是 $I(x,y)$，$J(x,y)$，两者之间的平移是 $(\mathrm{d}x, \mathrm{d}y)$，即可满足

$$I(x,y) = J(x+\mathrm{d}x, y+\mathrm{d}y) \tag{8.8}$$

该方法具体步骤如下：

(1) 将灰度函数变换至频率域，可得

$$F_I(u,v) = F_J(u,v) * \mathrm{e}^{\mathrm{j}2\pi(u\mathrm{d}x+v\mathrm{d}y)} \tag{8.9}$$

(2) 根据定义，计算两图像信号的互功率谱，可得

$$S_{IJ}(u,v) = F_I^*(u,v) F_J(u,v) \tag{8.10}$$

(3) 求互功率谱的相位，可得

$$\begin{aligned}
\hat{S}_{IJ}(u,v) &= \frac{F_I^*(u,v) F_J(u,v)}{|F_I^*(u,v) F_J(u,v)|} \\
&= \frac{F_J^*(u,v) * \mathrm{e}^{-\mathrm{j}2\pi(u\mathrm{d}x+v\mathrm{d}y)} F_J(u,v)}{|F_I^*(u,v) F_J(u,v)|} \\
&= \mathrm{e}^{-\mathrm{j}2\pi(u\mathrm{d}x+v\mathrm{d}y)}
\end{aligned} \tag{8.11}$$

(4) 求互功率谱相位傅里叶逆变换，可得

$$F^{-1}(\mathrm{e}^{-\mathrm{j}2\pi(u\mathrm{d}x+v\mathrm{d}y)}) = \delta(x-\mathrm{d}x, y-\mathrm{d}y) \tag{8.12}$$

则冲激函数的位移量为图像之间的平移量。

实际上，在计算机处理中，连续函数要用离散域代替，这使得狄拉克函数转化为离散时间单位冲激函数序列的形式。

8.1.2 基于图像特征的典型配准方法

在图像灰度反差低、窗口纹理信息贫乏等情况下，基于图像灰度的配准方法用于 SAR 图像配准时成功率低，许多学者开展了基于特征的 SAR 图像配准研究，能够较好解决灰度配准方法存在的问题。本节重点介绍 ORB、SIFT 等典型特征配准方法，以及基于 SIFT 改进的一种可用于光学、SAR 异源匹配的 OS-SIFT 算法。

8.1.2.1 基于 ORB 特征的配准方法

ORB（Oriented FAST and Rotated BRIEF）算法是一种计算机视觉领域的特征提取算法，广泛用于图像配准、目标识别和三维重建等任务[5]。下面按照特征点检测、方向分配、特征描述、特征匹配 4 个步骤来介绍该方法的基本原理。

1）特征点检测

ORB 算法使用 FAST（Features from Accelerated Segment Test）角点检测器来寻找图像中的候选特征点。FAST 角点检测器通过在图像中选择灰度强度变化较大的像素来识别角点，在图像的不同位置进行高速测试，通过阈值来确定像素点是否为角点。通过非最大值抑制来剔除空间上过于接近的候选特征点，以保证选择的特征点具有相对均匀的空间分布。

2）方向分配

对于每个选定的特征点，ORB 算法计算其方向。为了提高稳定性，ORB 使用了一种金字塔法来计算特征点的方向，将特征点周围的像素划分为若干层，并计算每层的灰度梯度。通过在每个像素上计算梯度方向直方图，选择具有最大梯度幅度的方向作为特征点的方向。这样做，可以使 ORB 算法对图像旋转具有一定的鲁棒性，即可以在不同方向视角图像中检测到同一特征点。

3）特征描述

在 ORB 算法中，使用 BRIEF（Binary Robust Independent Elementary Features）描述符来描述特征点局部区域。BRIEF 描述符是一种二进制的局部描述符，通过比较两个像素的灰度值来生成一个二进制串。

为了提高 BRIEF 描述符的鲁棒性和可重复性，引入了旋转不变性。通过使用方向信息对特征点周围区域进行旋转，使得描述符具有相对于旋转的不变性。为了生成更具鲁棒性的描述符，ORB 算法采用了多个不同尺度的金字塔图像，以对尺度变化进行适应。

4）特征匹配

在 ORB 算法中，通过计算特征点描述符之间的汉明距离（Hamming Distance）来进行特征匹配。汉明距离表示两个二进制串之间的不同位数。

特征匹配的目标是在两幅图像中找到具有相似特征描述符的对应点。ORB 算法使用最小汉明距离的阈值来判断两个描述符是否匹配。为了提高匹配的准确性，还采用了比率测试，即对于每个特征点，判断次小汉明距离与最小汉明距离之间的比值，若小于某一预定阈值，则将对应的特征点作为匹配点。

在得到大量匹配同名点的基础上，可基于适当的几何变换模型来估计两图像之间的映射关系，完成图像配准。

8.1.2.2 基于 SIFT 特征的配准方法

SIFT 特征算子是计算机视觉领域著名的算法，具有对旋转、尺度缩放、亮度变化保持不变的优点，特征描述信息量丰富，优化后可达到实时或近实时处理效率，并支持与其他特征向量联合[6]。诸多优点使 SIFT 特征算子在众多特征匹配算法中脱颖而出，在 SAR 图像配准中也得到广泛应用。下面对该算法进行详细介绍。

1）尺度空间极值检测

尺度空间理论最早出现于计算机视觉领域，该理论提出是为了模拟图像数据的多尺度特征。尺度空间理论的主要思想是利用高斯核对原始图像进行尺度变换，获得图像多尺度下的尺度空间表示序列，并对这些序列进行尺度空间特征提取。二维高斯函数定义为

$$G(x,y,\sigma) = \frac{1}{2\pi\sigma^2} e^{-(x^2+y^2)/2\sigma^2} \tag{8.13}$$

一幅二维图像在不同尺度下的尺度空间表示，可由图像与高斯核卷积得到，即

$$L(x,y,\sigma) = G(x,y,\sigma) * I(x,y) \tag{8.14}$$

式中：(x,y) 为图像点的像素坐标；$I(x,y)$ 为图像数据；L 为图像的尺度空间；σ 为尺度空间因子，它也是高斯正态分布的方差，反映了图像被平滑的程度，其值越小，表征图像被平滑程度越小，相应尺度越小。大尺度对应于图像的概貌特征，小尺度对应于图像的细节特征。因此，选择合适的尺度因子平滑，是建立尺度空间的关键。

在这一步骤中,主要是建立高斯金字塔和 DOG(Difference of Gaussian)金字塔,然后在 DOG 金字塔进行极值检测,以初步确定特征点的位置和所在尺度。

(1)建立高斯金字塔。

为了得到在不同尺度空间下的稳定特征点,将图像 $I(x,y)$ 与不同尺度因子下的高斯核 $G(x,y,\sigma)$ 进行卷积操作,构成高斯金字塔。

高斯金字塔有 o 阶,一般选择 4 阶,每一阶有 s 层尺度图像,s 一般选择 5 层。在高斯金字塔的构成中,第 1 阶的第 1 层是放大 2 倍的原始图像,其目的是得到更多的特征点;在同一阶中相邻两层的尺度因子比例系数是 k,则第 1 阶第 2 层的尺度因子是 $k\sigma$,然后其他层依此类推即可。第 2 阶的第 1 层由第 1 阶的中间层尺度图像进行子抽样获得,其尺度因子是 $k^2\sigma$,然后第 2 阶的第 2 层的尺度因子是第 1 层的 k 倍,即 $k^3\sigma$。第 3 阶的第 1 层由第 2 阶的中间层尺度图像进行子抽样获得。其他阶的构成依此类推。

(2)建立 DOG 金字塔。

DOG 是指相邻两尺度空间函数之差,用 $D(x,y,\sigma)$ 表示为

$$D(x,y,\sigma)=(G(x,y,k\sigma)-G(x,y,\sigma))*I(x,y)=L(x,y,k\sigma)-L(x,y,\sigma)$$
(8.15)

DOG 金字塔通过高斯金字塔中相邻尺度空间函数相减即可,如图 8.1 所示。在图 8.1 中,DOG 金字塔的第 1 层的尺度因子与高斯金字塔的第 1 层是一致的,其他阶也一样。

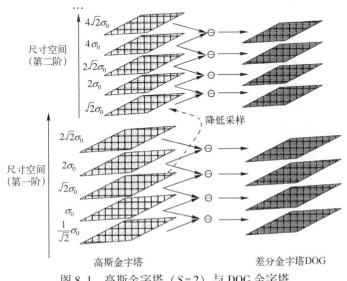

图 8.1 高斯金字塔($S=2$)与 DOG 金字塔

(3) DOG 空间的极值检测。

在 DOG 尺度空间金字塔中，为了检测到 DOG 空间的最大值和最小值，DOG 尺度空间中间层（最底层和最顶层除外）的每个像素点需要跟 26 个相邻像素点（同一层的相邻 8 个像素点，以及上一层和下一层的各 9 个相邻像素点）进行比较，以确保在尺度空间和二维图像空间都能检测到局部极值，如图 8.2 所示。

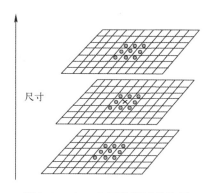

图 8.2 DOG 空间局部极值检测

图 8.2 中，标记为"×"的像素若全大于（或小于）相邻 26 个像素的 DOG 值，则该像素点将作为一个局部极值点，记下它的位置和对应尺度。

2）精确定位特征点位置

由于 DOG 值对噪声和边缘较敏感，在 DOG 尺度空间中检测到局部极值点后，还要经过进一步的检验才能精确定位特征点。下面对局部极值点进行三维二次函数拟合，以精确确定特征点的位置和尺度。尺度空间函数 $D(x,y,\sigma)$ 在局部极值点 (x_0,y_0,σ) 处的泰勒展开式为

$$D(x,y,\sigma) = D(x_0,y_0,\sigma) + \frac{\partial \boldsymbol{D}^\mathrm{T}}{\partial \boldsymbol{X}} \boldsymbol{X} + \frac{1}{2} \boldsymbol{X}^\mathrm{T} \frac{\partial^2 \boldsymbol{D}}{\partial \boldsymbol{X}^2} \boldsymbol{X} \tag{8.16}$$

$$\boldsymbol{X} = (x,y,\sigma)^\mathrm{T},\quad \frac{\partial \boldsymbol{D}}{\partial \boldsymbol{X}} = \begin{bmatrix} \frac{\partial D}{\partial x} \\ \frac{\partial D}{\partial y} \\ \frac{\partial D}{\partial \sigma} \end{bmatrix},\quad \frac{\partial^2 \boldsymbol{D}}{\partial \boldsymbol{X}^2} = \begin{bmatrix} \frac{\partial^2 D}{\partial x^2} & \frac{\partial^2 D}{\partial xy} & \frac{\partial^2 D}{\partial x\sigma} \\ \frac{\partial^2 D}{\partial yx} & \frac{\partial^2 D}{\partial y^2} & \frac{\partial^2 D}{\partial y\sigma} \\ \frac{\partial^2 D}{\partial \sigma x} & \frac{\partial^2 D}{\partial \sigma y} & \frac{\partial^2 D}{\partial \sigma^2} \end{bmatrix}$$

式（8.16）中的一阶导数和二阶导数是通过附近区域的差分来近似求出的，其他阶导数以此类推。通过对式（8.16）求导，并令其为 0，得出精确

的极值位置 $X_{\max}$，即

$$X_{\max} = -\left(\frac{\partial^2 \boldsymbol{D}}{\partial \boldsymbol{X}^2}\right)^{-1} \frac{\partial \boldsymbol{D}}{\partial \boldsymbol{X}} \tag{8.17}$$

在精确确定的特征点中，要去除低对比度的特征点和不稳定的边缘响应点，以增强匹配稳定性、提高抗噪声能力。

（1）去除低对比度的特征点。

把式（8.17）代入式（8.16）中，只保留前两项，可得

$$\boldsymbol{D}(X_{\max}) = \boldsymbol{D} + \frac{1}{2}\frac{\partial \boldsymbol{D}^{\mathrm{T}}}{\partial \boldsymbol{X}} \tag{8.18}$$

通过式（8.18）可计算出 $\boldsymbol{D}(X_{\max})$，若 $|\boldsymbol{D}(X_{\max})| \geqslant 0.03$，则将该特征点保留下来，否则丢弃。

（2）去除不稳定的边缘响应点。

海森矩阵如式（8.19）所示，其中偏导数是上面确定的特征点处的偏导数，它也是通过附近区域的差分来近似估计的。

$$\boldsymbol{H} = \begin{bmatrix} D_{xx} & D_{xy} \\ D_{xy} & D_{yy} \end{bmatrix} \tag{8.19}$$

通过 2×2 的海森矩阵来计算主曲率，由于 $\boldsymbol{D}$ 的主曲率与 $\boldsymbol{H}$ 矩阵的特征值成比例，不具体求特征值，求其比例 ratio。设 α 是最大幅值特征，β 是次小的，$r = \alpha/\beta$，则计算公式为

$$\begin{cases} \mathrm{tr}(\boldsymbol{H}) = D_{xx} + D_{yy} = \alpha + \beta \\ \mathrm{Det}(\boldsymbol{H}) = D_{xx}D_{yy} - (D_{xy})^2 = \alpha\beta \\ \mathrm{radio} = \dfrac{\mathrm{tr}(\boldsymbol{H})^2}{\mathrm{Det}(\boldsymbol{H})} = \dfrac{(\alpha+\beta)^2}{\alpha\beta} = \dfrac{(\gamma\beta+\beta)^2}{\gamma\beta^2} = \dfrac{(\gamma+1)^2}{\gamma} \end{cases} \tag{8.20}$$

由式（8.20）求出 radio，常取 $r = 10$，若 $\mathrm{radio} \leqslant \dfrac{(r+1)^2}{r}$，则保留该特征点，否则丢弃。

3）确定特征点主方向

利用特征点邻域像素的梯度方向分布特性，为每个特征点指定方向参数，使算子具备旋转不变性，即

$$\begin{cases} m(x,y) = \sqrt{(L(x+1,y) - L(x-1,y))^2 + (L(x,y+1) - L(x,y-1))^2} \\ \theta(x,y) = \arctan\theta\dfrac{L(x+1,y) - L(x-1,y)}{L(x,y+1) - L(x,y-1)} \end{cases}$$

$$\tag{8.21}$$

式（8.21）为(x,y)处的梯度幅度值和方向。在实际计算过程中，在以特征点为中心的邻域窗口内采样，并用梯度方向直方图统计邻域像素的梯度方向。梯度直方图的范围是$0°\sim360°$，其中每$10°$一个柱，总共36个柱。梯度方向直方图的峰值代表了该特征点处邻域梯度的主方向，即作为该特征点的方向。在梯度方向直方图中，若存在另一个相当于主峰值80%能量的峰值，则认为这个方向是该特征点的辅方向。一个特征点可能会被指定具有多个方向（一个主方向，多个辅方向），以增强匹配的鲁棒性。

通过以上三个步骤，图像的特征点已检测完毕，每个特征点有3个信息：位置、对应尺度、方向。

4）生成SIFT特征向量

将坐标轴旋转为特征点的方向，以确保旋转不变性。接下来以特征点为中心取8×8的窗口（特征点所在的行和列不取）。在图8.3（a）中，中央黑点为当前特征点的位置，每个小格代表特征点邻域所在尺度空间的一个像素，箭头方向代表该像素的梯度方向，箭头长度代表梯度模值，图中圈内代表高斯加权的范围（越靠近特征点的像素，梯度方向信息贡献越大）。

在每个4×4的图像小块上计算8个方向的梯度方向直方图，绘制每个梯度方向的累加值，形成一个种子点，如图8.3（b）所示。一个特征点由4个种子点组成，每个种子点有8个方向向量信息，可产生32个数据，形成32维的SIFT特征向量（特征点描述器），所需的图像数据块为8×8。这种邻域方向性信息联合思想增强了算法抗噪声能力，同时对于定位误差也具备较好容错性。

实际计算过程中，为了增强匹配的稳健性，可对每个特征点使用16个种子点来描述，每个种子点有8个方向向量信息，这样对于一个特征点就可以产生128个数据，最终形成128维的SIFT特征向量，所需的图像数据块为

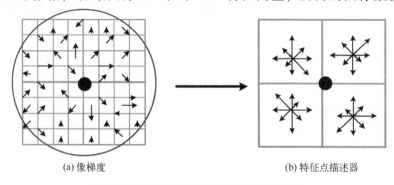

(a) 像梯度　　　　　　　　　　　(b) 特征点描述器

图8.3　像梯度及特征点描述器（见彩图）

16×16。此时 SIFT 特征向量已经消除了尺度变化、旋转等几何变形因素影响，若继续将特征向量长度归一化，则可进一步去除辐射变化的影响。

5）SIFT 特征向量的匹配

当两幅图像的 SIFT 特征向量生成后，下一步就是进行特征向量的匹配。

（1）进行相似性度量。通过相似性度量得到图像间的潜在匹配点对。通常可采用欧氏距离作为两幅图像间的相似性度量。获取 SIFT 特征向量后，采用优先 k-d 树进行优先搜索，查找每个特征点的 2 近似最近邻特征点。在这两个特征点中，如果最近的距离除以次近的距离少于某个比例阈值，则接受这一对匹配点。降低这个比例阈值，SIFT 匹配点数会减少，但匹配关系更加稳定。

（2）进行误匹配滤除。通过相似性度量得到潜在匹配对，其中不可避免会产生一些错误匹配，因此需要根据几何限制和其他附加约束剔除误匹配，提高鲁棒性。常用的去外点方法是随机抽样一致性（RANSAC）算法。在得到大量匹配同名点的基础上，可基于适当的几何变换模型来估计两图像之间的映射关系，完成图像配准。

8.1.2.3 基于 OS-SIFT 特征的光学与 SAR 图像配准方法

OS-SIFT（Optical-to-SAR SIFT）算法是一种基于图像梯度信息的特征配准算法，对光学和 SAR 图像间的非线性辐射差异具有较好的鲁棒性，该算法的主要流程如下[7]：

1）一致性梯度计算

光学图像和 SAR 图像成像机理、条件不同，灰度信息差异很大。如果将相同的梯度算子应用于光学图像和 SAR 图像，则灰度的显著差异将产生不同的梯度方向和梯度幅度，导致关键点检测器不能提取到高度可重复的特征点。此外，特征描述符对于这些差异不鲁棒，因为在描述符提取过程中使用每个关键点的主方向来确保旋转不变性。在特征匹配阶段，可重复的关键点少和特征描述符差异大都可能导致错误的匹配结果。为了获得在光学图像和 SAR 图像表现一致的梯度幅度和方向，可引入一种新的方法用于计算多尺度梯度。考虑到相干成像机制，SAR 图像总是被乘性相干斑噪声干扰。基于差分的梯度算子受相干斑噪声引起的随机高频分量影响严重，特别是在匀质区域，经过阈值处理后很容易检测出虚假的关键点。

OS-SIFT 算法采用比值梯度（Gradient by Ratio，GR）方法计算一致性梯度,受益于基于比值的边缘检测算子的恒定虚警率特性,GR方法可产生对相干斑噪声鲁棒的梯度方向和幅度。GR方法利用ROEWA(Ratio Of Exponential Weighted Average)算子的对数比来构建水平和竖直梯度。ROEWA算子可以认为是由两个正交的一维滤波器组成的二维可分离滤波器,其中:一个无限对称指数滤波器(Infinite Symmetric Exponential Filter,ISEF)作为其垂直滤波器;另一个ISEF作为其平行的滤波器。水平和垂直方向的ROEWA算子可表示为

$$R_{h,\alpha} = \frac{\sum_{i=-M/2}^{M/2}\sum_{j=1}^{N/2}I(x+i,y+j)e^{-\frac{|i|+|j|}{\alpha}}}{\sum_{i=-M/2}^{M/2}\sum_{j=-N/2}^{-1}I(x+i,y+j)e^{-\frac{|i|+|j|}{\alpha}}}, R_{v,\alpha} = \frac{\sum_{i=1}^{M/2}\sum_{j=-N/2}^{N/2}I(x+i,y+j)e^{-\frac{|i|+|j|}{\alpha}}}{\sum_{i=-M/2}^{-1}\sum_{j=-N/2}^{N/2}I(x+i,y+j)e^{-\frac{|i|+|j|}{\alpha}}}$$

(8.22)

式中:M 和 N 为处理窗口的大小,与尺度参数 α 相关。下面公式给出了水平和竖直方向的梯度,即

$$G_{h,\alpha} = \log(R_{h,\alpha}), \quad G_{v,\alpha} = \log(R_{v,\alpha}) \tag{8.23}$$

梯度幅度和方向计算公式为

$$G_{m,\alpha} = \sqrt{(G_{h,\alpha})^2 + (G_{v,\alpha})^2}, G_{o,\alpha} = \arctan\left(\frac{G_{v,\alpha}}{G_{h,\alpha}}\right) \tag{8.24}$$

在ROEWA算子中,α是尺度参数,控制着窗口大小,可以通过设置多个α值来获取多尺度ROWEA算子。假设有一系列的$\{\alpha_1,\cdots,\alpha_n\}$,它们之间的关系是$\alpha_{i+1}/\alpha_i = k$,这样可以得到多尺度的水平垂直梯度,从而导出多尺度梯度幅度和方向。而对于光学图像,考虑使用多尺度的Sobel算子来计算梯度。传统的Sobel算子就是最好的边缘检测器之一。通常,Sobel算子使用两个模板卷积图像灰度来计算水平梯度和垂直梯度,即

$$f_H = \begin{bmatrix} -1 & 0 & 1 \\ -2 & 0 & 2 \\ -1 & 0 & 1 \end{bmatrix}, \quad f_V = \begin{bmatrix} -1 & -2 & -1 \\ 0 & 0 & 0 \\ 1 & 2 & 1 \end{bmatrix} \tag{8.25}$$

模板可以被认为是两个矩形的子窗口卷积了一个高斯模板。然而,梯度的计算会受到窗口大小的影响,因此可以通过设置不同的模板大小来获得多尺度的Sobel算子,即

$$F_{h,\beta} = \kappa_\beta \times H_\beta, \quad F_{v,\beta} = \kappa_\beta \times V_\beta \tag{8.26}$$

式中:$F_{h,\beta}$、$F_{v,\beta}$分别为水平和竖直梯度;κ为一个高斯模板,其标准差为β;H_β和V_β分别为大小为β的水平和竖直矩形窗口;×为矩形乘法运算。梯度幅

度和方向可表示为

$$\begin{cases} F_{m,\beta} = \sqrt{(F_{h,\beta})^2 + (F_{v,\beta})^2} \\ F_{o,\beta} = \arctan\left(\dfrac{F_{v,\beta}}{F_{h,\beta}}\right) \end{cases} \tag{8.27}$$

与多尺度 ROEWA 算子类似，分配了一系列的尺度值 $\{\beta_1,\cdots,\beta_n\}$。由于使用了两个不同的算子来计算梯度，因此为了获得光学图像和 SAR 图像的一致性梯度，研究了两个尺度参数之间的关系。这两个算子都可以当作二维可分离的滤波器，通常选择一维垂直滤波器来分析这个问题。ROEWA 算子的垂直滤波器是一个一维 IESF 滤波器，表示为 f_{ISEF,α_1}；Sobel 算子的垂直滤波器是一个一维均值滤波器（矩形窗口可以被视为两个正交的一维均值滤波器），表示为 f_{MF,β_1}。一维的 ISEF 滤波器和均值滤波器如图 8.4 所示。

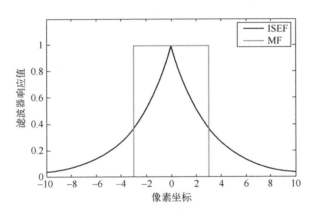

图 8.4　一维的 ISEF 滤波器和均值滤波器

为了获得一致的梯度幅度和方向，相同尺度的两个滤波器的有效支持窗口大小必须相同。因此它们之间的关系可以表示为

$$\int_{-\infty}^{+\infty} e^{-\frac{|x|}{\alpha_1}} dx = \int_{-\infty}^{+\infty} f_{\text{MF},\beta_1} dx, f_{\text{MF},\beta_1} = \begin{cases} 1, & |x| \leq \beta_1 \\ 0, & \text{其他} \end{cases} \tag{8.28}$$

两个尺度参数之间的关系可以计算得到，即 $\alpha_{i+1}/\alpha_i = k, \beta_{i+1}/\beta_i = k, \alpha_1 = \beta_1$。此外，两个梯度幅度都需要经过归一化。图 8.5 展示出了两个仿真图像上的梯度幅度和方向。

图 8.5 中，第一幅图像是带有仿真相干斑噪声的矩形，标记为仿真 SAR 图像；第二幅图像是带有高斯噪声的矩形，标记为仿真光学图像。矩形内的灰度值为 150，矩形外的灰度值为 50。相干斑噪声是具有 $\mu=1$，$\sigma=2$ 的三视

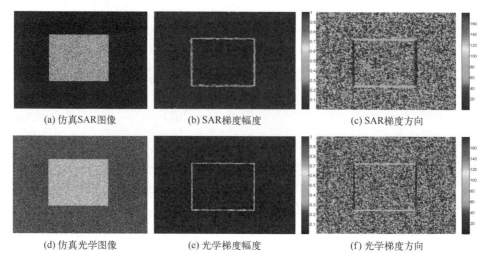

图 8.5　仿真 SAR 图像和仿真光学图像的梯度幅度和方向对比图（见彩图）

乘性噪声，高斯噪声是 $\mu=50$，$\sigma=50$ 的加性噪声。对于多尺度 ROEWA 和多尺度 Sobel 算子，选择第一个尺度的结果进行展示。由于两种梯度计算方法都分别考虑了光学和 SAR 图像的特性，因此它们都能很好地降低噪声的影响。可以观察到，仿真图像的梯度幅度和方向都非常一致，这意味着梯度计算方法有效限制了两种图像之间的差异。

2）特征点检测

图 8.6 给出了 OS-SIFT 算法的流程图。

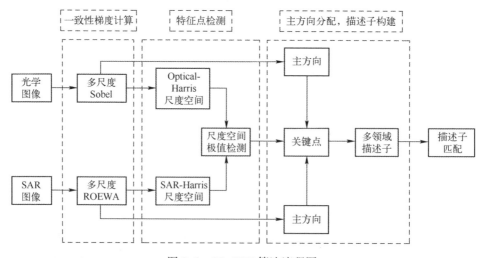

图 8.6　OS-SIFT 算法流程图

在传统的 SIFT 算法中,首先通过将图像与不同尺度的高斯滤波器进行卷积来构造高斯图像金字塔,然后通过减去相邻的图像获得差分高斯图像(LoG 的近似值)。通过在 DOG 尺度空间中寻找三维 (x,y,α) 中的局部最大值,得到一系列候选点,然后通过基于海森矩阵的判决标准进行子像素定位和不稳定关键点消除,最终得到关键点。然而,DOG 方法无法在 SAR 图像中检测到可靠的关键点。与 DOG 方法检测到的关键点相比,角点在光学图像和 SAR 图像中都更加稳定和可重复。因此,在 OS-SIFT 算法中专注于多尺度角点检测。基于前述提到的梯度计算,构建 SAR-Harris 和 Optical-Harris 两个 Harris 尺度空间。

通过在 Harris 尺度空间中找到局部最大值,进行非最大值抑制和阈值处理,然后在每个尺度得到候选关键点。图 8.7 显示了使用多尺度 Harris 空间在两幅仿真图像上的关键点检测结果,还比较了 LoG 方法的检测结果。在这个实验中,多尺度 Harris 方法使用了 8 个尺度。从结果可以看出,SAR-Harris 和 Optical-Harris 方法都成功地找到位于矩形四角的 32 个关键点,没有虚假检测。对于 LoG 方法,在仿真 SAR 图像中,在具有高反射率的匀质区域上出现了几个错误检测,这与前述分析一致。此外,两幅仿真图像中对应关键点的定位也不是非常精确,可以从检测结果的放大图像中看到。受到噪声的影响,关键点位置可能存在偏差,需要进行关键点位置校正。

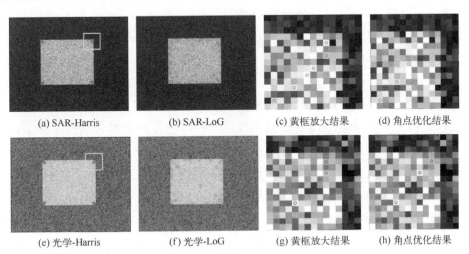

(a) SAR-Harris　　(b) SAR-LoG　　(c) 黄框放大结果　　(d) 角点优化结果

(e) 光学-Harris　　(f) 光学-LoG　　(g) 黄框放大结果　　(h) 角点优化结果

图 8.7　多尺度 Harris 角点检测结果与 LoG 特征点检测结果对比图(见彩图)

3) 主方向分配和描述子构建

在 SIFT 算法中,主方向被分配给关键点来维持旋转不变性。主方向和描述符构建都基于邻域的梯度方向直方图。光学图像和 SAR 图像之间的梯度方向应当一致,然而在异源传感器图像中,经常存在着梯度反转的情况,为了防止这种情况出现,将梯度方向限制在 $[0, 180°)$ 之间。

与原始 SIFT 描述符不同,这里不再使用正方形邻域和 4×4 分区,而是采用圆形邻域和对数极性扇区的 GLOH (Gradient Location and Orientation Histogram) 描述子来创建特征描述符,如图 8.8 所示。

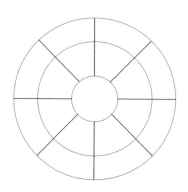

图 8.8 GLOH 描述子构建窗口

由于考虑了梯度反转,梯度方向量化为 8 块,描述子的长度为 136。为了使描述符更加独特,利用不同大小的多个图像邻域构建描述符。用于构建描述符的邻域越大,描述符包含的结构信息越多,产生稳定的匹配结果的可能性越大,但也会增加计算成本。在 OS-SIFT 中,使用半径为 $\{8\alpha, 12\alpha, 16\alpha\}$ 的三个圆形邻域进行描述符构造。

4) 关键点匹配

通过特征点检测、描述子构建,得到了关键点位置和相应的描述子。传统的 SIFT 类算法是通过基于描述符之间距离的匹配策略来选择对应关系,例如最近邻距离比方法、双匹配方法、空间一致匹配方法、增强功能匹配方法、稀疏表示方法等。最常用的策略是最近邻距离比方法,首先计算描述符之间的最接近欧氏距离,然后利用比值阈值对最近距离和次近距离之比筛选,去除不稳定匹配。此外,还可使用快速样本抽样一致性算法来删除错误匹配,相较于 RANSAC,该方法能够以更少的迭代次数获得更合理的匹配关系。最后,待配准图像由通过正确对应点对估计的仿射变换模型来进行映射变换。

8.2 差异影像构造

差异影像是表征两幅 SAR 影像之间差异矩阵的可视化影像。构造差异影像是为了初步区分两幅影像中的变化区域和未变化区域,为更精确的变化分析提供依据[8]。常用的差异影像构造方法包括基于代数运算的差值法、比值法,以及基于小波变换的小波融合方法。下面先简要介绍基础的差值法和比值法,然后重点介绍在这些方法基础上改进的小波融合法。将两幅影像记为 $I_1(x,y)$、$I_2(x,y)$,设差异影像为 $I_d(x,y)$,下面分别介绍几种常用方法的基本原理。

8.2.1 差值法

差值法是通过将两幅图像灰度矩阵直接作减法运算来生成差异图的方法。该方法运算简单,是变化检测研究早期采用的差异图生成方法,计算公式为

$$I_d(x,y) = |I_2(x,y) - I_1(x,y)| \tag{8.29}$$

式中:为避免出现像素值为负的情况,对差值结果取绝对值。

由于 SAR 影像固有的相干斑噪声通常为乘性噪声,差值法难以有效抑制相干斑噪声,且有研究表明该方法对误差校正鲁棒性差,若直接将差值法用于 SAR 图像差异图生成,往往效果不佳。

8.2.2 比值法

8.2.2.1 经典比值法

比值法是通过将两幅图像灰度矩阵逐像素做除法运算来生成差异图的方法。由于相较于差值算子,比值算子能够更好地克服对乘性噪声敏感的问题,可较好适应 SAR 图像存在相干斑噪声的特点,在较长时间内成为广泛应用的 SAR 图像差异图生成方法。该方法计算公式为

$$I_d(x,y) = \frac{I_2(x,y)}{I_1(x,y)} \tag{8.30}$$

为避免出现分母过小、分子大导致比值过大的情况,通常采用在分子、分母同时加同一偏置量的方法,具体公式为

$$I_d(x,y) = \frac{I_2(x,y)+1}{I_1(x,y)+1} \tag{8.31}$$

与差值法相比，该方法可有效抑制相干斑噪声影响，生成的比值差异图一定程度增强了变化区域信息，有助于进一步变化分析。

为了增强变化区域与非变化区域的对比度，经常还在比值法基础上增加对数运算，通过将比值差异图转换至对数尺度，使得SAR影像的相干斑噪声转换为加性噪声，差异图灰度呈现非线性收缩，这种比值法也称为对数比值法。具体计算公式为

$$I_d(x,y) = \left| \lg \frac{I_2(x,y)}{I_1(x,y)} \right| \qquad (8.32)$$

对于式（8.31）形式的比值差异图，相应的对数比值计算表达式为

$$I_d(x,y) = \left| \lg \frac{I_2(x,y)+1}{I_1(x,y)+1} \right| \qquad (8.33)$$

与比值法相比，对数运算能够一定程度上减小比值运算造成的差异，降低未变化区域孤立异常值的影响，对于场景中变化区域较小的情况下检测更有效；但同时由于对数运算收缩性较强，使得边缘区域像素容易模糊化，对数比值法也存在着变化、未变化区域边缘信息保留相对较弱的缺点[9]。

8.2.2.2 改进比值法

在经典比值法基础上还衍生出多种改进比值法，如均值比值法、邻域比值法等。

均值比值法是通过对像素邻域灰度均值做除法运算来生成差异图的方法。与经典比值法相比，该方法能更好地抑制孤立噪点的影响，达到一定的滤波去噪效果。具体计算公式为

$$I_d(x,y) = \frac{\overline{I_2(x,y)}}{\overline{I_1(x,y)}} \qquad (8.34)$$

式中：$\overline{I_1(x,y)}$、$\overline{I_2(x,y)}$ 分别为两幅图像中以 (x,y) 为中心、$n \times n$ 像素邻域范围的灰度均值。该方法能够在生成差异图的同时实现一定程度的去噪功能，但由于运算缺少伸缩变换，对于以区域成片形式出现的噪声难以有效抑制。针对该问题，有学者提出了基于邻域的比值法[10]，并非简单应用邻域窗口内灰度均值信息，而是对比值法差异图和均值法差异图进行了加权平均。采用的权值可表征中心像素位置区域是匀质区域还是异质区域，低权值对应匀质区域，高权值对应异质区域。

邻域比值法综合考虑了像素灰度信息和空间信息，加权系数由图像特性

确定,为了在相干斑噪声抑制和细节保留之间实现折中,利用自适应相干斑噪声滤波算法常用的局部邻域异质性,来控制邻域信息对中心像元的影响,理论上可以得到质量更好的差异图。然而,该方法仍存在3个不足:①利用多时相SAR影像在同一位置处的多个空间邻域来计算一个异质性测度,是不合理的;②异质性测度作为平衡相干斑噪声抑制和细节保留的权重,其理想值域是[0,1],但在邻域标准差大于邻域均值时,异质性测度可能大于1;③得到的差异图中,变化区域具有较小的强度值,未变化区域具有较大强度值,而差异图反映的是多时相影像之间的变化程度,变化区域本应有较大强度值。针对邻域比值法存在的问题,有学者提出了一种改进的邻域比值法(Improved Neighborhood-based Ratio,INR)[11],与原方法相比在理论上更加完善,可以得到更好的差异图。

下面是对数比值法和改进比值法用于SAR图像变化检测的具体示例。数据为2008年7月、2009年8月由ALOS-1卫星获取的中国沛县的两幅SAR图像[11]。双时相SAR图像和参考变化图如图8.9所示,其中参考变化图由人工根据先验知识描绘(白色代表变化像元,黑色代表未变化像元)。

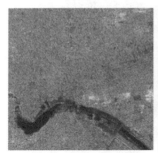
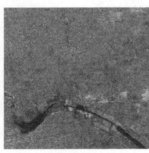
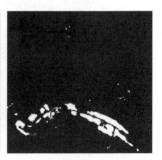

(a) 2008年7月图像　　　　(b) 2009年8月图像　　　　(c) 变化真值(Ground Truth)

图8.9　沛县双时相图像与参考变化图

利用不同方法生成差异图,并通过合理阈值分割得到变化检测图,如图8.10所示。与图8.10(b)相比,图8.10(a)有较多的漏检像素,未变化区域有很多离散的白色相干斑噪声。图8.10(b)、8.10(c)、8.10(d)中,白色相干斑噪声较少,可以检出大多数变化像素,这是由于在生成差异图时考虑了SAR图像的空间邻域信息。为了进一步对几种方法定量比较,计算漏检像元、总体误差、检测到的变化像元和Kappa系数(Kappa分析法产生的评价系数,是评价两图像间吻合程度的指标),如表8.1所列。质量好的变化检测图具有较少的漏检像素和总体误差,同时能检测到较多变化像元并具有较大的 Kappa 系数。

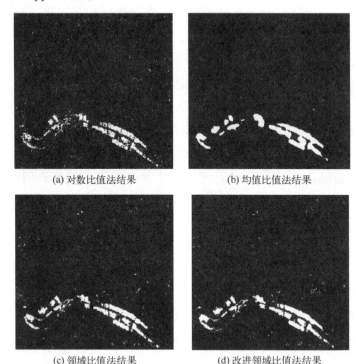

(a) 对数比值法结果　　　　　(b) 均值比值法结果

(c) 领域比值法结果　　　　　(d) 改进领域比值法结果

图 8.10　不同方法变化检测结果对比

表 8.1　不同方法结果定量评价比较

方　　法	漏检像元	总体误差	变化像元	Kappa 系数
对数比值法	2321	2871	3900	0.722
均值比值法	1134	1431	5087	0.872
邻域比值法	1332	1720	4889	0.845
改进邻域比值法	1047	1302	5174	0.884

通过分析表 8.1 可得：①使用漏检像元、总体误差、检测到的变化像元和 Kappa 系数进行分析时，均值比值法、邻域比值法和改进邻域比值法的表现都优于对数比值法；②均值比值法得到的变化检测图优于邻域比值法，这是由于邻域比值法对 SAR 影像空间邻域信息的利用不够合理；③改进邻域比值法得到的变化检测图中，漏检像元和总体误差最少，分别为 1047 个和 1302 个，同时能检测到最多的变化像元为 5174 个，Kappa 系数最大为 0.884，这是由于改进方法更合理地利用 SAR 图像空间邻域信息，可以在相干斑噪声抑制和边缘细节保留之间达到很好平衡。

8.2.3 小波融合法

小波融合法是利用小波变换和各频段信息融合，综合对数比值差异图和均值比值差异图信息来构造差异图的方法。该方法是在对数比值法、均值比值法生成差异图基础上，对两种差异图进行小波变换，分别提取均值法差异图的低频段、对数比值差异图的高频段，即：①获取均值比值差异图整体信息和对数比值差异图的细节信息；②基于最小标准差的融合规则，对低频段、高频段信息进行融合，生成新的小波变换图；③经过小波逆变换，即可得到小波融合差异图。

对数比值法具有细节上较好去除背景噪点的优点，而均值比值法具有整体信息保持好的优点，小波融合法则是利用小波变换特点，实现两者优点的有机结合[12]。

基于小波融合的 SAR 图像变化检测方法，主要是通过融合不同差异图，组合不同差异图优点，限制单个方法差异图检测弊端。融合对数比值差异图、均值比值差异图的小波融合法变化检测流程如图 8.11 所示[13]。基于小波变换的图像融合过程如图 8.12 所示。

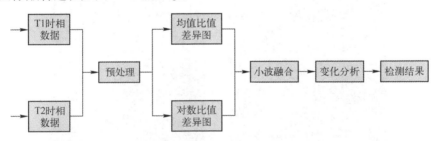

图 8.11 小波融合法变化检测流程

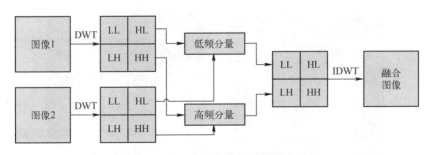

图 8.12 基于小波变换的图像融合过程

小波融合法通过选用适当规则，融合均值比值差异图和对数比值差异图。该方法主要优点有：差异图获取简单，检测效率高；融合差异图能够同时兼顾两种差异图的优点。因此从理论上讲，小波融合法检测效果会比单独使用其中一种方法效果好。

下面是小波融合法用于 SAR 图像变化检测的具体示例，数据为 1999 年 4 月、1999 年 5 月由 ERS-2 卫星获取的瑞士伯尔尼郊区的两幅 SAR 图像[14]，分析对数比值法、均值比值法、小波融合法所构造差异图的质量。图 8.13 为三种方法得到的差异图，其中实线、虚线框选区域分别表示变化类、非变化类区域。

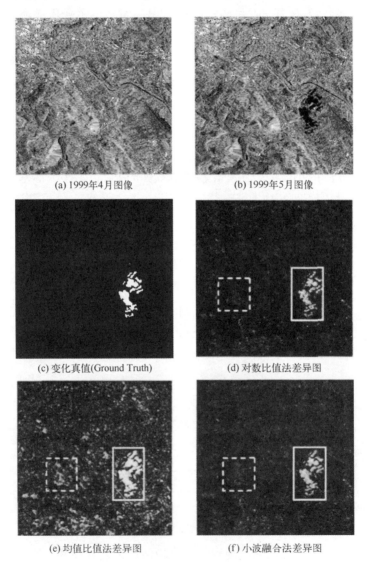

(a) 1999年4月图像　　(b) 1999年5月图像
(c) 变化真值(Ground Truth)　　(d) 对数比值法差异图
(e) 均值比值法差异图　　(f) 小波融合法差异图

图 8.13　伯尔尼数据集不同算法差异图

从图 8.13 中可见，均值比值法结果最接近真实的变化区域，但同时背景区域比较粗糙；对数比值法差异图背景区域抑制效果非常好，但在保持变化区域轮廓特性上不理想，小面积变化区域未能很好检出；小波融合法在增强变化区域和抑制背景区域上达到了较好平衡。

8.3 差异影像处理

差异影像生成后，还需要对其进行分析处理，最终生成变化二值影像。差异影像处理常用方法可分为形态学处理、阈值法分析、聚类法分析三大类，其中形态学处理的结果可作为阈值法分析、聚类法分析的输入。下面分别对三类方法进行介绍。

8.3.1 形态学处理

研究表明，借助形态学处理方法，对 SAR 差异图像特征进行多尺度延伸处理，可使得差异图中不同结构信息易于区分，便于提高变化检测精确性。形态学处理主要包括形态学过滤、细化和修剪等，抑制 SAR 差异图中小于结构元素的特征点，消除背景中的强杂波[15]。腐蚀、膨胀、开运算和闭运算是四种基本且较常用的形态学运算，是其他高级形态学处理的基础。下面对这四种基本运算进行介绍。

1) 腐蚀

设 Z 是图像像素集合，A 是图像中前景像素集合，S 是腐蚀结构元素，则 S 对 A 的腐蚀记为 $A \ominus S$，定义为

$$A \ominus S = \{z \mid (S)_z \subseteq A\} \tag{8.35}$$

式（8.35）表示，让原本位于图像原点的结构元素 S 在整个像平面上移动，当 S 的原点平移至 z 点时，S 能够完全包含于 A 中，则所有这样的 z 点构成的集合即为 S 对 A 的腐蚀图像。图 8.14 为腐蚀运算的示意图。

从图 8.14 可直观发现，二值腐蚀运算后的输出结果是输入图像按照结构元素的形态缩小后的形状，图像"变小"了。该方法实质上就是平移 S，将其完全包含于 A 中的 S 的原点位置作为输出。

图 8.15 所示为对差异图像进行腐蚀处理的效果。

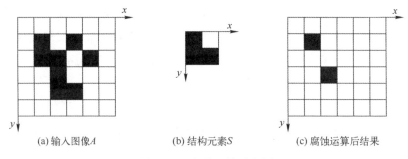

图 8.14 腐蚀运算示意图

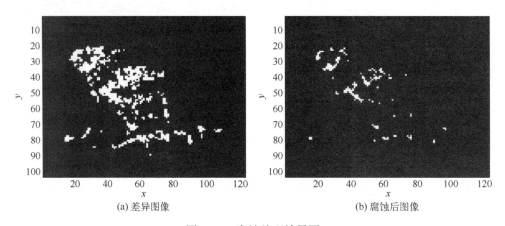

图 8.15 腐蚀处理效果图

2)膨胀

设 Z 是图像像素集合,A 是图像中前景像素集合,S 是膨胀结构元素,则 S 对 A 的膨胀记为 $A \oplus S$,定义为

$$A \oplus S = \{z | (S)_z \cap A \neq \varnothing\} \tag{8.36}$$

式(8.36)表示,让原本位于图像原点的结构元素 S 在整个像平面上移动,当 S 的原点平移至 z 点时,S 和 A 有公共的交集,即 S 和 A 至少有一个像素重叠,则所有这样的 z 点构成的集合即为 S 对 A 的膨胀图像。

腐蚀过程可解释为将目标边缘进行一定程度的收缩或细化过程,而膨胀则是把目标轮廓整体放大或加粗一定程度。原有轮廓大小改变程度由设计的结构元素的尺度和结构特征决定。图 8.16 为膨胀运算的示意图。

从图 8.16 可直观发现,二值膨胀运算后的输出结果是输入图像按照结构元素形态延拓后的形状,图像"变大"了。或者说,膨胀运算是将 S 先映射再平移,将与 A 有相交重叠时 S 的原点位置作为输出。

图 8.17 所示为差异图像进行膨胀处理后的结果。

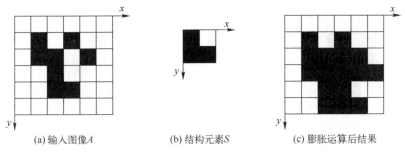

(a) 输入图像A　　　　(b) 结构元素S　　　　(c) 膨胀运算后结果

图 8.16　膨胀运算示意图

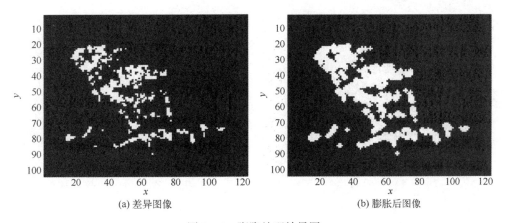

(a) 差异图像　　　　　　　　　(b) 膨胀后图像

图 8.17　膨胀处理效果图

3) 开运算

设 Z 是图像像素集合，A 是图像中前景像素集合，S 是开运算结构元素，则 S 对 A 的开运算记为 $A \circ S$，定义为

$$A \circ S = (A \ominus S) \oplus S \tag{8.37}$$

式（8.37）表示，首先 S 对 A 腐蚀，然后对腐蚀结果膨胀。S 对 A 的开运算是 S 的所有平移的并集，条件是 S 完全拟合于 A，可以平滑目标自身边缘，将狭小的缝隙突显出来，同时细长的纹路可能消失。图 8.18 为开运算的示意图。

图 8.18 展示了二值开运算的基本原理，首先用 S 对 A 腐蚀，输入图像根据结构元素的形态腐蚀后只剩两个有效值点，然后用 S 对腐蚀后结果进行膨胀运算，得到最终结果。该运算可以滤掉图形外部比结构元素小的点，使图像轮廓变得光滑，断开狭窄的连接并消除细毛刺。

图 8.19 所示为差异图像进行开运算处理后的结果。

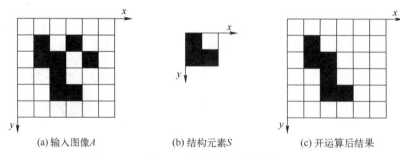

(a) 输入图像A   (b) 结构元素S   (c) 开运算后结果

图 8.18 开运算示意图

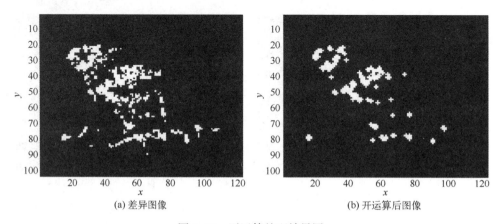

(a) 差异图像   (b) 开运算后图像

图 8.19 开运算处理效果图

4) 闭运算

设 Z 是图像像素集合，A 是图像中前景像素集合，S 是闭运算结构元素，则 S 对 A 的闭运算记为 $A \cdot S$，定义为

$$A \cdot S = (A \oplus S) \ominus S \tag{8.38}$$

式（8.38）表示，首先 S 对 A 膨胀，然后对膨胀结果腐蚀。闭运算同样对图像具有平滑作用，与开运算作用相反，经过闭运算作用后，图像中原有的细小缝隙会消失，小孔会被填补，断裂的图案会粘连在一起。图 8.20 为闭运算的示意图。

图 8.20 展示了二值闭合运算的基本原理，首先用 S 对 A 膨胀，根据结构元素形态运算后，输入图形变大，然后用 S 对膨胀后结果进行腐蚀运算，图形变小。该运算可以对图形的内部作滤波，连通内部小于结构元素尺度的点。闭运算的实质是先膨胀后腐蚀，它同样使图像轮廓变得光滑，但是与开运算相反，它通常是弥合狭窄的间断，填充小的孔洞。

图 8.21 所示为差异图像进行闭运算处理后的结果。

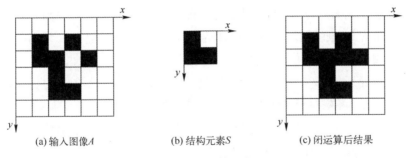

(a) 输入图像A (b) 结构元素S (c) 闭运算后结果

图 8.20 闭运算示意图

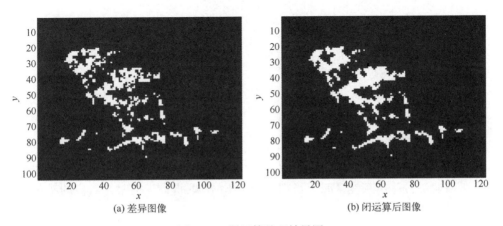

(a) 差异图像 (b) 闭运算后图像

图 8.21 闭运算处理效果图

8.3.2 阈值法分析

阈值法分析是指通过人工经验设置或自动统计计算的方式来选取最优阈值，以该阈值为界限将差异影像像素划分为变化、未变化两类。该方法运算简单、容易操作，是变化检测研究早期常用的经典方法。

设两幅影像 $I_1(x,y)$、$I_2(x,y)$ 差异影像为 $I_d(x,y)$，选择的最优阈值为 T，则阈值法分析得到的变化二值影像 $I_B(x,y)$ 为

$$I_B(x,y) = \begin{cases} 1, & I_d(x,y) > T \\ 0, & I_d(x,y) \leq T \end{cases} \quad (8.39)$$

可见，该方法的核心是最优阈值的选取。人工选取阈值需要依赖经验，往往需要人工干预多次调整才能得到最优结果。为避免人工介入，近年发展出多种无监督自动阈值估计方法，下面介绍一种常用的代表性算法——Otsu 算法（大津法）。

Otsu 法是由日本学者 Otsu 提出的一种对图像二值化分类的高效算法，基本思想是最大化类间方差，以方差作为判别函数，求解使得该判别函数达到最大值的阈值，即为最优化阈值[16]。

对于差异影像 $I_d(x,y)$，假设其灰度分布区间为 $[m,n]$ ($m<n$)，当阈值为 $T \in [m,n]$ 时，将差异影像像素划分为两类：像素被映射为 1 的概率为 $p_1(T)$、平均灰度为 $g_1(T)$；映射为 0 的概率为 $p_0(T)$、平均灰度为 $g_0(T)$。整景影像的平均灰度为 $\overline{g}_T$，则有

$$p_1(t)+p_0(T)=1 \tag{8.40}$$

$$\overline{g}_T = p_1(T) \cdot g_1(T) + p_0(T) \cdot g_0(T) \tag{8.41}$$

$$p_1(T)=\sum_{i=T}^{n} p_i, \quad p_0(T)=\sum_{i=m}^{T} p_i$$

$$g_1(T)=\sum_{i=T}^{n} i \cdot p_i / p_1(T), \quad g_0(T)=\sum_{i=m}^{T} i \cdot p_i / p_0(T)$$

式中：p_i 为差异图像中像素灰度为 $i, i \in (m,n)$ 的概率。

判别函数可定义为

$$C(T) = p_1(T)(g_1(T)-\overline{g}_T)^2 + p_0(T)(g_0(T)-\overline{g}_T)^2 \tag{8.42}$$

用 T 值遍历 $[m,n]$ 灰度区间。当判别函数 $C(T)$ 取得最大值时，对应的 T 值即为最优阈值。

8.3.3 聚类法分析

聚类法分析是利用聚类算法对差异影像处理，得到变化类、未变化类 2 个聚类中心，并通过分析像素灰度与聚类中心距离，将差异影像像素划分为变化、未变化两类。聚类算法的基本原理是，以数据点到聚类中心的距离作为目标函数，不断调整聚类中心，迭代运算将数据集分割为不同的类。当类间距离最大、类内距离最小时，得到最优的聚类中心，即同一类数据相似性尽可能大、不同类数据相似性尽可能小。

设两幅影像 $I_1(x,y)$、$I_2(x,y)$ 差异影像为 $I_d(x,y)$，变化类、未变化类的聚类中心分别为 I_C、I_U，则聚类法分析得到的变化二值影像 $I_B(x,y)$ 为

$$I_B(x,y) = \begin{cases} 1, & \|I_d(x,y)-I_C\| \leq \|I_d(x,y)-I_U\| \\ 0, & \|I_d(x,y)-I_C\| > \|I_d(x,y)-I_U\| \end{cases} \tag{8.43}$$

经典的聚类方法包括模糊 C 均值（Fuzzy C-Mean，FCM）聚类以及 FCM 的改进方法。FCM 聚类分析法的基本思想是依据"像素值与聚类中心欧式距离平方和加权值最小"原则，将差异影像像素划分为 2 个模糊簇，每个像素

值的权重为该样本对应某一模糊簇的隶属度。该方法需要给定2个聚类中心初值,经过迭代优化更新聚类中心,直到聚类中心收敛或达到预设迭代次数为止[17]。

为方便公式表达,将差异影像 $I_d(x,y)$ 改写为列向量形式 $I_d = [I_{d0}, I_{d1}, \cdots, I_{dn}]^T$,假设变化类、非变化类中心分别为 v_1、v_0,任一像素值 I_{dt} 对应于变化类、非变化类的隶属度分别为 $\mu_0(I_{dt})$、$\mu_1(I_{dt})$,则 FCM 聚类分析法的目标函数和约束条件为

$$C(U, v_0, v_1) = \sum_{i=0}^{n} [\mu_0(I_{dt})]^p (I_{dt} - v_0)^2 + \sum_{i=0}^{n} [\mu_1(I_{dt})]^p (I_{dt} - v_1)^2 \tag{8.44}$$

$$\sum_{i=0}^{n} [\mu_0(I_{dt})] = 1, \sum_{i=0}^{n} [\mu_1(I_{dt})] = 1 \tag{8.45}$$

式中:U 为隶属度矩阵;$p(p>1)$ 为模糊加权幂指数。在约束条件下对目标函数采用拉格朗日乘数法求解,可得到隶属度和聚类中心最优值。

FCM 聚类分析法未充分考虑数据空域信息,对图像噪声较敏感。针对这个问题,相关学者研究提出了许多利用邻域信息的改进方法。FLICM(Fuzzy Local Information C-Mean)聚类分析法利用3×3像素领域空间约束设计模糊因子,并基于该因子优化目标函数,不依赖于人工参数设置,适用性较广泛。RFLICM(Reformulated Fuzzy Local Information C-Mean)聚类分析法考虑 SAR 影像差异图分析复杂性,将领域大小扩展到5×5pixel,在更好权衡邻域信息的同时,可降低孤立异常点对模糊因子、隶属度计算的干扰,更适合用于 SAR 影像变化检测。此外,还有引入马尔可夫随机场的改进方法,将马尔可夫随机场能量函数的吉布斯表达式用于隶属度精确计算。

参考文献

[1] RIGNOT E J M, VAN ZYL J J. Change detection techniques for ERS-1 SAR data [J]. IEEE Transactions on Geoscience and Remote Sensing, 1993, 31 (4): 896-906.

[2] 眭海刚, 冯文卿, 李文卓, 等. 多时相遥感影像变化检测方法综述 [J]. 武汉大学学报(信息科学版), 2018, 43 (12): 1885-1898.

[3] 刘朝霞. 航空遥感图像配准技术 [M]. 北京: 科学出版社, 2014.

[4] 张祖勋, 张剑清. 数字摄影测量学 [M]. 2版. 武汉: 武汉大学出版社, 2012.

［5］ Rublee E, Rabaud V, Konolige K, et al. ORB: an efficient alternative to SIFT or SURF ［C］//2011 International Conference on Computer Vision, November 06-13. Barcelona, Spain: IEEE, 2011: 2564-2571.

［6］ LOWE D G. Distinctive image features from scale-invariant keypoints ［J］. International Journal of Computer Vision, 2004, 60 (2): 91-110.

［7］ XIANG Y, WANG F, YOU H. OS-SIFT: a robust SIFT-like algorithm for high-resolution optical-to-SAR image registration in suburban areas ［J］. IEEE Transactions on Geoscience and Remote Sensing, 2018, 56 (6): 3078-3090.

［8］ BRUZZONE L, PRIETO D F. Automatic analysis of the difference image for unsupervised change detection ［J］. IEEE Transactions on Geoscience and Remote Sensing, 2000, 38 (3): 1171-1182.

［9］ BOVOLO F, BRUZZONE L. A detail-preserving scale-driven approach to change detection in multitemporal SAR images ［J］. IEEE Transactions on Geoscience and Remote Sensing, 2005, 43 (12): 2963-2972.

［10］ GONG M, CAO Y, WU Q. A neighborhood-based ratio approach for change detection in SAR images ［J］. IEEE Geoscience and Remote Sensing Letters, 2012, 9 (2): 307-311.

［11］ 庄会富. 多光谱/SAR影像变化检测若干方法研究［D］. 徐州: 中国矿业大学, 2018.

［12］ BOVOLO F, BRUZZONE L. The time variable in data fusion: a change detection perspective ［J］. IEEE Geoscience and Remote Sensing Magazine, 2015, 3 (3): 8-26.

［13］ 周智强. 基于图像融合和模糊聚类的SAR图像变化检测［D］. 西安: 西安电子科技大学, 2013.

［14］ MA J, GONG M, ZHOU Z. Wavelet fusion on ratio images for change detection in SAR images ［J］. IEEE Geoscience and Remote Sensing Letters, 2012, 9 (6): 1122-1126.

［15］ 梅妍批, 张得才, 傅荣. 基于形态学与多尺度空间聚类的SAR图像变化检测方法研究［J］. 光电子·激光, 2021, 32 (11): 1140-1146.

［16］ OTSU N. A threshold selection method from gray-level histograms ［J］. IEEE Transactions on Systems, Man, and Cybernetics, 1979, 9 (1): 62-66.

［17］ BEZDEK J C, EHRLICH R, FULL W. FCM: the fuzzy C-means clustering algorithm ［J］. Computers & Geosciences, 1984, 10 (2-3): 191-203.

第 9 章 SAR 卫星数据智能应用方法

人工智能（Artificial Intelligence，AI）是计算机科学的一个分支领域，致力于让机器模拟人类思维，执行学习和推理等工作。人工智能的概念自 1956 年"达特茅斯"会议首次提出以来，在多次起伏发展过程中形成了连接主义、符号主义、行为主义等多个流派。从 20 世纪 90 年代，以神经网络为代表的连接主义技术取得突破性进展，如 Hinton 等发明的受限玻尔兹曼机[1]、Yann Lecun 等提出的卷积神经网络[2]（Convolutional Neural Network，CNN）等。进入 21 世纪，随着大数据时代的到来和算力水平的提升，神经网络深度不断加深，由原来的几层发展至 5~1000 余层，形成了一系列的深度神经网络（Deep Neural Networks，DNN），在语音识别、图像识别等领域取得突破性应用。2012 年，多伦多大学提出的 AlexNet[3] 在计算机视觉领域 ImageNet 挑战赛中将错误率从 25% 降低到 22.5%，颠覆了原来依赖手工设计分类特征的技术路线，掀起了使用深度学习技术开展图像分类的热潮。2015 年，ImageNet 获奖作品 Resnet[4] 在图像分类准确率上首次超过人类水平，进一步推动了深度学习在计算机视觉领域的应用。

如第 7 章和第 8 章所述，与计算机视觉领域类似，传统的 SAR 卫星遥感图像目标检测识别、地物分类等应用主要依赖于人工设计特征并结合典型分类器等实现。但随着遥感数据量的急剧增加，依靠人工设计的特征对目标的描述能力变得有限，已无法满足海量遥感数据的处理需求，深度学习等智能方法逐步在 SAR 卫星遥感图像处理中得到应用。例如国内研究者从 2016 年开始等将 CNN 用于 SAR 图像车辆目标分类任务中[5]，达到了当时该任务的最高准确率，展示了深度学习方法在 SAR 图像应用中超越传统方法的技术优势。

本章从神经网络的基本概念出发，介绍典型深度神经网络和面向 SAR 卫星图像应用的代表性深度学习算法，梳理了典型 SAR 卫星图像数据样本集，并结合当前智能技术的发展趋势,探讨了大模型技术在 SAR 卫星图像中的应用前景。

9.1 神经网络

神经网络受生物学和神经科学的启发而设计的数学模型,其基本原理是模仿生物大脑神经元组织结构以及对外界刺激的响应机制来进行算法抽象与数据建模。随着神经网络理论及其求解理论的发展,神经网络的层级不断加深,形成了深度神经网络,奠定了本轮人工智能技术迅猛发展的基础。本节回顾神经网络的发展历程,从神经元开始,历经单层神经网络、两层神经网络,直到多层神经网络[6]。

9.1.1 神经元

根据生物学理论,人脑的一个神经元主要包括树突、轴突和轴突末梢。一个神经元通常具有多个树突,主要用来接受传入信息;而轴突只有一条,轴突尾端有许多轴突末梢可以给其他多个神经元传递信息。轴突末梢跟其他神经元的树突产生连接,从而传递信号。这个连接的位置在生物学上称为"突触"。1943 年,心理学家 McCulloch 和数学家 Pitts 参考生物神经元的结构,发表了抽象的神经元模型 MP。

神经元模型是一个包含输入、输出与计算功能的模型。输入可以类比为神经元的树突,而输出可以类比为神经元的轴突,计算则可以类比为细胞核。一个典型的神经元模型如图 9.1 所示,包含有 3 个输入、1 个输出,以及 2 个计算功能,输入与计算功能之间的有向连线上都有"权值",如图 9.1 所示。

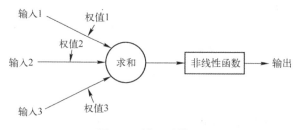

图 9.1 神经元模型

我们使用 a 来表示输入,用 w 来表示权值。一个表示连接的有向箭头可以这样理解:在初端,传递的信号大小仍然是 a,端中间有加权参数 w,经过这个加权后的信号会变成 $a*w$，因此在连接的末端，信号的大小就变成了 $a*w$。

将神经元图中的所有变量用符号表示，输出的计算公式为

$$z=g(a_1 \cdot w_1 + a_2 \cdot w_2 + a_3 \cdot w_3) \tag{9.1}$$

可见，z 是在输入与权值线性加权后叠加了一个函数 g 的值。在神经元模型里，函数 g 是 sgn 函数，即取符号函数。当输入大于 0 时，这个函数输出 1，否则输出 0。

下面对神经元模型进行一些扩展。首先，将 sum 函数与 sgn 函数合并到一个圆圈里，代表神经元的内部计算。然后，把输入 a 与输出 z 写到连接线的左上方，便于后面画复杂的网络，如图 9.2 所示。最后说明，一个神经元可以引出多个代表输出的有向箭头，但值都是一样的。

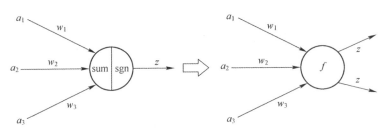

图 9.2 神经元扩展

神经元可以看作一个计算与存储单元。计算是神经元对其输入进行计算功能。存储是神经元会暂存计算结果，并传递到下一层。

当我们用"神经元"组成网络以后，描述网络中的某个"神经元"时，我们更多地会用"单元"（unit）来指代。同时由于神经网络的表现形式是一个有向图，有时也会用"节点"（node）来表达同样的意思。

上述神经元模型建立了神经网络"大厦"的地基。在最开始的神经元模型中，各条有向连接上的权值是固定的，尚无法进行学习。1949 年，心理学家 Hebb 提出了 Hebb 学习率，认为人脑神经细胞的突触上的强度是可以变化的，这也启示研究者们考虑用调整权值的方法让机器进行学习，为后续学习算法奠定了基础。

9.1.2 单层神经网络

1958 年，计算科学家 Rosenblatt 提出了由两层神经元组成的神经网络，也称为感知器（Perceptron），是首个可以学习的人工神经网络。

在原来神经元模型的"输入"位置添加神经元节点,标志其为"输入单元"。其余不变,于是我们就有了图 9.3。从本图开始,我们将权值 w_1、w_2、w_3 写到"连接线"的中间。

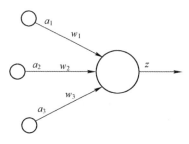

图 9.3 单层神经网络

在"感知器"中,有两个层次,分别是输入层和输出层。输入层里的"输入单元"只负责传输数据,不做计算。输出层里的"输出单元"则需要对前面一层的输入进行计算。我们把需要计算的层次称为"计算层",并把拥有一个计算层的网络称为"单层神经网络"(本书根据计算层的层数来确定神经网络的层数)。

假如我们要预测的目标不再是一个值,而是一个向量,那么可以在输出层再增加一个"输出单元"。图 9.4 显示了带有两个输出单元的单层神经网络,其中输出单元 z_1 的计算公式如图 9.4 所示。

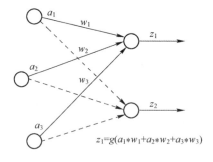

图 9.4 单层神经网络(z_1)

我们已知一个神经元的输出可以向多个神经元传递,因此 z_2 的计算公式如图 9.5 所示。

可以看到,z_2 的计算中除了三个新的权值 w_4、w_5、w_6 以外,其他权值与 z_1 是一样的。整个网络的输出如图 9.6 所示。

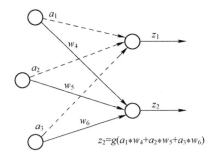

图 9.5　单层神经网络(z_2)

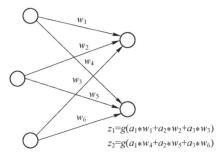

图 9.6　单层神经网络(z_1 和 z_2)

两个输出单元神经网络中的权值可以用 $w_{x,y}$ 来表示，其中下标 x 表示后一层神经元的序号，y 表示前一层神经元的序号（序号的顺序从上到下）。例如，$w_{1,2}$ 表示后一层的第 1 个神经元与前一层的第 2 个神经元之间连接的权值。于是图 9.6 可以重新表示为图 9.7。

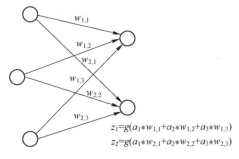

图 9.7　单层神经网络（扩展）

图 9.7 中输出与输入的关系实际上是一个线性代数方程组，可以用矩阵乘法来表示。记输入变量为 $[a_1\ a_2\ a_3]^\mathrm{T}$，用 $\boldsymbol{a}$ 表示；输出变量为 $[z_1\ z_2]$，用 z 表示；权重系数矩阵用 $\boldsymbol{W}$ 表示。则单层神经网络的输出可以表示为

$$z = g(\boldsymbol{W} \cdot \boldsymbol{a}) \tag{9.2}$$

与神经元模型不同，感知器中的权值是通过训练得到的。感知器类似一个逻辑回归模型，可以做线性分类任务。我们可以用决策分界来形象地表达分类的效果。决策分界就是在二维的数据平面中画出一条直线；当数据的维度是 3 维时，画出的是一个平面；当数据的维度是 n 维时，画出的是一个 $n-1$ 维的超平面。图 9.8 显示了在二维平面中划出决策分界的效果，即感知器的分类效果。

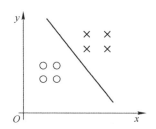

图 9.8 单层神经网络（决策分界）

9.1.3 两层神经网络

感知器只能做简单的线性分类任务，对 XOR（异或）这样简单的非线性分类任务也无法解决。如果需要解决非线性分类任务，则需要增加计算层的层数。例如当计算层增加为两层后，不仅可以解决异或问题，而且具有非常好的非线性分类效果，但需要采用有效的学习算法对权值矩阵进行计算。1986 年，Rumelhar 和 Hinton 等提出了反向传播（Backpropagation，BP）算法，解决了两层神经网络所需要的复杂计算量问题，从而带动了业界使用两层神经网络研究的热潮。

9.1.3.1 网络结构

两层神经网络除了包含一个输入层、一个输出层以外，还增加了一个中间层。此时，中间层和输出层都是计算层。我们扩展 9.1.2 节的单层神经网络，在右边新加一个层次（只含有一个节点）。

此时，权值矩阵增加到两个，可以用上标来区分不同层次之间的变量，例如 $a_x^{(y)}$ 代表第 y 层的第 x 个节点。单层神经网络中的输出 z_1、z_2 可以写成 $a_1^{(2)}$、$a_2^{(2)}$，其计算结果如图 9.9 所示。

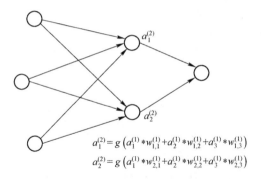

图 9.9 两层神经网络（中间层计算）

最终输出 z 的计算方式是利用了中间层的 $a_1^{(2)}$、$a_2^{(2)}$ 和第二个权值矩阵计算得到，如图 9.10 所示。

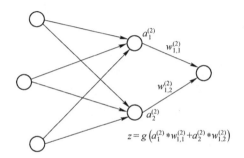

图 9.10 两层神经网络（输出层计算）

假设我们的预测目标是一个向量，即输出层不止一个节点，那么可以继续用向量和矩阵的形式对输出向量进行表示，即

$$\begin{cases} \boldsymbol{a}^{(2)} = g(\boldsymbol{W}^{(1)} \cdot \boldsymbol{a}^{(1)}) \\ z = g(\boldsymbol{W}^{(2)} \cdot \boldsymbol{a}^{(2)}) \end{cases} \tag{9.3}$$

式中：$\boldsymbol{W}^{(1)}$ 和 $\boldsymbol{W}^{(2)}$ 分别为第一层和第二层网络的权值矩阵。图 9.11 所示为向量形式的两层神经网络。

需要说明的是，至今为止，我们对神经网络的结构图的讨论中都没有提到偏置节点（bias unit）。事实上，这些节点是默认存在的。它本质上是一个只含有存储功能，且存储值永远为 1 的单元。在神经网络的每个层次中，除了输出层以外，都会含有这样一个偏置单元，正如线性回归模型与逻辑回归模型中的一样。

偏置单元与后一层的所有节点都有连接，我们设这些参数值为向量 $\boldsymbol{b}$，称为偏置，如图 9.12 所示。

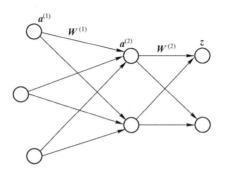

图 9.11 两层神经网络（向量形式）

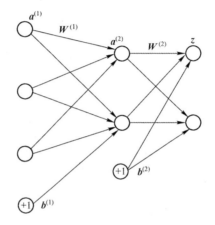

图 9.12 两层神经网络（考虑偏置节点）

可以看出，偏置节点很好认，因为其没有输入（前一层中没有箭头指向它）。有些神经网络的结构图中会把偏置节点明显画出来，有些不会。一般情况下，我们都不会明确画出偏置节点。

在考虑了偏置以后的一个神经网络的矩阵运算公式为

$$\begin{cases} a^{(2)} = g(W^{(1)} \cdot a^{(1)} + b^{(1)}) \\ z = g(W^{(2)} \cdot a^{(2)} + b^{(2)}) \end{cases} \tag{9.4}$$

在两层神经网络中，我们不再使用 sgn 函数作为函数 g，而是使用平滑函数 sigmoid 作为函数 g。我们把函数 g 也称作激活函数（active function）。事实上，神经网络的本质就是通过参数与激活函数来拟合特征与目标之间的真实函数关系。

通过理论证明，两层神经网络可以无限逼近任意连续函数，即面向复杂的分线性分类任务，两层神经网络可以实现很好的分类。通过对两层神经网络决策分界面的分析可知，之所以两层神经网络可以得到非线性的决策界面，实际上是因为从输入层到隐含层时,矩阵和向量进行相乘对数据发生了空间变换,即:在两层神经网络中,首先隐含层对原始数据进行了一个空间变换,使其可以被线性分类,然后通过第二层的网络画出一个线性分类分界线进行分类。

两层神经网络是通过两层的线性模型模拟了数据内真实的非线性函数。因此,多层的神经网络的本质就是复杂函数拟合。

9.1.3.2 网络训练

在单层神经网络感知器模型中,模型中的参数可以被训练,但是使用的方法较为简单,并没有使用目前机器学习中通用的方法,这导致其扩展性与适用性非常有限。从两层神经网络开始,神经网络的研究人员开始使用机器学习相关的技术进行神经网络的训练。例如,用大量的数据(1000~10000),使用算法进行优化,从而使得模型训练可以获得性能与数据利用上的双重优势。

机器学习模型训练的目的,就是使得参数尽可能地与真实的模型逼近。具体做法是这样的。首先给所有参数赋予随机值。我们使用这些随机生成的参数值,来预测训练数据中的样本。样本的预测目标为 y_p,真实目标为 y。那么,定义一个损失值 loss,计算公式为

$$\text{loss} = (y_p - y)^2 \tag{9.5}$$

我们的目标就是使对所有训练数据的损失和尽可能小。将前述神经网络预测的矩阵公式代入 $z = y_p$,则损失可以写成关于权值参数的函数,称为损失函数(loss function)。网络训练问题描述为:如何优化参数,使损失函数的值最小。

上述问题实际上是一个优化问题,由于权值参数的个数较多,采用数学中直接求导的方法运算量很大,在机器学习中可以采用梯度下降法解决。首先梯度下降算法每次计算参数当前的梯度,然后让参数向着梯度的反方向前进一段距离,不断重复,直到梯度接近零时截止。一般这个时候,所有的参数恰好达到使损失函数达到一个最低值的状态。

在神经网络模型中,由于结构复杂,每次计算梯度的代价很大,因此还需要使用反向传播算法。反向传播算法是利用神经网络结构进行的计算。并非一次性计算所有参数的梯度,而是从后往前,首先计算输出层的梯度,然

后计算第二个参数矩阵的梯度，接着是中间层的梯度，而后是第一个参数矩阵的梯度，最后是输入层的梯度。计算结束以后，所要的两个参数矩阵的梯度就都有了。

反向传播算法可以直观地理解为图 9.13。梯度的计算从后往前，一层层反向传播。前缀 E 代表着相对导数的意思。

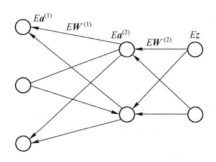

图 9.13　反向传播算法

反向传播算法的启示是数学中的链式法则。在此需要说明的是，尽管早期神经网络的研究人员努力从生物学中得到启发，但从 BP 算法开始，研究者们更多地从数学上寻求问题的最优解。不再盲目模拟人脑网络，是神经网络研究走向成熟的标志。优化问题只是训练中的一个部分。机器学习问题之所以称为学习问题，而不是优化问题，就是因为模型最终是要部署到没有见过训练数据的真实场景，它不仅要求数据在训练集上求得一个较小的误差，在测试集上也要表现好。提升模型在测试集上的预测效果的主题称为泛化（generalization），相关方法称为正则化（regularization）。

9.1.4　深度神经网络

虽然神经网络的训练可以采用 BP 算法，但神经网络的一次训练仍然耗时太久，而且容易陷入局部最优解。2006 年，Hinton 在 *Science* 和相关期刊上发表了论文，首次提出了"深度信念网络"的概念[7]。与传统的训练方式不同，"深度信念网络"有一个"预训练"（pre-training）的过程，这可以方便地让神经网络中的权值找到一个接近最优解的值，之后再使用"微调"（fine-tuning）技术来对整个网络进行优化训练。这两个技术的运用大幅度减少了训练多层神经网络的时间。Hinton 等将多层神经网络相关的学习方法称为"深度学习"。

9.1.4.1 网络结构

在两层神经网络的输出层后面，继续添加层次。原来的输出层变成中间层，新加的层次成为新的输出层，如图 9.14 所示，矩阵计算公式为

$$\begin{cases} \boldsymbol{a}^{(2)} = g(\boldsymbol{W}^{(1)} \cdot \boldsymbol{a}^{(1)}) \\ \boldsymbol{a}^{(3)} = g(\boldsymbol{W}^{(2)} \cdot \boldsymbol{a}^{(2)}) \\ z = g(\boldsymbol{W}^{(3)} \cdot \boldsymbol{a}^{(3)}) \end{cases} \quad (9.6)$$

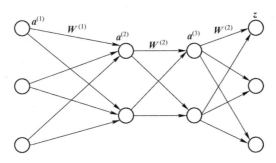

图 9.14　多层神经网络

多层神经网络中，输出也是按照一层一层的方式来计算的。从最外面的层开始，计算出所有单元的值，再继续计算更深一层。需要说明的是，只有当前层所有单元的值都计算完毕以后，才会算下一层，有点像计算向前不断推进的感觉。因此这个过程称为"正向传播"。与两层神经网络不同，多层神经网络中的层数增加了很多，代表了更深入的表示特征以及更强的函数模拟能力。

更深入的表示特征可以这样理解：随着网络的层数增加，每一层对于前一层次的抽象表示更深入。在神经网络中，每一层神经元学习到的是前一层神经元值的更抽象的表示。例如第一个隐藏层学习到的是"边缘"的特征，第二个隐藏层学习到的是由"边缘"组成的"形状"的特征，第三个隐藏层学习到的是由"形状"组成的"图案"的特征，最后的隐藏层学习到的是由"图案"组成的"目标"的特征。通过抽取更抽象的特征来对事物进行区分，从而获得更好的区分与分类能力。图 9.15 展示了逐层特征学习的例子。

随着层数的增加，整个网络的参数就越多，函数的模拟能力也会变得更强。而神经网络本质就是模拟特征与目标之间的真实关系函数的方法，更多的参数意味着其模拟的函数可以更加复杂，可以有更多的容量（capacity）去拟合真正的关系。通过研究发现，在参数数量一样的情况下，更深的网络往

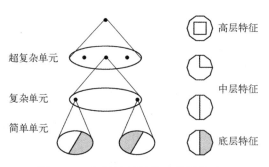

图 9.15　多层神经网络（特征学习）

往具有比浅层的网络更好的识别效率。这个结论也在 ImageNet 的多次大赛中得到了证实。从 2012 年起，每年获得 ImageNet 冠军的深度神经网络的层数逐年增加，其中：2015 年谷歌公司提出的 GoogleNet 是一个多达 22 层的神经网络[8]；2016 年微软亚洲研究院团队提出的 ResNet-152 使用了深达 152 层的神经网络[4]。

9.1.4.2　网络训练

在单层神经网络时，我们使用的激活函数是 sgn 函数。到了两层神经网络时，我们使用的最多的是 sigmoid 函数。而到了多层神经网络时，通过一系列的研究发现，ReLU 函数在训练多层神经网络时更容易收敛，并且预测性能更好。因此，在深度学习中，目前最流行的激活函数是 ReLU 函数。ReLU 函数不是传统的非线性函数，而是分段线性函数。其表达式非常简单，即 $y = \max(x, 0)$。简而言之，在 x 大于 0 时，输出就是输入；而在 x 小于 0 时，输出就保持为 0。这种函数设计启发来自于生物神经元对于激励的线性响应，以及当低于某个阈值后就不再响应的模拟。

在多层神经网络中，训练的主题仍然是优化和泛化。当使用足够强的计算芯片（例如 GPU 图形加速卡）时，梯度下降算法以及反向传播算法在多层神经网络中的训练仍然工作得很好。目前学术界主要的研究既在于开发新的算法，也在于对这两个算法进行不断的优化。在深度学习中，泛化技术变得比以往更加重要。由于神经网络增加了层数，也增加了参数，表示能力大幅度增强，很容易出现过拟合现象，因此正则化技术就显得十分重要。目前，Dropout 技术，以及数据扩容（Data-Augmentation）技术是目前使用最多的正则化技术。详细的训练方法将在本章后续章节中结合具体的网络模型进行阐述。

9.2 典型深度神经网络方法

如 9.1 节所述，深度神经网络由多个隐含层组成，且每个隐含层中包含多个节点。目前在 SAR 图像中具有广泛应用的深度神经网络主要包括深度信念网络、自编码器网络、生成对抗网络、卷积神经网络、Transformer 网络等。

9.2.1 深度信念网络

深度信念网络（Deep Belief Network，DBN）是一种无监督的学习方法，由多个受限玻尔兹曼机（Restricted Boltzmann Machine，RBM）组成。RBM 是一种利用随机神经元通过全连接方式组成的反馈神经网络，每个玻尔兹曼机由可视层与隐含层组成，层内之间无连接，层与层之间全连接[1]。

DBN 作为一种生成模型，其结构示意如图 9.16 所示，通过逐层训练 RBM 来完成。首先，将训练数据输入到第 1 层 RBM 的可视层，并通过最小化对应的能量函数对其进行训练。然后，将第一层 RBM 隐含层的数据作为下一层 RBM 的输入数据，进行训练。重复执行此过程，直到网络的最后一层，完成 DBN 网络的逐层训练。

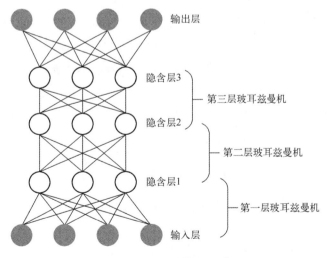

图 9.16　DBN 网络结构示意图

9.2.2 自编码器网络

自编码器[9]（Auto Encoder，AE）网络是一种无监督学习算法，能够让输出信号无限接近于输入信号，因此输出信号也被称为重构信号。自编码器由一个编码器和一个解码器组成，其结构如图 9.17 所示。

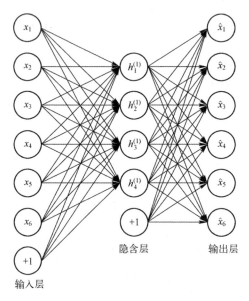

图 9.17 自编码器结构图

编码器把输入信号 x 映射成隐藏层信号 h，其形式为 $h = f(W^{(1)}x + b^{(1)})$，其中：$f$ 为一个非线性激励函数；b 为编码偏置；W 为编码矩阵。解码器把隐藏层信号 h 映射成输出信号，即重构信号 y：$y = g(W^{(2)}h + b^{(2)})$，其中：$g$ 为一个线性激励函数。稀疏自编码是在自编码器的基础上增加了稀疏性限制，使得隐含层神经元的平均激活度减小。在稀疏自编码器（SAE）中用惩罚因子 KL 散度表示这一稀疏限制，其形式为

$$\mathrm{KL}(\rho \| \hat{\rho}_j) = \rho \log \frac{\rho}{\hat{\rho}_j} + (1-\rho) \log \frac{1-\rho}{1-\hat{\rho}_j} \tag{9.7}$$

式中：$\hat{\rho}_j$ 为隐藏神经元 j 的激活度；ρ 为稀疏性参数，通常是一个几乎等于 0 的值。

因此，稀疏自编码器的损失函数可以表示为

$$J_{\mathrm{sparse}}(W, b) = J(W, b) + \beta \sum_{j=1}^{N} \mathrm{KL}(\rho \| \hat{\rho}_j) \tag{9.8}$$

式中：$J(\boldsymbol{W},\boldsymbol{b})$ 为自编码器的损失函数；β 为权重，控制着稀疏性惩罚因子。

9.2.3 生成对抗网络

生成对抗网络（Generative Adversarial Network，GAN）是 2014 年由 Goodfellow 等提出的一种新型网络模型[10]，其目的是通过给定的分布，生成特定的样本数据。GAN 核心架构是由生成器 G（generator）和判别器 D（discriminator）构成，其网络结构如图 9.18 所示，其中随机噪声是随机采样的一个分布，常见的有均匀分布、高斯分布等，也是生成器的输入。通过学习真实数据的分布，生成器生成虚假数据 $G(z)$，x 表示真实数据；判别器 D 的输入包括真实样本和生成数据 $G(z)$，其目标是实现对数据真伪的判断。判断器 D 网络本质上是一个二分类网络，输出是相应的概率值。

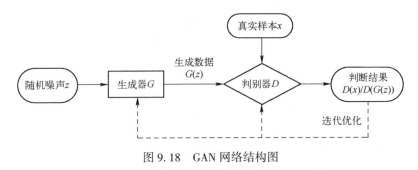

图 9.18 GAN 网络结构图

生成器 G 的目标是使自己生成的数据 $G(z)$ 经判别器输出的概率值趋向 1，即使得 $G(z)$ 在 D 中的概率分布和真实数据 x 在 D 中的概率分布尽量一致，因此需要最小化 G 网络的价值函数，从而让生成的数据可以指导判别器。对于生成器，价值函数可以表示为

$$\min_G V(D,G) = E_{z:P_z(z)}[\log(1-D(G(z)))] \tag{9.9}$$

判别器 D 的目标是对输入数据的真伪进行鉴别，每个数据都有一个对应的分数。当输入数据为真实数据 x 时，输出的分数 $D(x)$ 应趋向于 1；当输入数据为生成数据 $D(z)$ 时，输出的分数 $D(G(z))$ 应趋向于 0。在训练网络的过程中，生成器和判别器交替训练，当 G 网络固定时，需要最大化 D 网络的价值函数，然后对 D 网络的权值进行迭代优化，其价值函数可表示为

$$\max_G V(D,G) = E_{x:P_r(x)}[\log(D(x))] + E_{z:P_z(z)}[\log(1-D(G(z)))] \tag{9.10}$$

式中：P_r 为真实数据的分布；P_z 为随机噪声分布；E 为对概率分布取均值操作。

如图9.19所示,设生成数据的分布记为P_f,由训练初始阶段图可得,真实数据分布P_r(黑色虚线)和生成数据分布P_f(黑色实线)存在较大的差别,此时,判别函数(浅虚线)能够做出正确的判断,即对真实数据输出较大的值,对生成数据输出较小的值。随着训练过程中不断地迭代优化,生成数据的分布逐渐接近真实数据的分布。由训练的最终阶段图9.19(d)可得出,生成数据的分布和真实数据的分布已完全重合,判别器无法辨认数据的真伪,此时有$P_f=P_r$。在固定生成器模型的条件下最优判别器D^*为

$$D^* = P_r/(P_r+P_f) \tag{9.11}$$

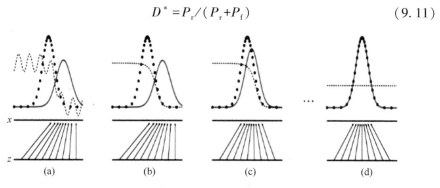

图 9.19　GAN 网络训练过程示意图

理论上,当生成数据和真实数据分布一致时,判别器对真假数据的判别概率均为0.5。根据式(9.11)可知,当$P_f=P_r$时,最优判别器D^*的输出也为0.5。此时,将最优判别器D^*代入式(9.9),生成器的价值函数变为

$$\min_G V(D,G) = E_{x:P_r(x)}[\log D^*(x)] + E_{z:P_f(z)}[\log(1-D^*(x))]$$
$$= 2\mathrm{JSD}(P_r \| P_f) - \log 4 \tag{9.12}$$

式中:JSD(‖)为琴森-香农散度(JS散度),生成器G利用JS散度作为真实数据分布和虚假数据分布之间距离的衡量方式。由于JS散度是非负的,$-\log 4$为G网络的局部最优解,此时可认为生成数据完美拟合了真实数据的分布。

训练GAN是生成器和判别器相互竞争,不断优化,最终达到纳什均衡的过程。由于同时训练两个网络,训练过程中仍会遇到较大的问题,主要体现在以下几个方面:

(1)训练时无法保证GAN网络进入纳什均衡状态,导致最终的模型进入振荡,而非收敛到底层的真实目标。

(2)GAN网络不适合处理一些离散的数据,容易重复生成完全一致的现象,即"模式坍塌"。

卷积神经网络在图像数据处理上有着巨大的优势，Alec Radford 等提出的深度卷积生成对抗网络[11]（Deep Convolutional Generative Adversarial Networks，DCGAN）就是将生成对抗网络和卷积神经网络相结合的网络架构。DCGAN 是 GAN 模型一个重要的改进，至今仍是常用的生成式网络结构之一。

国内研究者利用 DCGAN 对 MSTAR 数据集进行训练，真实图像与生成图像如图 9.20 所示，DCGAN 模型可以得到各个方位角下的 SAR 车辆数据，且生成的效果较好。但受限于 DCGAN 机理，其存在较多的棋盘斑纹，图像质量较低[12]。

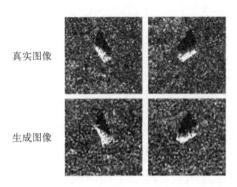

图 9.20　利用 DCGAN 生成 SAR 图像和真实图像对比

WGAN（Wasserstein GAN）在理论上给出了 GAN 训练不稳定的原因，即 JS 散度不适合衡量两个分布之间的距离。Martin Arjovsky 等引入 EM 距离（Earth-Mover distance）来代替 JS 散度，由此产生了 WGAN[13]。文献［14］选取 35 张对比度较高的舰船数据作为训练集，然后利用 WGAN-GP 模型进行仿真，得到图像如图 9.21 所示，从上到下各行依次为生成样本、真实样本。

(a) 生成数据

(b) 真实数据

图 9.21　利用 WGAN-GP 生成 SAR 舰船数据和真实数据图像

受生成图像尺寸以及目标所处场景的复杂程度,所生成的舰船数据含有较多的相干斑噪声,但通过初步仿真可以证实将 GAN 模型用于 SAR 舰船图像生成是可行的。

9.2.4 卷积神经网络

卷积神经网络(CNN)于 1998 年由纽约大学的 Yann LeCun 提出[15],是一种特殊类型的神经网络,广泛应用于图像识别、分割、检测和检索等领域。经过多年的发展,CNN 逐步发展出了 AlexNet、ResNet 等网络架构,特别是在图像目标检测识别任务中,以 R-CNN、Yolo 系列等基于 CNN 的算法展现了优异的性能。

9.2.4.1 基本原理

CNN 本质上是一个多层感知机,其成功的原因关键在于它所采用的局部连接和共享权值的方式,一方面减少了的权值数量使得网络易于优化,另一方面降低了过拟合的风险。CNN 是神经网络中的一种,它的权值共享网络结构使之更类似于生物神经网络,降低了网络模型的复杂度,减少了权值的数量。该优点在网络的输入是多维图像时表现得更为明显,使图像可以直接作为网络的输入,避免了传统识别算法中复杂的特征提取和数据重建过程。CNN 在二维图像处理上有众多优势,例如:网络能自行抽取图像特征包括颜色、纹理、形状及图像的拓扑结构;在处理二维图像问题上,特别是识别位移、缩放及其他形式扭曲不变性的应用上具有良好的鲁棒性和运算效率等。

CNN 的基本原理是通过多层卷积、池化、非线性激活等操作,将输入的图像转换为高层次的抽象特征,最终输出分类结果。与传统的神经网络相比,CNN 可以自动学习图像中的特征,具有更好的识别准确性和鲁棒性。一个典型的 CNN 结构如图 9.22 所示。

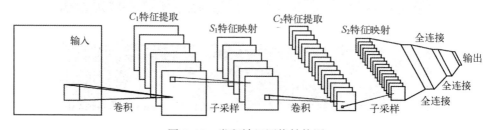

图 9.22 卷积神经网络结构图

1) 卷积层

卷积层（Convolutional Layer）由若干卷积单元组成，每个卷积单元的参数都是通过反向传播算法最佳化得到的。卷积运算的目的是提取输入的不同特征，第一层卷积层只能提取一些低级的特征（如边缘、线条和角等），更多层的网络能从低级特征中迭代提取更复杂的特征。其数学表达为

假设前一层输入特征为 $O_i^{(l-1)}(i=1,\cdots,I)$，输出为 $O_j^{(l)}(j=1,\cdots,J)$，其中 $O_i^{(l-1)}(x,y)$ 为第 i 输入层在 (x,y) 位置的响应值。令 $k_{ji}^{(l)}(u,v)$ 为连接第 i 和第 j 层的卷积核参数，$b_j^{(l)}$ 为第 j 层的偏重参数，那么每个卷积层输出单元的计算方法为

$$O_j^{(l)}(x,y)=f(V_j^{(l)}(x,y)) \tag{9.13}$$

$$V_j^{(l)}(x,y)=\sum_{i=1}^{I}\sum_{u,v=0}^{F-1}k_{ji}^{(l)}(u,v)\cdot O_i^{(l-1)}(x-u,y-v)+b_j^{(l)} \tag{9.14}$$

式中：$f(x)$ 为非线性激活函数；$V_j^{(l)}(x,y)$ 为第 j 层特征图在位置 (x,y) 上的加权和。图 9.23 展示了多层卷积的特征提取示意图。

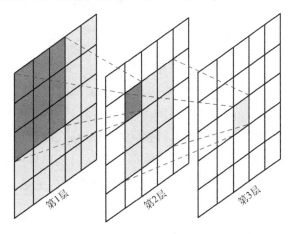

图 9.23 多层卷积特征提取示意图（见彩图）

激活函数就是在特征图上进行一一映射的函数，负责将神经元的输入映射到输出端。引入激活函数是为了增加神经网络模型的非线性，使得神经网络可以任意逼近任何非线性函数，这样神经网络就可以应用到众多的非线性模型中。传统卷积神经网络中，使用双曲正切激活函数 $f(x)=\tanh(x)$ 或者 sigmod 函数 $f(x)=1/(1+\exp(-x))$。

2) 最大值池化层

最大值池化层用于每个特征层之后，输出一组神经元中的最大值，主要

作用在于：①对卷积层所提取的信息做进一步降维，减少计算量；②加强图像特征的不变性，使之增加图像的偏移、旋转等方面的鲁棒性。最大值池化层卷积核的大小一般是2×2。非常大的输入量可能需要4×4。但是，选择较大的形状会显著降低信号的尺寸，并可能导致信息过度丢失。通常，不重叠的池化窗口表现最好。池化示意图如图9.24所示。

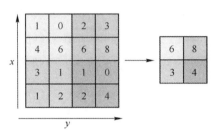

图9.24 池化示意图

3）Softmax 归一化层

Softmax 归一化层将输出层映射到分类概率空间上，其数学表达式为

$$y_k = \frac{\exp(a_k)}{\sum_{i=1}^{n} \exp(a_i)} \qquad (9.15)$$

式中：a_i 为输出层的第 i 个神经元输出。Softmax 函数能够将任何一组实数映射到 [0，1] 区间内，并且它们的和等于 1。这意味着在分类问题中，Softmax 函数可以将神经网络的输出转换为概率分布，表示每个可能类别的概率大小。Softmax 函数具有可微性，这使得它与反向传播算法兼容，可以被包含在反向传播算法中，以便计算梯度并进行权重更新。

9.2.4.2 双阶段网络

Ross Girshick 于 2014 年提出的 R-CNN 网络是深度学习在目标检测领域的开山之作，也是双阶段网络的典型代表[16]。

R-CNN 的全称为"Region based Convolutional Neural Network"。R-CNN 继承了传统目标检测的思想，将目标检测问题作为分类问题进行处理，并借鉴了滑动窗口的方法，采用对区域进行识别的方案，提取一系列目标的候选区域，并对候选区域进行分类。

其具体算法流程包含以下 4 个步骤。

（1）生成候选区域（Region Proposal）。采用一定区域候选算法，能够生成候选区域的方法很多,例如目标性方法(Objectness)、选择性搜索方法(Selective Search)、类别无关物体建议(Category-independent Object Proposals)、多尺度组合分割(Multi-scale Combinatorial Grouping)和 Ciresan 算法。R-CNN 网络中选择的是选择性搜索方法,首先将图像分割成小区域,然后合并包含同一物体可能性高的区域作为候选区域输出。

选择性搜索方法是 J. R. R. Uijlings 在 2013 年提出的一种用于生成候选目标区域的图像分割算法,常用于目标检测任务中。它能够通过合并多个相似的图像区域来得到可能包含目标物体的候选区域。

选择性搜索算法的主要步骤如下:①图像分割。选择性搜索将输入图像进行分割,将图像分成多个超像素(superpixel)。超像素是一个连通的、相似的像素组成的区域,与传统的像素相比,它们更能代表图像中的语义信息。②区域相似度计算。对于生成的超像素,选择性搜索根据其相似度计算生成一组初始区域。相似度可以根据颜色、纹理、尺寸和位置等特征进行计算。通常使用颜色直方图相似度、纹理特征相似度和大小比例相似度等指标来度量区域之间的相似度。③区域合并。通过一系列的合并操作,选择性搜索将相似度高的区域逐步合并成更大的区域。合并策略可以采用贪心算法或基于图论的方法,这样做的目的是生成各种不同尺寸和形状的候选区域,以尽可能涵盖目标物体。④候选区域生成。选择性搜索根据合并后的区域生成一组候选目标区域,这些候选区域包含了图像中可能存在的目标物体,并且具有不同的尺寸和形状。

选择性搜索算法的优势在于它能够生成多样化的候选区域,从而覆盖了图像中可能存在的目标的各种尺寸和形状。这使得后续的目标检测算法可以更全面地搜索可能的目标区域。然而,选择性搜索也存在一些缺点,例如计算复杂度较高和生成的候选区域可能包含大量的背景信息。为了改进选择性搜索的性能,可以结合其他技术,如快速模式、深度学习等,以提高效率和准确性。

(2)特征提取(Feature Extraction)。对每个候选区域用 CNN 进行特征提取,如 AlexNet、VGG 等。

(3)区域分类(Classification)。将每个候选区域的特征向量输入到一个全连接层网络中,该网络可以对不同的目标类别进行分类。通常使用支持向量机(SVM)作为分类器,将每个类别训练一个二分类器。

(4)边界框回归(Bounding-Box Regression)。使用回归器精修候选区域的位置,回归器学习如何调整候选框的位置和大小,以更准确地拟合目标物体。

R-CNN 的优点是其具有较高的预测准确率,但是它的缺点是训练时间和空间复杂度都很高，且预测性能较差。为了改善这些问题，后来出现了 Fast R-CNN[17]、Faster R-CNN[18]等改进网络，主要着眼于提升预测性能，并提高预测准确率。

R-CNN 应用于 SAR 图像目标检测识别的基本结构如图 9.25 所示。西安电子科技大学的杜兰教授团队于 2016 年将 R-CNN 系列的双阶段目标检测网络运用于 SAR 图像目标检测[19]，使用卷积神经网络及其拓展模型对 MSTAR 的 SAR 图像数据分别进行了目标识别和目标检测实验，是国内最早关于卷积神经网络在 SAR 图像目标检测识别中应用的研究。其实验结果表明，卷积神经网络在 SAR 图像目标识别方面具有广阔的应用前景，两种扩展模型 Fast R-CNN 和 Faster R-CNN 都能实现比较好的目标检测效果。在检测效率方面，由于整合了整个流程，Faster R-CNN 模型要远远优于 Fast R-CNN，具体的检测用时因硬件平台的不同而有所差异。虽然所用实验数据过于单一，实验结果缺乏一定的通用性，但是为卷积神经网络在 SAR 图像目标检测识别领域的应用提供了思路，为后续该方向的进一步研究奠定了基础。

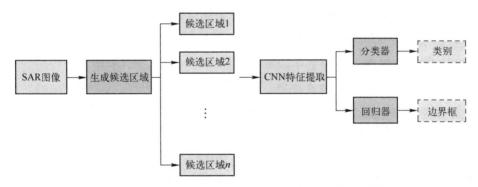

图 9.25　R-CNN 网络应用于 SAR 图像检测识别基本结构

9.2.4.3　单阶段网络

YOLO 的全称是 you only look once，是指只需要浏览一次就可以识别出图中的物体的类别和位置，因为只需要一次扫描，所以也被称为单阶段（1-stage）网络。与 R-CNN 等双阶段网络不同，YOLO 等单阶段网络通过联合解码同时获取候选区域和类别信息，在实时性上优于 R-CNN。经过多年发展，单阶段网络的典型代表包括 YOLO V1~V7、SSD、RetinaNet、EfficientNet、CornerNet 等。

1) YOLO 的基本原理

将图像分为 $S×S$ 的格子（grid cell），如果一个目标的中心落入格子，则该格子就负责检测该目标。每一个格子预测边界框 B（bounding boxes）和该框的置信值 confidence。

置信值 confidence 代表框包含一个目标的可信程度。定义置信值为 Pr(Object) * IOU_{pred}^{truth}，其中：Pr(Object) 为一个格子中有物体的概率，在有物体的时候 ground truth 为 1，没有物体的时候 ground truth 为 0；IOU_{pred}^{truth} 为预测的边界框和真实的物体位置的交并比。

每一个边界框包含 5 个值：x、y、w、h 和 confidence。其中：(x,y) 为与格子相关的框的中心；(w,h) 为与全图信息相关的框的宽和高；confidence 为预测框的 IOU 和 ground truth。每个框不仅只预测 B 个边界框，还要预测这个框中的物体是什么类别的，这里的类别用 one-hot 编码表示。需要注意的是，虽然一个框有多个边界框，但是只能识别出一个物体，因此每个框需要预测物体的类别，而边界框不需要。举例来说，如果有 S^2 个框，每个框的边界框个数为 B，分类器可以识别出 C 种不同的物体，那么所有整个 ground truth 的长度为 $S^2\times(B\times5+C)$，如图 9.26 所示。

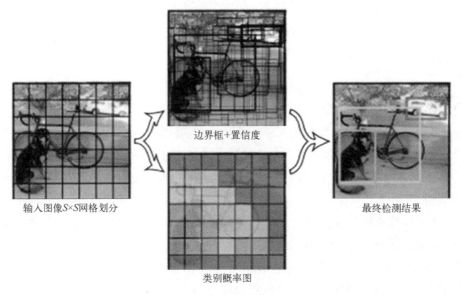

图 9.26　YOLO 原理示意图（见彩图）

此外，还存在一种情况：物体很大，而框又很小，一个物体被多个框识别。在这种情况下，YOLO 使用非极大值抑制（Non-Maximal Suppression，NMS）的技术，这里用到了 confidence，预测"物体在框里"有多大的可信程度，选择最大的 confidence，并把其余的 confidence 都删掉。最后，将某个边界框的 confidence 和这个边界框所属的 grid 的类别概率相乘，然后输出。

2） YOLO 网络设计与训练

YOLO 采用卷积网络来提取特征，使用全连接层来得到预测值。网络结构参考 GoogLeNet 模型，包含 24 个卷积层和 2 个全连接层。对于卷积层，主要使用 1×1 卷积来做通道缩减（channle reduction），用 3×3 卷积提取特征。对于卷积层和全连接层，采用 Leaky ReLU 激活函数，最后一层采用线性激活函数，如图 9.27 所示。

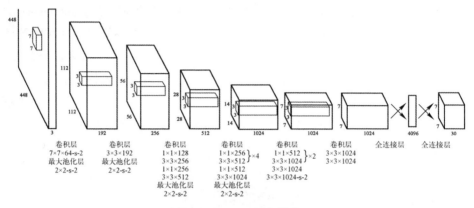

图 9.27　YOLO 网络结构

YOLO 模型在训练之前，首先在 ImageNet 上进行了预训练，其预训练的分类模型采用图 9.27 中前 20 个卷积层，然后添加一个平均值池化（average-pool）层和全连接层。预训练之后，在预训练得到的 20 层卷积层之上加上随机初始化的 4 个卷积层和 2 个全连接层。由于检测任务一般需要更高清的图片，因此将网络的输入从 224×224 增加到 448×448。整个网络的训练流程如图 9.28 所示。

YOLO 算法将目标检测看成回归问题，所以采用的是均方差损失函数。但是，对不同的部分采用了不同的权重值。首先，区分定位误差和分类误差，定位误差即边界框坐标预测误差采用较大的权重值 $\lambda_{coord}=5$。然后，区分不包含目标的边界框与含有目标的边界框的置信度，前者采用较小的权重值 $\lambda_{noobj}=0.5$，其他权重值均设为 1。最后，采用均方误差，同等对待大小不同的边界框，但是实际上较小的边界框的坐标误差应该要比较大的边界框更敏感。为了保证这一点，将网络的边界框的宽与高预测改为对其平方根的预测，即预测值变为 x、y、$\sqrt{w}$、$\sqrt{h}$。另外，由于每个单元格能预测多个边界框，但是其对应类别只有一个，因此在训练时，如果该单元格内确实存在目标，那么只选择与

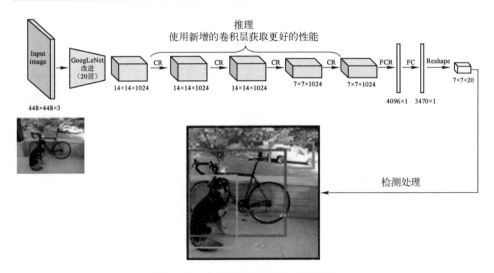

图 9.28　YOLO 训练流程（见彩图）

ground truth 的 IOU 最大的那个边界框来负责预测该目标，而其他边界框认为不存在目标。这样设置的一个结果将会使一个单元格对应的边界框更加专业化，不同的边界框分别适用不同大小、不同高宽比的目标，从而提升模型性能。综上讨论，最终的损失函数计算公式为

$$
\begin{aligned}
& \lambda_{\text{coord}} \sum_{i=0}^{s^2} \sum_{j=0}^{B} L_{i,j}^{\text{obj}} \left[(x_i - \hat{x}_i)^2 + (y_i - \hat{y}_i)^2 \right] + \\
& \lambda_{\text{coord}} \sum_{i=0}^{s^2} \sum_{j=0}^{B} L_{i,j}^{\text{obj}} \left[(\sqrt{w_i} - \sqrt{\hat{w}_i})^2 + (\sqrt{h_i} - \sqrt{\hat{h}_i})^2 \right] + \\
& \sum_{i=0}^{s^2} \sum_{j=0}^{B} L_{i,j}^{\text{obj}} (C_i - \hat{C}_i)^2 + \\
& \lambda_{\text{coord}} \sum_{i=0}^{s^2} \sum_{j=0}^{B} L_{i,j}^{\text{noobj}} (C_i - \hat{C}_i)^2 + \\
& \sum_{i=0}^{s^2} L_i^{\text{obj}} \sum_{c \in \text{classes}} (p_i(c) - \hat{p}_c(c))^2
\end{aligned}
\tag{9.16}
$$

式中：第 1 项是边界框中心坐标的误差项，$L_{i,j}^{\text{obj}}$ 是指第 i 个单元格存在目标，且该单元格中的第 j 个边界框负责预测该目标；第 2 项是边界框的高与宽的误差项；第 3 项是包含目标的边界框的置信度误差项；第 4 项是不包含目标的边界框的置信度误差项；第 5 项是包含目标的单元格的分类误差项，L_i^{obj} 是指第 i 个单元格存在目标。

9.2.5 Transfomer 网络

2017 年谷歌公司机器翻译团队发表《你所需要的注意力》(Attention is All You Need),提出基于注意力机制并完全避免循环和卷积的 Transformer 模型架构,并取得了很好的效果[20]。

翻译、语音识别等任务通常采用序列模型,绝大多数序列模型都采用 Encoder-Decoder 结构,Transformer 延续这个模型,整体架构如图 9.29 所示。

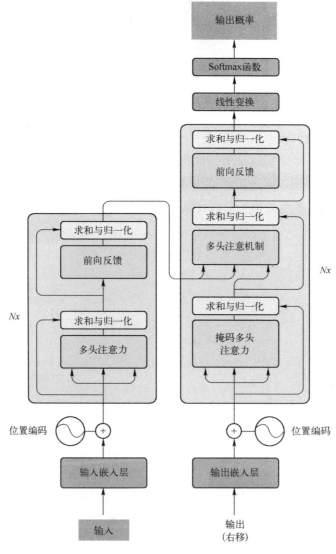

图 9.29 模型整体架构

左边的 Encoder 和右边的 Decoder 都是由 6 层组成，简化 Transformer 模型架构，内部左边 Encoder 的输出作为右边每层 Decoder 的一部分输入，直观展示如图 9.30 所示。

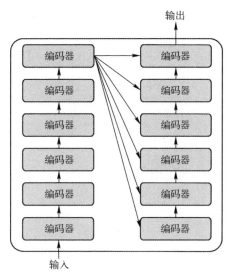

图 9.30 模型简化架构

Transformer 工作流程如下：①将输入的句子中的每个单词转化为特征向量 x，得到单词向量矩阵 X；②将矩阵 X 传入 Encoder，经过 6 个 Encoder 块得到句子的编码信息矩阵 C；③将信息矩阵 C 传递到 Decoder 中，Decoder 依次根据当前翻译的单词 i 翻译下一个单词 $i+1$，翻译到单词 $i+1$ 的时候需要通过 Mask（掩盖）操作遮盖住 $i+1$ 之后的单词。

图 9.29 中多头注意力由多个自注意力组成，自注意力是 Transformer 的重要结构，如图 9.31 所示。下面着重介绍自注意力和多头注意力。在实际中，自注意力接收的是输入（单词的表示向量 x 组成的矩阵 X）或者上一个 Encoder 块的输出，而 Q、K、V 正是通过自注意力的输入进行线性变换得到的。这一过程可以学习自对齐，即通过聚合序列中所有其他标记的全局知识来更新标记。矩阵 X 分别与线性变阵矩阵 W_Q、W_K、W_V 相乘，计算得到 Q、K、V。之后就可以计算出自注意力，公式为

$$\text{Attention}(\boldsymbol{Q},\boldsymbol{K},\boldsymbol{V}) = \text{Softmax}\left(\frac{\boldsymbol{Q}\boldsymbol{K}^{\text{T}}}{\sqrt{d_k}}\right) \tag{9.17}$$

式中：d_k 为矩阵 Q、K 的列数。多头注意力包含 h 个自注意力层，首先将输入 X 分别传递到 h 个不同的自注意力中，计算得到 h 个输出矩阵 Z，然后将它们

合并，最后通过线性变换层得到最终的输出 **Z**。

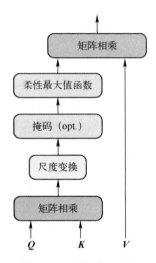

图 9.31　自注意力机制

文献［21］中将原本应用于自然语言处理领域的标准 Transformer 以最小的修改直接应用于计算机视觉领域，称为视觉变换（VIT），将深度学习网络从对卷积和池化操作的依赖中解放出来。VIT 首先将图像划分为小的图像块，然后通过扩散操作将这些图像块转化为一维向量，最后输入到 Transformer 编码器中进行后续的分类操作。Transformer 提供了独特的特性，可用于不同的视觉任务。相比于卷积神经网络中计算静态滤波器的卷积操作，自注意力中的滤波器是动态计算的。此外，排列和输入点数量的变化对自注意力的影响较小。研究表明，相比于 CNN，Transformer 对严重遮挡、域偏移和扰动具有更强的鲁棒性。实验结果表明，该模型在 ImageNet 数据集上产生了非常有竞争力的分类结果，但该方法需要一个大样本数据集来训练模型。

Transformer 网络在 SAR 图像地物分类、目标分割与检测、图像降噪等领域都得到应用。文献［22］探索了用于极化 SAR 图像分类的视觉 Transformer。在该框架中，图像块的像素值被视为 token，首先使用自注意力机制来捕获长距离依赖，然后使用多层感知器（MLP）和可学习的类 token 来集成特征。在该框架中使用对比学习技术来减少冗余并执行分类任务。

在最近的基于 Transformer 的方法中，文献［23］的工作介绍了一种用于 SAR 舰船实例分割的框架，命名为 GCBANet。在 GCBANet 框架中，使用一个全局上下文块来编码空间整体的长程依赖关系。此外，还引入了边界感知盒子预测技术来预测船舶的边界。

9.3 典型 SAR 图像深度学习算法

由于 SAR 图像具有成像机理复杂、目标散射特性离散性强等难点，在面向不同的目标检测、目标识别、地物分类等任务时具有各自不同的特点，计算机视觉领域或可见光遥感图像中的深度学习方法直接应用于 SAR 卫星数据往往难以取得理想的效果，需要对深度学习算法进行特殊的设计。近年来，公开发表的关于 SAR 卫星数据应用的深度学习方面的论文卷帙浩繁，本节根据 SAR 卫星数据应用领域的研究热点，选取几个较有特色的算法以飨读者。

9.3.1 基于 CNN 的 SAR 图像车辆目标识别算法

随着 CNN 方法在 ImageNet 大赛等计算机视觉领域中的广泛应用，国内外研究者将 CNN 方法推广到 SAR 图像目标识别领域。复旦大学徐丰等[5]针对 SAR 图像车辆目标识别设计了全卷积网络 A-ConvNet（图 9.32），将原始 CNN 网络中参数量较大的全连接层替换为参数量较小的卷积层，避免了模型的过拟合问题。

A-ConvNet 网络结构如图 9.32 所示，共包含 5 个卷积层和 3 个池化层。前 3 个卷积层的后面接有池化层，采用最大值池化形式，下采样窗口的大小（pooling size）取 2×2，滑动步长（stride）取 2。ReLU 非线性激活函数作用于前 4 个卷积层。Softmax 非线性函数作用于第 5 个卷积层的输出节点。卷积层中卷积核的滑动步长全部取 2，输入特征图的周围没有补零。输入图像的大小为 88×88pixel，第 1 个卷积层选取了 16 个大小为 5×5pixel 的卷积核，输出为 16 个大小为 84×84pixel 的特征图。经过第 1 个池化层后特征图的大小变为 42×42pixel。第 1 个池化层的输出送入第 2 个卷积层，它包含 32 个大小为 5×5pixel 的卷积核，生成 32 个大小为 38×38pixel 的特征图。经过第 2 个下采样层，特征图的大小变成 19×19pixel。第 3 个卷积层包含 64 个大小为 6×6pixel 的卷积核，生成 64 个大小为 14×14pixel 的特征图。经过第 3 个池化层后，特征图的大小变成 7×7pixel。第 4 个卷积层包含 128 个大小为 5×5pixel 的卷积核，生成 128 个大小为 3×3pixel 的特征图。Dropout 正则化方法也应用于第 4 个卷积层。第 5 个卷积层包含 10 个大小为 3×3pixel 的卷积核，以保证有 10 个大小为 1×1pixel 的输出节点，每个节点的输出值经过 Softmax 归一后对应于一个类别的概率。

图 9.32　A-ConvNet 网络结构

在标准操作条件下，该团队测试了算法对于 MSTAR 数据集 10 类目标分类的结果。训练集和测试集中的同一类目标（Targetclass）具有相同的型号（Serialnumber），但是成像俯仰角与方位角不同。该算法采用 17°俯仰角下的 SAR 图像进行训练、15°俯仰角下的 SAR 图像进行测试。同时，针对训练样本不足的问题，采用在原始图像中随机采样的数据增广方法，将每一类目标的样本数量扩充了 1681 倍。该算法在标准操作条件（SOC）下的分类混淆矩阵如表 9.1 所列，平均识别率达到 99.13%。混淆矩阵的每一行代表实际的目标类型，每一列代表模型预测的类型。

表 9.1　SOC 实验条件下的混淆矩阵

类别	BMP2	BTR70	T72	BTR60	2S1	BRDM2	D7	T62	ZIL131	ZSU234	准确率/%
BMP2	194	0	1	0	1	0	0	0	0	0	98.98
BTR70	0	195	0	0	0	1	0	0	0	0	99.49
T72	0	0	196	0	0	0	0	0	0	0	100
BTR60	1	0	0	188	0	0	0	1	1	4	96.41

续表

类别	BMP2	BTR70	T72	BTR60	2S1	BRDM2	D7	T62	ZIL131	ZSU234	准确率/%
2S1	0	0	0	0	269	4	0	0	0	1	98.18
BRDM2	0	0	0	0	0	272	0	0	0	2	99.27
D7	0	0	0	0	0	0	272	0	0	0	99.27
T62	0	0	0	0	0	0	0	272	0	0	99.64
ZIL131	0	0	0	0	0	0	0	0	273	1	99.64
ZSU234	0	0	0	0	0	0	1	0	0	273	99.64
平均											99.13

9.3.2 SAR 图像多类目标智能检测识别算法

在面向遥感图像复杂场景，特别是针对多类 SAR 目标检测识别中所存在的多尺度、类间差距小等难点，若直接采用已有目标检测网络，则难以取得较好效果。需要借鉴计算机视觉领域先进的神经网络设计思想，构建面向 SAR 图像的目标检测识别主干网络，并在此基础上结合 SAR 图像特点优化设计目标检测识别模型。

本节介绍的网络来自中国电子科技集团公司第三十八研究所在"天智杯"人工智能挑战赛中获得冠军的算法。其主体架构可分为骨干网络部分、特征融合部分和预测部分。在骨干网络部分，引入了跨阶段局部网络（Cross Stage Partial Network，CSPNet）[24]，这种跨阶段的部分连接网络能够进一步地提升骨干网络的性能。在特征融合部分，选择能够很好地平衡精度和速度的路径聚合网络（Path Aggregation Network，PANet）结构。在预测部分，改善了由于 sigmoid 函数的饱和特性导致的边界预测饱和的问题。

9.3.2.1 骨干网络设计

CSPNet 网络采用跨阶段的部分连接方式，能够较好地提升骨干网络特征提取能力。其原理如图 9.33 所示。

CSPNet 首先将特征图按通道分为两个部分，只对其中一个部分做原本的卷积网络运算，然后将部分特征经过卷积网络的结果和之前的特征图相连，最后再通过卷积融合，就得到了最终的结果。将特征图分为相同大小的两个部分。这样就可以节省原来一半的计算量。此外，通过直接将前一阶段的部

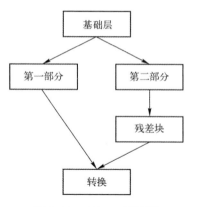

图 9.33 CSPNet 原理图

分特征图直接送入下一阶段，可以让网络的梯度更好地传播，进而提高网络的性能。

9.3.2.2 激活函数选择

激活函数是卷积神经网络中应用最为广泛的算子之一，主要提供非线性特性。但是由于其规模大，即使微小的改进，也能使得网络性能有客观的改善。因此在 ReLU 激活函数之上，越来越多新的激活函数出现了。常见的激活函数包括 ReLU、Leaky ReLU、PReLU、ReLU6、SELU 以及 Mish 激活函数等。ReLU 是目前应用最广泛的激活函数，特点就是计算简单、性能稳定，但是会导致梯度为零的情况。Leaky ReLU 是 YOLO v3 使用的激活函数，能够一定程度上改善梯度无法回传的情况，但是精度上较 ReLU 提升不大。PReLU 和 SELU 的缺点是难以训练，而 ReLU6 是专为量化设计的激活函数。Mish 激活函数在一定程度上避免了上述问题，在负半轴是平滑的，能够保证梯度顺利传播；但在正半轴和 ReLU 十分接近，保证了激活函数的线性，这也有利于梯度的平稳传播。Mish 激活函数的函数与其他激活函数对比如图 9.34 所示。

9.3.2.3 特征融合设计

目标检测网络通常需要在同一检测场景中同时检测不同空间尺度的目标，所以需要设计一种能够同时处理多种尺度的网络结构。一般来说，CNN 模型中越浅层的特征图尺度越大，能够捕获更多的局部特征；而深层的特征图尺度较小，能够捕获更多的语义特征。由于深层特征图缺乏针对局部的特征信

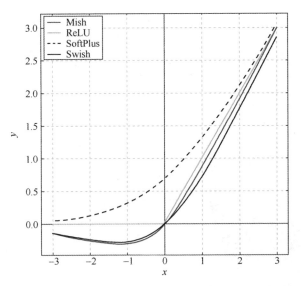

图 9.34 Mish 激活函数与其他激活函数对比（见彩图）

息，因此不利于对小目标的检测。使用特征融合，可以一定程度上解决这个问题。

特征金字塔网络[25]（Feature Pyramid Networks，FPN）和路径聚合网络[26]（PANet）是两种不同的特征融合方式，如图 9.35 所示。图 9.35（a）所示的 FPN 通过自上而下的特征融合，提升目标检测网络的性能。而图 9.35（b）所示的 PANet 在 FPN 基础上，加上了一条自下而上的路径，提高了检测精度，如图 9.36 所示。使用 PANet 结构将融合部分的操作替换为连接，这与原来的加和相比，能够最大程度地保留不同尺度的特征信息。

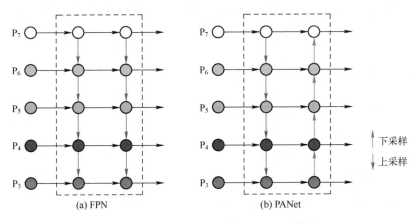

图 9.35 FPN 与 PANet 结构对比（见彩图）

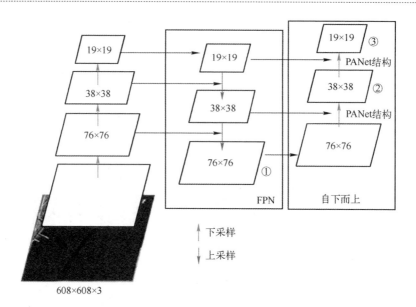

图 9.36 FPN+PANet 示意图

9.3.2.4 位置预测改进

位置预测公式为

$$\begin{cases} b_x = 2\sigma(t_x) + c_x \\ b_y = 2\sigma(t_y) + c_y \end{cases} \quad (9.18)$$

式（9.18）除了缩放系数 2，其余都和 YOLOv3 的预测公式相同。在 YOLOv3 中，sigmoid 函数在 1 处饱和，当网络要回归一个接近于格点的位置时，需要 t_x 是一个极大的值，这增加了网络回归边缘处中心的难度。通过将 sigmoid 函数的结果乘以一个缩放系数，就能够解决饱和函数所带来的问题。

9.3.2.5 残差块设计

残差块是骨干网络中的主要结构块之一，是与 CSPNet 结合在一起的，具体结构如图 9.37 所示。

如图 9.37 所示，残差块首先经过一个 3×3 卷积，缩小为原来的一半，然后按通道分为相同长度的两个部分，分别做 1×1 卷积。左半部分经过 n 个传统的由 1×1 卷积和 3×3 卷积组成的残差块后，再经过一个 1×1 卷积，与右半部分连接。最后经过一个 1×1 卷积融合，就得到了最终的结果。

第 9 章 SAR 卫星数据智能应用方法

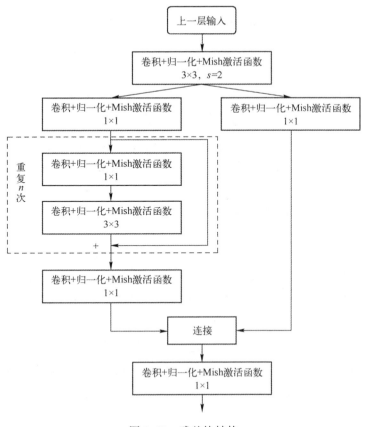

图 9.37 残差块结构

9.3.2.6 损失函数设计

在 YOLOv3 中使用 L1 loss 作为回归损失函数,但 L1 loss 是尺度敏感的,也就是说它对不同大小的检测框会得出不同大小的损失。因此,YOLOv3 只能加上一个惩罚项,来平衡不同大小的检测框。而基于 IoU 的损失函数的特点是对尺度不敏感,能够基于 IoU 指标回归坐标点。

常见的基于 IoU 的损失函数包括 IoU、GIoU、DIoU 以及 CIoU 损失函数。IoU 损失函数的优点是简单直接,缺点是不能对完全没有重合的检测框优化。GIoU 改进了 IoU 损失,使得其能够对没有重合的检测框优化。DIoU 考虑到回归时优先回归中心点坐标的重要性,在 GIoU 的基础上加上了中心点损失。CIoU 更进一步考虑到回归时检测框的长宽比问题,在 DIoU 的基础上加上了回归长宽比的损失项。最终的 CIoU 损失函数可表示为

$$\mathcal{L}_{\text{CIoU}} = 1 - \text{IoU} + \frac{\rho^2(b, b^{gt})}{c^2} + \alpha v \tag{9.19}$$

$$v = \frac{4}{\pi^2}\left(\arctan\frac{w^{gt}}{h^{gt}} - \arctan\frac{w}{h}\right)^2 \tag{9.20}$$

$$\alpha = \frac{v}{(1-\text{IoU}) + v} \tag{9.21}$$

式中：IoU 为 IoU 损失；ρ^2 为 L2 损失；c 为能够包含检测框和预测框的最小框的对角线长度；α 为平衡系数；v 为衡量长宽比一致性。

9.3.2.7 训练优化调度设计

训练过程中可以采用自攻击训练的方法。具体过程是：①第一次将图像进行前向传播，不计算参数的梯度，而是计算输入图像的梯度；②沿梯度上升的方向对输入图像进行微小改变，形成对抗样本；③第二次用对抗样本让网络进行学习，以提升网络的性能。

在优化器调参方面，为了尽可能地发挥带动量的随机梯度下降（SGD）优化器的潜力，在 COCO 数据集上进行超参数搜索。在预设的超参数附近随机震荡，通过较短的训练过程判别超参数组合的性能表现。通过几百次的重复，便可以画出图像分析超参数性能。

在调度器上，采用带有热身（warm up）的余弦退火策略。热身阶段将学习率从很小慢慢增大到初始值，以避免初始参数出现不稳定的情况，之后通过余弦退火策略不断地减小学习率，余弦退火策略能够更快更好地优化网络参数。

对于在多块 GPU 上训练的模型，还使用了同步批处理归一化（Batch Normalization，BN）方法，可以扩大小批量大小，使得 BN 的统计量更加精准。

9.3.3 复数域多极化 SAR 图像地物分类算法

对于多极化 SAR 图像，不同极化通道间的相干相位差带有重要的信息，但传统实数 CNN 方法无法利用这些相位信息。复旦大学金亚秋团队[27]针对这一问题，将实数 CNN 网络拓展到复数域，提出了复数卷积神经网络（CV-CNN）方法，不仅将复数数据作为输入，同时将各层的神经元操作以及训练、推理算法都扩展到了复数域。

9.3.3.1 网络结构

CV-CNN 主要由输入层、卷积层、池化层、全连接层以及输出层构成，其中卷积层与池化层可以周期性增加。在网络的后端，亦可以增加全连接层的层数，从而加深网络深度。全连接层将二维特征图转化为一维排列的神经元形式，具体层数可以根据具体问题进行设计。对于分类问题而言，输出层神经元的数量和分类的类别数目相等。神经元的输出值代表了网络将输入样本分类为该类别的预测值。将预测值与标签进行比较，通过代价函数的计算，可以对网络进行训练学习。CV-CNN 结构如图 9.38 所示。

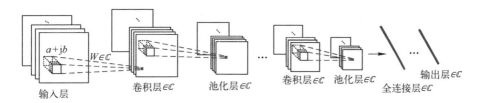

图 9.38　复数卷积神经网络结构

层与层之间的神经元均是全连接的，前一层的输出作为下一层的输入。卷积层和池化层由二维的特征图组成，其中卷积核的数量与特征图的个数相等。卷积层上的每一个神经元仅和前一层的部分神经元（接受域）相连，称为局部连接。接受域与权值矩阵（卷积核或者滤波器）卷积后，经过非线性激活函数的结果作为下一层的输入。每一个隐含层神经元均可视为一个特征提取器，若输入数据包含其所代表的特定特征，则该隐含层神经元将会输出一个较大值。同一张特征图的所有神经元共享同一个卷积核，每一张特征图提取前一层不同位置的特定特征。因为局部连接以及权值共享，所以网络的参数大大减小。此外，权值共享在一定范围内具有平移不变性。池化层的特征图数量与卷积层相等，而池化层的每一个神经元由前一层的神经元下采样得到。常用的下采样方法有最大值下采样和平均值下采样。常用的卷积神经网络由多个卷积层和池化层组成。将最后一层池化层展开成一列，构成第一层全连接层，之后可继续增加全连接层的数目。最后一层为网络输出层，其神经元的数量与分类的类别相等。算法具体步骤如下：

1) 卷积层

卷积层有两个主要特点：①特征提取，当前层的神经元接收上一层的输入并进行卷积和非线性激励，学习该层的特征；②特征映射，网络由多个特征提取层组成,自底向上地提取不同等级的特征,并完成特征的映射。每一个卷积核能够提取一种特征,生成一个特征图。网络同一层特征图上的所有神经元共享同一种卷积核,使得特征映射具有位移不变性。权值共享结构的存在,使得网络自由参数的个数大大减少。为了能够充分提取特征,采用多个卷积核。

在卷积层中,特征图 $O_i^{(l+1)} \in C^{W_2 \times H_2 \times I}$ 通过卷积核 $w_{ik}^{(l+1)} \in C^{F \times F \times K \times I}$ 与前一层特征图 $O_k^{(l)} \in C^{W_1 \times H_1 \times K}$ 卷积后加上偏置 $b_i^{(l+1)} \in C^I$ 后经过非线性激励得到,其中符号 C 表示复数域。特征图可表示为

$$O_i^{(l+1)} = f(\Re(V_i^{(l+1)})) + \mathrm{j}f(\Im(V_i^{(l+1)})) = \frac{1}{1+e^{-\Re(v_i^{(l+1)})}} + \mathrm{j}\frac{1}{1+e^{-\Im(V^{(l+1)})}}$$

(9.22)

$$\begin{aligned}
V_i^{(l+1)} &= \sum_{k=1}^{K} w_{ik}^{(l+1)} * O_k^{(l)} + b_i^{(l+1)} \\
&= \sum_{k=1}^{K} ((\Re(w_{ik}^{(l+1)}) \cdot \Re(O_k^{(l)}) - \Im(w_{ik}^{(l+1)}) \cdot \Im(O_k^{(l)})) + \\
&\quad \mathrm{j}(\Re(w_{ik}^{(l+1)}) \cdot \Im(O_k^{(l)}) + \Im(w_{ik}^{(l+1)}) \cdot \Re(O_k^{(l)}))) + b_i^{(l+1)}
\end{aligned}$$

(9.23)

式中:$\mathrm{j} = \sqrt{-1}$ 为虚数单位;符号 $*$ 为卷积运算;$\Re$、$\Im$ 分别为复数的实部与虚部;$O_k^{(l)}$ 为 l 层第 k 个特征图;$V_i^{(l+1)}$ 为 $l+1$ 层第 i 个特征图的权值加权和;$f(\cdot)$ 为非线性函数,这里采用 sigmoid 函数。

卷积层的超参数包括特征图的数量 I,滤波器的大小 $F \times F \times K$,步长 S,以及补零参数 P。步长是指滤波器与输入特征图作用时每次移动的间隔。卷积操作本身有降维的作用。为了维持特征图的空间大小,常用的方法是在输入数据的各边进行补零操作。如果输入数据由 K 个大小为 $W_1 \times H_1$ 的特征图组成,输出由 I 个大小为 $W_2 \times H_2$ 的特征图组成,则有 $W_2 = (W_1 - F + 2P)/S + 1$,$H_2 = (H_1 - F + 2P)/S + 1$。近期的研究表明,使用小尺寸滤波器和步长为 1 能取得更好的性能。卷积层的权值参数个数为 $F \times F \times K \times I$,偏置个数为 I,这些参数均为需要学习的参数。通常,随着层数的提高,特征图的数量会有所增加。反向训练的目的就是学习得到一组滤波器,使得提取的特征更有利于分类。

2) 池化层

在 CV-CNN 中,卷积层之后通常是池化层。池化层是一个求局部平均或者局部最大的二次特征提取和映射结构,这种特有的结构减小了特征图的分

辨率。池化层在降低 CV-CNN 的特征维度方面起到了重要的作用。池化方法通常分为最大值池化和平均值池化，池化层也可称为下采样层。因为复数数据无法比较大小，所以本书采用平均值池化，即取接受域内平均值作为输出，见式（9.24）。池化层的滤波器 W 大小为 $g×g$，通常为 2×2 或者 3×3。滤波器的数量与前一层卷积层的特征图数量相等，每个滤波器和一个特定的特征图卷积。滤波器的每个元素值为 $1/(g×g)$，与前一层接受域卷积后作为池化层的输出。

$$O_i^{(l+1)}(x,y) = \underset{u,v=0,\cdots,g-1}{\text{ave}}\ O_i^{(l)}(x \cdot s+u, y \cdot s+v) \tag{9.24}$$

式中：g 为池化大小；s 为步长；$O_i^{(l+1)}(x,y)$ 为第 i 个特征图上 (x,y) 坐标处。

3）全连接层

CV-CNN 的末端通常包含一层或多层全连接层。全连接层的神经元排成一列，与卷积层不同，这些神经元与前一层神经元通过权值构成全连接结构。全连接层的层数以及神经元数并不固定，通常情况下全连接层的层数越高，神经元数目越少。其计算过程是先经过权值和神经元相乘相加，再经过非线性变换。计算过程可表示为

$$O_i^{(l+1)} = f(\Re(V_i^{(l+1)})) + \mathrm{j}f(\Im(V_i^{(l+1)})) \tag{9.25}$$

$$V_i^{(l+1)} = \sum_{k=1}^{K} w_{ik}^{(l+1)} \cdot O_k^{(l)} + b_i^{(l+1)} \tag{9.26}$$

式中：K 为第 l 层全连接层的神经元数目。

4）输出层

网络的最后一层为输出层，即网络学习后分类的结果。在经过前面几层特征提取阶段后，输出层作为分类器去预测输入样本的类别信息。输出层是一个 1×c 的复数向量，c 是分类问题中类别的数目。在 CV-CNN 中，标签格式为复数域 one-hot 形式，其中"ON"元素被替换为 $(1+1×j)$。标签向量的长度为类别的数目 c，$(1+1×j)$ 在标签向量中的位置为其所对应的类别，其他位置均设为 0。例如，标签为一个 1×c 向量，其中只有一个元素为 $(1+1×j)$，其他元素都为 0。如果输入样本是第 2 类，那么标签向量中第二个元素为 $(1+1×j)$，其他元素均为 0。通过计算网络输出向量和 $(1+1×j)$ 的距离，选择距离最小神经元所在的位置作为网络预测的类别。CV-CNN 为有监督式识别算法，给定输入样本和标签向量，通过计算期望输出与网络输出的差值，构建损失函数。通过最小化损失函数，计算网络权值以及偏置参数，使得网络输出与期望输出一致，从而获得较好的分类性能。

在实数卷积神经网络中,首先输出层通过一个Softmax分类器去预测输入样本在多个类别上的概率分布,然后整个网络最小化交叉熵损失函数。将Softmax分类器应用在CV-CNN中,由于输入是复数,在经过Softmax计算后,得到神经元的输出不再代表概率,因此CV-CNN直接在输出层进行分类,采用上述复数域标签向量,通过最小化均方误差损失函数进行学习。

9.3.3.2 反向传播过程

CV-CNN同样分为训练和测试阶段。在训练阶段,通过优化网络权值和偏置参数,使得网络的输出值与标签无限逼近。在测试阶段,将训练好的网络应用在测试数据集中,进行类别的预测。

在训练模型阶段,经过多层特征提取后,网络的输出和期望输出存在差异,需要通过基于梯度下降法的后向调整过程来调整网络参数,使得差异趋于零。在大多数的机器学习算法中,所有的权值以及偏置可以通过最小化代价函数得到。随机梯度下降算法是指每次迭代用一部分训练样本的梯度进行权值调整。通常,全局最小值很难求得解析解,但是代价函数关于参数的梯度 $\partial L/\partial w$ 可以求得解析解。因此,代价函数可以通过迭代数值优化方法达到最小化,其中最简单的优化方法是梯度下降法。参数的迭代更新规则为 $w \leftarrow w - \eta(\partial L/\partial w)$,$\eta$ 为学习速率,是一个标量常数。在CV-CNN中,代价函数关于每一层可学习参数的梯度可以通过误差反向传播算法求得。但是,复数和实数卷积网络的后向调整公式是不同的,下面将具体进行讨论。

这里采用的代价函数为均方误差代价函数,期望输出(标签)为一组形如 $[1+1j]\text{-of-}c$ 的数组,c 为输出层神经元的个数(样本的类别数目),即:若样本属于某一类别,则标签数组相应位置为 $1+1j$,其他位置为0。

复数反向传播算法与实数反向传播算法在逻辑以及书写上相通。训练数据集记为 $\{X[n], T[n]\}_{n=1}^{N}$,N 为总的训练样本数,$X[n]$ 和 $T[n]$ 分别为第 n 个样本的输入数据以及标签数据,输入与标签均为复数。因此,总误差为

$$E_T = \frac{1}{2} \frac{1}{N} \sum_{n=1}^{N} \sum_{k=1}^{K} \left[(\Re(T_k[n]) - \Re(O_k[n]))^2 + (\Im(T_k[n]) - \Im(O_k[n]))^2 \right]$$

(9.27)

通过迭代调整权值以及偏置,从而最小化代价函数,有

$$w_{ik}^{(l+1)}[t+1] = w_{ik}^{(l+1)}[t] + \Delta w_{ik}^{(l+1)}[t] = w_{ik}^{(l+1)}[t] - \eta \frac{\partial E[t]}{\partial w_{ik}^{(l+1)}[t]}$$

(9.28)

$$b_i^{(l+1)}[t+1] = b_i^{(l+1)}[t] + \Delta b_i^{(l+1)}[t] = b_i^{(l+1)}[t] - \eta \frac{\partial E[t]}{\partial b_i^{(l+1)}[t]} \qquad (9.29)$$

复数域的反向传播算法同样采取链式法则的方式进行推导,这里关键是计算误差函数对权值的梯度,即

$$\begin{aligned}\frac{\partial E}{\partial w_{ik}^{(l+1)}} &= \frac{\partial E}{\partial \Re(w_{ik}^{(l+1)})} + \frac{\partial E}{\partial \Im(w_{ik}^{(l+1)})} \\ &= \left(\frac{\partial E}{\partial \Re(V_i^{(l+1)})} \frac{\partial \Re(V_i^{(l+1)})}{\partial \Re(w_{ik}^{(l+1)})} + \frac{\partial E}{\partial \Im(V_i^{(l+1)})} \frac{\partial \Im(V_i^{(l+1)})}{\partial \Re(w_{ik}^{(l+1)})} \right) + \\ &\quad \mathrm{j}\left(\frac{\partial E}{\partial \Re(V_i^{(l+1)})} \frac{\partial \Re(V_i^{(l+1)})}{\partial \Im(w_{ik}^{(l+1)})} + \frac{\partial E}{\partial \Im(V_i^{(l+1)})} \frac{\partial \Im(V_i^{(l+1)})}{\partial \Im(w_{ik}^{(l+1)})} \right) \end{aligned} \qquad (9.30)$$

为了使推导过程更加简明,定义残差函数为

$$\delta_i^{(l+1)} = -\frac{\partial E}{\partial \Re(V_i^{(l+1)})} - \mathrm{j}\frac{\partial E}{\partial \Im(V_i^{(l+1)})}, \delta_i^{(l+1)} \in \mathbb{C} \qquad (9.31)$$

通过式(9-22),式(9-23),式(9-27)以及式(9-31),式(9-30)可简化为

$$\frac{\partial E}{\partial w_{ik}^{(l+1)}} = -\delta_i^{(l+1)} \overline{O_i^{(l)}} \qquad (9.32)$$

式中:$\overline{(\cdot)}$为取复数共轭。

通过迭代减小误差函数,参数一直更新,直至误差满足精度要求。下面将详细推导每一层的残差计算公式。

1) 全连接层残差

对于全连接层的残差,令 $l+1$ 为全连接层,前一层 l 层为隐含层,残差 $\delta_i^{(l+1)}$ 表示为

$$\begin{aligned}\delta_i^{(l+1)} &= -\frac{\partial E}{\partial \Re(V_i^{(l+1)})} - \mathrm{j}\frac{\partial E}{\partial \Im(V_i^{(l+1)})} \\ &= -\left(\frac{\partial E}{\partial \Re(O_i^{(l+1)})} \frac{\partial \Re(O_i^{(l+1)})}{\partial \Re(V_i^{(l+1)})} + \frac{\partial E}{\partial \Im(O_i^{(l+1)})} \frac{\partial \Im(O_i^{(l+1)})}{\partial \Re(V_i^{(l+1)})} \right) - \\ &\quad \mathrm{j}\left(\frac{\partial E}{\partial \Re(O_i^{(l+1)})} \frac{\partial \Re(O_i^{(l+1)})}{\partial \Im(V_i^{(l+1)})} + \frac{\partial E}{\partial \Im(O_i^{(l+1)})} \frac{\partial \Im(O_i^{(l+1)})}{\partial \Im(V_i^{(l+1)})} \right) \end{aligned} \qquad (9.33)$$

根据式(9.25)和式(9.26),式(9.33)中的第二项和第三项为0。考虑式(9.27),其余的两项很容易计算出,从而有

$$\begin{aligned}\delta_i^{(l+1)} &= \Re(T_i^{(l+1)} - O_i^{(l+1)})\Re(O_i^{(l+1)})(1 - \Re(O_i^{(l+1)})) + \\ &\quad \mathrm{j}(\Im(T_i^{(l+1)} - O_i^{(l+1)})\Im(O_i^{(l+1)})(1 - \Im(O_i^{(l+1)}))) \end{aligned} \qquad (9.34)$$

对于隐含层的残差 $\boldsymbol{\delta}_k^{(l)}$ 可按照同样的方式计算。在隐含层，神经元 $\boldsymbol{O}_k^{(l)}$ 与输出层的所有神经元 $\boldsymbol{O}_k^{(l+1)}$ 相连，因此 $\boldsymbol{O}_k^{(l)}$ 受输出层上所有神经元的误差影响。同样根据链式法则，残差的实部与虚部计算公式为

$$\frac{\partial E}{\partial \Re(\boldsymbol{O}_k^{(l)})} = -\sum_{i=1}^{I}[\Re(\boldsymbol{\delta}_i^{(l+1)})\Re(\boldsymbol{w}_{ik}^{(l+1)}) + \Im(\boldsymbol{\delta}_i^{(l+1)})\Im(\boldsymbol{w}_{ik}^{(l+1)})]$$

(9.35)

$$\frac{\partial E}{\partial \Im(\boldsymbol{O}_k^{(l)})} = -\sum_{i=1}^{I}[\Im(\boldsymbol{\delta}_i^{(l+1)})\Re(\boldsymbol{w}_{ik}^{(l+1)}) - \Re(\boldsymbol{\delta}_i^{(l+1)})\Im(\boldsymbol{w}_{ik}^{(l+1)})]$$

(9.36)

根据式（9.33），$\boldsymbol{\delta}_k^{(l)}$ 表示为

$$\boldsymbol{\delta}_k^{(l)} = (1 - \Re(\boldsymbol{O}_k^{(l)}))\Re(\boldsymbol{O}_k^{(l)})\sum_{i=1}^{I}[\Re(\boldsymbol{\delta}_i^{(l+1)})\Re(\boldsymbol{w}_{ik}^{(l+1)}) + \Im(\boldsymbol{\delta}_i^{(l+1)})\Im(\boldsymbol{w}_{ik}^{(l+1)})] +$$
$$j(1 - \Im(\boldsymbol{O}_k^{(l)}))\Im(\boldsymbol{O}_k^{(l)})\sum_{i=1}^{I}[\Im(\boldsymbol{\delta}_i^{(l+1)})\Re(\boldsymbol{w}_{ik}^{(l+1)}) - \Re(\boldsymbol{\delta}_i^{(l+1)})\Im(\boldsymbol{w}_{ik}^{(l+1)})]$$

(9.37)

概括说，底层的残差是高层残差与连接权值，非线性函数对输入导数的乘积组成。对于实数网络，可简单表示为 $\boldsymbol{\delta}_k^{(l)} = (\boldsymbol{w}^{(l+1)})^T \boldsymbol{\delta}_i^{(l+1)} f'(\boldsymbol{V}^{(l)})$。

2）卷积层残差

如果 l 为卷积层，其残差 $\boldsymbol{\delta}_k^{(l)}$ 与池化层的残差 $\boldsymbol{\delta}_i^{(l+1)}$ 以及池化参数 β 有关。对于平均值池化，权值为一个常数 β，且 $\beta = 1/g$。字母 k 和 i 分别表示 l，$l+1$ 层的特征图。因为池化的作用，$l+1$ 层的特征图尺寸小于 l 层的特征图。为了统一尺寸，需要对 $\boldsymbol{\delta}_i^{(l+1)}$ 进行上采样，即在每个维度复制 g 次，记为 $\mathrm{up}(\boldsymbol{\delta}_i^{(l+1)})$。与式（9.37）相似，残差表示为

$$\Re(\boldsymbol{\delta}_k^{(l)}) = \beta_i^{l+1} \cdot [\Re(\mathrm{up}(\boldsymbol{\delta}_i^{(l+1)})) + \Im(\mathrm{up}(\boldsymbol{\delta}_i^{(l+1)}))](\Re(\boldsymbol{O}_k^{(l)})(1 - \Re(\boldsymbol{O}_k^{(l)})))$$

(9.38)

$$\Im(\boldsymbol{\delta}_k^{(l)}) = \beta_i^{l+1} \cdot [\Im(\mathrm{up}(\boldsymbol{\delta}_i^{(l+1)})) - \Re(\mathrm{up}(\boldsymbol{\delta}_i^{(l+1)}))](\Im(\boldsymbol{O}_k^{(l)})(1 - \Im(\boldsymbol{O}_k^{(l)})))$$

(9.39)

$$\boldsymbol{\delta}_k^{(l)} = \Re(\boldsymbol{\delta}_k^{(l)}) + j\Im(\boldsymbol{\delta}_k^{(l)}) \quad (9.40)$$

3）池化层残差

池化层没有需要学习的参数，但是为了计算低层的残差，仍需要对池化层的残差项进行计算。在池化层中，特征图的尺寸小于上一层的卷积层，为了统一大小，需要对 $\boldsymbol{\delta}_i^{(l+1)}$ 边界进行 $F-1$ 次补零。根据式（9.37），池化层残差表示为

$$\Re(\boldsymbol{\delta}_k^{(l)}) = \sum_i [\Re(\boldsymbol{w}_{ik}^{(l+1)}) * \Re(\boldsymbol{\delta}_i^{l+1}) + \Im(\boldsymbol{w}_{ik}^{(l+1)}) * \Im(\boldsymbol{\delta}_i^{l+1})] \quad (9.41)$$

$$\Im(\boldsymbol{\delta}_k^{(l)}) = \sum_i [\Re(\boldsymbol{w}_{ik}^{(l+1)}) * \Im(\boldsymbol{\delta}_i^{l+1}) - \Im(\boldsymbol{w}_{ik}^{(l+1)}) * \Re(\boldsymbol{\delta}_i^{l+1})] \quad (9.42)$$

如式（9-40）所示，$\boldsymbol{\delta}_k^{(l)}$ 是实部加上虚部乘虚数单位。

计算出每一层的残差之后，误差函数对权值以及偏置的梯度计算参照式（9-28）、式（9-29）以及式（9-32）。按照权值调整，直至网络的预测值和标签的误差达到精度。全连接层的神经元为一维排列，参数更新公式为

$$w_{ik}^{(l+1)}[t+1] = w_{ik}^{(l+1)}[t] + \eta \boldsymbol{\delta}_i^{(l+1)} \overline{O_i^{(l)}} \quad (9.43)$$

$$b_i^{(l+1)}[t+1] = b_i^{(l+1)}[t] + \eta \boldsymbol{\delta}_i^{(l+1)} \quad (9.44)$$

其他层神经元的排列结构为两维，参数更新公式为

$$\begin{aligned} w_{ik}^{(l+1)}[t+1] &= w_{ik}^{(l+1)}[t] + \eta \boldsymbol{\delta}_k^{(l+1)} * \overline{O_k^{(l-1)}} \\ &= w_{ik}^{(l+1)}[t] + \eta \sum_{x,y} \boldsymbol{\delta}_k^{(l)}(x,y) \cdot \overline{O_k^{(l-1)}}(x-u,y-v) \end{aligned} \quad (9.45)$$

$$b_i^{(l+1)}[t+1] = b_i^{(l+1)}[t] + \eta \boldsymbol{\delta}_k^{(l+1)} = b_i^{(l+1)}[t] + \eta \sum_{x,y} \boldsymbol{\delta}_k^{(l+1)}(x,y) \quad (9.46)$$

9.3.4 智能变化检测方法

近年来，随着深度神经网络技术的发展，基于深度学习的方法在 SAR 图像变化检测任务中也得到广泛应用。本节着重介绍智能变化检测的基本处理流程及网络模型在其中的应用。

与传统变化检测方法相同，智能变化检测过程需要对输入的图像进行配准，确保同一地物地理信息的一致性。在此基础上，首先通过考虑纹理、梯度及图像间空间几何关系的特征提取器来获取代表性特征；然后，基于可辨别特征分析生成变化特征，并定位变化点位、确定变化信息强度，该步骤也称为特征融合；最后，依据变化评定准则进行优化，得到最终的变化二值图。特征融合及生成变化二值图的过程可统称为变化信息获取。总体来看，智能变化检测流程包括图像配准、特征提取、变化信息获取、网络优化等步骤，如图 9.39 所示。图像配准等预处理技术已经在 8.1 节详细介绍，下面对其他步骤进行说明。

9.3.4.1 特征提取

针对遥感影像智能变化检测任务，需要构建深度特征提取网络用于提取

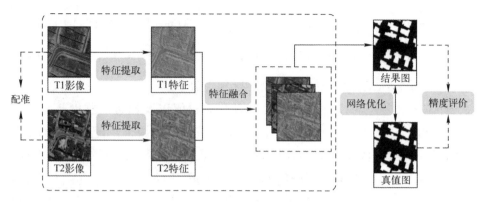

图 9.39　基于深度学习智能变化检测的一般流程

和鉴别变化特征（如边缘、纹理以及梯度等特征）。下面以典型的 CNN 特征提取方法为例，对基于深度学习的特征提取技术进行阐述。

遥感变化检测数据源通常包含可见光图像、高光谱图像、SAR 图像等多类型高维数据。由于 CNN 可以处理高维数据，因此非常适用于遥感图像变化检测处理。在训练样本充足的情况下，CNN 具有强大的学习能力，比传统方法在高维信息的提取中更能获得准确、丰富的特征。基于 CNN 的方法将双时相图像转换为高级空间深度特征，并提取变化区域高度抽象的语义上下文信息，最大限度地减少误差传播。经典的 CNN 及其扩展架构包括 AlexNet、VGGNet、ResNet、UNet、DenseNet 以及 HRNet 等，它们被广泛应用于遥感图像解译、变化检测任务中。

针对不同数据源影像，通常需要设计不同的 CNN 网络结构以及训练方法。对于光学影像来讲，针对建筑物变化检测问题，较容易获取大规模的变化检测样本，一般会设计较深层的 CNN 结构，采用完全有监督的方式训练网络模型，并通过多尺度特征融合策略提升模型性能，例如设计集成自注意力机制模块、特征金字塔模块的多尺度 CNN 网络架构。为了做出更精细的预测，一些优化结构如空洞卷积、跳跃连接以及金字塔池化操作等被引入，以增强输出特征，增大感受野，并克服梯度消失问题。

对于 SAR 影像而言，受限于特殊的成像机制以及有限的样本数据，一般会设计较为轻量化的浅层结构，通过无监督的方式训练网络模型。在样本筛选阶段，研究人员不会直接在原始图像上筛选正负样本，而是采用一些聚类或阈值化策略筛选初始的伪训练样本，然后采用上述样本对 CNN 架构进行有监督训练。考虑到 SAR 图像存在的相干斑噪声干扰，一些对噪声鲁棒的变化特征提取方法，如小波变换、PCA 等，也被集成到 CNN 架构中，以便于获取更精确的变化信息。

9.3.4.2 变化信息获取

智能变化检测的本质是通过特征的相似性判别来确定变化。受 CNN 模型在图像分类中的应用启发，首先利用多层网络提取不同尺度的变化特征；其次对这些特征的相似度进行判别，其中最直接的策略是使用距离度量的方法测量变化特征；最后执行阈值分割操作以获取最终变化图。距离度量的适用性会严重影响模型的性能，在实际应用中需要考虑不同距离度量方式的可用性。例如，欧氏距离和余弦相似性度量分别适用于人脸识别和文本处理任务。实验表明，在测量变化时，欧氏距离的表现优于余弦相似性。除此以外，广泛使用的距离度量指标还包括曼哈顿距离（Manhattan Distance）、闵可夫斯基距离（Minkowski Distance）、汉明距离（Hamming Distance）和马哈拉诺比斯距离（Mahalanobis Distance）等。基于特征距离的相似度度量方法最大的局限性在于独立处理多时相图像，忽略了时间信息中的相关性和空间信息的一致性，在复杂的变化场景中鲁棒性较差。

除了通过相似性度量判别变化，变化信息获取的另一种有效途径是采用特征融合策略。在传统变化检测中基于小波融合的差异图构造算法就利用了多维度特征信息，通过融合来获取更充分的变化信息，有利于后续的分类判决。与此类似，在深度学习变化检测架构中，双分支网络就是典型的特征融合网络。例如在孪生网络中，通过组合来自两个分支的高价值信息以生成单个融合特征，并利用融合的特征进行相似度测量，大大提升了变化检测分类精度。双分支结构的特征融合方法大致可分为单尺度融合和多尺度融合，其中：单尺度融合仅融合两个分支结构中的单层特征，通常融合特征提取网络最后一层输出的特征图；多尺度融合不再是只将最后一层特征进行融合，而是选择多个层的网络输出特征进行融合。深度网络的浅层特征包含了更多的细节信息，但缺乏语义线索。随着层数的增加，深层特征将变得更加抽象，具有更多的语义信息，但很多细节特征经过多层卷积操作后变得模糊。多尺度融合策略是通过将层次特征图与更广泛的上下文和更精细的空间细节相结合，可以弥合不同层次特征图的差异。多尺度特征融合结构和跳跃连接结构已被证明是将浅层空间信息映射到深层语义特征的可行方案。它们都可以适应单分支和双分支的特征提取网络。

下面重点对基于递归神经网络（Recurrent Neural Networks，RNN）和 Transformer 网络的两类代表性智能变化检测方法进行介绍。

1）基于 RNN 的变化信息获取

RNN 可以学习序列间的本质信息，有效地建立多时相序列遥感图像之间的变化关系，以检测时间维变化。从这个角度来看，RNN 网络适合用于序列图像变化检测。然而，随着序列长度或时间点的增加，标准的 RNN 存在梯度消失的关键缺陷，使得神经网络难以得到适当的训练。为了解决 RNN 存在的梯度消失、训练困难问题，长短期记忆网络（Long Short-Term Memory，LSTM）被提出。LSTM 的一个优点是引入了记忆单元的概念。记忆单元是一个计算单元，它取代了 RNN 网络隐藏层中的经典节点，能够克服早期循环网络所遇到的梯度消失问题。LSTM 还引入门控机制（Gating Mechanism）来控制信息传递的路径，主要包括输入门、输出门和遗忘门，并通过这三个门来动态控制内部状态应该遗忘多少历史信息，输入多少新信息，以及输出多少信息。在面向较长时间序列的遥感图像变化检测问题中，基于 RNN 及其改进的架构序列变化分析领域得到了广泛应用。

通常，遥感时间序列变化检测问题可以看作时间序列分类或异常检测问题。对于分类问题，需要将时间序列上的像素类型分为变化和不变两类，通过标记样本进行有监督的学习，进行时间序列的分类。为了更好地结合时间维上下文依赖以及空间信息相关性，一些 CNN 与 RNN 结合的混合时间序列分类架构被提出，例如 Conv-RNN、Conv-LSTM 网络等，已应用于多光谱、SAR 时间序列的变化检测和变化类别识别等问题上。对于异常检测问题，这些模型将以时间顺序被随机打乱的未标记序列数据作为输入，并以正确的时间顺序对序列重新排序来学习序列间的相关性。模型通过尝试重新排列被打乱的序列来进行完全自监督的学习，并且不需要任何标签。经过训练后，将网络应用于打乱的测试时间序列数据，寻找在时间域内显示异常行为的像素，确定发生变化的像素。

2）基于 Transformer 的变化信息获取

智能变化检测需要模型能够在时间和空间范围内捕获长期上下文信息以识别变化。由于卷积操作的固有局限性，基于 CNN 的变化检测无法提取长期的全局特征，限制了网络性能，因此基于 Transformer 的网络可以利用多头注意力机制优势来有效地建模上下文信息，因此可以获得比 CNN 模型更大的感受野，从而提高表示变化特征的能力。

对于双时相变化检测问题，输入是双时态图像，输出是二值变化图。目前有研究将 Transformer 网络与双分支特征提取结构进行组合，编码器具有孪生结构，可以并行处理双时相图像并输出双时态特征，通过多尺度融合模块来融合提取的特征，并实现变化区域的精准预测。在融合模块中，主要使用串联、线性投影来融合编码器生成的双时相特征。解码器部分主要利用编码器和融合生成的特征来生成变化图。通过上采样将融合特征图扩展为与原始输入图像相同的大小。最后，解码器利用线性投影将特征维数减少到 2，生成二值变化图。

对于时间序列变化检测问题，输入是时间序列图像，输出是二值变化图。RNN、LSTM 等时间序列模型中的信息传递是基于循环结构的，需要经过多次循环，导致信息的损失和混淆。而 Transformer 通过自注意力机制可以直接捕捉到任意两个位置之间的依赖关系，有效地解决了长距离依赖问题。目前已有研究尝试将 Transformer 分类模型应用于遥感影像的时间序列变化检测任务。首先采用大量未标记数据通过自监督的预训练方法训练 Transformer 模型，以获取时间序列上的通用变化表征，然后通过少量真实样本对模型进行微调，以更好地用于监测地区的地物变化分类。其中，编码器模块被单独用来作为分类器，通过舍弃解码器模块来降低模型的参数量，防止模型过拟合[28]。

9.3.4.3　网络优化

1）样本增强

在使用深度学习方法进行分类时，类不平衡是一个常见问题，部分类型的数量远远多于其他类，这也符合遥感图像变化检测变化类、不变类实际情况。基于深度学习的变化检测中存在的固有问题是样本量的缺乏，变化样本的不足严重影响了网络的分类性能。通常变化检测区域不变的区域要远大于变化区域，使用少量变化的像素进行训练会导致网络倾向于特定类。一种行之有效的方法是采用样本增强策略，通过扩充变化样本数目以平衡正负样本量。下面以利用 GAN 实现样本增强为例，来说明如何提高网络泛化能力。

某些类型的变化样本很少，甚至在极端条件下几乎不可能有效获取。例如，在处理自然灾害或军事攻击引起的突发性、低概率变化的检测任务时，有关变化数据的信息很少，在实践中收集各种变化的训练样本既费力又耗时。基于 GAN 的半监督学习方法有效解决了上述问题。

GAN 网络在变化检测样本受限的条件下，可以用大量未标记样本进行预训练,并采用少量的标记数据(真实数据)进行微调,提供一个有效的识别模型来检测变化。与此同时,GAN 可以生成大量拟合真实样本分布的模拟变化数据,用于解决变化样本不足的问题。由于 GAN 本质是一个无监督学习模型,因此可以利用大量易获得的未标记样本对 GAN 模型进行无监督的预训练,通过预训练鉴别器可以学习未标记样本上通用的判别性特征,通过有限的标记数据进行模型的微调可以进一步优化模型性能。在此基础上,对于大尺度大场景的变化检测任务,生成器通过与鉴别器的对抗学习方式,还可以生成大量模拟的变化样本,不仅可以增加训练样本量,还有效地解决了样本类间不均衡的问题。

总体而言,GAN 应用于变化检测有两个显著优势:①遥感影像智能变化检测一直受限于训练样本的缺乏,数据的限制是变化检测任务面临的主要问题,但 GAN 可以学习生成大量的伪数据(仿真数据),从而增强了网络的泛化能力。②受域自适应和迁移学习技术的启发,GAN 可以将源域中的图像映射到目标域中的虚拟图像。以上两个优势,确保了 GAN 在变化检测样本量受限的情况下,网络模型仍然具备足够的能力区分地物变化。

2) 增加后处理

在 SAR 图像变化检测问题上,一些后处理方法,例如 FCM 聚类、多尺度阈值分割等,被用来更新初始分类结果,以此获取均衡的伪训练样本,通过训练分类器从而获得更好的变化图。

3) 优化损失函数

许多学者尝试通过优化损失函数来实现网络性能优化。目前,二进制交叉熵损失函数在基于深度学习的二值分类中应用最为普遍,由于它计算了两个分布之间的相似性,因此非常适用于二值变化检测问题。为了解决类不平衡的限制,一些学者采用了优化方案,例如加权对比损失函数和混合损失函数,使变化和不变的像素以相同的比例参与损失计算。上述优化损失函数增加了损失计算中的变化像素的权重,可在一定程度上提升样本不均衡条件下网络训练性能。

4) 引入注意力机制

由于注意力机制在计算机视觉任务中取得了显著的成果,许多学者将注意力机制引入到变化检测任务中。例如有学者提出使用双重注意力模块,该模块通过学习包含通道信息和空间信息的特征,来实现更好的变化信息提取。多尺度融合也被考虑集成到注意力模块中,例如集成的多通道注意力模块和金字塔时空注意力模块等,可以融合各层次提取到的多尺度特征,以产生更强的变化特征。

5) 自监督学习

随着自监督学习技术的兴起与发展,开展完全无监督的变化检测方法成为当前研究的热点和潮流。通过使用大量无标签信息的遥感数据进行模型预训练来学习样本内部本质的变化表征信息,可以大大降低对真实样本的训练需求。尤其是在 SAR 图像变化检测问题上,通过使用大量不相关、低价值样本,可以对待优化模型进行自监督预训练,并通过使用在特定监测区域获取的极少量真实样本,微调出高性能的二值分类模型,为解决真实样本短缺及类间样本不平衡问题带来了新思路。

9.4 典型 SAR 数据样本集

样本数据是开展智能算法研究和应用的基础。从 MSTAR 数据集开放以来,国内外研究人员制作了数个 SAR 目标样本集并公开发布,为 SAR 图像目标检测识别技术特别是智能应用技术的研究奠定了数据基础,并提供了性能比测基准。目前已有公开发布的典型 SAR 目标检测识别数据样本集如表 9.2 所列。

表 9.2 典型 SAR 目标检测识别数据样本集

数据集	发布时间	数据来源	分辨率/m	图像尺寸/pixel	目标类型	图像数量
MSTAR	1996	机载	0.3	128×128	10 类车辆	—
多角度 SAR	2022	无人机载		128×128	2 类飞机	144
SAR-ACD	2022	高分三号	1		6 类飞机	3032
SAR 飞机	2023	高分三号	1	800×800 1000×1000 1200×1200 1500×1500	7 类飞机	4368
SSDD	2017	Radatsat-2 TerraSAR-X Sentinel-1	1-15	190-668	舰船	1160
OpenSARShip	2017	Sentinel-1	2.7×22 3.5×22 20×22	9×9～445×445 1×1～445×445	17 类舰船	34528
SAR-Ship-Dataset	2019	高分三号 Sentinel-1	3～25	256×256	4 类舰船	43819

续表

数据集	发布时间	数据来源	分辨率/m	图像尺寸/pixel	目标类型	图像数量
AIR-SARShip 1.0	2019	高分三号	1、3	3000×3000	舰船	31
AIR-SARShip 1.0	2019	高分三号	1、3	1000×1000	舰船	300
HRSID	2020	Sentinel-1 TerraSAR-X TanDEM-X	0.5、1、3	800×800	舰船	5604
FUSARShip	2020	高分三号	1.124×1.728	512×512	98类舰船	16144
LS-SSDD	2021	Sentinel-1	5×20	24000×16000	舰船	15
SRSDD	2021	高分三号	1	1024×1024	6类舰船	666
RSDD-SAR	2022	高分三号 TerraSAR-X	2-20	512×512	舰船	7000
MSAR-1.0	2022	海丝一号	1	256×256 2048×2048	飞机、油罐、桥梁、船只	60396

9.4.1 车辆目标样本集

MSTAR[29]是世界上首个公开发布的SAR图像车辆目标样本集,长期以来是国内外SAR图像目标识别算法的基准数据集。该实验数据采用美国国防高级研究计划局(DARPA)支持的MSTAR计划所公布的实测SAR地面静止目标数据,包括多种苏联军事车辆的SAR图像。MSTAR计划进行了SAR实测地面目标试验,包括目标遮挡、伪装、配置变化等扩展性条件,形成了较为系统、全面的实测数据库。

采集该数据集的传感器为机载高分辨率的聚束式合成孔径雷达,该雷达的分辨率为0.3m×0.3m,工作在X波段,极化方式为HH极化。该数据集大多是静止车辆的SAR切片图像,包含多种车辆目标在各个方位角下获取到的目标图像,涉及三个不同的地点(新墨西哥州、佛罗里达州北部和阿拉巴马州北部),其中一个地点(佛罗里达北部)在一年的不同时间(5月和11月)进行两次收集。所有的目标地点都是草覆盖和平坦的。

数据集总共有10类目标:BMP2(步兵战车,SN_9563)、BTR70(装甲运输车,SN_C71)、T72(坦克,SN_132)、2S1(自行榴弹炮)、BRDM2(装甲侦察车)、BTR60(装甲运输车)、D7(推土机)、T62(坦克)、ZIL131(货运卡车)、ZSU234(自行高炮)。各种类别的目标还具有不同的型号,不同型号的同类目标在配备上有些差异,但总体散射特性相差不大。部分MSTAR的SAR车辆目标切片数据如图9.40所示。

 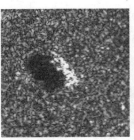 

图 9.40　部分 MSTAR 车辆目标切片数据

9.4.2　飞机目标样本集

目前公开的 SAR 飞机目标样本数据集主要包括多角度 SAR 数据集、SAR-ACD 和 SAR-AirCraft-1.0，均由中国科学院空天信息创新研究院发布。

9.4.2.1　多角度 SAR 数据集

多角度 SAR 数据集[30]由中国科学院空天信息创新研究院胡文龙团队于 2022 年发布，数据来自无人机载 SAR，以角度间隔 5°采集了 72 个方位下的飞机目标实测数据。数据集总共包含大棕熊 100 和"空中拖拉机"AT-504 两类飞机目标，数据总量为 144 幅，图像大小为 128×128pixel。多角度 SAR 数据集示例如图 9.41 所示。

 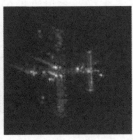 

图 9.41　多角度 SAR 数据集示例

9.4.2.2　SAR-ACD 数据集

该数据集由中国科学院空天信息创新研究院孙显团队在 2022 年发布[31]，数据来源为高分三号卫星，数据集包括 6 个民用飞机类别和 14 个其他飞机类别，共计 4322 架飞机。目前民用飞机类别已开源，数据量共 3032 幅。其中，

6 类飞机目标：A220、A320/321、A330、ARJ21、Boeing737 和 Boeing787，图像分别为 464、512、510、514、528、504 幅，为飞机目标细粒度识别提供了数据基准。SAR-ACD 数据集示例如图 9.42 所示。

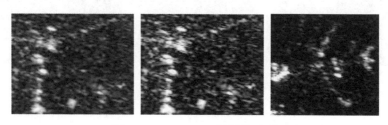

图 9.42　SAR-ACD 数据集示例

9.4.2.3　SAR 飞机检测识别数据集

高分辨率 SAR 飞机检测识别数据集-1.0（SAR-AIRCraft-1.0）在 SAR-ACD 数据集上进行了拓展，由中国科学院空天信息创新研究院孙显团队于 2023 年发布[32]。数据集共包括图像 4368 幅，分辨率为 1m，成像模式为聚束式，极化方式为单极化。数据集包含 800×800、1000×1000、1200×1200 和 1500×1500 共 4 种不同尺寸图像，共有 16463 个飞机目标实例，包括 A220、A320/321、A330、ARJ21、Boeing737、Boeing787 和 Other 共 7 个类别，支持检测任务、识别任务以及检测识别一体化任务。该数据集具有场景复杂、类别丰富、目标密集、噪声干扰、任务多样、多尺度性的特点。数据集中图像格式为 jpg，标注文件格式为 xml，标注中提供了相应图像的长宽尺寸、标注目标的类别以及标注矩形框的位置。SAR-AIRCraft-1.0 数据集示例如图 9.43 所示。

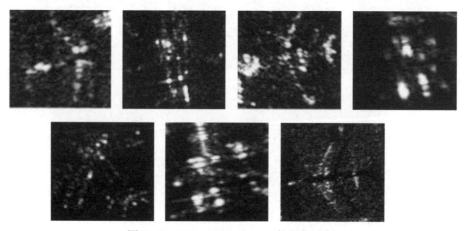

图 9.43　SAR-AIRCraft-1.0 数据集示例

9.4.3 船只目标样本集

受益于欧洲哨兵一号（Sentinel-1）卫星和国内系列 SAR 卫星数据的开放，SAR 图像船只目标样本集相对较为丰富，广泛应用于船只目标检测与识别算法的研究，主要包括 OpenSARShip、HRSID、SRSDD、LS-SSDD、SSDD、RSDD-SAR、AIR-SARShip、SAR-Ship-Dataset 和 FUSARShip 等。

9.4.3.1 SSDD

SSDD 是海军航空大学李建伟团队 2017 年在国内外公开的第一个专门用于 SAR 图像舰船目标检测的数据集[33]。SSDD 是通过在网上下载公开的 SAR 图像，图片尺寸 190×668，并通过人工标注舰船目标位置而得。数据来源主要包括 RadarSat-2、TerraSAR-X 和 Sentinel-1 卫星，HH、HV、VV 和 VH 四种极化方式，分辨率为 1~15m，在大片海域和近岸地区都有舰船目标。在数据集 SSDD 中，一共有 1160 个图像和 2456 个舰船标注。舰船尺度多样，包含近海岸、远海和相干斑噪声多个场景。SSDD 船只样本示例如图 9.44 所示。

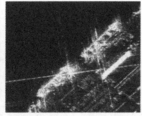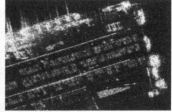

图 9.44　SSDD 船只样本示例

9.4.3.2 OpenSARShip

OpenSARShip 是由上海交通大学郁文贤教授团队在 2017 年提出[34]，来自 Sentinel-1 卫星数据，主要覆盖亚洲 5 个港口，共有 17 种类型（AIS 类型）的船舶。图像的分辨率为 2.7m×22m、3.5m×22m 和 20m×22m，图像尺寸为 9×9~445×445 和 1×1~445×445，具有混合 VV 和 VH 的数据集图像。原始数据和格式数据位采用 tiff。类别主要包括 Bulk carrier、Containership、Tanker 等。OpenSARShip 数据集示例如图 9.45 所示。

图 9.45 OpenSARShip 数据集示例

9.4.3.3 SAR-Ship-Dataset

SAR-Ship-Dataset 是由中国科学院空天信息创新研究院的王超、张红研究员团队于 2019 年发布[35]，数据来源为高分三号卫星和 Sentinel-1 卫星。由 43819 个 256×256pixel 尺寸的舰船切片组成，采用了 102 张高分三号卫星和 108 张 Sentinel-1 卫星数据，共包含 59535 个舰船目标。传感器分辨率分别为 3m、5m、8m、10m 和 25m，极化方式包括 HH、HV、VH 和 VV，成像模式包括 Strip-Map（UFS）、Fine Strip-Map 1（FSⅠ）、Full Polarization 1（QPSⅠ）、Full Polarization 2（QPSⅡ）、Fine Strip-Map 2（FSⅡ）、条带模式和宽幅模式。该数据集场景包括港口、近岸、岛屿和远海，船舶目标类型包括油轮、散货船、大型集装箱船和渔船等。SAR-Ship-Dataset 数据集示例如图 9.46 所示。

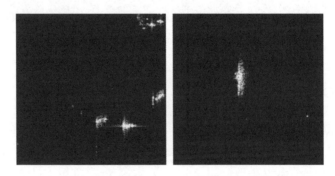

图 9.46 SAR-Ship-Dataset 数据集示例

9.4.3.4 AIR-SARShip

AIR-SARShip 是由中国科学院空天信息创新研究院孙显团队在 2019 年发

布[36]的，前后共发布了两个版本，部分样本如图9.47所示。

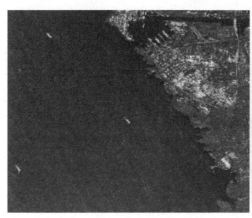

图9.47 AIR-SARShip数据集示例

1）高分辨率SAR舰船检测数据集-1.0

高分辨率SAR舰船检测数据集-1.0（AIR-SARShip-1.0）首批发布31幅图像，数据来源于高分三号，图像分辨率包括1m和3m，成像模式包括聚束式和条带式，极化方式为单极化，场景类型包含港口、岛礁、不同等级海况的海面，目标覆盖运输船、油船、渔船等十余类近千艘舰船。图像尺寸约为3000×3000pixel，图像格式为tiff、单通道、8/16bit图像深度，标注文件提供相应图像的长宽尺寸、标注目标的类别以及标注矩形框的位置。

2）高分辨率SAR舰船检测数据集-2.0

高分辨率SAR舰船检测数据集-2.0（AIR-SARShip-2.0）发布300幅图像，数据来源于高分三号，图像分辨率包括1m和3m，成像模式包括聚束式和条带式，极化方式为单极化，极化方式为VV，场景类型包含港口、岛礁、不同等级海况的海面，目标覆盖运输船、油船、渔船等十余类数千艘舰船。图像尺寸为1000×1000pixel，图像格式为tiff、单通道、8/16bit图像深度，标注文件提供相应图像的长宽尺寸、标注目标的类别以及标注矩形框的位置。

9.4.3.5 HRSID

HRSID是由电子科技大学师君团队在2020年7月提出的[37]，数据来源于Sentinel-1、TerraSAR-X和TanDEM-X卫星。HRSID是高分辨率SAR图像中用于船舶检测、语义分割和实例分割任务的数据集。该数据集共包含5604张高分辨率SAR图像和16951个船舶实例。HRSID数据集借鉴了COCO数据集的构建过程，包括不同分辨率的 SAR 图像、极化、海况、海域和沿海港口。HRSID 的分辨率分别为 0.5m，1m，3m，图片尺寸为 800×800pixel，标注采取 json 格式。HRSID 数据集示例如图 9.48 所示。

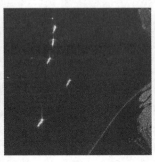

图 9.48　HRSID 数据集示例

9.4.3.6　FUSARShip

FUSARShip 是由复旦大学徐丰团队在 2020 年发布[38]，包含 15 个主要船舶类别、98 个子类别和许多非船舶目标的海洋目标。数据切片取自 126 幅原始高分三号遥感图像，极化模式包含 HH 和 HV，分辨率为 1.124m×1.728m，成像模式为 UFS 模式，覆盖了海、陆、海岸、河流和岛屿场景。该数据集有 16144 个切片，其中包括与 AIS 信息匹配的船只 6252 张，类似船的亮点等强虚警 2045 张，桥及海岸线 1461 张，沿岸区域及岛屿 1010 张，复杂海波杂波 1967 张，普通海面 1785 张，陆地 1624 张，适用于复杂海面的船只检测与识别工作。数据集内图像的标注标准是以船舶目标最小外接离心圆的圆心为中点，向外扩充 256pixel，舰船切片尺寸为 512×512pixel。FUSARShip 数据集的分类框架根节点为海洋对象，分为船舶和非船舶两个分支。船舶节点几乎包括所有种类的船舶，如货船、油轮、渔船等。其中，一些节点具有子类节点，如货船节点由散货船、杂货船、集装箱船等组成。此外，非船节点有三个子节点，分别是陆地样本、海洋样本和强虚警样本（如浮标、风车、海上养殖场等）。其中，陆地节点包含典型的自然和人造近岸建筑，如桥梁和海岸线，沿海土地和岛屿等。舰船类别主要包括 Bulk carrier、Containership、Fishing、Tanker、General cargo、Other cargo 和 Other 等。FUSARShip 数据集示例如图 9.49 所示。

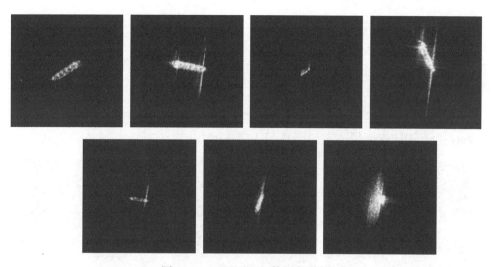

图 9.49 FUSARShip 数据集示例

9.4.3.7 LS-SSDD

LS-SSDD 由电子科技大学张晓玲团队于 2021 年发布[39]，数据来源为 Sentinel-1 卫星，场景图像取自 15 幅原始大场景星载 SAR 图像，极化模式包含 VV 和 VH 两种模式，成像模式为 IW 模式，具有大场景海洋观测、小尺度舰船检测、多种多样纯背景、全自动检测流程和多种标准化基准的显著特点。分辨率为 5m×20m，图片尺寸为 24000×16000pixel。LS-SSDD 数据集示例如图 9.50 所示。

图 9.50 LS-SSDD 数据集示例

9.4.3.8 SRSDD

SRSDD 是由中国科学院空天信息创新研究院丁赤飙团队于 2021 年发表[40]，数据来源为高分三号，图像尺寸为 1024×1024pixel，一共有 666 张图片，数据类别包括 Ore-oil、Bulk-cargo、Fishing、LawEnforce、Dredger 和 Container。SRSDD 数据集示例如图 9.51 所示。

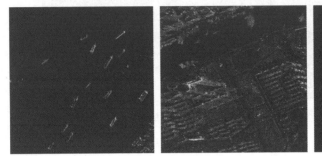

图 9.51　SRSDD 数据集示例

9.4.3.9 RSDD-SAR

RSDD-SAR 是由海军航空大学、北京理工大学及武汉大学在 2022 年联合发布[41]，采用了高分三号卫星数据和 TerraSAR-X 卫星数据。该数据集由 84 景高分三号数据和 41 景 TerraSAR-X 数据切片及 2 景未剪裁大图组成，共 127 景数据，包含多种成像模式、多种极化方式、多种分辨率切片 7000 张，舰船标注 10263 个，具有旋转方向任意、长宽比大、小目标占比高和场景丰富的特点。RSDD-SAR 数据集切片尺寸为 512×512pixel，格式为 3 通道的灰度图像，图像格式为 24bit 的 jpg，标注格式为 XML 格式，记录了极化方式、分辨率、目标斜框标注等信息，其中斜框标注信息采用 OpenCV 长边定义法，包含目标中心点坐标、长边、短边、角度信息。RSDD-SAR 数据集示例见图 9.52。

9.4.4　多目标样本集

MSAR 是由中国科学院空天信息创新研究院与西安电子科技大学、安徽大学和中国电子科技集团第三十八研究所在 2022 年联合发布[42]。该数据集场景包括机场、港口、近岸、岛屿、远海、城区等，类型包括飞机、油罐、桥梁和船 4 类目标，由 1851 架桥梁、39858 条船只、12319 个油罐和 6368 架

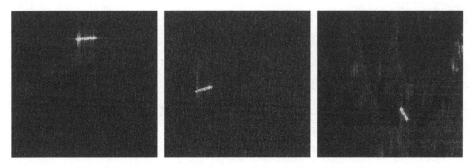

图 9.52　RSDD-SAR 数据集示例

飞机组成。MSAR-1.0 数据集提供了多幅海丝一号卫星拍摄的大场景图像，类型包括飞机、油罐、桥梁、船只、机场跑道等。MSAR-1.0 数据集切片尺寸为 256×256pixel，部分桥梁切片为 2048×2048pixel，格式为三通道灰度图像，24bit 深 JPG。标注格式为 XML 格式，记录目标类型和位置信息，其中位置信息由 $X\min$、$X\max$、$Y\min$ 和 $Y\max$ 组成。MSAR-1.0 数据集切片标签文件符合 Yolo 系列、PolarMask、SSD 和 Faster-RCNN 等主流检测网络的格式要求。MSAR 数据集示例见图 9.53。

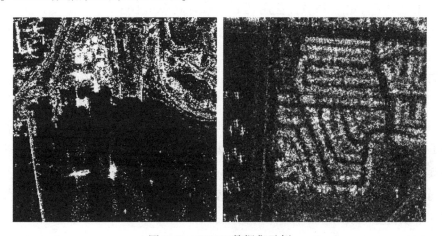

图 9.53　MSAR 数据集示例

9.5　基于大模型的智能应用方法

2022 年 11 月，OpenAI 公司推出了交互对话式 ChatGPT，表现出类似人类的语言理解和对话能力，短短几天内就席卷全球，成为第三次人工智能发展浪潮的里程碑式事件，再一次将人工智能技术研究推向一个新的高潮。ChatGPT 证明，通过一个具有高度结构复杂性和大规模参数的模型，可以实现小规模模型上难以出现的能力。此后，大模型的概念受到学术界、产业界前所未有的关注和讨论。大模型的概念虽然发端自自然语言处理领域，即大语言模型（Large Language Model，LLM），但是迅速拓展到了视觉、科学计算等领域，因此，更通用的大模型可以认为是"通过广泛数据进行大规模的训练，并可以迁移至不同的下游任务的模型"[43]。

同样，大模型的爆发也给遥感应用技术领域带来了新的解决方案，目前国内外学者在该领域已开展了一些研究，本书在综合目前研究基础上，尝试分析遥感领域基础大模型研发的相关问题，并围绕 SAR 卫星图像应用领域分析了值得关注的重点，并提出了潜在的研究机会，以供读者参考。

9.5.1 大模型技术概述

虽然深度学习使得很多通用领域的精度和准确率得到很大的提升，但是算法模型目前还存在很多挑战，最首要的问题是模型的通用性不高，即 A 模型往往专用于特定 A 领域，应用到 B 领域时效果并不好。

2017 年，谷歌公司研究团队系统性提出了 Transformer 的原理、构建和大模型算法[20]。Transformer 架构的提出，使得深度学习模型参数突破了 1 亿，开启了预训练大模型的时代。在 Transformer 架构基础上，谷歌公司和 OpenAI 公司同时启动了大语言模型的开发。其中：谷歌公司提出的 BERT（Bidirectional Encoder Representations from Transformer）[44]采用基于 Transformer 的上下文双向编码器表征，其网络模型参数量首次超过 3 亿规模；OpenAI 公司提出的生成式预训练模型 GPT（Generative Pre-Training）[45]采用从左到右的单向编码，拥有 1.17 亿个参数。这些模型一经提出，就在许多传统的自然语言理解项目上的表现全面碾压传统模型。

随后，OpenAI 公司和谷歌公司持续探索更大规模、性能更优的模型。OpenAI 公司提出了 GPT 系列模型，其中：GPT-2[45]提升了近 10 倍的训练数据量和 10 多倍的模型参数，有 15 亿个参数，能做到初步的阅读理解、机器翻译等；GPT-3[46]参数达到了 1750 亿，实现了模型规模从亿级到上千亿级的突破，并能够实现作诗、聊天、生成代码等功能；2022 年推出的 ChatGPT[47-48]由 GPT-3.5 系列模型提供支持，并对预训练数据集还做了微调，增加了基于人类反馈的强化学习，进一步提升了对话能力。谷歌公司于 2021

年1月推出的Switch Transformer[49]模型以高达1.6万亿的参数量成为史上首个万亿级语言模型，12月提出了1.2万亿参数的通用稀疏语言模型GLaM[50]，2023年发布了多模态大模型PaLM-E[51]，参数量高达5620亿，集成语言、视觉等功能。

与此同时，国内超大模型的发展也异常迅速[52]，百度公司、阿里公司、华为公司等科技大厂在算力层、平台层、模型层、应用层进行了四位一体的全面布局，科大讯飞、商汤科技等公司专注垂直领域应用，中国科学院、清华大学、智源研究院等研究机构多与科技大厂联合，重在研发模型架构。

2018年以来模型参数规模的变化如图9.54所示。总的来看，大模型的参数数量仍保持着持续增长势头，目前来看这样高速的发展似乎还没有结束。

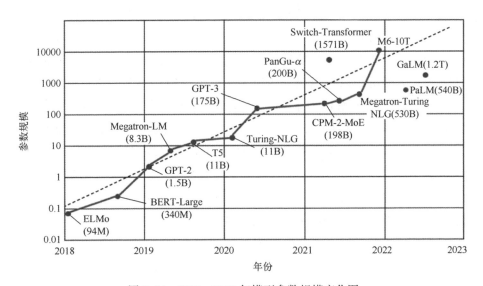

图9.54　2018—2023年模型参数规模变化图

一个模型的参数数量越多，通常意味着该模型可以处理更复杂、更丰富的信息，具备更高的准确性和表现力，更多的参数可以提供更多的自由度，使模型可以更好地适应训练数据，以及更好的泛化能力，即处理新的、未见过的数据。当然，大规模的网络参数与大规模的训练数据是关联的，在训练数据规模不足的情况下，仅仅提高网络复杂度将导致过度拟合问题。

大模型的"大"，主要体现在三个方面，即大规模的模型参数、大量的训练数据和强大的计算资源。

（1）大规模的模型参数。一般认为，大模型的参数至少要到1亿以上，但是这个标准一直在提高，ChatGPT 达到了千亿级，目前也已经出现了万亿级参数的模型。这种巨大的规模使得大模型拥有强大的表达能力和学习能力，从而可以学习到更广泛和泛化的知识理解能力。

（2）大规模的预训练数据。GPT-1 使用的训练数据集约 4.6GB，GPT-2 采用的训练数据集大约 40G，GPT-3 训练数据集规模已经达到了 45TB。

（3）强大的计算资源。训练大模型通常需要数百、上千乃至上万个 GPU 资源及大量的计算时间（通常在几周到几个月）。这样才能保证训练效果并保留大模型的强大能力。

Kaplan J. 等在 2020 年提出了缩放定律[53]，给出的结论之一是：模型的性能强烈依赖于模型的规模，具体包括参数数量、数据集大小和计算量，最后的模型的效果（以 loss 值表示）会随着三者的指数增加而线性提高（假设对于单个变量的研究基于另外两个变量不存在瓶颈）。缩放定律的一个重要作用就是预测模型的性能，但是随着模型规模的扩大，模型的能力在不同的任务上并不总表现出相似的规律。在很多知识密集型任务上，随着模型规模的不断增长，模型在下游任务上的效果也不断增加；但是在一些的复杂任务（如逻辑推理、数学推理）上，当模型小于某一个规模时模型的性能接近随机，当规模超过某个临界的阈值时模型性能会显著提高到高于随机。

大模型展示的突出特点就是其"涌现能力"，即只有在大模型中才能表现出来的能力。谷歌公司、斯坦福大学和 DeepMind 公司联合发布的《大模型的涌现能力》[54]指出，"许多新的能力在中小模型上线性放大规模都得不到线性的增长，模型规模必须呈现指数级增长并超过某个临界点，新技能才会突飞猛进"。能力涌现与模型参数规模变化示意图如图 9.55 所示。

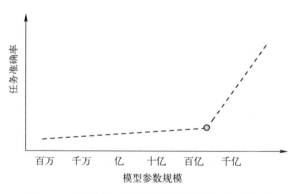

图 9.55　能力涌现与模型参数规模变化示意图

9.5.2 大模型基本架构

本次大模型热潮主要由语言大模型（Large Language Model，LLM）引领，并迅速对计算机视觉、多模态等领域产生了重要影响。根据预训练的数据类型和适应的任务，大致可以分为自然语言处理大模型、计算机视觉大模型和多模态大模型。其中：自然语言处理大模型几乎全部是以 Transformer 模型作为基础架构来构建的，不过在所采用的具体结构上通常存在差异；计算机视觉大模型主要基于 Visual Transformer 或者 SwinTransformer 等视觉类 Transformer 构建；多模态大模型包括单流结构（不同模态的特征在拼接后由一个共享的 Transformer 网络进行处理）和多流结构（不同模态则分别由 Transformer 网络进行编码处理），如 ViLBERT、CLIP（Contrastive Language-Image Pre-training）、VL-BERT 等。

9.5.2.1 自然语言处理大模型

现有的语言大模型几乎全部是以 Transformer 模型作为基础架构来构建的，不过它们在所采用的具体结构上通常存在差异，如只使用 Transformer 编码器或解码器，或者同时使用两者。

谷歌公司提出的 BERT 只使用 Transformer 的编码侧的网络，同时利用上下文双向编码器表征，训练时类似做完形填空；OpenAI 公司提出的 GPT 使用的是 Transformer 的解码侧网络，是一个单向语言模型的预训练过程，更适用于文本生成，通过前文去预测当前的字，训练时类似于做文字接龙。不同预训练模型架构如图 9.56 所示。

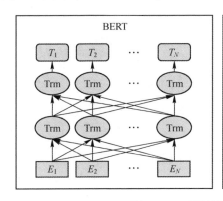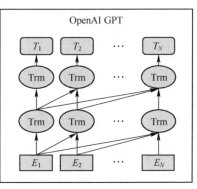

图 9.56　不同的预训练模型架构

预训练的核心想法是学习如何产生数据。此时,模型的输入和输出都是数据本身,因此不需要任何的人工标注。但是在不加约束的情况下,模型有可能学到一些平凡解,例如恒等映射,而这对于下游的任务显然是没有用的。因此,预训练的目标是,学到高维数据在低维空间的一个有效表示。这个过程通常会约束模型将数据映射到一个低维的特征空间。此外,预训练通常还会对模型的输入进行一定的扰动,来增加生成任务的难度,这些过程都是为了防止模型学到一些平凡解。生成式预训练示意如图9.57所示。

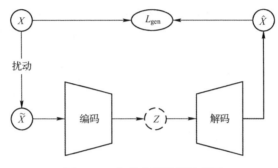

图9.57 生成式预训练示意图

根据扰动的不同,生成式预训练方法可以大致分为自回归模型、(去噪)自编码模型和二者混合模型。

1)自回归模型(Autoregressive Model)

自回归模型是根据过去时刻的数据生成未来时刻的数据,这在自然语言处理中也被称为语言模型任务。给定文本序列,语言模型的学习目标是最大化序列的出现概率,即

$$\max_\theta \sum_{t=1}^T \log P_\theta(x_t | x_{t-k}, \cdots, x_{t-1}) \tag{9.47}$$

式中:k为滑动窗口的大小;$P_\theta(x_t | x_{t-k}, \cdots, x_{t-1})$为已知序列$[x_{t-k}, \cdots, x_{t-1}]$时测下一个词是$x_t$的概率。

GPT采用自回归模型进行预训练,GPT-2采用多任务学习的预训练,即同一个模型在多个任务上进行无监督训练和收敛,进一步提升模型的泛化能力。

自回归模型类似于阅读训练,从大量的无监督阅读中习得良好的语感,从而快速地掌握新任务。自回归模型的优点是它可以对上下文依赖进行建模,而缺点是它只能对来自一个方向的上文信息进行建模,但是在两个方向上编码的上下文表征可能更适合某些下游任务,如自然语言推理。

2）自编码模型（Autoencoding Model）

自编码模型是根据增加扰动后的数据生成原始数据。BERT 提出的掩码语言模型（Masked Language Modeling，MLM）任务就属于去噪自编码模型。给定文本序列 X，MLM 会随机选一些词 $m(X)$ 并置换为特殊符号，然后训练模型根据剩余的词 $X\backslash m(x)$ 预测完整的文本序列，即

$$\max_\theta \sum_{x \in m(X)} \log P_\theta(x \mid X_{\backslash m(X)}) \tag{9.48}$$

自编码模型非常类似于英语考试中的完形填空，模型需要根据上下文语境来推测某个位置最有可能的词语。相比自回归模型，自编码模型可以更好地建模来自双向的上下文语义。掩码预训练的想法简洁且易扩展，给定特定类型的数据，进行合理的"挖空"出题，然后训练模型去做"填空"题。

3）混合模型

混合模型尝试在预训练阶段将自回归模型和去噪自编码模型结合在一起，从而规避不同预训练方法的缺点。例如，置换语言建模对文本序列进行随机置换（置换前后，词的集合相同，但词的排列不同），然后使用自回归任务预测置换序列的最后几个词。通过这种方式，在预测某个词时，可以看到该词的上下文语境，同时也可以避免在预训练阶段引入特殊字符串。

9.5.2.2 视觉大模型

ViT（Vision Transformer）是谷歌公司在 2020 年提出的直接将 Transformer 应用在图像分类的模型，首次完全舍弃了 CNN，直接使用 Transformer 来学习图像分类任务，后面很多的研究工作都是基于 ViT 进行改进的。相比语言大模型而言，目前的视觉大模型参数量规模较小（自然语言大模型一般已达千亿参数，而视觉大模型目前一般不足百亿）。

ViT 的整体框架如图 9.58 所示，其思路是直接把图像分成固定大小的图像块（patch），通过线性变换得到图像块嵌入（patch embedding），这就类比自然语言处理的单词和单词嵌入，输入 Transformer 后就能够进行特征提取从而进行分类。

（1）图像块嵌入。由于 Transformer 原本是用来做 NLP 的工作的，因此 ViT 的首要任务是将图转换成词的结构，这里采取的方法是如图 9.58（a）下角所示，将图片分割成小块，每个小块就相当于句子里的一个词。这里把每个小块称作图像块（Patch），而图像块嵌入就是把每个图像块再经过一个全连接网络压缩成一定维度的向量。

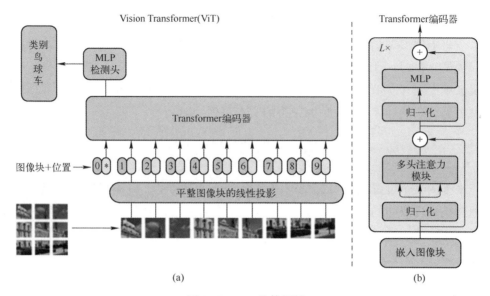

图 9.58 ViT 整体框架

（2）位置编码（Positional Encoding）。把图片分割成了图像块，把每个图像块转换成了图像块嵌入，接下来就是加入位置信息。产生位置信息的方式主要分两大类：一类是直接通过固定算法产生；另一类是训练获得。

在 ViT 基础上，研究者根据其缺点进行了结构上的调整，包括计算量、训练数据量过大、堆叠层数数量受限、模型本身无法编码位置以及模型本身参数量过大等问题，提出了 Swin Transformer、DeiT、TNT、BeiT 等系列优化的模型。例如 Swin Transformer 模型引入了 CNN 的金字塔结构，先在 stage 之间拼接 2×2pixel 范围内的像素点，再通过线性变换缩小图像块的数量，并使用局部窗口降低计算复杂度。

在视觉类大模型预训练中，主要采用掩码预训练的思想[55]。掩膜自编码器（MAE）架构如图 9.59 所示，先将输入图像的部分随机予以屏蔽（Mask），再重建丢失的像素，这是一种简单的自编码方法。

MAE 编码器仅适用于可见的、未屏蔽的图像块。编码器通过添加位置嵌入的线性投影嵌入图像块，通过一系列 Transformer 块处理结果集。编码器只对整个集合的一小部分（如 25%）进行操作。MAE 解码器的输入是完整的令牌集。每个掩码标记代表一个共享的、学习过的向量，表示存在要预测的缺失图像块。解码器仅在预训练期间用于执行图像重建任务。因此，解码器的设计可以独立于编码器。通过这种非对称设计，显著减少了预训练时间。

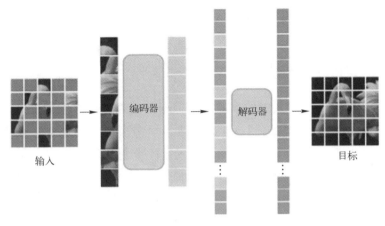

图 9.59　掩膜自编码器架构（见彩图）

MAE 通过预测每个掩码块的像素值来重建输入图像。解码器输出的每个元素都是一个表示补丁的像素值向量。解码器的最后一层是线性投影，其输出通道的数量等于补丁中像素值的数量。解码器的输出被重新整形以形成重建的图像。预训练实施效率高，实现方式简单，而且不需要任何专门的稀疏操作。

Meta 公司提出的 SAM（Segment Anything）[56]，是计算机视觉基础模型的典型代表，其模型架构如图 9.60 所示，主要包含三个部分：图像编码器、提示编码器和掩码解码器。

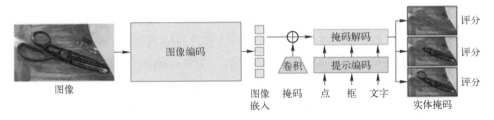

图 9.60　SAM 模型架构（见彩图）

（1）图像编码器使用 VIT 作为骨干网络的 MAE 模型，最小限度地适用于处理高分辨率输入。图像编码器对每张图像运行一次，在提示模型之前进行应用。

（2）提示编码器考虑两组提示：稀疏（点、框、文本）和密集（掩码）。研究者通过位置编码表示点和框，并将对每个提示类型的学习嵌入和自由形式的文本与 CLIP 中的现成文本编码相加。密集的提示（掩码）使用卷积进行嵌入，并通过图像嵌入进行元素求和。

（3）掩码解码器负责有效地将图像嵌入、提示嵌入和输出 token 映射到掩码。

9.5.2.3 多模态大模型

随着 Transformer 等关键技术的提出，视觉、语言、声音等以往看似独立的各个方向逐渐紧密地联结到一起，组成了"多模态"的概念。多模态大模型将文本、语音、图像、视频等多模态数据联合起来进行学习，融合了多种感知途径与表达形态，能够同时处理和理解来自不同感知通道（例如视觉、听觉、语言和触觉等）的信息，并以多模态的方式表达输出。

根据不同模态的编码和解码处理方式，多模态大模型可以分为以下 4 类架构，如图 9.61 所示。

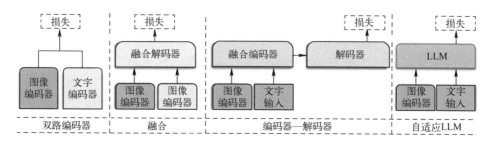

图 9.61　4 类多模态大模型架构

（1）双路编码器架构（Dual-Encoder）。该架构下，独立的编码器用于处理视觉和文本模态，这些编码器的输出随后通过目标函数进行优化。

（2）融合架构（Fusion）。该架构包括一个额外的融合编码器，它获取由视觉和文本编码器生成的表示，并学习融合表示。

（3）编码器-解码器架构（Encoder-Decoder）。该架构由基于编码器—解码器的语言模型和视觉编码器共同组成。

（4）自适应 LLM 架构（Adapted LLM）。该架构利用大型语言模型（LLM）作为其核心组件，并采用视觉编码器将图像转换为与 LLM 兼容的格式（模态对齐）。

以视觉-语言数据的联合学习为例，多模态大模型常用的自监督预训练模式通常有以下 4 种类型，如图 9.62 所示。

（1）掩码语言建模。输入文本序列中的某些单词或标记会被替换为特殊的掩码标记，然后预训练模型被要求根据可见的多模态（例如图像）上下文来预测这些被遮蔽的单词或标记。

（2）掩码图像建模。输入图像中的部分区域被隐藏或被替换为特殊的掩码标记，然后预训练模型被要求在仅看到其余图像内容与文本等其他模态信息的情况下，预测或还原被遮蔽的图像区域。

（3）图像-文本匹配（Image-Text Matching，ITM）。掩码语言建模和掩码图像建模旨在建立图像与文本的细粒度对齐，而图像-文本匹配旨在实现图像与文本的全局对齐。通常给定图文对作为正样本，随机配对作为负样本，然后通过二分类方法实现图像和文本的匹配，从而建立图像和文本之间的语义关联。

（4）图像-文本对比学习（Image-Text Contrastive Learning，ITC）。使用对比学习方法将图像和文本的相同样本对向量表示拉近，不同样本对的向量表示推远，从而增强图像和文本之间的语义关联性。这使得模型能够更好地理解图像和文本之间的语义关联，为多模态任务提供更好的表示能力。

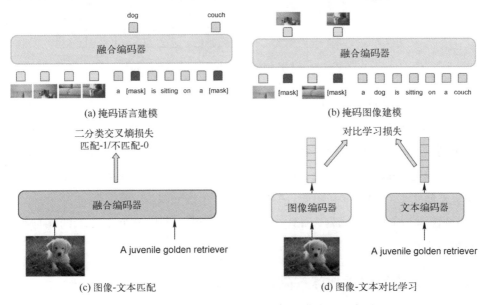

图 9.62　多模态大模型自监督预训练模式（见彩图）

OpenAI 公司的 CLIP 模型[57]是一个代表性的多模态模型，它采用两个独立的编码网络对图像和文本进行特征抽取，并通过对比学习将两者的特征嵌入到共享的语义空间中。CLIP 基于 4 亿图文对（一张图像和它对应的文本描述）进行训练（训练集为 WebImageText，从网络抓取，并经过过滤过程删除噪声、无用或有害的数据点），可以从自然语言监督中有效地学习视觉概念，从而获得泛化性能极强的零样本分类能力。其模型架构如图 9.63 所示，CLIP 包括文字编码器和图像编码器两个模型，其中：文字编码器用来提取文本的特征，可以采用 NLP 中常用的 Text Transformer 模型；图像编码器用来提取图像的特征，可以采用常用 CNN 模型或者 Vision Transformer。

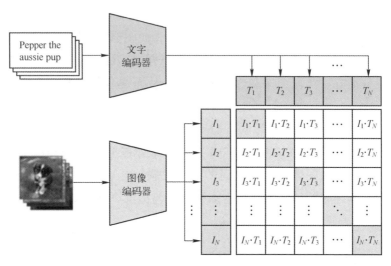

图 9.63　CLIP 预训练模型架构（见彩图）

这里对提取的文本特征和图像特征进行对比学习。对于一个包含 N 个文本-图像对的训练批，将 N 个文本特征和 N 个图像特征两两组合，CLIP 模型会预测出 N^2 个可能的文本-图像对的相似度，这里的相似度直接计算文本特征和图像特征的余弦相似性，即图 9.63 所示的矩阵。这里共有 N 个正样本，即真正属于一对的文本和图像（矩阵中的对角线元素），而剩余的 N^2-N 个文本-图像对为负样本，那么 CLIP 的训练目标就是最大 N 个正样本的相似度，同时最小化 N^2-N 个负样本的相似度。

9.5.3　大模型"预训练—微调"范式

预训练模型和"预训练—微调"[58]方法已成为自然语言理解任务的主流范式。发端自自然语言处理任务领域的大模型也继承了这种范式，即"预训练大模型+下游任务微调"。首先利用大规模无标注数据通过自监督学习预训练语言大模型，得到基础模型（Foundation Model）；然后利用下游任务的有标注数据进行有监督学习微调（Instruction Tuning）模型参数，实现下游任务的适配。

9.5.3.1 预训练

预训练是大模型规模化的基础。大模型在预训练时主要利用海量无标注数据，降低了标注数据的依赖，通过学习到的模型和统计规律进行预训练。预训练期间，模型根据预测结果进行反向传播，调整模型参数使其输出进一步逼近预期输出，从而达到提高模型准确性的目的。这个过程与控制论中的反馈控制原理上是一样的，核心思想就是利用误差信号（预测输出与实际输出之间的差异，一般用损失函数表达）更新模型参数，以便让模型更好地拟合训练数据。这个过程是深度学习中非常重要的一部分，是神经网络模型能够学习和优化的关键。

除了模型架构之外，高效的预训练策略也是大模型的关键之一。预训练策略的主要思路是采用不同的策略以更低成本实现对大模型的预训练[59]。第一种是在预训练中设计高效的优化任务目标，可以使得模型能够利用每个样本更多的监督信息，从而实现模型训练的加速。第二种是热启动策略，在训练开始时线性地提高学习率，以解决在预训练中单纯增加批处理大小可能会导致的优化困难问题。第三种是渐进式训练策略，传统的训练范式使用相同的超参数同时优化模型每一层，渐进式训练策略则认为不同的层可以共享相似的自注意力模式，首先训练浅层模型，然后复制构建深层模型。第四种是知识继承方法，在模型训练中同时学习文本和已经预训练语言大模型中的知识，以加速模型训练。第五种是可预测扩展策略，旨在大模型训练初期，利用大模型和小模型的同源性关系，通过拟合系列较小模型的性能曲线，预测大模型性能，指导大模型训练优化。

9.5.3.2 微调

微调的目的是在可控成本的前提下，尽可能地提升大模型在特定领域的能力。

从参数规模的角度看，大模型的微调分成两条技术路线：全量微调（Full Fine Tuning，FFT）和参数高效微调方法（Parameter-Efficient Fine Tuning，PEFT）。顾名思义，全量微调就是对全量的参数进行全量的训练。面向下游应用任务，利用特定的数据对大模型进行训练，将 W 变成 W^T，W^T 相比 W 最大的优点就是在特定数据领域的表现会好很多。但是全量微调的参数量跟预训练一样多，训练的成本会比较高，而且容易带来灾难性遗忘（Catastrophic

Forgetting）问题，即可能会把这个领域的表现变好，但也可能会把原来表现好的领域的能力变差。参数高效微调方法只对部分的参数进行训练，主要解决全量微调存在的成本高和灾难性遗忘问题，仅微调少量或额外的模型参数，固定大部分预训练参数，大大降低了计算和存储成本，实现了与全量微调相当的性能，这是目前比较主流的微调方案。

从训练数据的来源以及训练的方法的角度看，大模型的微调有以下3条技术路线：①监督式微调（Supervised Fine Tuning，SFT），主要是用人工标注的数据，用传统机器学习中监督学习的方法，对大模型进行微调；②基于人类反馈的强化学习微调（Reinforcement Learning with Human Feedback，RLHF），主要是把人类的反馈，通过强化学习的方式，引入对大模型的微调中去，让大模型生成的结果更加符合人类的一些期望；③基于AI反馈的强化学习微调（Reinforcement Learning with AI Feedback，RLAIF），其原理与RLHF类似，但是反馈的来源是AI。RLAIF主要是解决反馈系统的效率问题，因为收集人类反馈，相对来说成本会比较高、效率比较低。

这里专门对PEFT方法进行补充说明。对预训练大模型的不同部分可以采用不同方法进行下游任务的适配。

（1）Prefix/Prompt-Tuning。在模型的输入或隐层添加 k 个额外可训练的前缀字符串（这些前缀是连续的伪字符串，不对应真实的字符串），只训练这些前缀参数。

（2）Adapter-Tuning。将较小的神经网络层或模块插入预训练模型的每一层，这些新插入的神经模块称为适配器，下游任务微调时也只训练这些适配器参数。

（3）LoRA。通过学习小参数的低秩矩阵来近似模型权重矩阵的参数更新，训练时只优化低秩矩阵参数。

9.5.4　大模型的遥感图像处理应用

随着大模型在自然语言处理领域大放异彩，遥感领域也开展了遥感大模型研究，主要包括视觉类（CV）遥感大模型和视觉语言大模型（VLM）两类。

视觉类遥感大模型本质上是计算机视觉领域大模型[60]，主要利用大规模遥感数据集进行预训练，面向特定任务领域进行部署微调，扩展为地物分类、目标检测等应用，主要任务还是集中在识别图像内容方面。代表性研究是武汉大学智能感知与机器学习研究组提出的具有 1 亿参数的一般结构的 ViT（Plain ViT）模型[21]、中国科学院空天信息创新研究院研制的面向多源遥感数据的生成式预训练大模型"空天·灵眸"（RingMo，Remote Sensing Foundation Model）[61]。

视觉语言大模型属于多模态大模型，能够生成对遥感图像和文本信息的全面理解，通过共同识别视觉和语义模式及其关系，可以超越识别图像中的对象，能够推断它们之间的关系，并生成图像的自然语言描述。随着与遥感数据相关的文本元数据的日益增多，研究人员已经开始探索在遥感图像应用领域使用视觉语言模型，如遥感图像字幕、基于文本的遥感图像检索、基于文本的遥感图像生成等。

9.5.4.1 基于生成式自监督学习的视觉类遥感大模型

一种预训练方式是综合利用现有的视觉类数据集，如 ImageNet 数据集进行预训练，在微调阶段再转移到遥感任务，但这会因自然图像和 RS 图像之间的巨大差异而产生巨大的领域差距。同时，随着遥感卫星的快速发展，遥感卫星数据量迅速增加，客观上也具备了训练遥感数据基础大模型的物质基础，因此有必要构建遥感数据领域的基础大模型。

1）面向遥感大模型的预训练数据集

MillionAID 遥感数据集是目前被用于遥感大模型预训练的典型数据集[62]，包含 1000848 个不重叠的场景，有 51 类，每类大约有 2000～45000 图像。该数据集来自谷歌地球，由包括但不限于 SPOT、IKONOS、WorldView 和 Landsat 系列传感器组成，最大分辨率可达 0.5m，最小的则有 153m，图像大小范围从 110×110pixel 到 31672×31672pixel，该数据集均为 RGB 图像。"空天·灵眸"模型的训练数据集则包含了 200 多万幅分辨率为 0.1～30m 的遥感影像，分别来源于中国遥感卫星地面站、航空遥感飞机等平台以及高分系列卫星、吉林卫星、QuickBird 卫星等传感器。相对而言，SAR 卫星图像数据在其中比重还较小。

目前，我国遥感卫星数量已超过 300 余颗，仅高分系列对地观测卫星编目数据已达千万余景（参见国家航天局对地观测与数据中心高分辨率对地观测系统网格平台 https://grid.cpeos.org.cn/index.htm），而且还在持续增加。大模型大大降低了对预训练标签数据的低依赖性，这使得构建遥感大模型基础训练数据集的数据基础已经具备，特别是随着 SAR 卫星数据规模的持续扩大，在预训练阶段既增加了 SAR 卫星数据的比重，也将有利于大模型在下游 SAR 图像处理上的性能表现。

2) 遥感图像掩膜策略

目前，主要的遥感大模型研究主要是采用掩膜图像建模方法进行预训练。其整体流程与掩码语言模型相似，即通过随机掩码后的图像输入模型来约束模型理解图像内容。武汉大学基于一般视觉 ViT 的遥感大模型，直接采用前述的 MAE 方法，如图 9.64 所示。

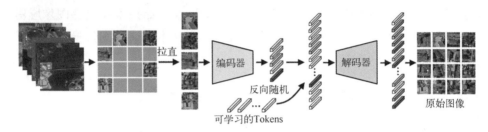

图 9.64 遥感图像掩膜建模方法（见彩图）

"空天·灵眸"大模型采用一种更加适用于遥感大模型训练的不完全掩码重建策略，如图 9.65 所示[59]。其主要思想是不完全遮盖图像，而是随机保留一些像素在被遮盖的图像块中，通过这种遮盖策略可有效地保留一些小目标的像素信息。

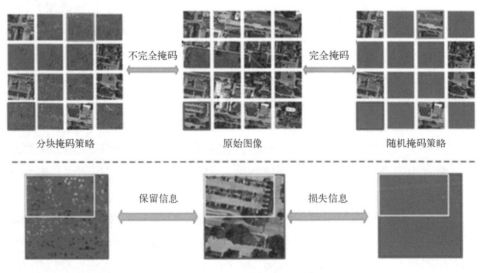

图 9.65 不完全掩膜方法（见彩图）

3) 模型架构

目前，遥感大模型基本都采用视觉 Transformer 架构。例如，文献 [63] 采用 plain ViT 和 ViTAE 作为编码器，并进一步设计了符合遥感图像特点的旋转可变窗口注意力机制来代替 Transformer 中的原始完全注意力，其结构如图 9.66 所示。

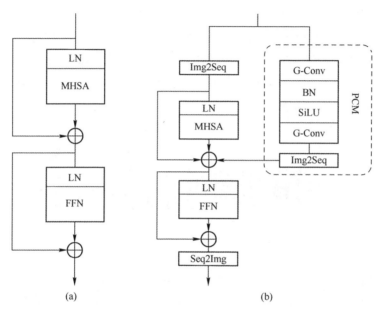

图 9.66　plain ViT 和 ViTAE 编码器结构

4) 重建目标

与其他视觉类大模型类似，可采用回归预测掩码区域的原始像素来重建输入。损失函数用重建图像和原始图像之间的 L 距离表示，有

$$L = \frac{1}{\Omega(x_M)} \| y_M - x_M \|_1$$

式中：x、y 分别为原始像素值和重建像素值；Ω 为像素的数量；M 为掩码像素的集合。该函数一般只计算掩码区域的损失。

5) 下游任务

基于遥感预训练基础模型，针对不同的下游任务，如地物分类、目标检测识别等任务，可以直接修改预测头部网络，迁移到不同领域下游任务，并进一步利用特定任务领域样本集进行监督训练和简单微调，以适应不同任务要求。如图 9.67 所示，在利用 MAE 在 MillonAID 数据集上预训练得到基础模型之后，面向不同下游任务进行微调，在 ViTDET 主干网络后采用尺度块（scale），其中：尺度块 1 由串联的转置卷积、归一化、GELU 组成；尺度块 2 仅包含转置卷积；尺度块 3 是恒等映射层；尺度块 4 是具有核大小为 2 的最大值池化。尺度块中使用的所有转置卷积都是核大小为 2，步长为 2。其中，面向目标检测任务，利用窗口大小为 14 的局部注意力机制，应用于块 1、2、4、5、7、8、10 和 11；而全局注意力机制应用于块 3、6、9 和 12。通过每个尺度块将最后一层的特征重新采样，比例为 4、2、1 和 0.5，即简单金字塔网络，然后将这些特征输入到检测头部网络。在图像分割任务中，通过每个尺度块将层 3、6、9 和 12 的特征重新采样，比例分别为 4、2、1 和 0.5，然后将这些特征输入到分割头部网络中。

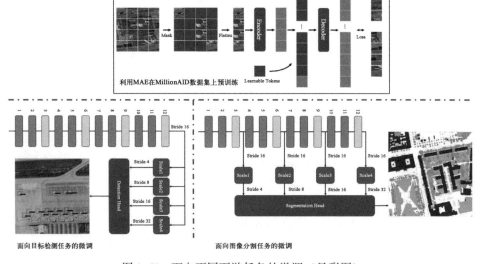

图 9.67　面向不同下游任务的微调（见彩图）

9.5.4.2　视觉语言遥感大模型

随着以 CLIP（Contrastive Language-Image Pre-training）[57]为代表的多模态模型在自然图像理解和生成领域的迅速发展，遥感领域开始关注视觉语言遥感大模型的研究[65]，如遥感图像描述任务，目的是通过提取遥感图像特征并学习图像特征与文本语义特征间的映射关系，实现对图像内容的智能理解，生成与图像内容紧密相关且语义通顺的文本描述。这将给提高遥感图像应用效率带来极大好处，如灾害报告快速生成、遥感图像快速检索等。

相对于自然场景，遥感图像描述更加复杂，需要机器理解遥感图像的内容并用自然语言进行描述，这是一个具有挑战性的任务，因为生成的描述不仅必须捕捉到不同规模的地面元素，还必须描述出它们的属性以及它们之间的相互关系。与其他旨在预测单个标签或单词的任务不同，遥感图像描述旨在生成全面的句子。为了生成简洁而有意义的句子描述，重要的是要识别出不同级别的地面元素，分析它们的属性，并从高级角度利用类别依赖性和空间关系。目前遥感图像理解技术尚未成熟，还需加强研究。

与自然图像视觉语言大模型训练类似，视觉语言遥感大模型需要大量的文本-遥感图像对，希望通过对比学习，模型能够学习到文本-遥感图像对的匹配关系。目前，国内已有相关单位开展了遥感-文本数据集的构建工作，图 9.68 为一种基于编码器-解码器架构的双语遥感图像描述生成（Vision-Language aligning model with Cross-modal Attention，VLCA）方法框架技术[65]，首先利用 CLIP 获取图像的高级语义信息，然后基于跨模态注意力构建图像-文本特征对齐网络，最后使用语言预训练模型 GPT-2，为给定的图像生成与之相关的文字描述。

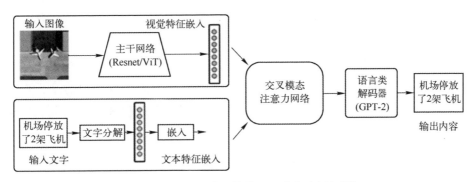

图 9.68 一种遥感图像描述生成方法框架[64]

目前，面向遥感图像的视觉语言大模型研究尚处于起步状态，在大规模遥感图像-文本配对数据集构建、适应遥感图像特点预训练模型构建和面向领域任务的微调部署方面还有很多工作要做。

9.5.5 应用展望

遥感大模型可以极大地丰富模型学习到的有用知识，提升模型在各项应用任务中的准确性，并增加模型的通用性和泛化性。遥感基础模型作为遥感图像应用技术领域的智能基座，也引发了相关领域的研究热潮，得到学术界和工业界越来越多的关注。值得探索的研究方向如下：

（1）SAR卫星数据与其他遥感图像对比学习。为了获取更全面的观测信息，遥感卫星的传感器不断向多种类型发展，如可见光、红外、多光谱、高光谱。不同遥感卫星获取的目标信息既有一致性，也有很大的特性差异。因此，在预训练阶段加强不同传感器数据的对比学习，使网络能够从不同类型的传感器数据中学习互补信息，同时保留原始模态的特征，有利于学习到地物在不同传感器数据中的统计不变性特征，特别是目前SAR卫星数据相较于光学数据整体较少，更有利于加强对SAR卫星数据地物特性的统计学习。

（2）SAR卫星成像机理嵌入。从前期的一些SAR图像应用工作经验来看，深刻理解SAR卫星成像机理，有助于人类对SAR卫星图像的理解。因此，为进一步增强基础模型的认知能力，可以尝试将SAR成像机理以知识图谱的方式引入基础模型，或者引入增强学习过程，加强专业知识的引导。

（3）SAR卫星图像语义描述。目前，SAR卫星图像应用主要还是集中在基于图像的地物分类、目标检测等，但由于SAR卫星不同于人眼视觉，需要一定专业背景知识的人员才能够看懂SAR卫星图像。随着视觉语言大模型的进一步发展，从SAR卫星图像中直接生成人类理解的语言表达方式，将有助于推动SAR卫星图像的应用走向大众化。

随着对遥感图像基础大模型研究的进一步深化，研究并提出更高效的融合SAR卫星成像机理与数据特性的基础大模型和下游任务微调方法，促进SAR卫星图像应用迈入下一个发展新阶段，将是下一阶段该领域研究和发展的重要任务。

参考文献

[1] ACKLEY D H, Hinton G E, SEJNOWSKI T J. A learning algorithm for blotzmann machines [J]. Cognitive Science, 1985, 9 (1): 147-169.

[2] LECUN Y, BOSER B, DENKER J S, et al. Backpropagation applied to handwritten zip code recognition [J]. Neural computation, 1989, 1 (4): 541-551.

[3] Krizhevsky A, Sutskever I, Hinton G E. ImageNet classification with deep convolutional neural networks [J]. Communications of the ACM, 2017, 60 (6): 84-90.

[4] HE K, ZHANG X Y, REN S Q, et al. Deep residual learning for image recognition [C]//

2016 IEEE Conference on Computer Vision and Pattern Recognition (CVPR), Las Vegas, NV, USA, June 27-30, 2016: 770-778.

[5] CHEN S, WANG H, XU F, et al. Target classification using the deep convolutional networks for SAR images [J]. IEEE Transactions on Geoscience and Remote Sensing, 2016, 54 (8): 4806-4817.

[6] 神经网络浅讲: 从神经元到深度学习 [EB/OL]. [2015-12-31]. http://cnblogs.com/subconscious/p/5058741.html.

[7] HINTON G E, SALAKHUTDINOV R R. Reducing the dimensionality of data with neural networks [J]. Science, 2006, 313 (5786): 504-507.

[8] SZEGEDY C, LIU W, JIA Y Q, et al. Going deeper with convolutions [C]//2015 IEEE Conference on Computer Vision and Pattern Recognition (CVPR), Boston, MA, USA, June 7-12, 2015: 1-9.

[9] BENGIO Y, COURVILLE A, VINCENT P. Representation learning: a review and new perspectives [J]. IEEE Transactions on Pattern Analysis and Machine Intelligence, 2013, 35 (8): 1798-1828.

[10] GOODFELLOW I, POUGET-ABADIE J, MIRZA M, et al. Generative adversarial nets [J]. Advances in Neural Information Processing Systems, 2014, 3 (11): 2672-2680.

[11] RADFORD A C, MET Z, et al. Unsupervised representation learning with deep convolutional generative adversarial networks [C]//2016 International Conference on Learning Representations (ICLR), Puerto Rico, May 2-4, 2016: 1-10.

[12] 鲍鲜杰, 潘宗序, 刘磊. 基于生成对抗网络的 SAR 图像仿真方法研究 [C]//第五届高分辨率对地观测学术年会论文集, 西安: 2018: 16.

[13] ARJOVSKY M, CHINTALA S, BOTTOU L. Wasserstein GAN [EB/OL]. (2017-12-6) [2017-12-6]. https://doi.org/10.48550/arXiv.1701.07875.

[14] 杨龙, 苏娟, 李响. 基于生成式对抗网络的合成孔径雷达舰船数据增广在改进单次多盒检测器中的应用 [J]. 兵工学报, 2019, 40 (12): 2488-2496.

[15] LECUN Y, BOTTOU L, BENGIO Y, et al. Grandient-based learning applied to document recognition [J]. Proceeding of the IEEE, 1998, 86 (11): 2278-2324.

[16] GIRSHICK R, DONAHUE J, DARRELL T, et al. Rich feature hierarchies for accurate object detection and semantic segmentation [C]//2014 IEEE Conference on Computer Vision and Pattern Recognition (CVPR), Columbus, OH, USA, June 23-28, 2014: 580-587.

[17] GIRSHICK R. Fast R-CNN [C]//2015 IEEE International conference on computer vision (ICCV), Santiago, Chile, December 7-13, 2015: 1440-1448.

[18] REN S, HE K, GIRSHICK R, et al. Faster R-CNN: towards real-time object detection with region proposal networks [J]. IEEE Transactions on Pattern Analysis & Machine Intel-

ligence, 2015, 39 (6): 1137-1149.

[19] 杜兰, 刘彬, 王燕, 等. 基于卷积神经网络的 SAR 图像目标检测算法 [J]. 电子与信息学报, 2016, 38 (12): 3018-3025.

[20] VASWANI A, SHAZEER N, PARMAR N, et al. Attention is all you need [EB/OL]. (2023-7-2) [2023-7-2]. https://doi.org/10.48550/arXiv.1706.03762.

[21] AOSOVITSKIY A, BEYER L, KOLESNIKOV A, et al. An image is worth 16×16 words: transformer for image recognition at scale [EB/OL]. (2021-6-13) [2021-6-13]. https://doi.org/10.48550/arXiv.2010.11929.

[22] DONG H W, ZHANG L M, ZOU B. Exploring vision transformers for polarimetric SAR image classification [J]. IEEE Transactions on Geoscience and Remote Sensing, 2022, 60: 1-15.

[23] KE X, ZHANG X L, ZHANG T W. GCBANet: a global context boundary-aware network for SAR ship instance segmentation [J]. Remote Sensing, 2022, 15 (9): 2165.

[24] WANG C Y, MARK LIAO H Y, WU Y H, et al. CSPNet: a new backbone that can enhance learning capability of CNN [C]//2020 IEEE/CVF Conference on Computer Vision and Pattern Recognition Workshops (CVPRW), Seattle, WA, USA, June 14-19, 2020: 1571-1580.

[25] LIN T Y, DOLLAR P, GIRSHICK R, et al. Feature pyramid networks for object detection [EB/OL]. (2017-4-19) [2017-4-19]. https://doi.org/10.48550/arXiv.1612.03144.

[26] LIU S, QI L, QIN H F, et al. Path aggregation network for instance segmentation [EB/OL]. (2018-9-18) [2018-9-18]. https://doi.org/10.48550/arXiv.1803.01534.

[27] ZHOU Y, WANG H, XU F, et al. Polarimetric SAR image classification using deep convolutional neural networks [J]. IEEE Geoscience and Remote Sensing Letters, 2016, 13 (12): 1935-1939.

[28] YANG M J, JIAO L C, LIU F, et al. DPFL-Nets: deep pyramid feature learning networks for multiscale change detection [J]. IEEE Transactions on Neural Networks and Learning Systems, 2022, 33 (11): 6402-6416.

[29] ROSE T, et al. Standard SAR ATR evaluation experiments using the MSTAR public release data set [C]//Part of the SPIE Conference on Algorithms for SAR Imagery V. Orlando, Florida, 1998: 566-573.

[30] 王汝意, 张汉卿, 韩冰, 等. 基于角度内插仿真的飞机目标多角度 SAR 数据集构建方法研究 [J]. 雷达学报, 2022, 11 (4): 637-651.

[31] SUN X, LV Y X, WANG Z R, et al. SCAN: scattering characteristics analysis network for few-shot aircraft classification in high-resolution SAR images [J]. IEEE Transactions on Geoscience and Remote Sensing, 2022, 60: 5226517.

[32] 王智睿, 康玉卓, 曾璇, 等. SAR-AIRcraft-1.0：高分辨率SAR飞机检测识别数据集[J]. 雷达学报, 2023, 12（4）：906-922.

[33] LI J W, QU C W, SHAO J Q. Ship detection in SAR images based on an improved faster R-CNN [C]//2017 SAR in Big Data Era：Models, Methods and Applications（BIGSAR-DATA）, Beijing, China, 2017：1-6.

[34] HUANG L, et al. OpenSARShip：a dataset dedicated to Sentinel-1 ship interpretation [J]. IEEE Journal of Selected Topics on Applied Earth Observation Remote Sensing, 2018, 11（1）：195-208.

[35] WANG Y Y, WANG C, ZHANG H, et al. A SAR dataset of ship detection for deep learning under complex backgrounds [J]. Remote Sensing, 2019, 11（7）：765.

[36] 孙显, 王智睿, 孙元睿, 等. AIR-SARShip-1.0：高分辨率SAR舰船检测数据集[J]. 雷达学报, 2019, 8（6）：852-862.

[37] WEI S J, ZENG X F, QU Q Z, et al. HRSID：a high-resolution SAR images dataset for ship detection and instance segmentation [J]. IEEE Access, 2020, 8：120234-120254.

[38] HOU X, AO W, SONG Q, et al. FUSAR-ship：building a high-resolution SAR-AIS matchup dataset of Gaofen-3 for ship detection and recognition [J]. Science China Information Science, 2020, 63（4）：1-19.

[39] ZHANG T W, et al. LS-SSDD-v1.0：a deep learning dataset dedicated to small ship detection from large-scale sentinel-1 SAR images [J]. Remote Sensing, 2020, 12（18）：2997.

[40] LEI S L, LU D D, QIU X L, et al. SRSDD-v1.0：a high-resolution SAR rotation ship detection dataset [J]. Remote Sensing, 2021, 13（24）：5104.

[41] 徐从安, 苏航, 李健伟, 等. RSDD-SAR：SAR舰船斜框检测数据集[J]. 雷达学报, 2022, 11（4）：581-599.

[42] XIA R, CHEN J, HUANG Z, et al. CRTransSar：A visual transformer based on contextual joint representation learning for SAR ship detection [J]. Remote Sensing, 2022, 14：1488.

[43] 龙志勇, 黄雯. 大模型时代[M]. 北京：中译出版社, 2023.

[44] DEVLIN J, CHANG M, LEE K, et al. BERT：pre-training of deep bidirectional transformers for language understanding [C]//Proceedings of the 2019 Conference of the North American Chapter of the Association for Computational Linguistics：Human Language Technologies, NAACL-HLT 2019, Minneapolis, MN, USA, June 2-7, 2019.

[45] RADFORD A, NARASIMHAN K, SALIMANS T, et al. Improving language understanding by generative pre-training [EB/OL]. (2018-4-19) [2018-4-19]. https://www.cs.ubc.ca/~amuham01/LING530/papers/radford2018improving.pdf.

［46］BROWN T B, MANN B, RYDER N, et al. Language models are few-shot learners［J］. Advances in Neural Information Processing Systems, 2020, 33: 1877-1901.

［47］BUBECK S, CHANDRASEKARAN V, ELDAN R, et al. Sparks of artificial general intelligence: early experiments with gpt-4［R］. USA: Microsoft Research Lab - Redmond, 2023.

［48］OpenAI, Gpt-4 technical report［EB/OL］.（2023-3-15）［2023-3-15］. https://doi.org/10.48550/arXiv.2303.08774.

［49］FEDUS W, ZOPH B, SHAZEER N. Switch transformers: scaling to trillion parameter models with simple and efficient sparsity［EB/OL］.（2021-1-11）［2021-1-11］. https://doi.org/10.48550/arXiv.2101.03961.

［50］DU N, HUANG Y P, DAI A M, et al. GLaM: efficient scaling of language models with mixture-of-experts［EB/OL］.（2021-12-13）［2012-12-13］. https://arxiv.org/abs/2112.06905.

［51］DRIESS D, XIA F, MEHDI S M, et al. PaLM-E: an embodied multimodal language model［EB/OL］.（2023）［2023］https://palm-e.github.io/assets/palm-e.pdf.

［52］中国移动研究院. 我国人工智能大模型发展动态［R］. 中国: 中国移动研究院, 2023.

［53］KAPLAN J, MCCANDLISH S, HENIGHAN T, et al. Scaling laws for neural language models［EB/OL］.（2020-1-23）［2020-1-23］. https://arxiv.org/abs/2001.08361.

［54］WEI J, TAY Y, BOMMASANI R, et al. Emergent abilities of large language models［EB/OL］.（2022-6-15）［2022-6-15］. https://doi.org/10.48550/arXiv.2206.07682.

［55］HE K M, CHEN X L, XIE S N, et al. Masked autoencoders are scalable vision learners［C］//2022 IEEE/CVF Conference on Computer Vision and Pattern Recognition (CVPR), New Orleans, LA, USA, June 18-24, 2022: 1-10.

［56］KIRILLOV A, MINTUN E, RAVI N, et al. Segment anything［EB/OL］.（2023-4-5）［2023-4-5］. http://arXiv preprint arXiv: 2304.02643.

［57］RADFORD A, KIM J W, HALLACY C, et al. Learning transferable visual models from natural language supervision［C］//Proceedings of the 38 th International Conference on Machine Learning (ICML), PMLR 139, pp. 8748-8763, July 18-24, 2021.

［58］BOMMASANI R, HUDSON D A, ADELI E, et al. On the opportunities and risks of foundation models［EB/OL］.（2021-8-16）［2021-8-16］. https://doi.org/10.48550/arXiv.2108.07258.

［59］SUN X, et al, RingMo: a remote sensing foundation model with masked image modeling［J］. IEEE Transactions on Geoscience and Remote Sensing, 2023, 61: 1-22.

［60］WANG D, ZHANG Q, XU Y, et al. Advancing plain vision transformer towards remote sensing foundation model［J］. IEEE Transactions on Geoscience and Remote Sensing, 2023, 61: 1-15.

［61］DOSOVITSKIY A, BEYER L, KOLESNIKOV A, et al. An image is worth 16×16 words:

transformers for image recognition at scale [C]//International Conference on Learning Representations (ICLR), May 4, Vienna, Austria, 2021.

[62] LONG Y, XIA G S, LI S Y, et al. On creating benchmark dataset for aerial image interpretation: reviews, guidances, and million-aid [J]. IEEE Journal of Selected Topics in Applied Earth Observations and Remote Sensing, 2021, 14: 4205-4230.

[63] BAO H, DONG L, WEI F. Beit: Bert pre-training of image transformers [EB/OL]. (2021-6-15) [2021-6-15]. https://doi.org/10.48550/arXiv.2106.08254.

[64] WEN C C, HU Y, LI X, et al. Vision-language models in remote sensing: current progress and future trends [EB/OL]. (2023-5-9) [2023-5-9]. https://doi.org/10.48550/arXiv.2305.05726.

第 10 章　SAR 卫星图像典型应用

与光学遥感卫星相比，SAR 卫星具备全天候、全天时的成像能力，还具备一定穿透性，获得的图像反映目标微波散射特性，是对地观测获取地物信息的一种重要技术手段。SAR 卫星已被广泛应用于军事和民用领域，是实现空间军事侦察、自然资源普查、地质灾害监测的重要技术手段。在防灾减灾领域，SAR 卫星不受天气光照条件影响，可在第一时间克服灾区恶劣天候影响获取有效影像，并通过将受灾前后的遥感图像对比分析，详细掌握受灾区域的具体情况，为抗灾决策提供直观、全面的依据；在地质勘探领域，SAR 卫星图像在地质填图、矿产勘探、地理测绘等方面能发挥很大作用，尤其是矿藏资源探测，SAR 能穿透一定厚度的植被和砂层，可实现对隐伏资源的探测；在农林应用领域，SAR 图像可用于鉴别农作物种类、研究农作物生长状态、监测自然植被分布和灌溉系统分布等，为科学管理农林提供决策信息；在海洋应用领域，SAR 图像可用来监测大面积的海浪特性、海冰分布、海洋污染等信息，还可用于海洋交通和渔业监测等。

由于不同应用场景对 SAR 卫星数据的处理（包含基本处理和专业处理）要求和过程均不相同，本章在梳理 SAR 卫星数据获取、处理和应用的标准流程基础上，对 SAR 卫星数据产品的分级规范进行阐述，最后详细介绍不同领域典型的 SAR 图像处理应用案例。

10.1　SAR 卫星图像典型应用流程

10.1.1　SAR 卫星图像应用流程

第 2 章介绍了 SAR 卫星工程主要包括卫星系统、测控系统、运控系统、应用系统,这4个系统支撑起了 SAR 卫星图像获取及应用的全流程,主要包括需求生成、计划及指令生成、指令上注、数据获取、数据下传、成像处理、图像处理、专业处理等步骤,如图 10.1 所示。

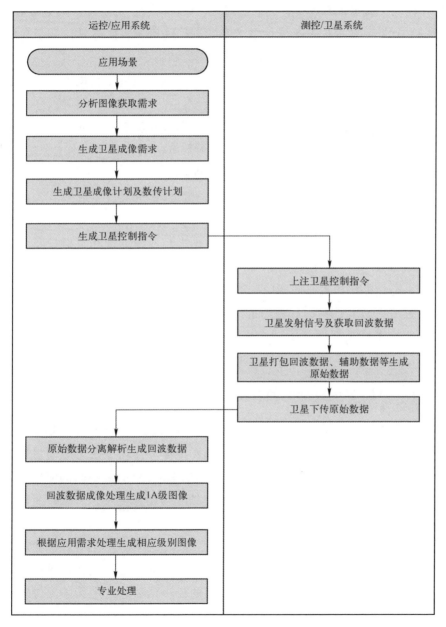

图 10.1 SAR 卫星图像获取和应用标准流程图

（1）应用系统根据专业领域应用场景分析得到 SAR 卫星图像获取需求，包括图像覆盖范围、获取时限、分辨率、极化方式等信息。

（2）应用系统根据图像获取需求进一步生成 SAR 卫星成像需求，包括卫星工作模式、成像中心点位置、成像时刻、成像时长、分辨率、幅宽等信息。

（3）运控系统根据卫星成像需求和数据传输资源，生成具体的卫星成像计划和数据传输计划，并根据计划生成卫星控制指令。

（4）测控系统利用测控链路将运控系统生成的卫星控制指令上注至 SAR 卫星。

（5）卫星系统根据控制指令发射雷达波信号并获取地面回波数据，将获取的回波数据和姿轨导航、内定标、成像参数等辅助数据打包生成原始数据，并根据数据传输计划下传 SAR 卫星原始数据。

（6）应用系统对接收的卫星原始数据进行解析分离，生成回波数据及其辅助数据。

（7）应用系统利用辅助数据对回波数据进行成像处理和辐射校正，生成 1A 级图像产品（SAR 卫星数据产品分级规范见 10.1.2 节）。

（8）应用系统根据具体的应用需求对 1A 级图像产品进行几何校正处理生成相应级别的 SAR 图像，并视情进行增强处理、质量评估等。

（9）应用系统根据具体的应用需求对 SAR 图像进行地物分类、目标检测、变化检测、人工判读等专业处理分析。

10.1.2 SAR 卫星数据产品分级

第 3 章和第 5 章讲述了 SAR 卫星发射线性调频脉冲信号后，通过成像算法将接收到的地物回波信号处理得到单视复图像，并通过校正处理得到其他不同类型的 SAR 图像。这些不同类型的 SAR 图像分别满足不同的应用场景需求，为了更好地规范行业内 SAR 卫星数据处理与图像应用，一般按照以下规范对 SAR 卫星数据产品进行分级。

1) 0 级产品

对 SAR 原始数据，经过数据分景（或逻辑分景）和辅助数据分离而形成的以景（以卫星成像带宽为依据，按一定的行、列数进行定义的图像标准单位）为单位的回波数据产品。

2) 1 级产品

在 0 级产品的基础上，对数据进行成像处理、辐射校正和复数取模等处理得到的产品。

（1）1A 级产品，在 0 级产品的基础上进行成像处理和辐射校正得到的单视复数图像。

（2）1B 级产品，在 1A 级产品的基础上进行复数取模得到的幅度图像。

（3）1C 级产品，在 1B 级产品的基础上进行噪声滤波得到的幅度图像。

3）2 级产品

在 1 级产品的基础上，进行系统几何校正处理，按照相应地图投影模型重采样得到的地理编码产品。

4）3 级产品

在 1 级产品的基础上，根据几何校正模型，利用地面控制点数据（或高精度参考影像），建立图像坐标和地面坐标之间的几何关系，进行几何精校正处理得到的产品。

5）4 级产品

4 级产品是指正射影像，是在 1 级产品基础上进行正射校正处理，利用地面控制点数据（或高精度参考影像）和数字高程模型数据（或数字地表模型数据）消除倾斜误差和投影误差得到的平面图像产品。

10.2 防灾减灾领域

我国幅员辽阔，地理气候条件复杂，自然灾害种类多且发生频繁，是世界上自然灾害最严重的国家之一。利用遥感卫星对灾害多发区域进行观测，能够第一时间获取灾区较大范围影像，在防灾减灾中可发挥重要作用。但常见的洪涝灾害、地震灾害以及泥石流、山体滑坡等次生灾害往往伴随着恶劣天气，光学遥感卫星难以发挥作用，SAR 卫星不受光照、云雾等天气影响，全天时、全天候成像，能够第一时间获取到受灾区域影像，逐渐成为防灾减灾领域的主流遥感手段。

10.2.1 地震灾害

在抗震救灾中，对灾后与灾前历史影像对比分析，并基于人工或自动变化检测技术可提取出建筑物倒塌、桥梁和道路损毁、山体滑坡和堰塞湖等次生灾害分布、临时救援安置点分布等信息，相关分析结果可为地震救援、物资运输和应急救助提供准确参考。

下面以 2017 年九寨沟地震灾害为例,介绍利用高分辨率 SAR 图像为数据源开展道路震害分析、滑坡次生灾害提取等应用的过程[1]。

地震发生后需要宏观掌握大范围的灾情信息,圈定极震区并对各类震害快速定位。由于 SAR 卫星采用侧视成像,当地形起伏有变化时,就会产生透视收缩、叠掩和阴影等现象。利用 SAR 卫星图像进行震害信息提取的首要工作是图像几何校正,为 SAR 卫星图像赋予准确的空间坐标信息,消除由 SAR 卫星斜距成像和地表地形起伏等因素引起的几何变形。利用 SAR 卫星图像进行地质灾害识别主要是基于第 8 章所述的变化检测技术,提取灾害发生的位置、分布和面积等信息。基于 SAR 卫星图像的地震灾害分析流程如图 10.2 所示。

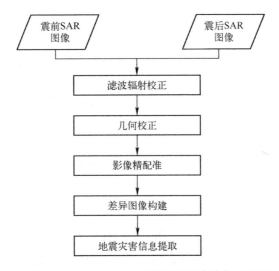

图 10.2　基于 SAR 卫星图像地震灾害分析流程图

图 10.3 显示了 2017 年九寨沟震区一处滑坡造成道路损毁的图像变化。从地震前和地震后的图像对比可看出,震前图像上道路明显,具有连续性;震后道路受到山体滑坡影响造成中断,原有道路被碎石覆盖,散射特性发生了变化。

地震发生后,九寨沟景区内部分景点损毁,湖泊损毁 SAR 监测如图 10.4 所示。从地震前和地震后的图像对比可以看出,火花海湖边发生小面积滑坡,裸露出黄土,湖面原有的暗色调水体在震后消失。

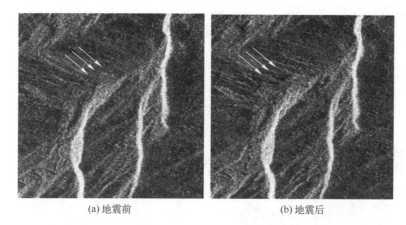

(a) 地震前　　　　　　　　(b) 地震后

图 10.3　九寨沟地震滑坡 SAR 监测图（见彩图）

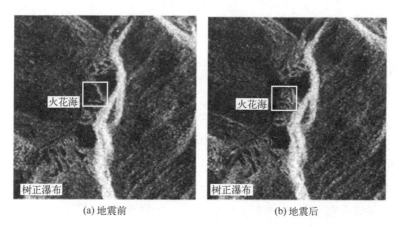

(a) 地震前　　　　　　　　(b) 地震后

图 10.4　九寨沟地震湖泊损毁 SAR 监测图（见彩图）

10.2.2　洪涝灾害

洪水淹没导致的地表覆盖类型突变，使地表散射体的雷达后向散射系数在时序上呈现出异常波动。当前，基于 SAR 卫星图像的洪水监测方法可归纳为两类：差异特征分析和分类结果比较。前者通过构建差异图，并对差异图进行分类，以提取洪水淹没范围，该方法受到 SAR 图像相干噪声影响，检测精度有限。后者先解译 SAR 影像提取水体范围，再比较分析洪水淹没区，分类后比较的可靠性与水体范围提取精度相关。

下面以长江中下游地区汛情监测为例，介绍基于时序 SAR 卫星数据进行洪水快速监测流程[2]，如图 10.5 所示。

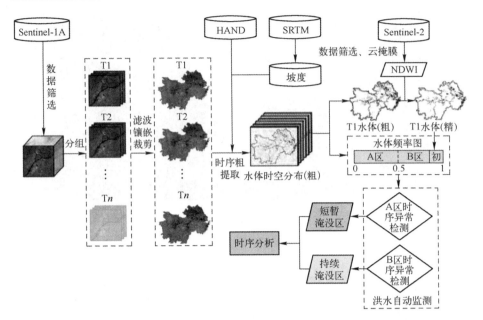

图 10.5 联合 Sentinel-1A 和 Sentinel-2 卫星数据的洪水快速监测流程

1) 数据预处理

将 Sentinel-1A SAR 卫星获取的 2020 年 5 月至 10 月长江中下游地区时序数据划分为 15 组数据子集。对每个子集内的数据进行中值滤波，以减小 SAR 影像相干斑噪声产生的误差，通过镶嵌、裁剪得到 15 期（间隔期为 12 天）的大尺度区域全覆盖 SAR 影像。Sentinel-2 光学卫星数据用于首期水体信息精提取。

2) 水体时空分布提取

（1）水体时空分布粗提取。水体由于表面光滑、均质性较强，在交叉极化 SAR 图像中的噪声水平较低，具有较小的类内方差，与非水体的重叠区域更小、可分离性更高，因此水体信息提取适合采用交叉极化数据。对于长江中下游地区，由于土地覆盖类型的复杂性、大量山区阴影干扰和大尺度下水体占比较少，通过全域后向散射系数直方图统计分析较难得到有效的水陆分割阈值。以局部区域的后向散射系数直方图统计为基础，如图 10.6 所示，利用 Otsu 算法计算局部区域的最佳水陆分割阈值，参考典型区水体和陆地在 SAR 影像中体现出的后向散射差异性，确定 VH 极化后向散射系数水体提取全局阈值 σ_0^{vh}。

（2）初期水体精提取。结合 Sentinel-2 光学卫星数据，完成水体提取结

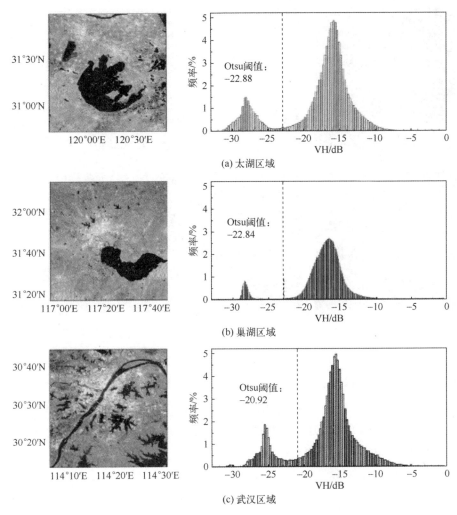

图 10.6 太湖、巢湖、武汉 SAR 影像（T1 期）及其后向散射系数直方统计图

果的精校正，得到可靠、精确的初期水体分布信息。

3）洪水事件自动检测

（1）水体频率提取。计算像元在时间序列中被识别为水体的频率，水体频率提取结果如图 10.7 所示。由于时序上的累加效应抑制了 SAR 图像相干斑噪声影响，水体频率图呈现出更为精细的纹理特征和边界信息，从而能提取到阳澄湖养殖区内较小斑块的水体信息。

（2）快速淹没-退洪模式洪水事件检测。对于快速淹没-退洪模式的洪水事件，淹没区被淹时间短暂，在整个时序上被识别为水体频率较低。洪水淹没和退洪造成了地表覆盖类型改变，其后向散射系数的变化幅度通常高于作

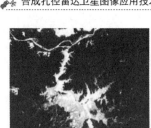
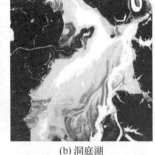

(a) 鄱阳湖　　　　　(b) 洞庭湖　　　　　(c) 石臼湖

(d) 长江南京段　　　(e) 蒙洼蓄洪区　　　(f) 阳澄湖水产养殖

图 10.7　水体频率提取结果

物季节性生长形成的波动幅度，可以利用欧氏距离依次度量邻近两期影像后向散射系数的变化强度，提取短暂淹没区。随机选取蓄洪区点位，统计分析其时序的后向散射系数和欧氏距离，如图 10.8 所示，T7 期发生的快速淹没-退洪模式洪水事件对蓄洪区地表覆盖产生了扰动，其后向散射系数强度变化较为显著。

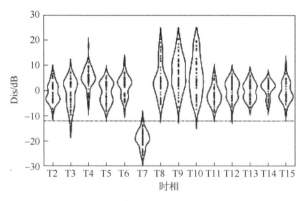

图 10.8　王家坝蓄洪区后向散射变化强度时序特征

对淮河中游进行洪水淹没动态监测。图 10.9（a）中淮河颍上段在 T5 阶段已检测到洪水淹没，主要淹没期是 T7 和 T8。王家坝在 T7 开闸后，SAR 卫星在当天监测到蒙洼蓄洪区外缘首先被淹没，T8 整个蓄洪区几乎全被淹没；淮河颍上段蓄洪区也在 T7 陆续开闸泄洪，在图 10.9（a）中监测到该段蓄洪区在 T7 被淹没一部分，T8 几乎被全淹。退水过程监测结果如图 10.9（b）所示，蒙洼段洪水在 T8~T10 逐渐退去，颍上段退洪过程 T10~T12 相对滞后。

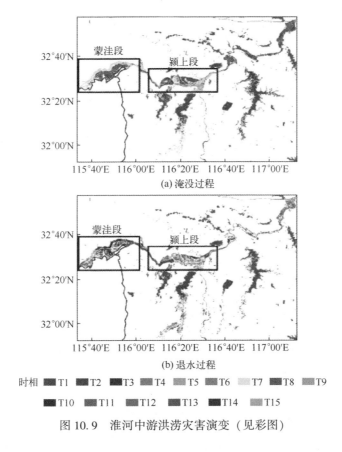

图 10.9 淮河中游洪涝灾害演变（见彩图）

（3）持续淹没模式洪水事件检测。持续淹没模式洪水事件多发生在调节长江洪水的吞吐型或过水型湖泊及其周边生态湿地，在时序上被识别为水体的频率较高。利用初期水体精提取结果掩膜水体频率图后，高频覆水区包括持续淹没区域和表面光滑的人工地表。持续淹没区淹没前后地表覆盖类型的转换会造成后向散射系数的变化，因此可利用该特性提取持续淹没范围。在石臼湖区域随机选取淹没点，其 VH、VV 极化的后向散射系数和欧氏距离如图 10.10 所示。VV 后向散射系数的不稳定特征降低了利用欧氏距离识别洪水事件的有效性，通过对 VH 后向散射差值进行时序标准化处理得到 Z-score，以检测高频覆水区的时序异常点。

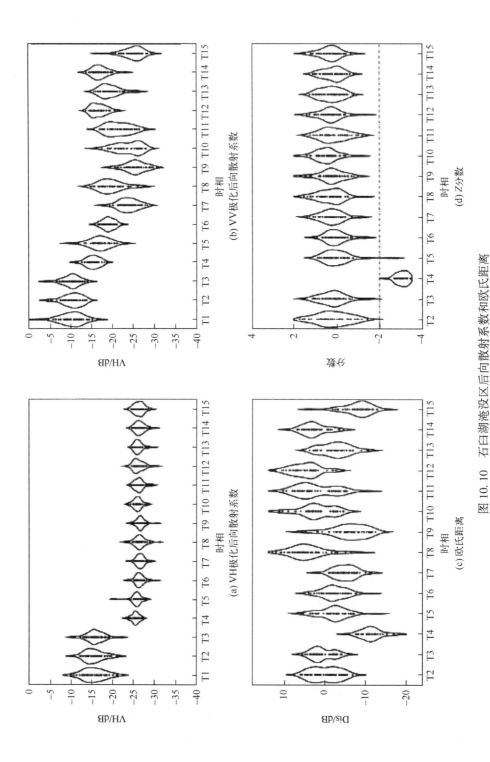

图 10.10 石臼湖淹没区后向散射系数和欧氏距离

对鄱阳湖流域进行洪水淹没动态监测，水体覆盖变化监测结果如图 10.11 所示。水体覆盖范围在 T3 期被观测到开始扩张，主要扩张期为 T3~T7，在 T7~T14 稳定在高水位状态，T15 期水体覆盖范围呈现出较小程度的缩小。

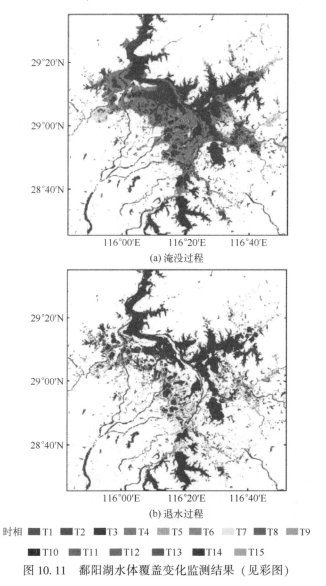

图 10.11　鄱阳湖水体覆盖变化监测结果（见彩图）

10.3　地质勘探领域

在接收到雷达发射的电磁波后，不同地质体会反射不同强度的后向散射回波，在SAR图像上呈现出灰度色调差异。同一SAR卫星图像的灰度差异主要由地质体的地表形态特征以及地表物质介电常数等决定，包括地形变化、地表粗糙度以及物质类型、含水量等。微波具有一定穿透性，可以探测到隐伏地质要素，在地质找矿中具有优势，这在热带雨林和沙漠地区遗址观测尤其是古河道的分布研究中已经被广泛应用。当前SAR卫星图像在地质勘探领域的应用主要包括地物分类、地质探测等[3]。

10.3.1 地质探测

地质构造信息对地质矿产调查具有重要意义，对于一些地表浅覆盖区，野外实测和光学遥感等常规手段获取的地质构造信息十分有限，SAR对地表的穿透性在探测地表浅层覆盖区域的地质构造特征中具有独特优势。

下面以藏北阿里地区、西藏林芝地区、贵州思南县、北京市千家店镇断层为例，介绍利用全极化SAR数据，开展典型地表浅层覆盖区域断裂构造等信息解译的过程[4]。

1）数据预处理

获取高分三号卫星全极化SAR数据，进行聚焦、多视、滤波、地理编码、线性拉伸处理。为抑制相干斑噪声影响，选择Lee滤波方式对高分三号卫星全极化影像进行滤波。在地理编码过程中，为消除地形影响，引入90m分辨率的SRTM DEM数据进行地形纠正，进一步提高影像对微地形微地貌的反映能力。数据预处理流程如图10.12所示。

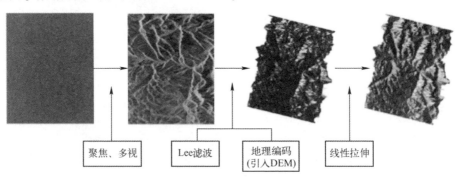

图10.12 高分三号卫星数据预处理流程图

2）极化数据处理

利用SAR卫星的穿透性及其对微地形微地貌探测的灵敏性，多极化合成后影像可清晰地反映地表覆盖层下的地质特征。SAR卫星图像单极化峰值特征表现为高峰值、高陡度，峰值较集中；交叉极化峰值特征表现为低峰值、低陡度，峰值较分散。为了充分利用地质特征在不同极化方式下的峰值差异，通过对不同极化模式的影像进行 RGB 合成，将灰度影像转变为伪彩色影像，以提高影像的解译性。

选取藏北阿里地区改则县北部、西藏林芝地区东北部、贵州思南县、北京市千家店镇等地区，对区内的断层构造和环带构造进行了详细解译。断层构造的局部放大图如图 10.13 所示，环带构造的局部放大图如图 10.14 所示。

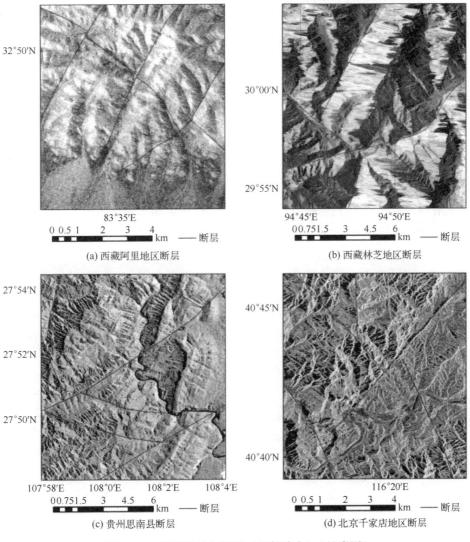

图 10.13　断层构造解译图（局部放大）（见彩图）

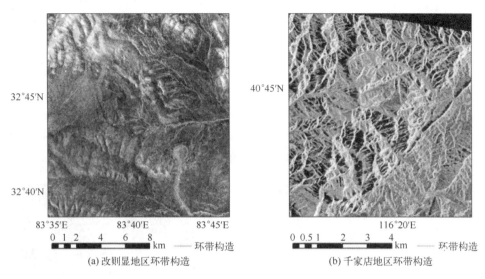

(a) 改则县地区环带构造 (b) 千家店地区环带构造

图 10.14 环带构造解译图（局部放大）（见彩图）

林芝地区高原冻土地表植被稀少，地表覆盖物多为积雪、浅草、裸土、矮树，风化作用强，浅覆盖区域广。如图 10.15（a）所示，高分三号卫星全极化影像在高原冻土地区探测效果最为明显，C 波段 SAR 能有效穿透地表积雪及风化壳并对浅覆盖层以下的地质构造特征进行有效探测。如图 10.15（b）所示，同区光学影像受积雪等覆盖物影响，地质构造特征在影像上反映不明显。

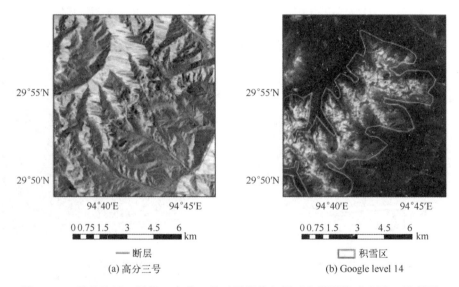

(a) 高分三号 (b) Google level 14

图 10.15 林芝地区（局部）高分三号卫星影像与同区光学影像对比图（见彩图）

通过 SAR 全极化影像解译出的构造特征（图 10.16 中红色细线）与 1:50000 地质图中的对应构造特征（图 10.16 中蓝色细线）在位置及方向上基本一致。同时在实际填图过程中因地表浅覆盖层而未能识别的大量构造特征在高分三号卫星全极化影像上可有效识别。高分三号卫星全极化影像大大提高了识别的构造数量，提高了浅覆盖区的构造信息获取能力，对进一步的地质分析及成矿预测具有重要意义。

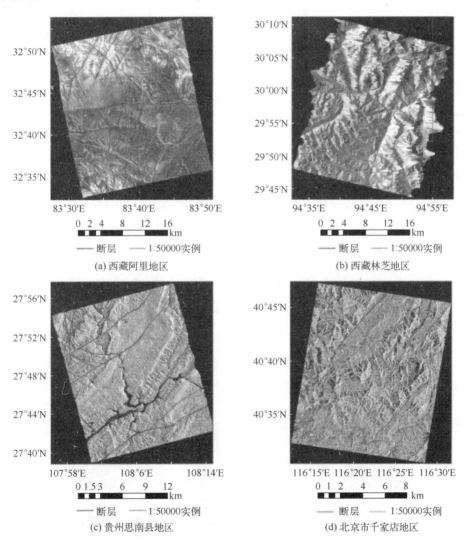

图 10.16　构造解译图（见彩图）

10.3.2 地物分类

相对于单极化 SAR 图像，多极化 SAR 图像具有更加丰富的地物目标信息。充分利用极化特征对不同地物类型的表达能力，能够更有效地进行地物分类。极化 SAR 特征的主要来源是目标分解，监督分类方法主要使用"特征+表达+分类器"的模式。下面以荷兰 Flevoland 省地物分类为例，介绍极化 SAR 特征分析与分类处理过程[5]。

1) 地物目标特征分析

选取荷兰 Flevoland 省 Radarsat 极化 SAR 数据，包含的主要地物类型为水域、耕地、林地和城区。由于极化 SAR 图像的某些特征具有相似的物理意义，直接利用全部特征进行分类会带来严重的维数灾难，需要进行特征选择。

（1）水域特征。水域包括海洋、河流和湖泊。根据地物目标特征分析得到水域和其他地物区分明显的特征包括：极化相干矩阵分量幅值 $|T_{22}|$、$|T_{23}|$、$|T_{33}|$；特征值对应伪概率 P_3；反射特征值差异度 C_{SERD}；在 Cloude 分解中极化熵 H 和极化散射各向异性度 A 组合生成的新特征组合特征 C_{1mHA}。从特征图（图 10.17）和样本直方图（图 10.18）中可以看出，上述特征能够有效区分水域和其他地物类型。

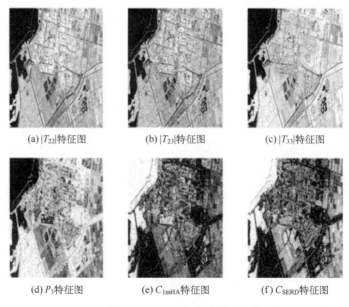

(a) $|T_{22}|$ 特征图   (b) $|T_{23}|$ 特征图   (c) $|T_{33}|$ 特征图

(d) P_3 特征图   (e) C_{1mHA} 特征图   (f) C_{SERD} 特征图

图 10.17　荷兰 Flevoland 省水域特征子集特征图

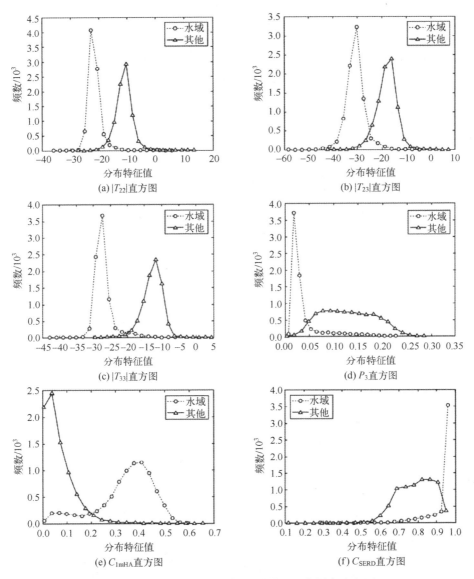

图 10.18　荷兰 Flevoland 省水域特征子集样本直方图

（2）耕地特征。耕地主要包括旱地、水田等。根据地物目标特征分析得到耕地和其他地物区分明显的特征包括：Cloude 分解 α 值；目标随机性 C_{PR}；特征值对应伪概率 P_1、P_2；组合特征 C_{1mH1mA}；线性极化相关系数 $\varphi_{\rho_{HH-HV}}$。从特征图（图 10.19）和样本直方图（图 10.20）分析，上述特征在无水域情况下，可有效区分耕地区域和林地、城区。

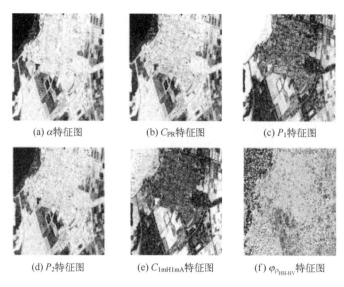

图 10.19　荷兰 Flevoland 省耕地特征子集特征图

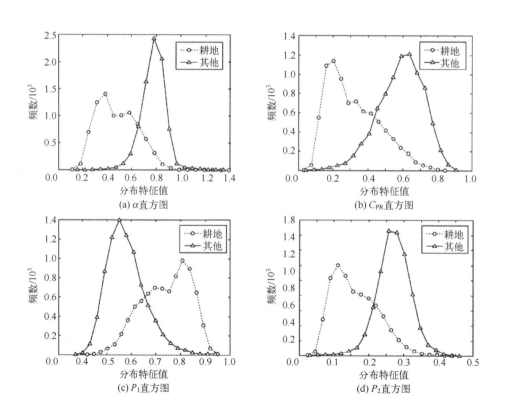

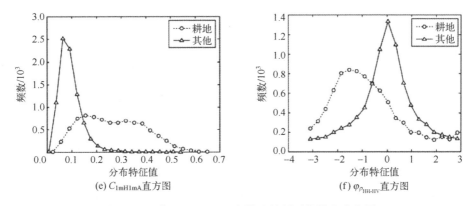

(e) C_{1mH1mA}直方图 (f) $\varphi_{\rho_{HH-HV}}$直方图

图 10.20　荷兰 Flevoland 省耕地特征子集样本直方图

（3）林地特征。林地主要是指植被高度比较高的植被区，城区主要是指人工建筑区。根据地物目标特征分析得到林地和城区区分明显的特征包括：各向异性度 A；圆极化相关系数 $R_{\rho_{RR-LL}}$；圆极化相关系数幅值 $|\rho_{RR-LL}|$；组合特征 C_{Hm1mA}；雷达植被指数 C_{RVI}；特征值对应伪概率 P_3。从特征图（图 10.21）和样本直方图（图 10.22）分析，上述特征对林地城区有较好的可分性。

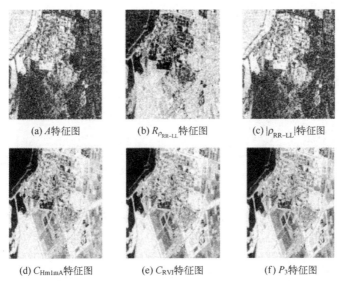

(a) A 特征图　　(b) $R_{\rho_{RR-LL}}$ 特征图　　(c) $|\rho_{RR-LL}|$ 特征图

(d) C_{Hm1mA} 特征图　　(e) C_{RVI} 特征图　　(f) P_3 特征图

图 10.21　荷兰 Flevoland 省林地特征子集特征图

2）地物分类

对荷兰 Flevoland 地区采用基于多层 SVM 的极化 SAR 特征分析与分类方法进行地物分类，如图 10.23 所示。

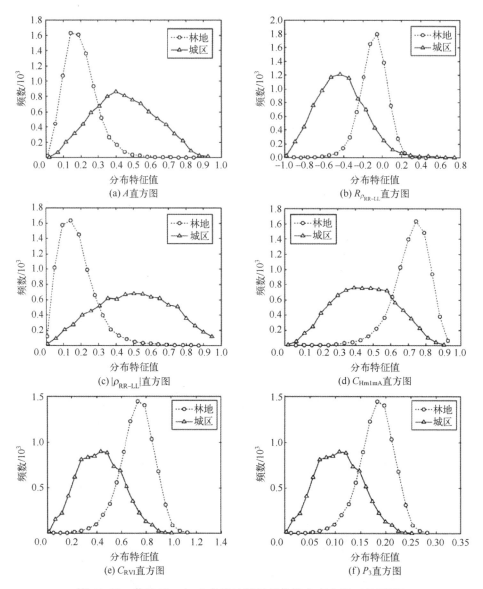

图 10.22 荷兰 Flevoland 省林地特征子集样本直方图（见彩图）

（1）轮廓检测和图像分割。CDHIS 算法使用一种结合局部和全局信息的高性能边缘检测器提取场景轮廓，同时引入方向分水岭变换从有向轮廓信息中构造初始化区域集合，使用聚类算法得到超度量等高线图，最后根据阈值得到相应的边缘，确定分割结果。对 Flevoland 地区的 CDHIS 分割结果如图 10.24 所示，CDHIS 对细小区域的解析能力较好，并且对于介质相同的区域得到的分割块较大，能够使特征均值计算更加准确，降低出现奇异值的概率。

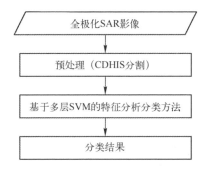

图 10.23　基于多层 SVM 的极化 SAR 特征分析与分类方法流程

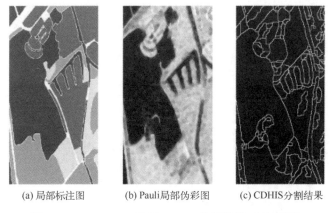

(a) 局部标注图　　(b) Pauli 局部伪彩图　　(c) CDHIS 分割结果

图 10.24　Flevoland 局部 CDHIS 分割结果（见彩图）

（2）基于多层 SVM 的特征分析分类。基于多层 SVM 的特征分析分类方法具体步骤如图 10.25 所示。水域特征子集的特征能很好地区分水域和其他三类，典型特征直方图如图 10.26（a）所示，预处理后根据水域特征子集进行第一次 SVM 分类，样本分为水域样本和其他三类地物的混合样本。耕地特征子集在无水域的情况下很好地区分耕地和其他两类，典型特征直方图如图 10.26（b）所示，第一次 SVM 分类的其他类别根据耕地特征子集进行第二次 SVM 分类，样本分为耕地样本和林地城区混合样本两类。林地城区特征子集在无耕地和水域的情况下能较好地区分林地和城区，典型特征直方图如图 10.26（c）所示，第二次 SVM 分类的其他结果根据林地城区特征子集进行第三次 SVM 分类，样本分为林地样本和城区样本两类。通过上述三次 SVM 分类，就可以得到全部的分类结果。

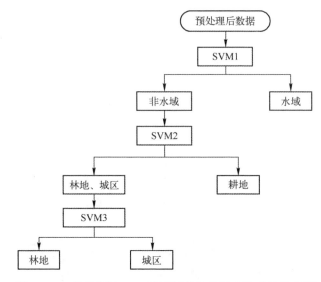

图 10.25　基于多层 SVM 的特征分析分类方法的具体步骤

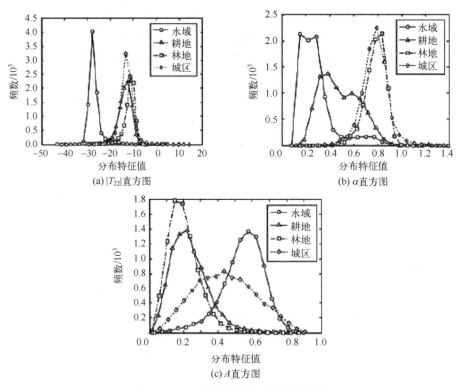

图 10.26　各特征子集典型特征直方图

10.4 农林应用领域

不同种类、不同生长期、不同含水量的农林作物，在 SAR 图像上呈现出的特征不尽相同。基于这一特性，SAR 卫星在农林应用领域能够发挥重要作用，可以开展农林作物类型识别、长势监测、虫害监测、产量预测等应用。相比于光学遥感，SAR 卫星信号的穿透性还可以发挥出株高、底层作物种植密度测量等独特作用[6]，此外还可以根据不同类别地物的散射模型，进行土壤水分和养分监测。

10.4.1 农作物识别

农作物识别是农情监测的重要应用。利用 SAR 卫星监测南方水稻的研究最多，主要原因是水稻生长的季节往往为多云雨天气，并且水稻的介电常数较高，相对于其他共生植物，易将水稻和其他地物进行区分。旱地作物在其全生长期内没有水层覆盖，其介电常数与周围共生植被差异不明显，再加上复杂的种植结构，SAR 卫星图像在旱地作物识别中具有一定的挑战性。下面以玉米、棉花识别为例，介绍全极化 SAR 数据在北方旱地秋收作物识别中的应用[7]。

1) SAR 数据处理

选取 2014 年 6 月至 10 月共 6 期 Radarsat-2 卫星全极化 SAR 数据，覆盖了研究区内玉米和棉花的整个生育期。

(1) 纹理特征统计分析。纹理是 SAR 图像上的重要信息和基本特征，纹理统计分析已成为提高 SAR 图像分类精度的重要手段。灰度共生矩阵是一种最常见的纹理统计分析方法，采用 8 个基于二阶矩阵（均值、方差、协同性、对比度、相异性、信息熵、二阶矩和相关性）的纹理滤波。

(2) 极化分解。全极化 SAR 可测量观测目标的全散射矩阵，利用目标分解理论对全极化数据进行目标散射机制的解译，可进一步分析地物的物理和几何特征。将散射矢量矩阵 k 与其共轭转置矢量矩阵 k^* 求外积，得到三维极化相干矩阵 T_3。对 T_3 矩阵采用 Cloude-Pottier、Freeman 及 Yamaguchi 方法进行分解，得到研究区极化分解如图 10.27 所示。

(3) 选取分类方法。选用随机森林机器学习算法，以 K 个决策树为基本分类器，随机森林输出的分类结果由每个决策树的分类结果简单投票决定，

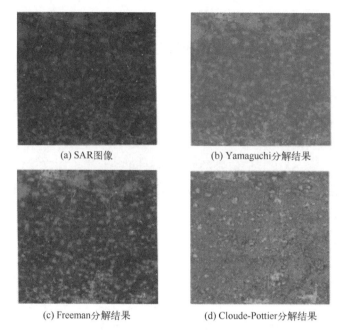

(a) SAR图像　　(b) Yamaguchi分解结果

(c) Freeman分解结果　　(d) Cloude-Pottier分解结果

图 10.27　研究区极化分解图（见彩图）

该方法已在土地覆盖制图中成功应用。

2）结果分析

为全面分析玉米、棉花与研究区其他地物的关系，将研究区的土地覆盖类型归结为 5 类：玉米、棉花、建筑用地、树林和水体。建筑用地和树林的样本选取利用高分一号光学卫星数据作为辅助。

利用获取的训练样本数据，从多时相全极化 SAR 数据中提取玉米、棉花、水体、建筑用地和树林的后向散射系数，如图 10.28 所示。6 月至 10 月棉花的后向散射系数先上升后稳定，6 月 3 日棉花出苗期被地膜覆盖，裸露地表所占比重较大、表面散射强，棉花后向散射强度最小，与其他地物差异最大，随着棉花进入生长期，冠层体散射占后向散射主要部分，后向散射系数增加。玉米在 6 月 27 日交叉极化方式下与其他地物的差异最明显，除水体外，玉米与其他地物的差异达到 5.7dB，易与其他地物进行区分，经过拔节期茎叶的迅速生长，7 月 21 日玉米的后向散射强度达到最大。其后，除水体外的 4 类地物后向散射系数集中在 3.4dB 范围内，互相混淆。

为比较极化贡献的差异性，对所有时相不同极化方式下的玉米分类识别结果进行分类。由图 10.29 可看出，在玉米整个生育期中，交叉极化对精度贡献浮动最大，同极化变化平稳，交叉极化在玉米播种前期对精度的贡献远

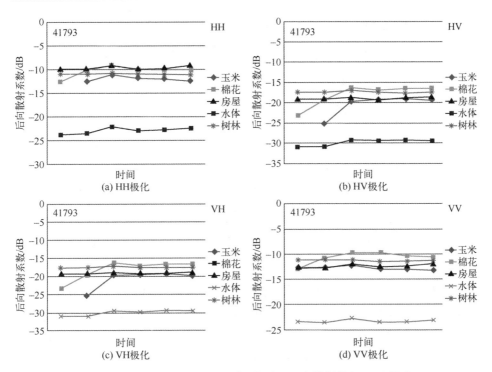

图 10.28 研究区典型地物不同极化雷达后向散射特征（见彩图）

优于同极化。同极化间进行比较发现，HH 极化优于 VV 极化，且在生育期的初始期和结束期优势明显。

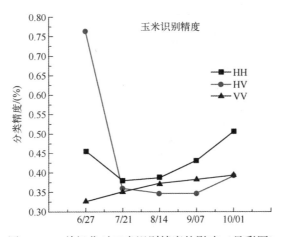

图 10.29 单极化对玉米识别精度的影响（见彩图）

在后向散射信息基础上添加纹理和极化信息，不同信息组合对玉米、棉花识别精度的影响见表 10.1。加入纹理信息与极化信息能够明显提升玉米识别精度,纹理信息使精度提升 2.07%,极化信息使精度提升 6.87%。

表 10.1 不同信息组合对玉米、棉花识别精度的影响

玉米	不同组合（6/27）				棉花	不同组合（6/03+6/27）			
	1	2	3	4		1	2	3	4
后向散射系数	*	*	*	*	后向散射系数	*	*	*	*
纹理信息	—	*	—	*	纹理信息	—	*	—	*
极化信息	—	—	*	*	极化信息	—	—	*	*
制图精度/(%)	87.11	89.18	93.98	93.68	制图精度/(%)	68.92	69.93	67.23	71.96
用户精度/(%)	95.64	98.29	99.06	99.19	用户精度/(%)	64.76	84.84	82.23	85.89

图 10.30、图 10.31 分别为对玉米、棉花识别过程中所有变量的重要性评价结果,可以看出后向散射信息和极化信息的重要性远优于纹理信息,除均值信息外的纹理信息对结果贡献较小,其中:在玉米识别过程中贡献度最大的 3 个变量依次为 α、FM-Vol、HV-Mean;在棉花识别过程中贡献度最大的 3 个变量依次为 HV、FM-Vol、HV-Mean。

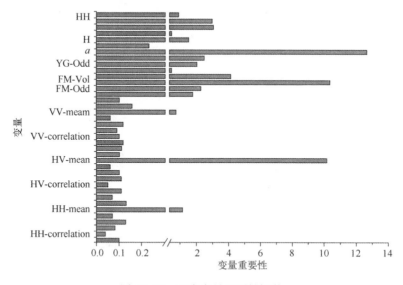

图 10.30 玉米变量重要性评价

将玉米识别组合 3 与棉花识别组合 4 相互结合,得到最终分类结果见图 10.32。

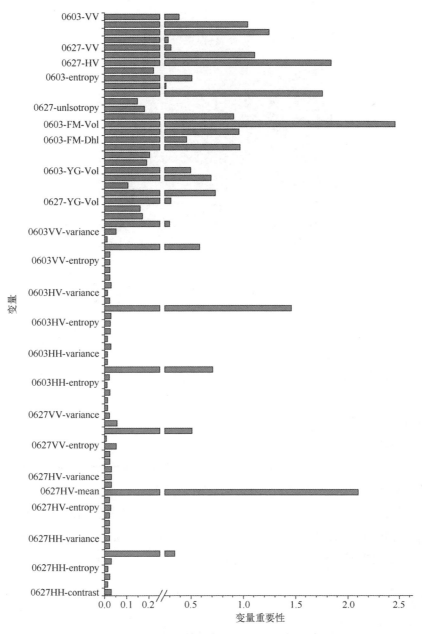

图 10.31 棉花变量重要性评价

10.4.2 森林监测

SAR 卫星图像在森林监测中的应用主要包括林地覆盖类型分类、变化检测、高度反演、蓄积量/生物量估测等[8]。SAR 波长相对较长,对于森林等植

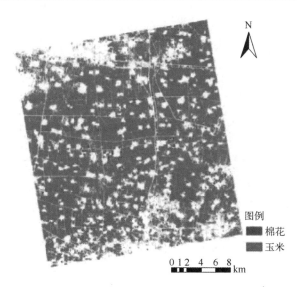

图 10.32 研究区玉米、棉花最终分类结果（见彩图）

被叶簇具有一定的穿透能力，可获取与森林垂直结构参数相关的遥感观测量。相比于光学遥感和激光雷达技术，SAR 在森林资源定量参数估测和大区域森林类型快速制图方面具有优势。下面以福建省漳浦县森林覆盖监测为例，介绍基于双极化 SAR 数据进行森林覆盖识别的处理过程[9]。

1）数据预处理

试验区位于福建省东南沿海南端漳浦县，森林按其用途分为经济林、生态林和沿海防护林，采用 2007—2008 年多个时相 ALOS PALSAR 1.1 单视斜距图像。SAR 单视复数据包含回波后向散射强度及相位信息，利用干涉相干性提取相位信息，对精确配准的干涉数据进行相干性计算，对获取的辐射强度数据进行辐射定标，进而得到准确的后向散射强度。采用 1∶50000 DEM 数据对 SAR 图像进行正射校正，并对精确配准的图像数据进行滤波，抑制相干斑噪声。

2）特征分析

由于试验区当地条件相对复杂（地类多、小地块和时相变化特征），因此采用基于知识的分类方法提取森林覆盖区域。对多时相 PALSAR 数据的后向散射时相特征、干涉相干性和极化参数进行分析，在此基础上制定决策树分类规则。

（1）后向散射特征分析。

不同地物的后向散射时相变化信息如图 10.33 所示。森林、城区、被破坏的林地都表现出较弱的时相变化特征；由于风引起水面粗糙度变化，在水体区域观察到较大的后向散射变化范围；城区具有最高的HH极化后向散射系数；沿海防护林在HV极化后向散射较强。

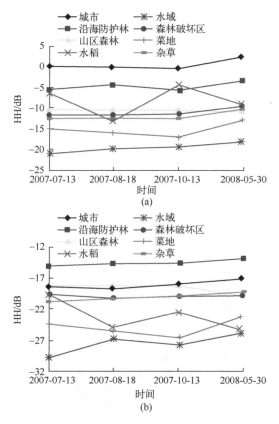

图 10.33　HH 和 HV 极化后向散射时相变化信息（见彩图）

（2）极化特征分析。

图 10.34 显示了不同地物在 HH 和 HV 图像上的极化特征。山区森林在 HH 和 HV 图像上均显示了很大的后向散射系数动态变化范围。城区和沿海防护林均有较高的后向散射系数，但在 HV 图像上难以区分。防护林和水稻在 HH 图像上后向散射很强，这与其规则分布的垂直结构和光滑的下垫面有关，这样的空间结构特征导致二面角反射成为主要的散射机制。

防护林的冠层内部存在众多随机分布的散射体，去极化效应更加明显，体散射成为主要的散射机制。由于去极化程度不同，沿海防护林和水稻在 HV 图像上表现出差异，可以利用这一特征进行区分。山区森林后向散射在 HV

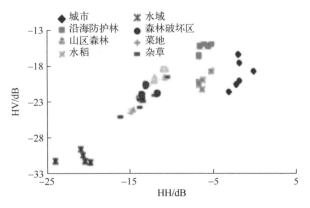

图 10.34 HV 和 HH 散点图（见彩图）

图像上与城区一样强，但在 HH 图像则表现为中等强度。HV 极化使得森林与被破坏森林、菜地、杂草地等区分更容易。由图 10.35 可见，森林和水体极化比值明显低于其他地物。

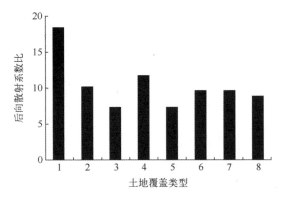

1—城市；2—沿海防护林；3—山区森林；4—水稻；5—水体；6—森林破坏区；7—菜地；8—杂草。

图 10.35 不同土地覆盖类型后向散射系数比

3）覆盖识别

根据特征分析，利用相干性 R、HV 极化后向散射系数 G 和极化强度比 B 三个最有效的特征构造彩色合成图像（图 10.36），以加强对多维度 SAR 信息的理解。城区在 3 个通道上值都很高，呈亮白色。水体在 3 个通道值都很低，呈暗黑色。农业区域和野草地呈蓝色，原因可能为：①生长或耕作活动时相变化大导致相干性低；②低矮植被体散射效应不明显，去极化效果不强；③HH 强反射和 HV 低反射导致比值图像上亮度高。森林呈绿色是由于强体散射导致 HV 极化后向散射强；山区裸石呈红棕色是由于其干涉相干性高。

图 10.36　相干性、HV 极化后向散射系数和极化强度比特征合成图（见彩图）

10.4.3　土壤监测

SAR 卫星数据在农林应用领域的另一个重要应用就是土壤监测，包括土壤水分监测、土壤养分监测等。土壤水分是作物估产和干旱监测的重要指标之一。下面介绍基于多时相 SAR 图像和可见光图像，反演喀斯特山区烟草生长期土壤水分的处理过程[10]。

1）数据预处理

研究区位于贵州省黔西南布依族苗族自治州贞丰县，耕地地块破碎，烟田离散分布。使用 Sentinel-1 双极化干涉宽幅 SAR 单视复数据，按烟草 4 个生长期分别选取 4 期数据。预处理包括多视、辐射校正、辐射定标、滤波和地形校正等。为使 SAR 数据与烟草地块相匹配，用最邻近法对影像进行重采样；利用 SRTM 30m 分辨率的 DEM 数据对喀斯特山区数据进行地形校正；采用 Refined Lee 滤波降低相干斑噪声；对 SAR 影像进行地理配准，使之与谷歌地球影像相匹配。分别提取雷达入射角 θ，交叉极化后向散射系数 σ°_{VH} 和同极化后向散射系数 σ°_{VV}。卫星过境时同步采集 4 期烟草地面土壤水分，作为遥感反演结果的校正、测试和训练数据。

2）土壤水分反演

首先，获得预处理后 SAR 图像的后向散射系数，针对喀斯特山区耕地面积较小，将 SAR 图像后向散射系数赋值到地块时可能存在混合像元问题，将过小地块进行合并，再将后向散射系数的平均值赋值到耕地地块；其次，根据无人机获取的可见光图像（UAV）计算烟草 4 个生长期的植被含水量（VWC）并赋值到地块；再次，通过后向散射系数和 VWC 构建水云模型，得到烟草4个生长期的裸土后向散射系数；最后，建立支持向量回归（SVR）数据库，得到烟草地块的土壤水分时空分布特征。图10.37为反演流程示意图。

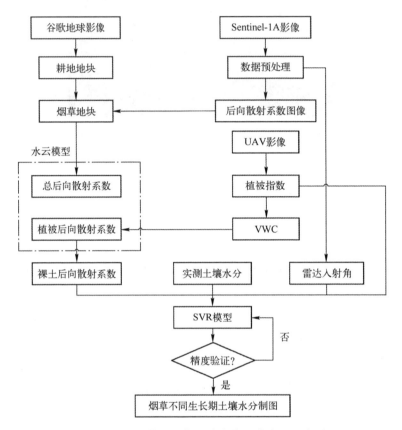

图10.37 烟草生长期土壤水分反演流程示意图

根据SVR模型分别反演出不同极化方式测试集的土壤含水量（图10.38）。VV极化的整体土壤含水量反演精度要高于VH极化的整体土壤含水量反演精度。同极化方式有更丰富的土壤散射信息，能够表达更多的地表信息，而交叉极化方式则对植被信息更敏感。

确定VV极化为土壤水分反演最佳方式，分别对烟草4个生长期的土壤水分进行反演。为了准确地分析土壤含水量反演误差来源，将烟草4个生长期的实测土壤含水量与其反演值作对比（图10.39）。T1时刻反演值精度较低，烟草在还苗期整体较为干旱；T2时刻反演精度最好，其整体反演误差小于其他3个时刻；T3时刻反演误差整体平稳；T4时刻反演误差整体较大。结合地

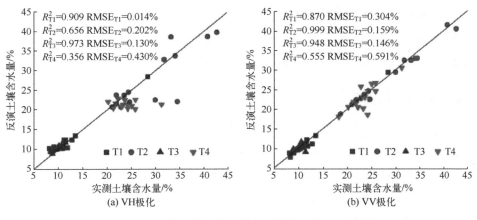

图 10.38　土壤含水量实测值与反演值比较（见彩图）

面实测数据对烟草不同生长期的反演误差分析，T1 时刻属于移栽后根系逐渐恢复生机期，叶片较小，大部分土壤裸露地面，土壤保水性较差；T4 时刻烟草成熟。观测样地的烟草地块杂草影响了土壤水分反演的精度，为反演误差的主要因素。

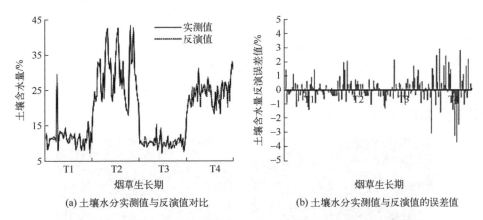

图 10.39　烟草 4 个生长期共 180 个实测样本的土壤含水量实测值、反演值与误差值分布

10.5　海洋应用领域

SAR 卫星能够全天时全天候以较高的空间分辨率观测海面，即使是在飓风等恶劣天气下也不例外。因此，SAR 卫星图像在海洋方面的应用较为广泛，

包括海面风浪监测、海上交通监测、海冰识别、海洋灾害监测等。结合海洋动力学理论，还能有效地获取海浪、海洋内波、中尺度涡流和海洋锋等海洋要素[11]。下面介绍 SAR 卫星在海洋环境领域的典型应用情况。

10.5.1 海上交通监测

海上交通监测是海洋监测研究领域的关键技术之一。目前，随着各国对海洋经济安全的需求与日俱增，实现大范围、高精度和近实时的海洋船舶目标监测已成为国内外研究的热点之一。自动识别系统（AIS）是一种船舶助航系统，与 SAR 卫星同样具有全天时全天候工作的优点，目前已广泛应用于船舶识别跟踪、避免碰撞、海洋环境治理和搜索救援等领域。随着星载 AIS 技术的快速发展，充分利用 SAR 图像与岸基 AIS、星载 AIS 在船舶目标监测方面的互补性，能够实现高效准确的船舶目标检测与分类识别。

下面以菲律宾马尼拉、新加坡东南海域船舶目标监测为例，介绍利用 SAR 图像与 AIS 信息进行船舶目标融合检测与识别的过程[12]。

1）SAR 与 AIS 信息预处理

选取菲律宾马尼拉、新加坡东南海域的 SAR 卫星图像数据和成像时间前后 1h 内获取的各海域 AIS 数据。

（1）SAR 船舶目标检测。在进行船舶目标检测前，首先对海陆区域进行分割，可以基于海杂波建模算法进行 SAR 图像海陆分割，然后基于 CFAR 算法进行船舶目标检测，如图 10.40 所示。

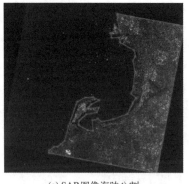

(a) SAR图像海陆分割　　　　　(b) 船舶自适应CFAR检测结果

图 10.40　SAR 卫星图像船舶目标检测结果（见彩图）

（2）船舶目标特征参数提取。SAR 船舶目标特征提取包括几何参数提取、地理参数提取、运动参数提取和电磁散射特征提取,如图 10.41 所示。与数据关联联系紧密的船舶目标几何特征参数包括船舶重心点位置、主轴方向角、长、宽、长宽比;位置特征包括经几何校正后的 SAR 二级图像中目标中心点的经纬度坐标信息;运动特征可以利用船舶尾迹计算航速,当船舶多普勒位移一致时可根据 SAR 成像几何关系求出航速,当船舶多普勒位移不一致时可以估算斜距速率;电磁散射特征主要包括目标 RCS、一维距离像、二维散射中心分布特征等。

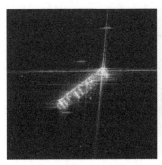 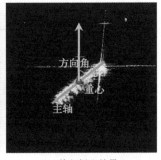

(a) 船舶切片　　　　　　(b) 特征提取结果

图 10.41　SAR 图像船舶检测切片及特征提取结果(见彩图)

通过 AIS 电文解码还可以提取船舶动态信息和静态信息。常用的 AIS 报告包括电文 1、2、3(位置报告)和电文 5(船舶静态与航次相关数据),按照通用标准将 AIS 电文字符串解码后,转换成船舶相关信息。AIS 电文中的静态信息包括海上移动通信业务标识(MMSI)、IMO 编号、呼号、船型、AIS 天线位置、船长、基准点到船舷(船艉)距离等,动态信息包括经纬度、转向率、对地航向、对地航速等,从中可以选取用于融合的船舶几何特征、位置特征和运动特征。

2) 基于多特征融合的数据关联

基于位置与属性特征信息融合的 SAR 卫星图像与 AIS 数据关联模型如图 10.42 所示,星载 SAR 图像可提取的船舶目标特征较多,AIS 报告可提取的用于数据关联的特征有限。根据选择的融合特征分别进行本地决策,例如基于位置特征信息进行位置投影、位置预测和搜索匹配可以得到一个关联结果,再利用包括加权平均融合决策、非线性乘积融合决策、DS 证据理论推理和模糊综合等方法将多个特征的决策结果进行融合处理,最后对融合决策结果进行可信度评估并输出。

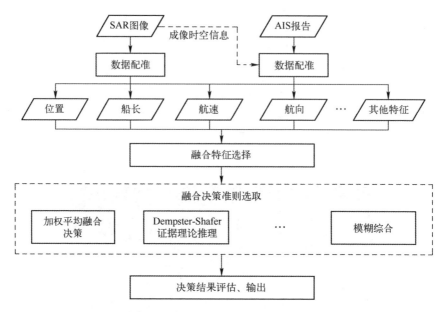

图 10.42 基于位置与属性特征信息融合的 SAR 卫星图像与 AIS 数据关联模型

3) 船舶目标融合检测与识别

SAR 图像与 AIS 数据船舶目标融合检测与识别,建立在 SAR 图像与 AIS 数据关联基础之上。通过融合检测处理,可以实现对船舶目标的可靠检测;根据融合检测结果再进行融合识别处理,实现对船舶目标的有效识别,提高船舶目标识别率。SAR 图像与 AIS 数据船舶目标融合检测与识别流程如图 10.43 所示。

(1) SAR 图像与 AIS 目标融合检测。SAR 图像海面背景存在海岛、海浪、漂浮物等干扰目标,检测中可能会产生大量虚警,AIS 报告与 SAR 图像船舶融合检测结果相对可靠。利用基于海陆分割的 CFAR 检测可以得到不同理论虚警率条件下的 SAR 图像船舶检测结果,再利用 AIS 报告中区域船舶数量和船舶长度大小等先验知识,估计并调整海杂波背景强度,降低复杂背景下的船舶虚警,得到最优的融合检测结果。

具体处理过程如下:①SAR 图像检测目标与 AIS 报告目标成功关联,则进行融合识别决策。②SAR 图像检测目标存在而无相应 AIS 报告,对 SAR 检测结果进行虚警鉴别,若是虚警则去除,若不是虚警则对其进行分类识别。③SAR 图像检测目标不存在而 AIS 报告目标存在,对 SAR 检测结果进行漏警检测,同时对 AIS 报告目标进行虚警鉴别,基于综合鉴别结果进行重新判定。

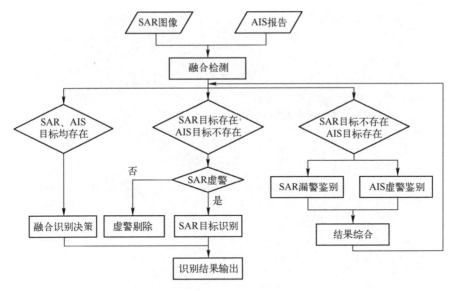

图 10.43 SAR 图像与 AIS 数据船舶目标融合检测与识别流程图

（2）SAR 与 AIS 目标分类识别。SAR 图像船舶目标分类识别有基于船舶三维模型和轮廓特征分类、船舶目标上层结构矩不变特征分类、基于永久对称散射体特征分类、基于散射中心提取和模糊逻辑的船舶目标分类和多极化分类等。本书采用一种基于层次分析法的多特征分类方法[12]，包括特征提取、特征选择、分类器训练和分类决策 4 个环节，对特征选择的评价标准选用 Filter 测度，并基于单分类器实现星载 SAR 图像船舶目标分类。

（3）结果分析。

结果一：SAR 图像检测目标无 AIS 报告对应。

选取在菲律宾马尼拉附近海域获取的 SAR 图像数据以及成像时间前后 1h 内获取的该海域相应岸基 AIS 数据。基于 SAR 图像与 AIS 数据关联结果进行融合识别处理，融合识别率达 85.7%。局部海域融合识别结果如图 10.44 所示，切片 1 和 4 无对应 AIS 报告信息。将所有成功融合识别的船舶切片组成训练集，基于层次分析法进行特征优选和分类决策，两个切片的最终分类决策结果均为货船。

结果二：AIS 报告对应 SAR 图像船舶目标漏检。

选取新加坡东南海域获取的 SAR 卫星图像及成像时间前后 1h 内获取的该海域相应岸基 AIS 数据。基于 SAR 图像与 AIS 数据关联结果进行融合识别处理，融合识别率达 78.1%。部分船舶目标融合识别结果如图 10.45 所示。SAR

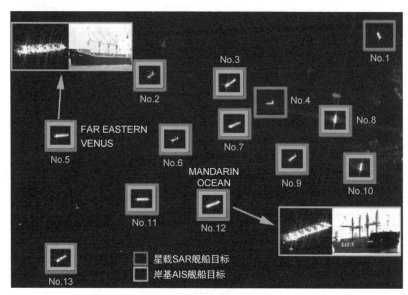

图 10.44　局部海域融合识别结果（见彩图）

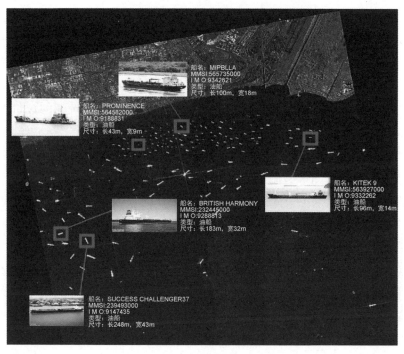

图 10.45　部分船舶目标融合识别结果（见彩图）

图像目标检测存在一定漏检，以 AIS 预测位置为中心的较小搜索区域内有相对较明显的散射特征，如图 10.46 所示，根据 AIS 数据尺寸信息判定其属于小型船舶（长度均小于 50m）。

图 10.46　有对应 AIS 报告被漏检的星载 SAR 图像小尺寸船舶目标

10.5.2　海上溢油监测

海洋溢油对海洋生态系统和渔业会造成严重影响，SAR 卫星是目前具备大区域范围全天候海上溢油监测能力的唯一手段。海面的毛细波可以反射雷达波束，从而产生一种海面杂波，在 SAR 图像中较亮；但溢油后油膜凝滞平滑了海水表面，导致雷达传感器接收到的后向散射回波减少，在 SAR 图像中呈现较暗或黑色的斑块和条带状，因此在 SAR 图像上较容易分辨出海洋溢油区域。除了利用 SAR 卫星图像对溢油进行高效监测，不仅可及时准确发现溢油位置，还能对小面积油污及薄油膜进行识别[13]，并能通过船舶尾迹确认溢油船舶，为国家相关部门及时掌握海域生态环境、科学准确进行油污处置、争取外交主动提供支撑信息。本书介绍对油膜、类油膜及海水三类样本进行分类识别处理过程[14]。

1）数据样本准备

数据采用 Envisat 卫星拍摄的中国南海海上溢油 SAR 图像（图 10.47），溢油区域相对于海面背景较小，按照油膜、类油膜、海水三类进行适当切割，如图 10.48 所示。图像数据样本随机存储，随机分配训练样本和测试样本。

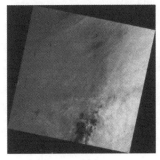 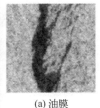  

　　　　　　　　　　　　　　　(a) 油膜　　　　(b) 类油膜　　　　(c) 海水

图 10.47　南海溢油区域 SAR 图像　　图 10.48　三类样本图像

2）特征提取

（1）Tamura 特征。Tamura 特征是根据纹理的视觉感知心理学得出的，该特征给出了 6 个与人的视觉感受密切相关的纹理特征：粗糙度、对比度、方向性、线像度、规整度和粗略度。这些特征尤其适用于灰度图像特征提取。本书选取粗糙度、对比度、方向性与线像度 4 个特征，并计算线像度在 8 个方向上的均值及方差，得到 6 个 Tamura 特征值。

（2）灰度共生矩阵特征。灰度共生矩阵（Gray-Level Co-occurrence Matrix，GLCM）是一种基于结构的纹理特征。一幅图像的 GLCM 能反映出该图像灰度级关于方向、相邻间隔、变化幅度的综合信息，是分析图像内在局部信息和外在序列规则的基础。粗纹理区域 GLCM 趋于两极分化，较集中于主对角线附近；细纹理的区域则分布较散，需要更深一步对纹理分布进行描述。本书首先从 GLCM 的 14 个特征统计量中选取角二阶矩、对比度、相关性、熵和逆差距 5 个特征，对每一类特征分别计算 4 个方向上的特征信息，得到 20 维特征值；然后分别计算 5 个特征在 4 个方向上的均值和方差，得到 10 维特征值。共计得到 30 维特征值。

（3）Tamura 与 GLCM 组合特征。

采用 Tamura 与 GLCM 组合特征作为表征溢油信息的特征矢量。结合 6 个 Tamura 特征值和 30 个 GLCM 特征值，组成 36 维特征向量供分类使用。组合后的特征描述为

$$\text{Feature} X = \begin{cases} X_{1-4}: 能量 \\ X_{5-8}: 熵 \\ X_{9-12}: 逆差距 \\ X_{13-16}: 对比度 \\ X_{17-20}: 自相关 \\ X_{21-25}: 均值 \\ X_{26-30}: 方差 \end{cases} \begin{cases} X_{31}: 粗糙度 \\ X_{32}: 对比度 \\ X_{33}: 方向性 \\ X_{34}: 线像度 \\ X_{35}: 方向均值 \\ X_{36}: 方向方差 \end{cases} \quad (10.1)$$

特征值中每个维度特征的取值范围不同，在数量级上存在较大差别，需要对特征值进行特征归一化。图像训练样本集为 $\{\text{train}\_x_i\}$，测试样本集为 $\{\text{test}\_x_i\}$，计算训练样本集所有样本的平均值 $\overline{\text{train}\_x}$，归一化后的训练特征值为 $\text{train}\_x_i^*$。

3）学习分类

（1）深度信念网络（DBN）。DBN 可通过学习一种深层非线性网络结构，

实现复杂函数逼近，并具备强大的从少数样本集中学习数据集本质特征的能力，可以解决溢油检测中小样本分类问题。选取 DBN 对由 Tamura 和 GLCM 抽取的纹理特征进行分类。

（2）DBN 参数选取。DBN 网络精度提高，可以通过增加隐含层层数或隐含层信息处理元个数实现，但在网络层数增加的同时，也增加了网络复杂性。综合考虑分类准确率及学习时间，本书选用 3 层结构；DBN 的训练次数直接关系到算法的学习效果和分类能力，选取 9 种训练次数 10%~80% 的样本作为训练数据进行比较，训练次数为 200 时准确率达到最高；RBM 中学习速率 lr 参数决定了每次训练过程中产生权值的变化量，较高的 lr 值影响系统的稳定性，较低的 lr 值造成收敛效果缓慢，但能保证网络误差值跳出局部极小值并最终达到全局最优解，通过测试不同样本数量不同比例的学习及测试样本的准确率可以发现，动量对分类效果影响较小，且变化趋势较为平稳；为确定训练样本与测试样本的最佳比例，选取 10%~80% 的 8 种训练样本对 DBN 的分类准确率进行比较，当训练样本个数占 30% 时，分类准确率均值最高。

4）结果分析

分析 DBN 算法对海水、油膜以及类油膜的分类效果。使用 30% 的样本特征进行学习，油膜、类油膜及海水的测试数量分别为 280 个，经过 200 次训练后对比 DBN 与神经网络（NN）对相同组合特征的分类效果。由表 10.2 可见，两种分类方法对油膜的识别效率相当，而对类油膜与海水的识别率中 DBN 明显高于 NN。在未正确分类的 13 个油膜样本中，DBN 全部识别为类油膜；NN 则将 11 个样本分为类油膜，2 个样本分为海水。这说明 DBN 算法识别海水与油膜不会发生混淆，更符合人类专家的分类方式。

表 10.2　DBN 与 NN 对 840 个测试样本分类效果比较

方　　法	油膜		类油膜		海水		类别精度%	
	NN	DBN	NN	DBN	NN	DBN	NN	DBN
油膜	267	267	11	13	2	0	95.36	95.36
类油膜	15	19	225	235	40	26	80.36	83.93
海水	0	0	38	23	242	257	86.43	91.97
总精度/%	—	—	—	—	—	—	87.38	90.36

参考文献

[1] 王志一,徐素宁,王娜,等.高分辨率光学和SAR遥感影像在地震地质灾害调查中的应用:以九寨沟M7.0级地震为例[J].中国地质灾害与防治学报,2018,29(5):81-88.

[2] 郭山川,杜培军,蒙亚平,等.时序Sentinel-1A数据支持的长江中下游汛情动态监测[J].遥感学报,2021,25(10):2127-2141.

[3] 郑鸿瑞,徐志刚,甘乐,等.合成孔径雷达遥感地质应用综述[J].国土资源遥感,2018,30(2):12-20.

[4] 涂宽,文强,谌华,等.GF-3全极化影像在地表浅覆盖区进行地质构造解译的新方法[J].遥感学报,2019,23(2):243-251.

[5] 宋超,徐新,桂容,等.基于多层支持向量机的极化合成孔径雷达特征分析与分类[J].计算机应用,2017,37(1):244-250.

[6] 刘琦.合成孔径雷达遥感在林业中的应用[J].新农业,2019(09):31.

[7] 东朝霞,王迪,周清波,等.基于SAR遥感的北方旱地秋收作物识别研究[J].中国农业资源与区划,2016,37(8):27-36.

[8] 李增元,赵磊,李堃,等.合成孔径雷达森林资源监测技术研究综述[J].南京信息工程大学学报(自然科学版),2020,12(2):150-158.

[9] 杨永恬,李增元,陈尔学,等.基于ALOS PALSAR双极化模式数据的森林覆盖识别方法研究[J].安徽农业科学,2010,38(18):9840-9844.

[10] 张淑,周忠发,王玲玉,等.多时相SAR的喀斯特山区耕地表层土壤水分反演[J].自然资源遥感,2022,34(3):154-163.

[11] 吴中鼎,李占桥.星载SAR遥感在海洋水文观测中的应用探讨[J].海洋测绘,2001(02):48-51.

[12] 赵志.基于星载SAR与AIS综合的舰船目标监视关键技术研究[D].长沙:国防科学技术大学,2016.

[13] 常俊芳,史爱琴,刘晓燕,等.星载SAR在上海沿海溢油监测中的应用[J].海洋信息,2018,33(3):31-38,61.

[14] 郭越,王晓峰,张恒振.基于人类感知的SAR图像海上溢油检测算法[J].武汉大学学报(信息科学版),2016,41(3):395-401,407.

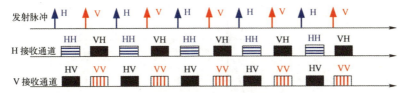

图 2.47 极化 SAR 模式示意图

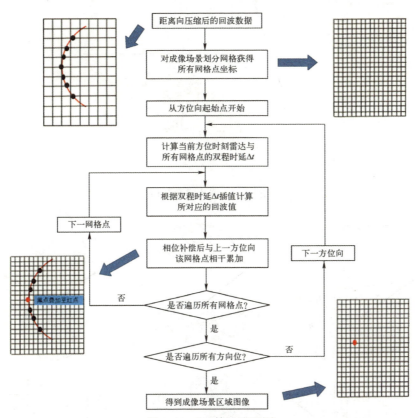

图 3.14 BP 算法流程图

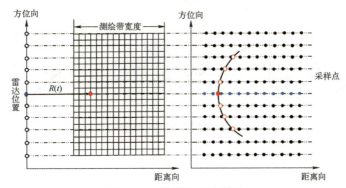

图 3.15 插值处理示意图

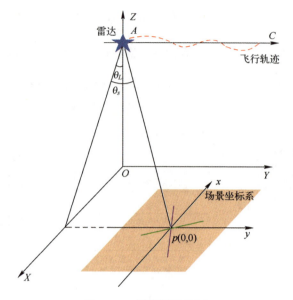

图 3.16　雷达成像几何

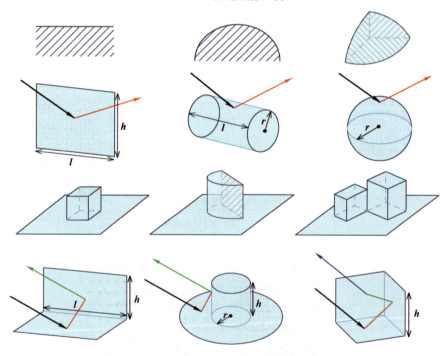

图 4.1　目标散射机制的几何散射体近似

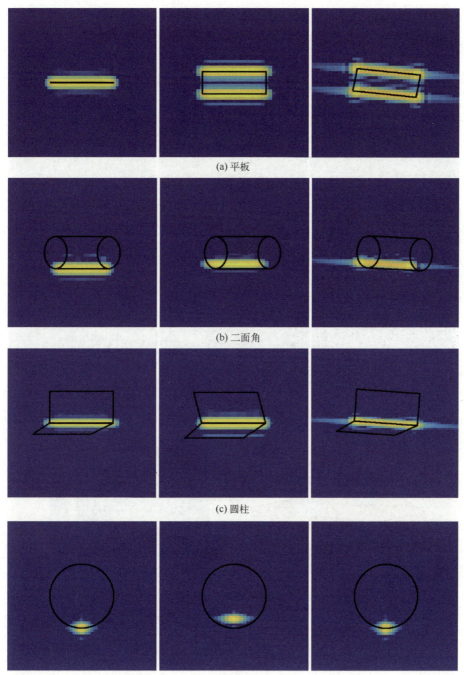

(a) 平板

(b) 二面角

(c) 圆柱

(d) 圆球

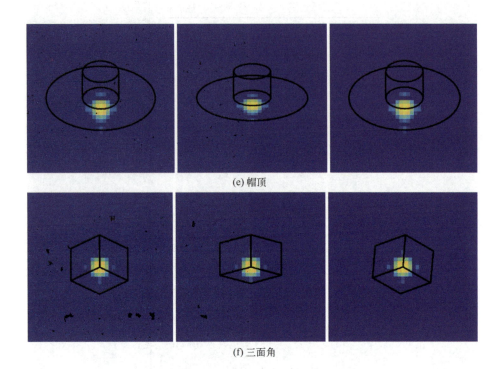

(e) 帽顶

(f) 三面角

图 4.2 简单几何体的散射成像

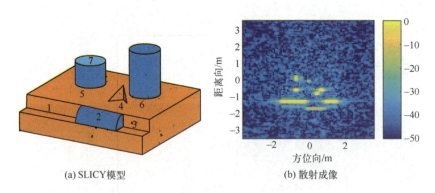

(a) SLICY模型　　　　(b) 散射成像

1—二面角；2—圆柱；3—二面角；4—三面角；5—帽顶；6—帽顶；7—腔体。

图 4.3 目标散射中心示意

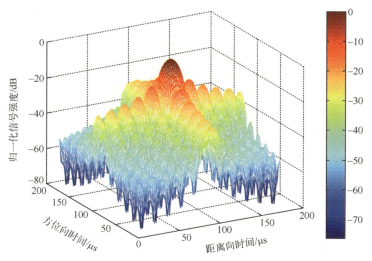

图 4.14 二维图像上的旁瓣效应

图 4.19 机身散射示意图

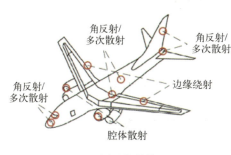

(a) 飞机目标结构图

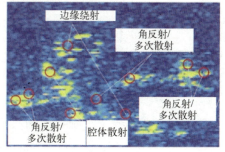

(b) 飞机目标SAR图像

图 4.23 飞机主要部件及散射机制

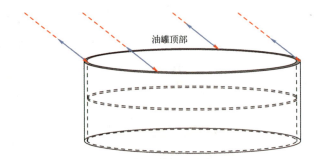

图 4.36　油罐顶部成像原理示意图

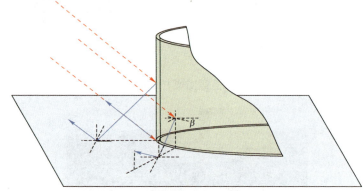

图 4.37　油罐外侧面成像原理几何示意图

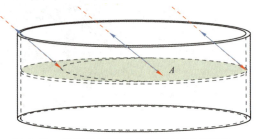

图 4.38　油罐外浮顶成像原理几何示意图

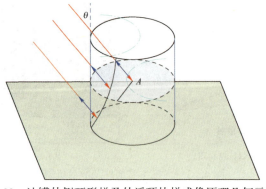

图 4.39　油罐外侧环形梯及外浮顶扶梯成像原理几何示意图

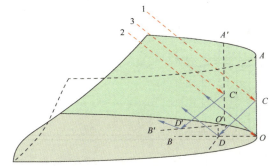

图 4.40　油罐外浮顶及油罐内侧面二面角效应几何示意图

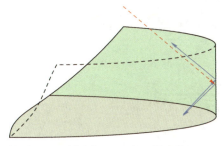

图 4.41　外浮顶及油罐内侧面三次反射成像机理几何示意图

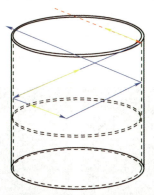

图 4.42　外浮顶及油罐内侧面多次反射成像机理几何示意图

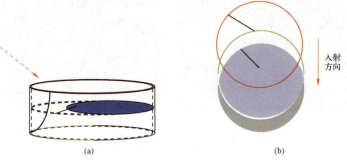

图 4.43　油罐在雷达图像上的表现形式

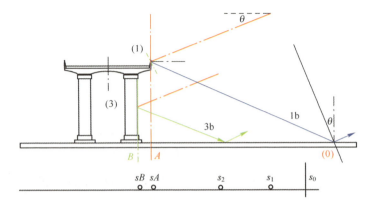

图 4.49 桥梁侧面与桥墩侧面成像机理

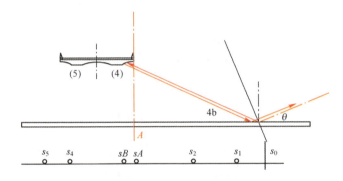

图 4.50 桥面底部结构成像机理

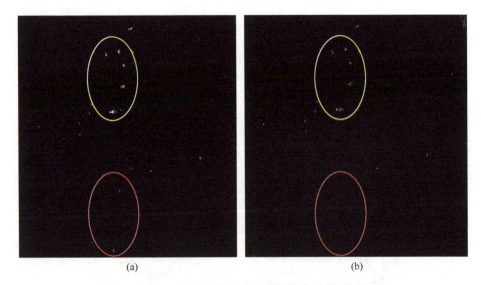

图 5.5 基于回波模型的方位模糊抑制方法效果对比图

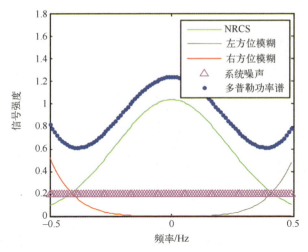

图 5.8 SAR 多普勒功率谱及其各种能量成分示意图

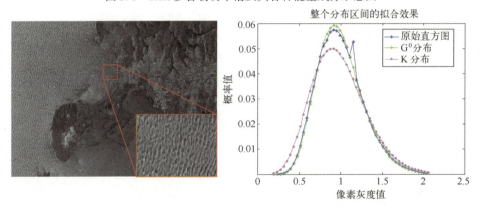

图 6.2 部分海域杂波统计特性分布

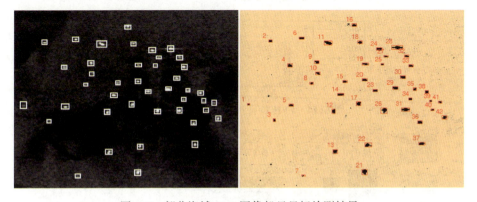

图 6.6 部分海域 SAR 图像船只目标检测结果

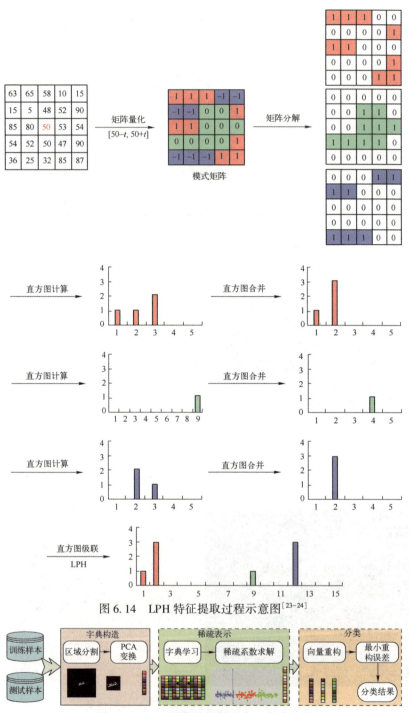

图 6.14 LPH 特征提取过程示意图[23-24]

图 6.20 SAR 图像目标稀疏表示分类流程

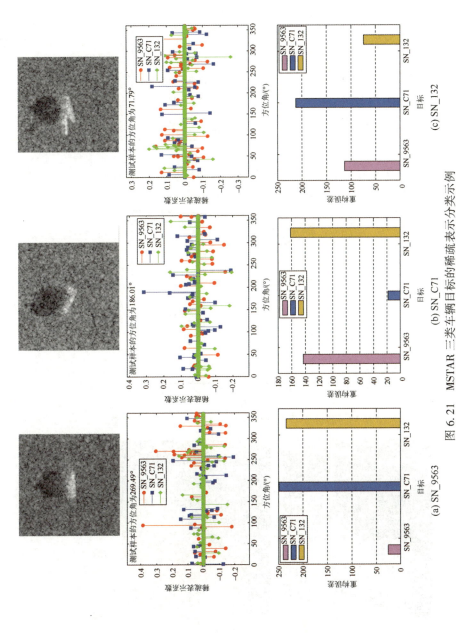

图 6.21 MSTAR 三类车辆目标的稀疏表示分类示例

(从上到下分别为测试样本图像、稀疏表示系数向量、重构误差。每类目标用不同的颜色和图标表示。红色圆圈为 SN_9563；蓝色方框为 SN_C71；绿色菱形为 SN_132)

彩11

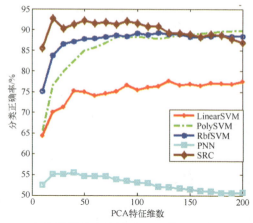

图 6.22 各分类器分类性能随 PCA 特征维数的变化曲线

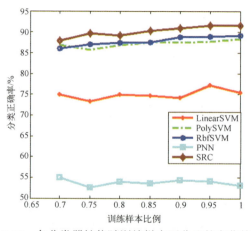

图 6.23 各分类器性能随训练样本百分比的变化趋势

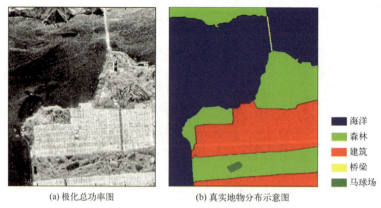

图 7.5 L 波段旧金山 4 视全极化数据（600×500pixel）

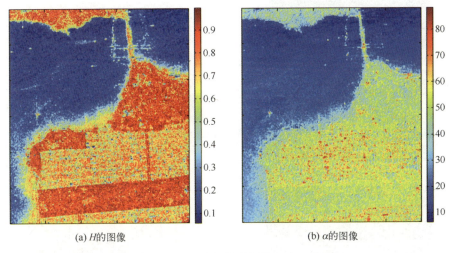

(a) H 的图像 (b) α 的图像

图 7.7　旧金山全极化数据的 H 和 α 图像

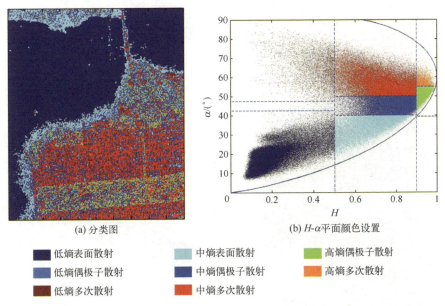

(a) 分类图 (b) H-α 平面颜色设置

■ 低熵表面散射　■ 中熵表面散射　■ 高熵偶极子散射
■ 低熵偶极子散射　■ 中熵偶极子散射　■ 高熵多次散射
■ 低熵多次散射　■ 中熵多次散射

图 7.8　旧金山全极化数据 H-α 方法分类图（600×500pixel，8 类）和 H-α 分布图

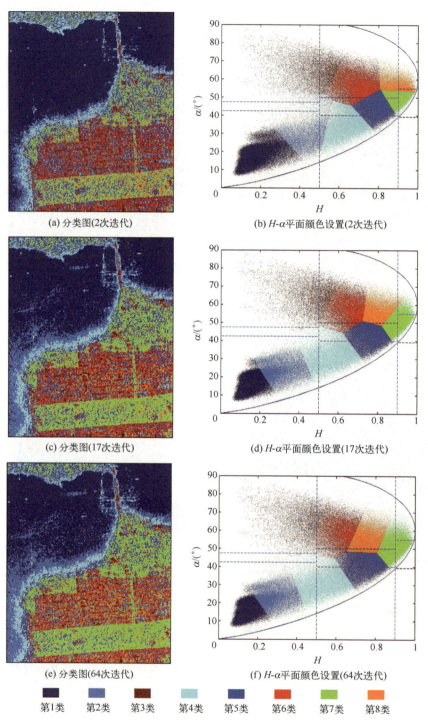

图 7.9 旧金山全极化数据 H-α-CM 算法分类图（600×500pixel，8 类）和 H-α 分布图

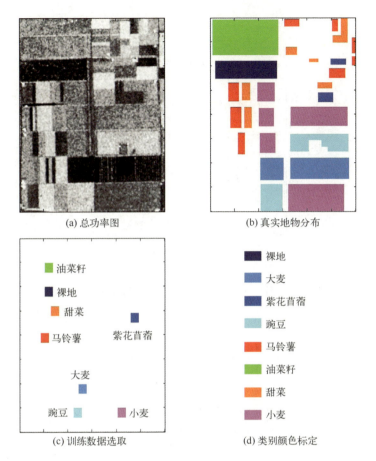

图 7.13　L 波段荷兰 Flevoland 4 视全极化数据（400×300pixel，8 类）

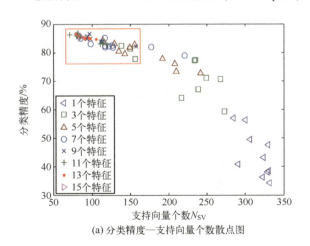

(a) 分类精度—支持向量个数散点图

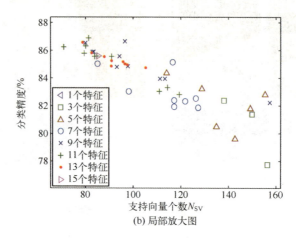

(b) 局部放大图

图7.14 不同特征个数时分类精度与支持向量个数的关系

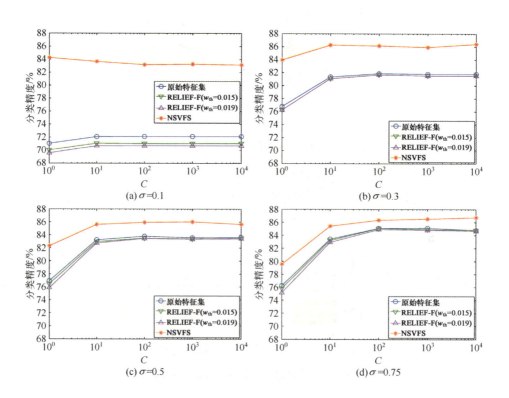

彩16

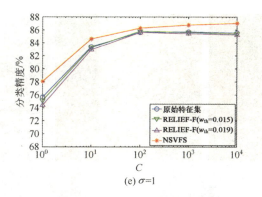

(e) $\sigma=1$

图 7.15 不同参数时 NSSVM 算法和其他算法的分类精度

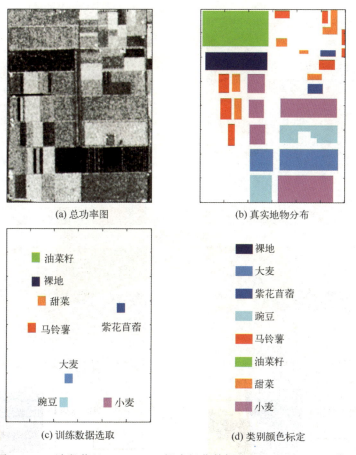

图 7.19 L 波段荷兰 Flevoland 4 视全极化数据（400×300pixel，8 类）

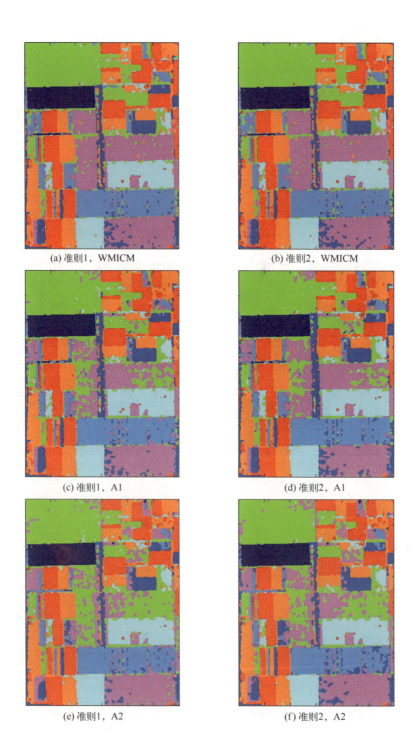

(a) 准则1，WMICM (b) 准则2，WMICM
(c) 准则1，A1 (d) 准则2，A1
(e) 准则1，A2 (f) 准则2，A2

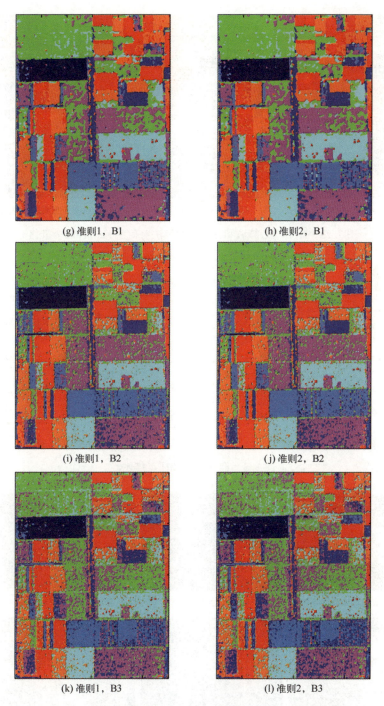

图 7.20 两种不同迭代终止准则时 WMICM 算法和其他算法对荷兰 Flevoland 全极化数据的分类图（400×300pixel，8 类）

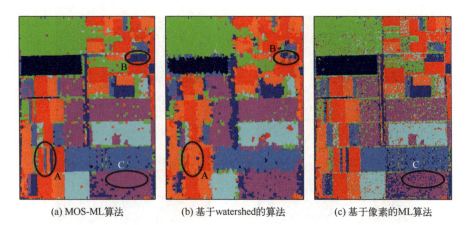

(a) MOS-ML算法　　　　(b) 基于watershed的算法　　　　(c) 基于像素的ML算法

图 7.22　MOS-ML 算法和其他两种算法对荷兰 Flevoland 全极化数据的分类图（400×300pixel，8 类）

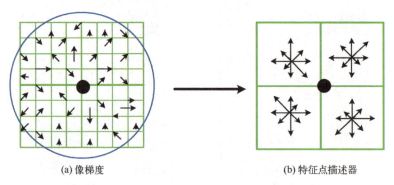

(a) 像梯度　　　　　　　　　　　　(b) 特征点描述器

图 8.3　像梯度及特征点描述器

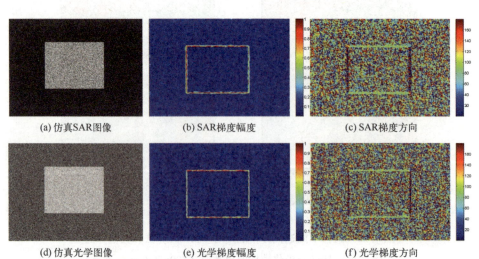

(a) 仿真SAR图像　　　　　(b) SAR梯度幅度　　　　　(c) SAR梯度方向

(d) 仿真光学图像　　　　　(e) 光学梯度幅度　　　　　(f) 光学梯度方向

图 8.5　仿真 SAR 图像和仿真光学图像的梯度幅度和方向对比图

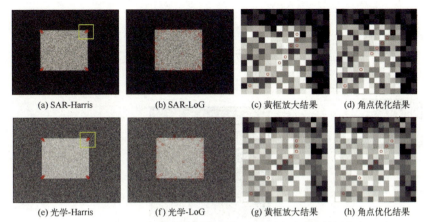

图 8.7 多尺度 Harris 角点检测结果与 LoG 特征点检测结果对比图

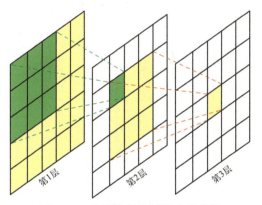

图 9.23 多层卷积特征提取示意图

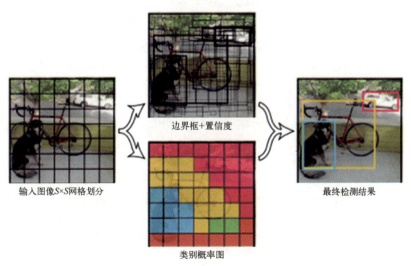

图 9.26 YOLO 原理示意图

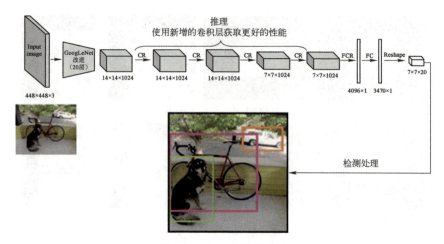

图 9.28　YOLO 训练流程

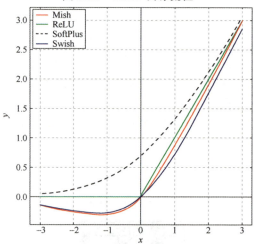

图 9.34　Mish 激活函数与其他激活函数对比

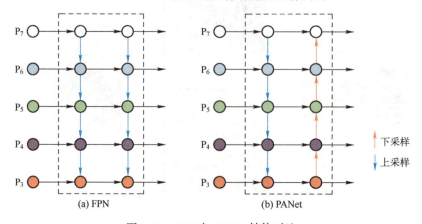

图 9.35　FPN 与 PANet 结构对比

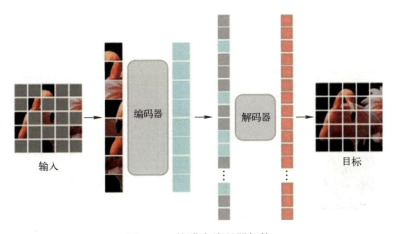

图 9.59 掩膜自编码器架构

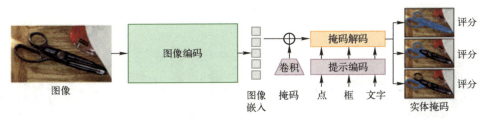

图 9.60 SAM 模型架构

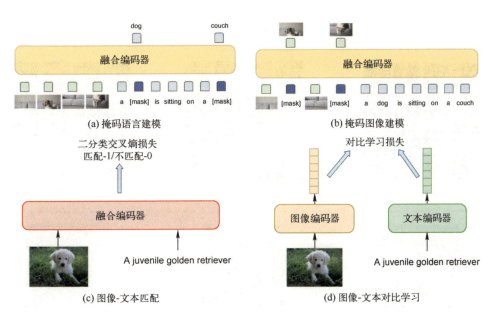

图 9.62 多模态大模型自监督预训练模式

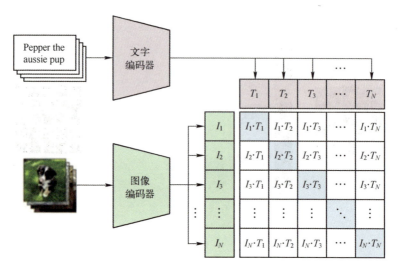

图 9.63 CLIP 预训练模型架构

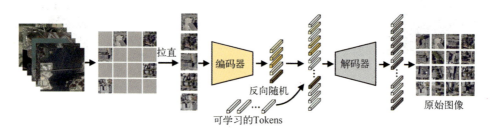

图 9.64 遥感图像掩膜建模方法

图 9.65 不完全掩膜方法

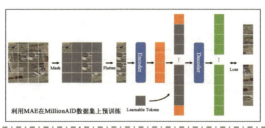

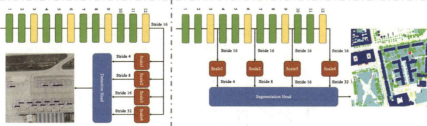

图 9.67 面向不同下游任务的微调

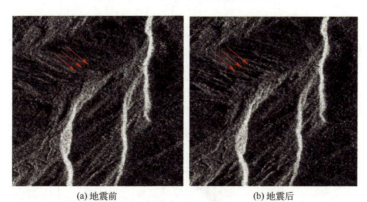

(a) 地震前　　　　　　　　(b) 地震后

图 10.3 九寨沟地震滑坡 SAR 监测图

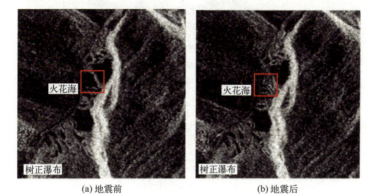

(a) 地震前　　　　　　　　(b) 地震后

图 10.4 九寨沟地震湖泊损毁 SAR 监测图

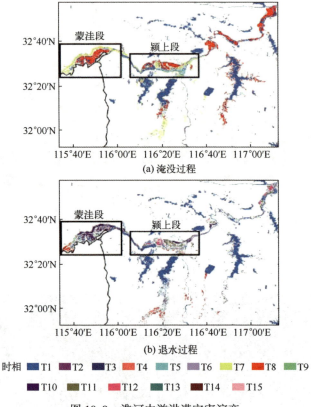

图 10.9 淮河中游洪涝灾害演变

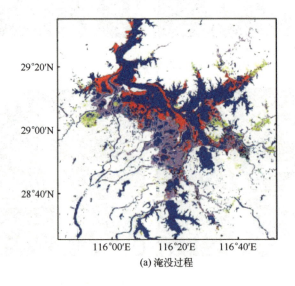

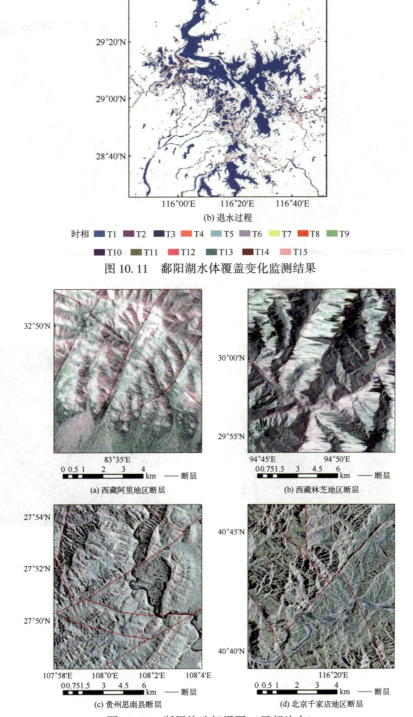

(b) 退水过程

图 10.11 鄱阳湖水体覆盖变化监测结果

(a) 西藏阿里地区断层
(b) 西藏林芝地区断层
(c) 贵州思南县断层
(d) 北京千家店地区断层

图 10.13 断层构造解译图（局部放大）

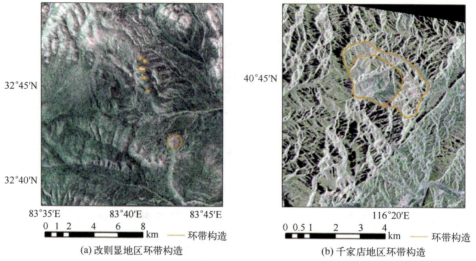

图 10.14 环带构造解译图（局部放大）

(a) 改则显地区环带构造　　(b) 千家店地区环带构造

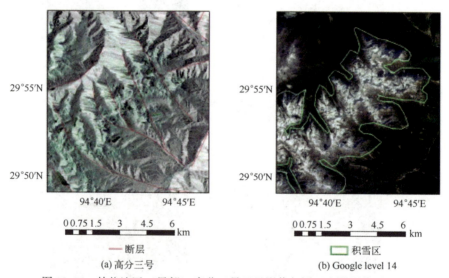

(a) 高分三号　　(b) Google level 14

图 10.15 林芝地区（局部）高分三号卫星影像与同区光学影像对比图

彩28

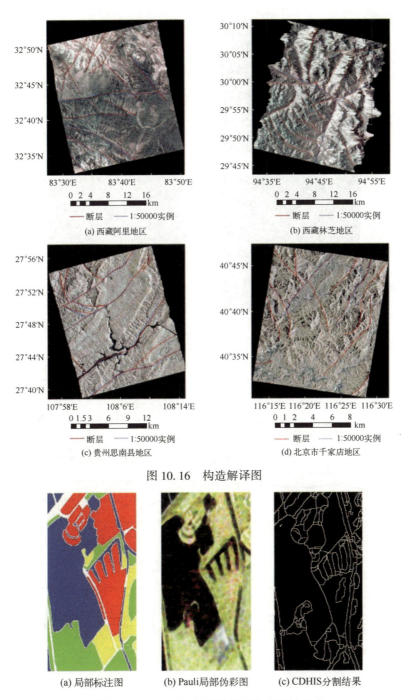

图 10.16 构造解译图

图 10.24 Flevoland 局部 CDHIS 分割结果

彩29

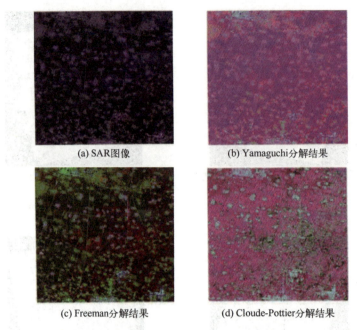

图 10.27 研究区极化分解图

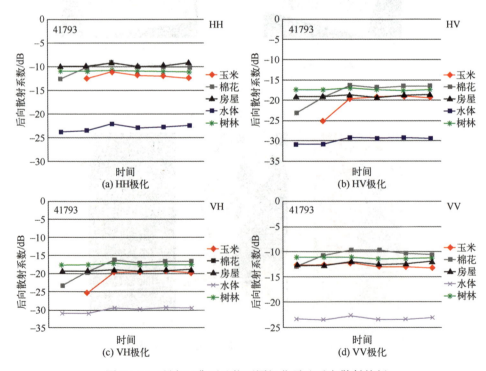

图 10.28 研究区典型地物不同极化雷达后向散射特征

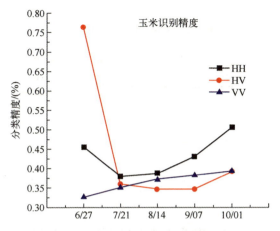

图 10.29 单极化对玉米识别精度的影响

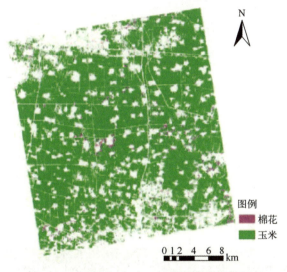

图 10.32 研究区玉米、棉花最终分类结果

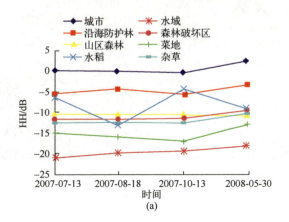

(a)

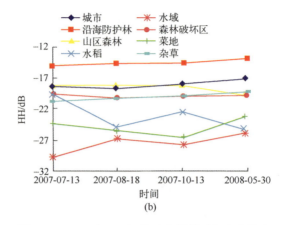

(b)

图 10.33　HH 和 HV 极化后向散射时相变化信息

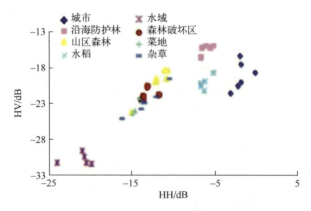

图 10.34　HV 和 HH 散点图

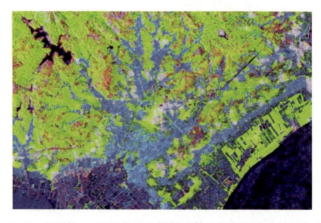

图 10.36　相干性、HV 极化后向散射系数和极化强度比特征合成图

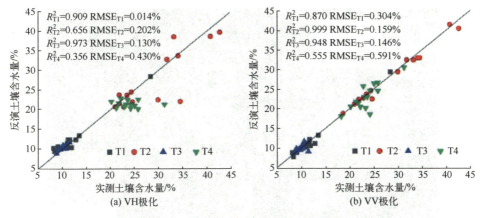

图 10.38　土壤含水量实测值与反演值比较

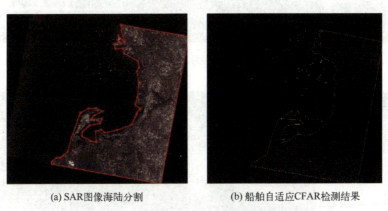

图 10.40　SAR 卫星图像船舶目标检测结果

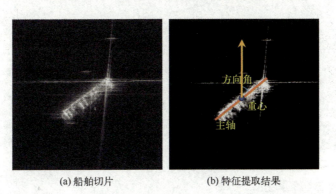

图 10.41　SAR 图像船舶检测切片及特征提取结果

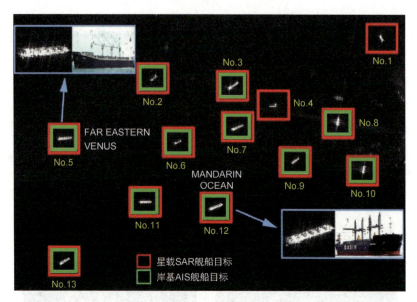

图 10.44 局部海域融合识别结果

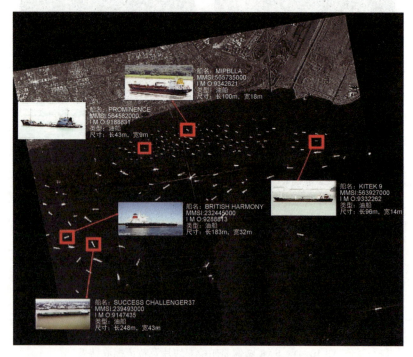

图 10.45 部分船舶目标融合识别结果